GEOMORFOLOGIA DO BRASIL

Leia também:

Antonio José Teixeira Guerra

Coletânea de Textos Geográficos de Antonio Teixeira Guerra
Novo Dicionário Geológico-Geomorfológico

Antonio José Teixeira Guerra e Sandra B. Cunha

Geomorfologia e Meio Ambiente
Geomorfologia: Uma Atualização de Bases e Conceitos
Impactos Ambientais Urbanos no Brasil

Antonio José Teixeira Guerra, Antonio S. Silva
e Rosângela Garrido M. Botelho

Erosão e Conservação dos Solos

Antonio José Teixeira Guerra e Mônica S. Marçal

Geomorfologia Ambiental

Sandra B. Cunha e Antonio José Teixeira Guerra

Avaliação e Perícia Ambiental
Geomorfologia: Exercícios, Técnicas e Aplicações
Geomorfologia do Brasil
A Questão Ambiental: Diferentes Abordagens

Antonio C. Vitte e Antonio José Teixeira Guerra

Reflexões sobre a Geografia Física no Brasil

Gustavo H. S. Araujo, Josimar R. Almeida
e Antonio José Teixeira Guerra

Gestão Ambiental de Áreas Degradadas

Antonio José Teixeira Guerra e Maria Célia Nunes Coelho

Unidades de Conservação:
Abordagens e Características Geográficas

Sandra Baptista da Cunha
Antonio José Teixeira Guerra
(organizadores)

GEOMORFOLOGIA DO BRASIL

12ª EDIÇÃO

Copyright © 1998, Sandra Baptista da Cunha e Antonio José Teixeira Guerra

Capa: Leonardo Carvalho, utilizando mapa geomorfológico-geológico e imagem de satélite de parte da região Sudeste do Brasil. (Imagem de satélite Lansat 5TN – 1985, bandas 2, 3 e 4, escala 1:100.000 – INPE –, e de mapas geológicos, escala 1:100.000, Projeto Radan Brasil), de Sandra Baptista da Cunha

Editoração: DFL

2025
Impresso no Brasil
Printed in Brazil

CIP-Brasil. Catalogação-na-fonte
Sindicato Nacional dos Editores de Livros, RJ

G298 12ª ed.	Geomorfologia do Brasil / Sandra Baptista da Cunha, Antonio José Teixeira Guerra (organizadores). – 12ª ed. – Rio de Janeiro: Bertrand Brasil, 2025. 390p.
	Inclui bibliografia ISBN 978-85-286-0670-6
	1. Geomorfologia – Brasil. I. Cunha, Sandra Baptista da. II. Guerra, Antonio José Teixeira.
98-1421	CDD – 551.40981 CDU – 551.4(81)

Todos os direitos reservados pela:
EDITORA BERTRAND BRASIL LTDA.
Rua Argentina, 171 — 3º andar — São Cristóvão
20921-380 — Rio de Janeiro — RJ
Tel.: (21) 2585-2000.

Não é permitida a reprodução total ou parcial desta obra, por quaisquer meios, sem a prévia autorização por escrito da Editora.

Atendimento e venda direta ao leitor:
sac@record.com.br

SUMÁRIO

Apresentação 11
Prefácio 13
Autores 15

CAPÍTULO 1 ARCABOUÇO GEOLÓGICO 17
Fernando Roberto Mendes Pires

1. Introdução 17
2. Conceitos Fundamentais 19
3. Histórico 21
4. Escudo das Guianas-Meridional 24
5. Província Xingu ou Tapajós 28
6. Província São Francisco 34
7. Província Borborema 45
8. Faixa Paraguai-Araguaia 51
9. Província Mantiqueira 52
10. Bacias Fanerozóicas 56
11. Conclusões 57
12. Questões de discussão e revisão 60
13. Bibliografia 61

CAPÍTULO 2 MEGAGEOMORFOLOGIA DO TERRITÓRIO BRASILEIRO 71
Aziz Nacib Ab'Saber

1. Introdução 71
2. Macrodomos salientes e macrodomos esvaziados 73
3. Repercussão geomorfológica dos dobramentos de fundo 77

4. Paleo-abóbada do escudo brasileiro transformada em montanhas de blocos falhados 79
5. Superfícies de aplainamento 81
6. Superfícies de aplainamento nos dois bordos do Atlântico: a contribuição de Francis Ruellan e de Reinhard Maack 85
7. Conclusões 88
8. Questões de discussão e revisão 94
9. Bibliografia 94

CAPÍTULO 3 SUPERFÍCIES DE EROSÃO 107
Everton Passos
João José Bigarella

1. Introdução 107
2. Conceitos fundamentais 109
3. Pedimentos e pediplanos 113
4. Pedimentos 117
    4.1. Origem 122
    4.2. Convergência de processos 125
    4.3. Pedimentos no Brasil 128
5. Pediplanos 134
6. Conclusões 135
7. Questões de discussão e revisão 136
8. Bibliografia 136

CAPÍTULO 4 COMPLEXO DE RAMPAS DE COLÚVIO 143
Josilda Rodrigues da Silva Moura
Telma Mendes da Silva

1. A evolução das encostas do modelado brasileiro 143
    1.1. Evolução da paisagem: indicadores paleoclimáticos e ambientes deposicionais 145
    1.2. Cronologia de denudação e reconstituição dos processos de sedimentação no Brasil 148

SUMÁRIO

2. Rampa de colúvio: origem e evolução do termo 150
    2.1. Relações geométricas em planta e em perfil das encostas e cabeceiras de drenagem 151
    2.2. O conceito de rampa de colúvio 154
    2.3. Complexos de rampa: variações espaço-temporais na dinâmica das encostas e vales fluviais 156
3. Dinâmica dos complexos de rampa e padrões evolutivos de cabeceiras de drenagem 158
4. Evolução dos complexos de rampa e inversões de relevo 165
5. Conclusões 173
6. Questões de discussão e revisão 176
7. Bibliografia 176

CAPÍTULO 5 EROSÃO DOS SOLOS 181
Antônio José Teixeira Guerra
Rosangela Garrido Machado Botelho

1. Introdução 181
2. Principais classes de solos e sua suscetibilidade à erosão 182
    2.1. Latossolos 183
    2.2. Podzólicos 184
    2.3. Terra Roxa/Estruturada 185
    2.4. Bruno não-cálcico 186
    2.5. Planossolo 186
    2.6. Cambissolo 186
    2.7. Plintossolo 187
    2.8. Gleissolos 188
    2.9. Vertissolo 189
    2.10. Solo Litólico 190
    2.11. Regossolo 190
    2.12. Areias Quartzosas 191
    2.13. Solo Aluvial 192
3. Áreas críticas quanto à incidência de processos erosivos 192
    3.1. Noroeste do Paraná 193
    3.2. Planalto Central 195
    3.3. Oeste Paulista 198

3.4. Médio Vale do Paraíba do Sul 201
3.5. Campanha Gaúcha 204
3.6. Triângulo Mineiro 207
4. Tecnologias de prevenção e combate à erosão no Brasil 210
   4.1. Evolução dos conhecimentos e das técnicas no estudo
   da erosão 211
   4.2. Manejo em bacias hidrográficas 212
5. Conclusões 219
6. Questões de discussão e revisão 220
7. Bibliografia 220

CAPÍTULO 6 BACIAS HIDROGRÁFICAS 229
   Sandra Baptista da Cunha

1. Introdução 229
2. Bacias hidrográficas 230
   2.1. Bacia Amazônica 235
   2.2. Bacia do Atlântico Nordeste 241
   2.3. Bacia do Paraná 244
   2.4. Bacia do Tocantins 247
   2.5. Bacia do São Francisco 248
   2.6. Bacia do Atlântico Leste 251
   2.7. Bacia do Paraguai 254
   2.8. Bacia do Atlântico Sudeste 257
   2.9. Bacia do Uruguai 258
   2.10. Bacia do Atlântico Norte 259
3. Gestão 260
   3.1. Legislação 261
4. Conclusões 263
5. Questões de discussão e revisão 264
6. Bibliografia 265

CAPÍTULO 7 O LITORAL BRASILEIRO E SUA COMPARTIMENTAÇÃO 273
   Dieter Muehe

1. Introdução 273

SUMÁRIO

2. Variáveis indutoras da compartimentação 275
   2.1. Condicionantes geológicos e geomorfológicos 275
   2.2. Condicionantes oceanográficos 277
3. Identificação de macrocompartimentos costeiros 280
   3.1. Região Norte 283
   3.2. Região Nordeste 290
   3.3. Região Oriental ou Leste 304
   3.4. Região Sudeste 316
   3.5. Região Sul 329
4. Conclusões 335
5. Questões de discussão e revisão 336
6. Bibliografia 337

CAPÍTULO 8 GEOMORFOLOGIA AMBIENTAL 351
Jurandyr Luciano Sanches Ross

1. Introdução 351
2. Geomorfologia no planejamento ambiental na bacia do alto Paraguai e Cuiabá 353
   2.1. Concepção metodológica e objetivos da análise 353
   2.2. Contexto da abordagem geográfica na análise do relevo 355
   2.3. Análise descritiva do relevo 362
   2.4. O papel do relevo na análise integrada 379
3. Conclusões 384
4. Questões de discussão e revisão 386
5. Bibliografia 387

APRESENTAÇÃO

Geomorfologia do Brasil é o quarto livro da série iniciada em 1994. Ele contém temas geomorfológicos regionalizados no território nacional. Precederam essa obra os seguintes livros: *Geomorfologia: Uma atualização de Bases e Conceitos*; *Geomorfologia: Exercícios, Técnicas e Aplicações*; *Geomorfologia e Meio Ambiente*, que não só serviram de subsídio, mas também para inspirar a elaboração de *Geomorfologia do Brasil*.

O presente livro é fruto de revisão bibliográfica, pesquisas de campo, de laboratório e de gabinete feitas há vários anos pelos diversos autores convidados por nós. São poucos os países no mundo que possuem um livro que retrate a sua geomorfologia. O Brasil, com sua extensão continental, até hoje não possuía um livro como este. Nesse sentido *Geomorfologia do Brasil* foi concebido como sendo mais um livro a preencher uma lacuna na literatura geomorfológica nacional, bem como se propondo estimular estudantes e professores a aprofundar os conhecimentos sobre o ambiente natural brasileiro.

Para atingir esse objetivo, o livro é composto pelos seguintes capítulos: Arcabouço Geológico; Megageomorfologia do Território Brasileiro; Superfícies de Erosão; Complexo de Rampas de Colúvio; Erosão dos Solos; Bacias Hidrográficas; Litoral Brasileiro e sua Compartimentação; Geomorfologia Ambiental.

O livro tem ainda o cuidado de abordar as características do quadro físico brasileiro, levando em conta as recentes mudanças na paisagem ocorridas devido à atuação antrópica, incluindo os impactos ambientais decorrentes da intervenção humana.

PREFÁCIO

Com surpresa e muita alegria aceitei a honra de prefaciar este livro sobre a Geomorfologia do Brasil, que desde o início da idéia achei uma obra imensa. E ela se tornou imensa em qualidade, imensa em esforço humano dos seus ilustres organizadores e autores. Imensa na informação atualizada que contém.

Não se trata de um tradicional Tratado Regional de Geomorfologia, a obra da vida de um autor. E com a qualidade científica e pedagógica com que este livro se nos apresenta, não o poderia ser, quer pela dimensão continental do Brasil, quer pelo grau de aprofundada especialização que atualmente se atingiu nas diversas áreas do conhecimento científico sobre Geomorfologia, nele incluídas. Mas trata-se de um Manual, com o formato que hoje estes adquiriram no mundo moderno de todas as Ciências, com um corpo teórico tematicamente organizado pelo inter-relacionamento das matérias, sempre rematadas por uma reflexão de questionamentos em que se convida o leitor a repensar e discutir o que leu. Foi, aliás, o modelo feliz seguido nas três obras anteriormente chegadas ao público pela mão dos mesmos organizadores, que tanto êxito têm tido, mesmo para além da fronteira nacional. E mais terão quando forem do conhecimento de todas as universidades e escolas superiores dos países de língua oficial portuguesa.

A apresentação do livro é parcimoniosa, ao referir apenas os títulos dos oito capítulos que o compõem. Neles se harmonizam, como numa sinfonia, a abertura com os grandes conjuntos geológicos e as mega-unidades geomorfológicas que aqueles suportam. Segue-se o desenvolvimento de toda a morfodinâmica de um país tropical, de erosão, de acumulação, de meteorização e alteração pedogênica. Em seguinte "andamento" as águas continentais e marinhas definem os cenários de agentes das formas e dos modelados fluvial e litoral, a distribuição nacional desses recursos e os problemas da sua gestão. No remate final, de novo globalizante, surge o retomar do tema, a Geomorfologia, colocada perante o Planejamento Ambiental. Isto é, perante a sua contribuição e a sua importância na gestão do Território e do Ambiente no Brasil.

Da leitura das partes, no desenvolvimento equilibrado do todo, fica uma imagem de perfeita compreensão dos traços gerais e regionais da Geomorfologia do Brasil, dos seus processos de evolução, dos problemas que levanta ou que soluciona nos domínios científico, acadêmico e do planejamento ambiental do País.

Termino, agradecendo e, mais uma vez, reiterando a honra que nesta página prefacial me foi concedida, por admiração do País a que se refere o livro, pela obra em si, por muito respeito e apreço científico pelos organizadores e autores. Na certeza do maior sucesso na comunidade científica e cultural dos países lusófonos, a todos os colaboradores de *Geomorfologia do Brasil* justamente felicito.

Lisboa, 26 de janeiro de 1998

Maria Eugénia Soares de Albergaria Moreira
(Prof. Catedrática de Geografia da Universidade de Lisboa)

AUTORES

FERNANDO ROBERTO MENDES PIRES é geólogo, doutor em Geologia pela Universidade de Michigan (Estados Unidos), pesquisador do CNPq e professor adjunto do Departamento de Geologia da Universidade Federal do Rio de Janeiro (Instituto de Geociências, Ilha do Fundão, Cidade Universitária, CEP 21940-590, Rio de Janeiro).

AZIZ NACIB AB'SABER é licenciado em Geografia e História, doutor em Geografia pela Universidade de São Paulo (USP), Professor Honorário do Instituto de Estudos Avançados da Universidade de São Paulo (Rua Basiléia 472, Granja Viana, Cotia, São Paulo, CEP 06700-000, São Paulo).

EVERTON PASSOS é geógrafo, mestre em Agronomia pela Universidade Federal do Paraná e professor adjunto do Departamento de Geografia da Universidade Federal do Paraná (Centro Politécnico Jardim das Américas, Curitiba, CEP 81530-000, Paraná).

JOÃO JOSÉ BIGARELLA é químico industrial e engenheiro químico, doutor em Ciências Físicas e Químicas pela Universidade Federal do Paraná e Catedrático de Mineralogia e Geologia Econômica pela Universidade Federal do Paraná, pesquisador do CNPq e professor visitante da Universidade Federal de Santa Catarina (Caixa Postal 4160, Curitiba, CEP 82501-970, Paraná).

JOSILDA RODRIGUES DA SILVA MOURA é doutora em Geologia pela Universidade Federal do Rio de Janeiro, pesquisadora do CNPq e professora adjunta do Departamento de Geografia da Universidade Federal do Rio de Janeiro (Instituto de Geociências, Ilha do Fundão, Cidade Universitária, CEP 21940-590, Rio de Janeiro).

TELMA MENDES DA SILVA é mestre em Geografia pela Universidade Federal do Rio de Janeiro e professora assistente do Departamento de Geografia da Universidade Federal do Rio de Janeiro (Instituto de Geociências, Ilha do Fundão, Cidade Universitária, CEP 21940-590, Rio de Janeiro).

ANTONIO JOSÉ TEIXEIRA GUERRA é doutor em Geografia pela Universidade de Londres (Inglaterra), pesquisador do CNPq e professor adjunto do Departamento de Geografia da Universidade Federal do Rio de Janeiro (Instituto de Geociências, Ilha do Fundão, Cidade Universitária, CEP 21940-590, Rio de Janeiro).

ROSANGELA GARRIDO MACHADO BOTELHO é mestre em Geografia pela Universidade Federal do Rio de Janeiro e professora visitante do Departamento de Geografia da Universidade Federal do Rio de Janeiro (Instituto de Geociências, Ilha do Fundão, Cidade Universitária, CEP 21940-590, Rio de Janeiro).

SANDRA BAPTISTA DA CUNHA é doutora em Geografia pela Universidade de Lisboa (Portugal), pesquisadora do CNPq e professora adjunta do Departamento de Geografia da Universidade Federal do Rio de Janeiro (Instituto de Geociências, Ilha do Fundão, Cidade Universitária, CEP 21940-590, Rio de Janeiro).

DIETER MUEHE é doutor em Geografia pela Universidade de Kiel (Alemanha) e professor adjunto do Departamento de Geografia da Universidade Federal do Rio de Janeiro (Instituto de Geociências, Ilha do Fundão, Cidade Universitária, CEP 21940-590, Rio de Janeiro).

JURANDYR LUCIANO SANCHES ROSS é doutor em Geografia pela Universidade de São Paulo (USP) e professor assistente doutor do Departamento de Geografia da Faculdade de Filosofia, Letras e Ciências Humanas da Universidade de São Paulo (Caixa Postal 8105, CEP 05508-900, São Paulo).

CAPÍTULO 1

ARCABOUÇO GEOLÓGICO

Fernando Roberto Mendes Pires

1. INTRODUÇÃO

A geologia do Brasil vem sendo estudada mais aprofundadamente nas últimas três décadas, porém a grande maioria dos trabalhos antigos, realizada por eminentes geólogos brasileiros e estrangeiros em condições de difícil locomoção, com mapas-base em escalas inadequadas e com pouco detalhamento e ainda com recursos laboratoriais quase inexistentes, constitui a base de praticamente todos os trabalhos.

Portanto, as grandes subdivisões da Plataforma Brasileira estabelecidas por Almeida (1967) foram baseadas em trabalhos de campo e nas antigas, porém excelentes obras desenvolvidas. Ao longo do capítulo, alguns conceitos fundamentais, a subdivisão da Plataforma Brasileira e a descrição de seus aspectos geológicos marcantes são apresentados. A Plataforma Brasileira, limitada pela Cadeia Andina e Plataforma da Patagônia, consiste em três grandes unidades definidas por: A) Escudo das Guianas; B) Escudo Brasil-Central; C) Escudo Atlântico (Figura 1.1), subdivididos em sete domínios ou províncias estruturais com continuidade geográfica e características geológicas e evolutivas relativamente diferentes (Almeida, 1977), conforme Figura 1.2:

1. Escudo das Guianas-Meridional
2. Xingu ou Tapajós
3. Tocantins (Paraguai-Araguaia)

FIGURA 1.1. Estrutura da Plataforma Sul-americana, modificado de Almeida, *et al.*, 1977.

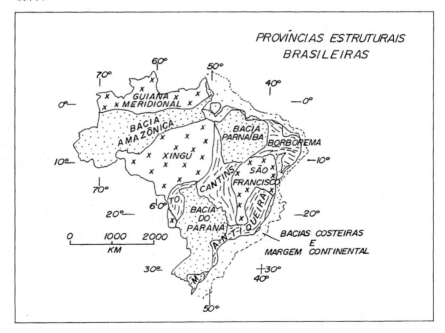

FIGURA 1.2. Províncias estruturais do Brasil, modificado de Almeida, *et al.*, 1977.

ARCABOUÇO GEOLÓGICO

4. São Francisco
5. Borborema
6. Mantiqueira
7. Bacias Fanerozóicas

A subdivisão proposta será a adotada, com algumas modificações, no desenrolar do texto, particularmente ao Pré-cambriano, por ser mais didática e se manter o texto sucinto. As bacias sedimentares serão tratadas no item do Fanerozóico. Um item sobre o histórico da evolução dos conhecimentos geológicos pode ser observado na seqüência dos mapas geológicos publicados e está acompanhado por breves comentários que possibilitarão ao leitor o acesso às referências no caso de pesquisas mais aprofundadas.

2. CONCEITOS FUNDAMENTAIS

1. **Plataforma:** A definição mais simples consiste em *cráton de estrutura siálica* ou, ainda, entidade constituída por alguns núcleos cratônicos estáveis e mais antigos, circundados por orógenos proterozóicos já consolidados. Portanto, conceitos de estabilidade e idade e/ou tempo geológico são necessários em sua definição. Orógenos representam resultados do processo de interação das placas litosféricas num período de tempo específico, figuradamente verdadeiras cicatrizes em processo de consolidação ou cratonização. Cráton tem sido definido como uma parte relativamente estável de um continente por longo tempo geológico. Entretanto, deve ser entendido que a edificação de uma plataforma deve ter passado a pelo menos, inicialmente, por estágios de grande instabilidade. Os crátons são constituídos por duas unidades fundamentais, em termos primordiais de evolução crustal: *greenstone belts* (GB) e terrenos granito-gnaisse, definidos a seguir.

2. *Greenstone Belts:* Representam faixas ou cinturões de xistos verdes constituídos por anfibolitos, clorita xistos, metabasitos, serpentinitos, komatiítos, metapiroxenitos, metavulcânicas ácidas e intermediárias e metassedimentos, que englobam formação ferrífera bandada (BIF), formação manganesífera, xistos ou filitos grafitosos, quartzitos, em geral

chérticos, turmalinitos e metagrauvacas distribuídos hipotética ou informalmente em grupos ultramáfico-máfico, máfico-cálcio-alcalino e sedimentar. Os GBs encontram-se encaixados em terrenos granito-gnaisse-migmatito e corpos denominados TTG (tonalito-trondhjemito-granodiorito). A estratigrafia interna dos GBs é extremamente complexa, variável e incompleta pela ausência de tipos ou seqüências litológicas, embora as composições química e geoquímica das rochas plutônicas e vulcânicas sejam similares nos diversos crátons do planeta. Os contactos entre os GBs e gnaisses que os bordejam são de natureza tectônica, intrusiva e/ou gradacional o que dificulta caracterizar relações cronológicas relativas. O metamorfismo é, em geral, da fácies xisto verde, chegando a anfibolito em direção às margens. Deformação sin-metamórfica produziu forte estrutura planar caracterizada por textura xistosa ou filítica, embora texturas primárias vulcânicas (variolitos, *pillow lava* ou *spinifex*) e intrusivas (bandamento ígneo) possam estar preservados. Os GBs apresentam idades absolutas que os situam predominantemente no Arqueano e, subordinadamente, no Proterozóico Inferior. Mineralizações, condicionadas segundo os tipos litológicos, estão distribuídas pelas ultramáficas (Cr-Ni-Pt, amianto, magnesita e talco), metavulcânicas félsicas a máficas (Au-Ag-Cu-Zn-Pb), metassedimentos (Fe-Mn-W-Ba-grafita) e pegmatitos (Ta-Nb-W-Be-Li-Sn, gemas e terras raras).

3. Terrenos Granito-Gnaisse: Correspondem aos envoltórios dos GBs compostos por gnaisses fortemente bandados pela alternância infinita de bandas quartzo-feldspáticas e hornblenda-biotíticas com corpos mesoscópicos, concordantes e discordantes de material TTG. Localmente, áreas com gnaisses granulíticos e charnoquíticos (*high grade gneisses*) existem e denotam áreas de grau metamórfico mais elevado.

4. Faixas Móveis (*Mobile Belts*): Zonas tectonicamente ativas que se distribuem em faixas que circundam blocos cratônicos estáveis preexistentes. Essas zonas, com fluxo térmico elevado durante o período de mobilidade, são caracterizadas por rochas metamórficas de grau médio a alto e inúmeras zonas de cisalhamento dúcteis e rúpteis, faixas miloníticas concordantes ao *trend* da faixa móvel, podendo conter corpos granitóides sin- a tardi-cinemáticos. Situam-se em zonas de colisão continental e representam

ARCABOUÇO GEOLÓGICO

importante etapa na amalgamação de fragmentos cratônicos circunvizinhos. Com a evolução crustal, podem formar parte integrante do cráton e sofrer reativações tectônicas e magmáticas posteriores, gerando zonas cataclásticas e encaixar intrusões básicas e bacias rômbicas ou *pull-apart* em períodos extensionais.

5. Plataforma Brasileira: "Antiga ortoplataforma de longa duração, constituída a partir da consolidação que sobreveio ao ciclo tecto-orogênico Brasiliano. O território brasileiro acha-se todo compreendido nessa grande ortoplataforma que se estende além de nossas fronteiras para constituir quase toda a América do Sul" (almeida, 1967). Esse conceito foi tornado amplo considerando-se o continente sul-americano subdividido em três unidades tectônicas: A) Plataforma Sul-americana (em substituição a Plataforma Brasileira); B) Plataforma da Patagônia; C) Faixa de Dobramentos dos Andes.

3. HISTÓRICO

Como adendo histórico aos conceitos transcritos, tem-se que o escudo fundamental brasileiro, denominado de Archaídes, englobando Guiana ou Escudo Orenocoano, Brasília e Patagônia, eram vistos como outros escudos em que "esses molhes tomaram vulto com a sedimentação proterozóica e em torno deles acresceram, no paleozóico, as plataformas continentais" (Oliveira e Leonardos, 1943), onde fica evidenciado processo acrescional. A geologia do Brasil deve ser estudada através da análise de mapas geológicos, tendo sido essa a preocupação desde meados do século passado quando foi publicado, em 1854, o *Golpe de Vista Geológico do Brazil, Promptificado,* no Instituto Geológico Imperial Real Austríaco, por Francisco Foetterle, em escala 1/15.000.000. Em 1908, foi publicado o *Ensaio de Mappa Geológico do Brazil* pela Seção de Geográphia Agrícola da Sociedade Nacional de Agricultura, organizado por Manoel Paulino Cavalcanti, em escala 1/12.000.000. Em 1919, foi publicado o *Mappa Geológico do Brazil* pela Geological Society of America, organizado por John Casper Branner, em escala 1/5.000.000. Trata-se do primeiro mapa produzido em escala maior, adotada nos mapas subseqüentes. Em 1938,

FIGURA 1.3. Situação dos Núcleos Arqueanos: *greenstone belts*, gnaisses e granulitos. Plutono-vulcanismo Proterozóico: 1 = Uatumã, 2 = Abonari, Jt = Jatapu, M = Mapuera, Tb = Trombetas, E = Erepecuru. Limites dos Crátons São Francisco e Paramirim. Zonas de cisalhamento: ZCGC = Guiana Central, ZCPM = Paru-Tumucumaque.

foi publicado o *Mappa Geológico do Brasil e de parte dos Países vizinhos* pelo Departamento Nacional da Produção Mineral (DNPM), organizado por Avelino Ignacio de Oliveira, em escala 1/7.000.000, acompanhado da obra *Geologia do Brasil* (Oliveira e Leonardos, 1943).

Em 1942, foi publicado o *Mapa Geológico do Brasil* pelo DNPM e organizado por Anibal Alves Bastos, em escala 1/5.000.000. Em sua obra *Arqui-Brasil e sua Evolução Geológica*, Djalma Guimarães (1951) apresentou a *Paisagem do Escudo Brasileiro no Proterozóico* com a situação provável dos maciços Pré-cambrianos denominados Arqui-Brasil, Arqui-Gondwana (separados por faixa posteriormente designada de Araxaídes ou Arco de Parnaíba), ambos separados do Arqui-África; Arqui-Guiana separado do Soco Arqueozóico Goiano-Matogrossense pela Fossa Amazônica. O Arqui-África ocuparia a parte oriental do Brasil numa faixa desde

ARCABOUÇO GEOLÓGICO

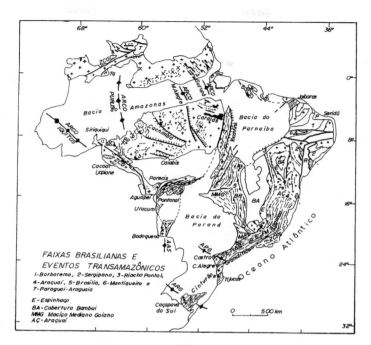

FIGURA 1.4. Faixas Brasilianas e Eventos Transamazônicos: Coberturas plataformais (com ou sem vulcanismo associado): p = Pouso Alegre, e = Eleutério, b = Beneficiente, Jaibaras, Castro e Campo Alegre. Zonas de cisalhamento: ZCG = Guaporé, ZCPS = Paraíba do Sul, MG = Maciço Guaxupé. Arcos: AAS = Assunção, APG = Ponta Grossa, ARG = Rio Grande. Bacias Fanerozóicas T = Tacutu, R = Recôncavo, P = Potiguar, A = Araripe.

Fortaleza (CE) até Paranaguá (PR) e representaria fragmento do antigo continente africano destacado e abandonado no Brasil após a abertura do Oceano Atlântico, no que seria a evidência de *drift* continental no Brasil. O mapa geológico do Brasil de 1938, modificado pelos trabalhos do Conselho Nacional do Petróleo até 1949, está incluído na obra de Guimarães (1951). Em 1960, foi publicado o *Mapa Geológico do Brasil* pelo DNPM, organizado por Alberto Rego Lamego, em escala 1/5.000.000, seguido por novo *Mapa Geológico do Brasil* também editado pelo DNPM e organizado por Fernando Flávio Marques de Almeida, em escala 1/5.000.000, em 1971. *O Mapa Tectônico do Brasil*, em escala 1/5.000.000, foi elaborado sob coordenação de E.O. Ferreira e publicado, em 1971, pelo DNPM. Logo a seguir, em 1973, o DNPM publicou o *Mapa Metalogenético do*

Brasil, também em escala 1/5.000.000, preparado por E. Suszcynski. Em 1982, o DNPM preparou o *Mapa Geológico do Brasil,* em escala 1/2.500.000, acompanhado por longo texto explicativo, organizado por C. Schobbenhaus, D.A. Campos, G.R. Derze e H.E. Asmus. O *Mapa Tectono-geológico* mais recente, preparado pela CPRM (I.M.Delgado e A.J.Pedreira), em 1995, em escala 1/7.000.000, trouxe importante contribuição à geologia do Brasil.

4. ESCUDO DAS GUIANAS-MERIDIONAL

Representa a parte meridional do Escudo das Guianas ou Orenocoano, ou ainda Complexo Guianense, que constitui a parte norte do Cráton Amazônico. O norte do Brasil é ocupado por vasta área de rochas arqueanas fragmentadas e designadas por (Figura 1.5): 1) Urariquera (parte norte da Subprovíncia Roraima); 2) Iricoumé (parte leste da Subprovíncia Roraima); 3) Oiapoque (Subprovíncia Amapá). Esses blocos arqueanos são separados por faixas móveis denominadas Guiana Central e Paru-Tumucumaque. Ao norte da Zona de Cisalhamento Guiana Central (ZCGC) existe o cinturão Parima composto por rochas vulcanossedimentares (tipo *greenstone belt*) metamorfizadas e invadidas a oeste por granitos anorogênicos de idade meso- a paleoproterozóica. A ZCGC distribuída na direção NE-SW, por pelo menos 1.000 km de extensão, representa estrutura de idade transamazônica, constituída por ortognaisses, granulitos ácidos, gnaisses charnoquíticos e anfibolitos milonitizados, que representam deformação e metamorfismo em fácies anfibolito a granulito superposta a xisto verde (Fraga e Reis, 1995).

Dois ciclos tectono-termais afetaram o Arqueano da região guianense denominados Guriense (± 3100 Ma.) e Aroense (± 2600 Ma.), segundo Hurley *et al.* (1968) e Bellizia (1972), englobados em um único ciclo definido como Guriense (Issler *et al.,* 1975; Basei, 1975; Montalvão, 1976), considerando a dificuldade em discriminá-los. Idades (Rb-Sr e K-Ar) em gnaisses, gabros, anfibolitos e dioritos foram encontradas no intervalo 2270 e 4400 Ma. (Hurley *et al.* 1968; Mandetta, 1970; Basei, 1973; Lima *et al.,* 1974; Teixeira e Tassinari, 1977; Araujo Neto *et al.,* 1978). No bloco Uraricoera, ortognaisses, ortoanfibolitos, granulitos e migmatitos com

ARCABOUÇO GEOLÓGICO

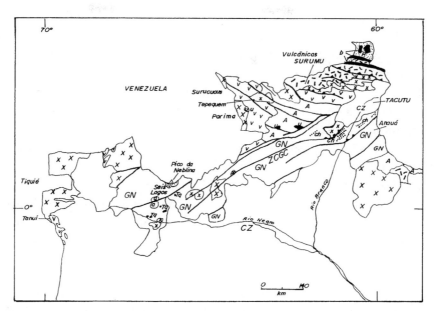

FIGURA 1.5. Bloco Uraricoera: ZCGC = Zona de cisalhamento Guiana Central, Gn = Faixa móvel Transamazônica, ch = charnoquitos e granulitos, A = Gnaisses Arqueanos. Seqüência vulcanossedimentar (v). Rochas ultramáficas (u). Complexo estratiforme Tapuruquara (Tg). Granitóides do Proterozóico Inferior (x). R = Formação Roraima, b = basaltos Avanareno, a = intrusiva alcalina (Nb-Th-TR), CZ = Formação Boa Vista.

idades de até 2800 Ma. (unidade Anauá) e gnaisses e anfibolitos de grau inferior (unidade Uraricoera) são correlacionados ao Complexo de Supamo, na Venezuela com idade mínima de 2600 Ma. (Ramgrab e Damião, 1970; Santos, 1982). Aparentemente, a unidade Anauá está contida na ZCGC, como a Serra de Mucajaí.

O Complexo estratiforme básico Tapuruquara, no Amazonas, teve gabros datados entre 2270 e 3070 Ma. (Araujo Neto *et al.*, 1978).

A unidade vulcanossedimentar Parima, afetada por metamorfismo de grau médio a baixo, contém quartzitos, metavulcanitos ácidos, clorita xistos, anfibolitos e metabasitos e, tendo idade aparente proterozóica inferior e ocorre na parte NW de Roraima. O Grupo Caraurane (Montalvão *et al.*, 1975), outrora pertencente ao Complexo Maracá (Mello *et al.*, 1978) que englobava a unidade Parima, constituída de quartzitos, micaxistos, anfibolitos e anfibólio xistos, sob fácies xisto verde-anfibolito está localmente migmatizado por granitos com idade aparente de 2300 Ma. O Grupo Tanuí, composto por muscovita quartzitos, filitos, xistos grafitosos e quartzitos ferruginosos (Achão e Salas, 1974; Pinheiro *et al.*, 1976; Fernandes *et al.*, 1977) que ocorre no extremo oeste do bloco podem ser admitidos como ocupando a parte superior do proterozóico inferior ou mesoproterozóico.

Durante o mesoproterozóico ocorreu tectônica extensional resultante no vulcanismo ácido a intermediário descrito no norte de Roraima como Formação Surumu (Ramos, 1956), composto por andesitos, dacitos, riolitos, tufos, ignimbritos e aglomerados acompanhado por atividades graníticas subvulcânicas. Na Serra do Surucucu, parte oeste de Roraima, foram identificados granitos tipo *rapakivi* em nítidas estruturas anelares para leste com idade em torno de 1500 Ma. (Montalvão *et al.*, 1975). As vulcânicas Iricoumé e o granito Mapuera, com idade de 1250 Ma. (Oliveira *et al.*, 1975) no alto Erepecuru, poderiam ser incluídas no episódio vulcanismo do Uatumã (Oliveira e Leonardos, 1943; Santos, 1982). Entretanto, enquanto as extrusivas ácidas do Uatumã não forneceram idades superiores a 1200 Ma., riolitos e dacitos Surumu e Iricoumé apresentam idades entre 1740 e 1890 Ma. (Montalvão *et al.*, 1975; Teixeira e Basei, 1975). O episódio vulcano-plutônico com espetacular sedimentação penecontemporânea do Grupo Roraima (Dalton, 1912; Paiva, 1929) constituído por quase 4.000 m de espessura de jaspilitos, arenitos, folhelhos, conglomerados, arcósios e rochas piroclásticas que formam o Monte Roraima e o Pico da Neblina, marcam importante evento extensional. Sedimentos conglomeráticos fluviais do Grupo Roraima contém diamantes, com provável área-fonte a norte.

Intrusivas básicas nos sedimentos Roraima possuem idades entre 1300 e 2100 Ma., em comparação com o dolerito Avanavero em 1600 Ma. (Mandetta, 1970; Bonfim *et al.*, 1974) e granitos alcalinos, presumivelmente associados aos vulcanitos do norte de Roraima, se situaram no limite 1500 e 1700 Ma. (Teixeira e Basei, 1975). Correspondem aos granitos Surucucus em Roraima, Abonari ao sul dos rios Abonari, Uatumã, Pitinga e Jatapu, ambos tipo *rapakivi* e Tiquiê, na parte NW do Amazonas, datados entre 1470 e 1570 Ma. (Dall'Agnol e Dreher, 1975; Pinheiro *et al.*, 1976; Araujo Neto e Moreira, 1977; Santos e Reis Neto,

ARCABOUÇO GEOLÓGICO

1981). Quartzo-sienitos na região de Surucucus, Cachorro e Serra do Acari, relacionados a reativação Parguazense foram datados em 1500 Ma. As rochas alcalinas do Mapari, Amapá (Lima *et al.*, 1974; João *et al.*, 1978) com idades entre 1335 e 1680 Ma. podem estar associadas à fase final da mesma reativação.

Evento tectonotermal compressional, denominado K'Mudku, em torno de 1200 Ma., caracterizado por milonitização (Barron, 1969) e formação de rampas laterais (Fraga e Reis, 1995), aparentemente alterou as idades das rochas anteriormente formadas. Esse evento, de características regionais atuou em outras partes do Escudo, como no Amapá, denominado episódio Jari-Falsino (Lima *et al.*, 1974). Subseqüentemente, foi implantada tectônica distensiva acompanhada por extrusões máficas identificadas no alto Rio Pardo e Seringa, na região do Uatumã, com idades entre 1115 e 880 Ma. (Araújo Neto, 1977; Veiga Jr. *et al.*, 1979). Com idades similares ocorreram intrusões alcalinas circulares em 1025 Ma., como o sienito Mutum (Oliveira *et al.*, 1975). Formação Prosperança (Paiva, 1929; Caputo *et al.*, 1971) definida como tendo arenitos vermelhos, arcósios intercalados com siltitos e argilitos vermelhos, conglomerados basais com seixos de rochas vulcânicas, com espessura de 750 m, ocorre nos vales dos rios Jaú, Unini, Camananaú e Curiuaú. Essa seqüência que repousa sobre o complexo cristalino é capeada pela formação Trombetas e está cortada por diques de diabásio com idade de 1100 Ma. Corresponde a deposição ocorrida nas bacias restritas, em ambiente oxidante, provavelmente durante o regime distensivo.

No embasamento gnáissico do Amapá existem zonas granulíticas orientadas NW-SE contendo granulitos, kinzigitos, charnoquitos e enderbitos denominadas suíte metamórfica Ananaí ou Tartarugal Grande (João *et al.*, 1979). Destacada do embasamento existem seqüências vulcano-sedimentares, aflorantes caracteristicamente no distrito manganesífero da Serra do Navio descritas como Série Vila Nova (Ackermann, 1948) subdividido em duas formações ou grupos: Jornal (inferior) que consiste de anfibolitos ortoderivados e Serra do Navio (superior) com xistos com biotita, granada, grafita e anfibólio, quartzitos com granada e talco xistos com intercalações de protominério de Mn, silico-carbonático, metamorfizados em fácies anfibolito e cortados por granitos sintectônicos (Scarpelli, 1966). Isócrona de 2090 Ma. (Hurley *et al.*, 1968) sugere retrabalhamento no ciclo Transamazônico. Importantes depósitos de manganês da Serra do Navio, ouro nos vales do Oiapoque, Calcoene e Cassiporé e na região do Lourenço, cromita no Igarapé do Breu e pegmatitos com columbita, tantalita e cassiterita no Igarapé do Jornal existem no Amapá.

5. Província Xingu ou Tapajós

Subdividida geograficamente nas subprovíncias Carajás, Xingu e Madeira (Amaral, 1984) corresponde ao antigo cráton Guaporé (Almeida, 1971) e Escudo Brasil Central. A parte maior que engloba as subprovíncias Carajás e Xingu, a leste foi afetada pelo evento Transamazônico, enquanto a subprovíncia Madeira exibe efeitos dos eventos Parguazense, a leste, e Rondoniense, a oeste. Gnaisses, migmatitos, anfibolitos, gabros, noritos, granulitos, charnoquitos e granitos derivados de anatexia, formados por metamorfismo entre os fácies granulito e anfibolito compõem o Complexo Xingu (Silva *et al.*, 1974) com idades entre 2409 e 3282 Ma. (Gomes *et al.*, 1971), ou o embasamento da Província. Granulitos e charnoquitos, designados suíte metamórfica Cuiú-Cuiú (Pessoa *et al.*, 1977) ocorrendo no vale do Crepori e Serra dos Carajás e na "Bengala de Rondônia", são correlacionáveis a seqüência Anauá no Escudo das Guianas. Relações de campo que indicam ser a suíte pré-Uatumã com idades em torno de 1980 Ma. permitem supor que se trata de rochas arqueanas. Associação de rochas gabróides, ultramáficas e máficas intrusivas na suíte Cuiú-Cuiú e granodiorito Parauari e cortada por diques ácidos Iriri ocorre na região do Ingarana (vales do Tapajós e Jamanxim), sendo correlacionada às básicas de Cacoal (RO) e Suíte Tapuruquara (AM). O complexo acamadado sinvulcânico de Luanga, que contém cromita estratiforme (Suita, 1988), com idade de 2760 Ma., faz parte da subprovíncia Carajás, Complexo Xingu.

Seqüências de xistos verdes, anfibolitos, quartzitos e micaxistos do GB Jacareacanga, aflorantes no vale do Tapajós e rodovia Transamazônica (Santos *et al.*, 1981; Silva, 1982), aparentemente são afetados pelo granodiorito Parauari e portanto, considerados de idade arqueana. O Grupo Grão Pará, definido pelos geólogos do consórcio Companhia Meridional de Mineração-Companhia Vale do Rio Doce (1971) para uma seqüência

ARCABOUÇO GEOLÓGICO

de itabiritos, com importantes depósitos de hematita intercalados em metabasaltos datados em 2700 Ma., têm sido exaustivamente estudados (Tolbert *et al.*, 1971; Suszczynski, 1972; Beisiegel *et al.*, 1973; Silva *et al.*,1974; Tassinari *et al.*, 1982). Rochas ultramáficas-máficas, félsicas e metassedimentares com itabiritos e formação manganesífera que sofreram metamorfismo de grau mais elevado que o Grupo Grão Pará são designadas por Salobo (Hirata *et al.*, 1982) e ocorrem encravadas nos gnaisses Xingu. Gnaisses, anfibolitos, xistos com cordierita (dalmatianita xistos) constituem alguns dos derivados metamórficos da Formação Salobo. Datações na Formação Salobo resultaram numa isócrona em 2700 Ma. e idades K-Ar em 1950 Ma. Rochas do Complexo Xingu (terrenos granito-*greenstone*) resultaram numa isócrona em 2750 Ma., com razão inicial próxima aos valores mantélicos e idades K-Ar entre 1725 e 3285 Ma., com um conjunto bem delimitado em 1750-2200 Ma., que denota retrabalhamento Transamazônico.

A evolução durante o Pré-cambriano na região de Carajás (Figura 1.6) tem mostrado a existência de gnáisses tonalíticos designados por Arco Verde, granulitos do complexo Pium, *greenstones* do Rio Maria, cortados por granitóides e metavulcânicas do Grupo Lagoa Seca com idades entre 2859 e 3050 Ma. Em seguida, a região foi afetada por deformação cisalhante entre 2730 e 2770 Ma. que resultou na formação de *rifts* continentais onde foram depositadas rochas do Grupo Grão Pará e intrusivas básicas. Nova fase de deformação, de caráter dúctil-rúptil, entre 2497 e 2580 Ma., caracterizada pelo sistema transcorrente Itacaiunas (Araujo *et al.*, 1988) resultou na formação do Duplex Serra Pelada (Lab e Costa, 1992), deposição dos sedimentos Rio Fresco (Lafon e Macambira, 1992), granitos como o da Serra de Gradaús e gnaisse Estrela em Curionópolis (Barros *et al.*, 1992; Costa *et al.*, 1992).

Granitóides com composição granodiorítica a tonalítica, apresentando ocasionalmente forte foliação gnáissica, foram descritos nos vales dos rios Tapajós, Parauari, Jamanxim e Juruena (Santos *et al.*, 1975; Pessoa *et al.*, 1977; Silva *et al.*, 1974) e colocados com idade entre o Arqueano e o Proterozóico Inferior (Bizinella *et al.*, 1980).

Um conjunto de xistos, quartzitos e filitos (Oliveira, 1918; Dequech, 1943) localizados em Barão de Melgaço e vale do rio Comemoração, em Rondônia, foram correlacionados ao pacote de arcósios, sil-

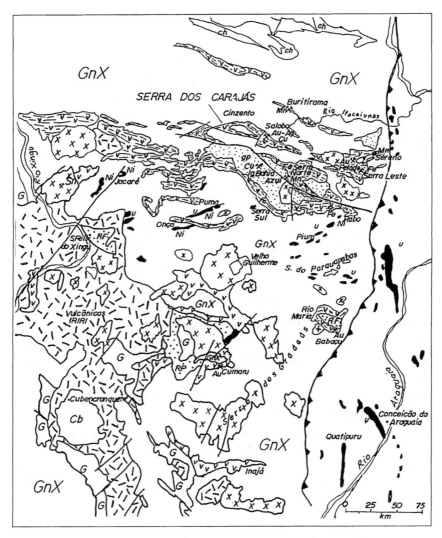

FIGURA 1.6. Subprovíncia Serra dos Carajás: v = Faixas vulcano-sedimentares, u = ultrabásicas, ch = granulitos e/ou charnoquitos, GnX = Gnaisse Xingu, RF+sedimentos Rio Fresco, GP = Grão Pará, G = Gorotire, Cb = Cubencranquem, X = granitóides Proterozóicos.

ARCABOUÇO GEOLÓGICO

titos, conglomerados e tufos ácidos denominados seqüência vulcanossedimentar (Pinto Filho *et al.,* 1976) e designados "Epimetamorfitos do Comemoração" (Leal *et al.,* 1978). Essas rochas são consideradas como pertencentes ao Proterozóico Inferior (Santos e Loguercio, 1984).

A Formação Rio Fresco (Barbosa *et al.,* 1966) constituída de conglomerados, arenitos arcosianos, folhelhos esverdeados a negros, manganesíferos e carbonosos e antracitos com espessura de até 3.000 m, ocorrendo na bacia do rio Fresco, Serra do Gorotire e Serra dos Carajás (Silva *et al.,* 1974) aparentemente capeia o Grupo Grão Pará. Esse conjunto contém mineralizações de cobre (Igarapé Bahia), chumbo-zinco-cobre próximo a São Félix do Xingu (Três Ilhotas) e meta-antracito na Serra do Gorotire. Siltitos, *cherts,* níveis de brecha intraformacional, folhelhos piritosos e carbonosos e dolomitos, correlacionáveis à Formação Rio Fresco foram descritos na Serra da Andorinha (Cordeiro e Saueressig, 1980).

Significante magmatismo plataformal vulcano-plutônico que ocorre na parte central do cráton da Amazônia, denominado de Série Uatumã (Oliveira e Leonardos, 1943) é amplamente reconhecido nas bacias dos rios Xingu, Iriri e Tapajós. Vulcanismo riolítico a dacítico, associado a ignimbritos, rochas piroclásticas e inúmeras intrusões graníticas (tipo A) ocorreram durante o mesoproterozóico, numa faixa de idade entre 1800 e 1850 Ma. Essa atividade ígnea designada de Grupo Iriri (Sudam, 1972) e correlacionada às suítes Surumu e Iricoumé consiste de lavas, tufos e aglomerados não metamorfizados e granitos freqüentemente mineralizados com cassiterita, columbita-tantalita e molibdenita. Veios hidrotermais de quartzo com mineralizações de ouro-prata e chumbo são encontrados nessas rochas. Esses granitos foram denominados de Maloquinha (rio das Tropas) e Serra dos Carajás na Serra da Seringa (Santos *et al.,* 1975; Andrade *et al.,* 1978) e têm idades similares às dos granitos Mapuera e Saracura.

Grupo Gorotire (Ramos, 1954) com 300 m de espessura de arenitos arcosianos a caulínicos sobrepostos a conglomerados formados em ambiente continental está suavemente dobrado e invadido por *sills* de diabásio com idade de 1610 Ma. na região do Crepori (Pessoa *et al.,* 1977), o que caracteriza o encerramento do evento Uatumã-Iriri. Esses sedimentos contêm diamante detrítico, também explorados na seqüência Roraima, correlacionável ao Grupo Gorotire.

Mais a oeste, no vale do rio Aripuanã foi descrita a Formação Beneficente para uma seqüência de sedimentos marinhos (Almeida e Nogueira Filho, 1959) com conglomerados com seixos de rochas vulcânicas e arenitos na base, seguida de calcoarenitos, doloarenitos intercalados em siltitos, arenito róseo, argilitos, doloarenitos estromatolíticos, siltitos e dolomitos estromatolíticos com espessura superior a 1.000 m (Carvalho e Figueiredo, 1982). Na bacia do rio Sucunduri ocorrem níveis manganesíferos nos arenitos e siltitos (Costa, 1966). Metamorfismo incipiente e idade entre 1600 e 1200 Ma., considerando a intrusiva alcalina do domo de Sucunduri, têm sido sugeridos. Arenitos com mineralizações de cobre (pirita-calcopirita-bornita) disseminado e impregnação de cobre em siltitos e dolomitos existem nesse grupo (Liberatore, 1972).

Durante esse período deposicional (unidades Dardanelos e Apiacás), reativação tectônica acompanhada de vulcanismo subordinado, sinsedimentar e plutonismo granítico, tipo *rapakivi*, ocorreram numa vasta área. Esse evento denominado Parguazense, situado entre 1500 e 1600 Ma., originou granitos designados por Velho Guilherme, Serra da Providência e Teles Pires, similares ao Surucucus e Abonari, que contêm mineralizações de Sn.

Intensa reativação da margem continental, responsável pela movimentação das antigas faixas móveis, designada pelo evento K'Mudku em 1200 Ma., originou zonas de cisalhamento na região do Alto Rio Negro e Rondônia (Figura 1.7), seguida pela formação de enxame de granitos estaníferos tipo Rondoniano, em complexos anelares (Kloosterman,1966) com importantes depósitos de cassiterita e ocorrências de topázio azul e fluorita em *breccia-pipes* tipo Potosi e Bom Futuro, por volta de 1000 Ma., provavelmente formados pela refusão parcial de granitos tipo Serra da Providência. Efusões ácidas ocorrem em Caripunas e Costa Marques, e basaltos alcalinos em Nova Floresta. Chaminés alcalinas existem na cachoeira do Teotônio. Aparentemente, foram formados na mesma época.

A zona de cisalhamento Rio Negro-Juruena (Tassinari *et al.*, 1989) ou Guaporé (Santarém *et al.*, 1992) que contém a "bengala de Rondônia" e estruturas *dog leg* associadas, preenchidas pelos sedimentos clásticos Pacaás Novos, Uopiane, Pimenta Bueno e Parecis (Pires e Frank, 1988) se desenvolve pela parte sudoeste do cráton (Complexos Granulíticos Santa Bárbara, Santa Luzia e Rio Pardo) onde toma a designação de zona de cisalhamento Aguapeí-Rio Branco até o Mato Grosso, no complexo Apa. Envolve rochas de alto grau, granulitos e charnoquitos, granodioritos e

ARCABOUÇO GEOLÓGICO

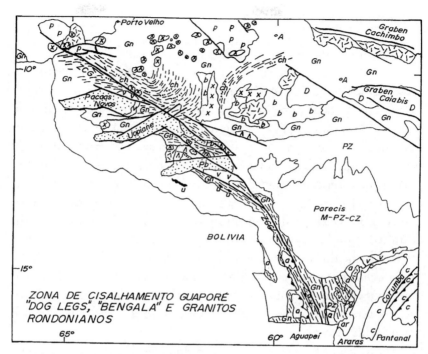

FIGURA 1.7. Zona de cisalhamento Guaporé (ZCG) com as estruturas tipo *dog leg*. p = Prosperança, Mutum Paraná, Pacaás Novos, Uopiane, Pimenta Bueno, "Bengala de Rondônia". Vulcanossedimentares tipo Comemoração (^^). b = Sedimentos Beneficientes, x = Granitos Rondonianos e tipo Serra da Providência (p). ch = granulitos e charnoquitos. A = corpo de rocha alcalino.

tonalitos gnaissificados e restos de *greenstone* e tem nítido deslocamento levógiro pelos 1.000 km de extensão da faixa (Menezes *et al.*, 1991; Silva *et al.*, 1992). Sedimentos mesoproterozóicos, tipo *flysh* (Grupos Aguapeí e Prosperança) e molassas com algum vulcanismo ácido a intermediário (Grupos Beneficente, Corumbá, Formações Araras e Puga) ocorrem ao longo da Faixa. Tectônica colisional, com cavalgamentos oblíquos a frontais durante os Proterozóicos Médio e Superior, é feição dominante.

6. Província São Francisco

Os limites da Província e Cráton São Francisco (CSF) aparentemente coincidem, desde que se considere o envolvente cráton Paramirim. Desde as idéias iniciais, onde conceitos de estabilidade para o bloco e deformação para as faixas marginais foram feitas, o Arqui-Brasil (Guimarães, 1951) foi imaginado como fragmento crustal englobando o atual CSF excedendo seus limites em relação aos atuais (Figura 1.8). A delimitação e a caracterização do CSF têm sido pesquisadas por décadas. Originalmente descrita como plataforma do São Francisco, o CSF representa extenso núcleo cratônico estabilizado no fim do ciclo Transamazônico circundado por faixas de dobramento proterozóicas, denominadas Araçuaí (Paraíba), Brasília (Almeida, 1967; 1977), Rio Preto (Inda e Barbosa, 1978), Riacho do Pontal e Sergipana (Almeida, 1967; Brito Neves, 1975). Posteriormente, o limite sul foi redefinido por superfície curvilínea passando por Mariana, São João del Rei, a norte de Lavras, São Roque de Minas, Vazante e Unaí (faixa Brasília) e Almenara a Janaúba (faixa Araçuaí) por Almeida (1993).

Províncias e feições tectônicas têm sido identificadas por aero-gravimetria e -magnetometria que podem revelar descontinuidades crustais, comportamento estrutural e composição litológica do embasamento. Contrastes na geocronologia e aspectos geológicos de superfície também podem suprir informações. Mapas Bouguer e gravimétricos (Haralyi e Hasui, 1985; Ussami e Sá, 1993) têm mostrado os limites do CSF e faixas marginais (*thrust fold belts*) e individualizado os blocos Brasília (Guanambí), Bahia (Lençóis ou Remanso, Serrinha e Jequié), Ilhéus e Aracaju, e externamente Vitória, Porangatu e Araguacema. A suposição da existência do cráton Paramirim (Figura 1.8) bordejado pelas faixas móveis Alfenas, Ceres, Rio Preto, Sergipano. Araçuaí e cinturão móvel costeiro ou Mantiqueira (Almeida, 1979; Mascarenhas *et al.*, 1984) têm relativo apoio geológico, geofísico e distribuição de kimberlitos (Pires, 1984; Tompkins e Gonzaga, 1992).

Duas faixas de descontinuidade crustal reveladas por anomalias gravimétricas (Vitória da Conquista-Buritirama ou *rift* Espinhaço e Gavião) mostraram o seccionamento do CSF em três fragmentos: Guanambí, Remanso e Serrinha durante os ciclos Brasiliano e Transamazônico

ARCABOUÇO GEOLÓGICO

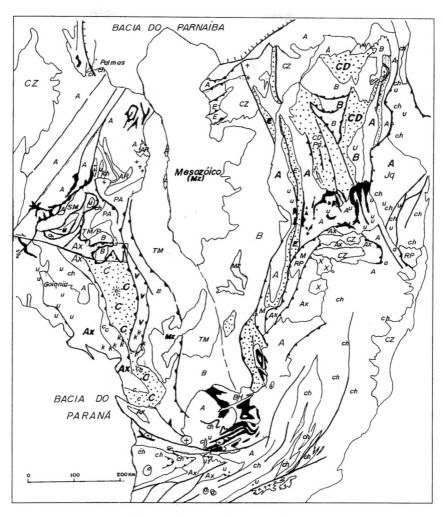

FIGURA 1.8. Província São Francisco. *Greenstone Belts* (em negro). A = gnaisses e migmatitos, ch = charnoquitos e granulitos, u = ultramáficas. Ax = Grupo Araxá e correlatos, AR = Grupo Araí, PA = Grupo Paranoá, TM/P = Grupos Três Marias e Paranoá, C = Grupo Canastra, SM = Grupo Serra da Mesa, B = Bambuí ou Una, E = Espinhaço, m = Minas, M = Macaúbas, CD = Chapada Diamantina. Pg = Formação Paraguaçu. Granitóides Proterozóicos (+). c = carbonatitos, K = kimberlitos, a = alcalinas. CZ = Cenozóico. Jq = Bloco Jequié. RP = Cobertura Rio Pardo.

(Mascarenhas *et al.*, 1984). Recentemente, a faixa que originou o *rift* Espinhaço foi redenominada de Paramirim, subdividindo o CSF em dois fragmentos: Cráton do São Francisco, *senso stricto* e Cráton de Salvador (Sabaté, 1992; Trompette *et al.*, 1992; Martin *et al.*, 1993). O CSF resultaria de processos de acreção e colagem de fragmentos cratônicos arqueanos e de faixas com desenvolvimento verificado entre o Arqueano e Proterozóico Inferior. O lineamento com cerca de 600 km de extensão (Jacobina-Contendas) que separa os blocos Jequié e Gavião é marcado pelo cavalgamento dos granulitos a E em direção W, por descolamento, seguido por transcorrência com componente sinistral (Sabaté, 1992).

O aulacógeno do Espinhaço (Costa e Inda, 1982) ou *rift* abortado resultante de fragmentação continental que afetou o CSF, a partir de 1700 Ma. (Dominguez, 1992), contém sedimentos remanescentes dos Grupos Rio dos Remédios (inferior e composto por rochas metavulcânicas ácidas, riolitos, dacitos, riodacitos, brechas e tufos associados a quartzitos e metaconglomerados, conforme Schobbenhaus e Kaul (1971), Paraguaçu (termo médio consistindo de metaconglomerados, metassiltitos e quartzitos, segundo Derby, 1906) e Chapada Diamantina (Neves, 1967) superior, com quartzitos das Formações Lavras (Derby, 1906), Tombador (Branner, 1910) na base, siltitos e folhelhos da Formação Caboclo gradando para rochas carbonáticas, às vezes estromatolíticas, e a Formação Morro do Chapéu no topo com quartzitos (Neves, 1967), segundo Inda e Barbosa (1978) e Costa e Inda (1982).

Várias regiões de alto grau metamórfico existem no CSF. Encontram-se encaixadas no complexo gnáissico-migmatítico e são compostas por charnoquitos, enderbitos, granulitos e leptinitos além dos hornblenda-piroxênio gnaisses. Inúmeros corpos de dimensões medianas de rochas ultrabásicas serpentinizadas e raros meta-anortositos ocorrem associados a esses terrenos. A origem desses complexos está ainda indecifrada, devido aos repetidos e intensos processos tectono-metamórficos a que foram submetidos. Podem representar restos de *greenstone belts* em grau mais alto ou relíquias de protocrosta, ou ainda serem oriundas de particular metamorfismo carbônico durante ciclos orogênicos posteriores. Na Bahia são conhecidos complexos no domínio Jequié-Mutuipe-Maracás, onde há clara evidência de metamorfismo granulítico em 2000 Ma. em ortognaisses com idades entre 2600 e 3300 Ma. (Marinho *et al.*, 1993), denotando o ciclo Jequié.

ARCABOUÇO GEOLÓGICO

Em Minas Gerais são conhecidos complexos granulíticos nas regiões de Perdões, Passa Tempo, Acaiaca, Padre Pinto, Guanhães-Virginópolis, Manhuaçú-Ipanema (Fiumari *et al.*, 1983; Evangelista, 1983; Costa *et al.*, 1992) encaixados em rochas gnáissicas e migmatíticas que aparentemente representam restos da protocrosta arqueana, cratonizados durante os ciclos Transamazônico e Brasiliano. Do rejuvenescimento brasiliano apenas restaram idades transamazônicas a partir da superfície delimitada por Governador Valadares, Mariana e Lavras para o interior do CSF.

Claras evidências de retrabalhamento transamazônico foram detectadas nos blocos Jequié e Gavião (Ledru *et al.*, 1993) bem como nas partes setentrionais e orientais (Teixeira e Silva, 1993). O posicionamento sincinemático de hiperstenitos de Caraíba (Oliveira e Lacerda, 1993) ao longo de estruturas tipo *strike-slip* foi demonstrado.

Estruturas tipo *greenstone belt* ou seqüências vulcano-sedimentares com idade arqueano-proterozóica inferior têm sido identificadas ao longo da borda do CSF e designadas por Serrinha-Santa Luz, Rio Capim, Colomi, Contendas-Mirante, Urandi-Licínio de Almeida, Brumado, Boquira, Riacho Santana, Jacobina e Rio Itapicuru (Pedreira *et al.*, 1975; Portela *et al.*, 1976; Kishida e Riccio, 1980; Mascarenhas, 1984) para o norte. Para a região sul foram identificados os *greenstone belts* de Porteirinha-Gouveia, Serro-Dom Joaquim, Rio das Velhas, Barbacena, Pium-i e Fortaleza de Minas (Barbosa, 1954; Dorr *et al.*, 1957; Almeida, 1976; Schorscher, 1976; Pires, 1977; Ladeira, 1980; Sichel, 1984; Schrank *et al.*, 1984), em Minas Gerais. Na região oeste do CSF vários corpos de *greenstone belts* têm sido designados por Almas, Crixás, Hidrolina, Goiás Velho. A seqüência de xistos verdes considerada por Barbosa (1954) como fácies eugeossinclinal do sistema Espinhaço pelo mesmo denominada Série ou Grupo Barbacena, modificada posteriormente (Ebert, 1956; Pires, 1977), tem sido correlacionada ao Grupo Nova Lima, anteriormente pré-Minas, pertencente a parte inferior do Supergrupo Rio das Velhas (Dorr *et al.*, 1957). O Grupo Nova Lima consiste de metabasaltos e metaultrabasitos com "Lapa Seca" e formação ferrífera bandada com importantes depósitos auríferos (Morro Velho, Raposos, Cuiabá e São Bento). Esse grupo é separado por discordância erosional de metassedimentos clásticos denominados Grupo Maquiné (Dorr *et al.*, 1957), subdividido nas formações Palmital, inferior (O'Rourke, 1958), e Casa Forte, superior (Gair, 1962) com sericita quartzitos e filitos quartzosos e lentes conglomeráticas semelhantes entre si. O Grupo Tamanduá (Simmons e Maxwell, 1961) composto de quartzitos, filitos, xistos, itabirito dolomítico e filítico colocado entre os grupos Maquiné e Caraça foi descrito com o Quartzito Cambotas na base e a Formação "Sem Nome" no topo. Forte tectônica, contactos intrusivos com os gnaisses e presença de seixos de itabiritos deformados nos metaconglomerados considerados do Maquiné tornam o estabelecimento da estratigrafia para o Arqueano e Proterozóico de Minas Gerais problemático.

As diferenças fundamentais entre os *greenstone belts* Rio das Velhas e Barbacena está em que o primeiro apresenta grau metamórfico mais baixo, não é cortado por intrusivas graníticas e contém mineralizações de ouro e formação ferrífera bandada e é desprovido de manganês.

Corpos máfico-ultramáficos acamadados, deformados e metamorfizados (Americano do Brasil, Mangabal, Goianira-Trindade, Águas Claras, Santa Bárbara, Barro Alto, Niquelândia, Canabrava) ou da *mélange* ofiolítica (Morro Feio, Abadiânia e Cromínia) foram destacados na mesma região (Nilson 1993). Na parte norte são conhecidos os complexos de Campo Alegre de Lourdes, Rio Piau, Ipiau e Caraíba e em Minas Gerais os do Morro das Almas, Liberdade, Morro do Corisco, Ipanema, Tocantins, Bocaina de Minas em Minas Gerais e Areal no Rio de Janeiro. Esses corpos contêm mineralizações de níquel, amianto, talco, cromo, cobre e vermiculita.

Os *greenstone belts* e os corpos máfico-ultramáficos foram sucedidos por extensa granitização caracterizada pela geração de corpos migmatíticos de composição granítica, granodiorítica e até sienítica acompanhada por metassomatismo sodi-potássico. Alguns corpos graníticos com pegmatitos associados têm apresentado idades transamazônicas. Alguns desses granitos que ocorrem na Bahia, Minas Gerais e Goiás denominados na Bahia de Jacobina, Mansidão, corpos migmatíticos de Feira e Capim Grosso, Serrinha, Correntina e os sienitos de Itiuba, Santanápolis, São Félix, Cara Suja, Estreito, Urandi e Coribe e a rede filoniana de Ipira-Gavião estão posicionados em cinturões móveis transamazônicos (Mascarenhas, 1984; Conceição, 1993). Os de Minas Gerais ocorrem num grande arco magmático, em provável zona colisional passando por Guanhães, Borrachudos, Itabira, Bicas, Ressaquinha, Alto Jacarandá, Santa Rita, Taboões, Lavras, Porto Mendes, Aread e Quilombo (Machado *et al.*, 1983; Fiumari *et al.*,

1985; Teixeira, 1985; Heilbron *et al.*, 1987; Quéméneur e Vidal, 1989; Pires e Barbosa, 1993).

Contemporaneamente, bacias marginais, *back arc basins* foram largamente implantadas ao longo do CSF em edificação durante o Proterozóico Inferior a Médio. Desse modo, sedimentos clásticos, químicos oriundos de severa erosão das áreas continentais emersas e retrabalhamento dos sedimentos formados gerando níveis de conglomerados intraformacionais foram depositados no Quadrilátero Ferrífero (Figura 1.9). As faixas de quartzitos e xistos da Serra da Canastra, Luminárias-Carrancas, Tiradentes-Lenheiro, Trapizonga, Santo Amaro, e a cordilheira do

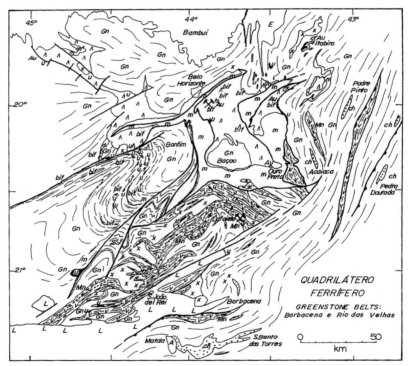

FIGURA 1.9. Quadrilátero Ferrífero. *Greenstone Belts* Barbacena (v) e Rio das Velhas (^), Gn = gnaisses, ch = charnoquitos e granulitos, u = ultrabásicas, A = Maciço sienítico-gnáissico, Granitóides Proterozóicos (x), m = Supergrupo Minas, Mn = jazidas de manganês, Au = jazidas de ouro, Bif = Formação ferrífera bandada, L = ciclo deposicional Lenheiro-Andrelândia.

Espinhaço representam esse evento. A seqüência proterozóica do QF inicia (Harder e Chamberlin, 1915; Dorr, 1969) com o Grupo Caraça, subdividido em Formações Moeda (metaconglomerados, quartzitos e quartzo xistos), inferior e Batatal (filitos sericíticos e grafitosos, e talvez turmalinitos), superior. Seguem-se seqüências de itabiritos (silicosos, dolomíticos e anfibolíticos) com importantes corpos de hematita da Formação Cauê e dolomitos, brechas e filitos dolomíticos com estruturas estromatolíticas da Formação Gandarela, que representam drástica mudança para ambiente químico, compondo o Grupo Itabira. Transicionam a quartzitos negros, ferruginosos, filitos prateados, com cianita (Formação Cercadinho), filitos cinza com marcas de redução e lentes de dolomitos com estruturas oncolíticas e estromatolíticas (Formação Fecho do Funil), quartzitos (Formação Taboões), filitos grafitosos (Formação Barreiro) que compõem o Grupo Piracicaba. A seqüência é capeada por espesso pacote de filitos e quartzitos verdes, brechas e raras rochas vulcânicas que compõem a Formação Sabará, uma vez considerada como similar ao Grupo Itacolomi (Guimarães, 1964). Aparentemente, o pacote Piracicaba e parte do Itabira contêm nítidos representantes da seqüência turbidítica.

Sedimentos incluídos no Grupo Itacolomi, discriminados como Quartzito Itacolomi (Harder e Chamberlin, 1915) e incluídos na Série Minas foram separados e colocados acima do Minas (Guimarães, 1931). O grupo Itacolomi consiste de sericita quartzitos, metaconglomerados com seixos de quartzo de veio, quartzito, xisto e itabirito particularmente similar à seqüência Maquiné. Os quartzitos Itacolomi foram colocados sobre a Série Minas por Derby (1906), fato confirmado por Guimarães e Moraes (1930). Guimarães (1931) considerou como Itacolomi as rochas quartzíticas das serras do Lenheiro e Tiradentes, Ouro Branco, Caraça e do Cipó, Serro, Diamantina e Cabral em Minas Gerais. A Série Lavras (Lavras Diamantinas, Derby, 1905) com micaxistos e quartzitos puros (itacolomito) na base, designados Formação Paraguaçu, capeados por espesso banco basal de conglomerados com diamante detrítico e seixos de quartzitos, posteriormente denominados de Formação Sopa (Guimarães, 1937). Tendo observado que o conglomerado Sopa tinha caráter intraformacional e que o conjunto de quartzitos e filitos encaixantes teria extensão lateral até o QF. Pflug (1965) sugeriu possível mudança de fácies sedimentar comparando a seqüência dos Quartzitos Espinhaço à Série Minas,

ARCABOUÇO GEOLÓGICO

onde itabiritos estariam intercalados em rochas clásticas com hematita. Tem sido proposta coluna estratigráfica para o Supergrupo Espinhaço em Minas Gerais (Pflug, 1968; Scholl e Fogaça,1980) que coloca a Formação São João da Chapada com quartzitos, conglomerados e filito hematítico na base, capeado pela Formação Sopa-Brumadinho com quartzitos, meta-conglomerado poli- e monomíticos e filitos hematíticos sotopostos à Formação Galho do Miguel com espessa seqüência de quartzitos com estratificação cruzada abundante, Formação Santa Rita com filitos e quartzo xistos, Formação Córrego dos Borges com sericita quartzitos laminados com estratificação cruzada, Formação Córrego Bandeira contendo filitos e quartzitos e Formação Rio Pardo Grande, no topo com filitos, localmente com manganês, ferro e lentes dolomíticas.

A designação Quartzitos Espinhaço (Drapper, 1920) elevada à condição de Supergrupo (Bruni *et al.*, 1972) foi exaustivamente estudada na Bahia e Minas Gerais (Schobbenhaus, 1972; Inda e Barbosa, 1978; Costa e Silva, 1980; Costa e Inda, 1982) e subdividida na Bahia, em Inferior, Médio e Superior ou em quatro unidades compreendendo seqüência vulcânica ácida na base (Formação Rio dos Remédios, Schobbenhaus e Kaul, 1971), seqüência quartzítica inferior com conglomerados na base, um nível de conglomerados intraformacionais com seixos de itabirito e seqüência de quartzitos superiores com quartzitos ferruginosos e micaxistos (Inda *et al.*, 1982).

Análise paleogeográfica (Dominguez e Rocha, 1993) dos sedimentos mesoproterozóicos na parte central do CSF, na Bahia, aulacógeno do Espinhaço (Costa e Inda, 1982) conduziu a definição da seqüência basal (Paraguaçu-Rio dos Remédios) em estágio *sin-rift*, com vulcanismo contemporâneo, composta por sedimentos fluviais, tidais e estuarinos passando a deltáicos seguido por período de soerguimento que resultou numa desconformidade erosional com conglomerados e sedimentos grossos. Na parte SW da bacia sedimentos ricos em ferro-manganês foram formados. Em estágio *pos-rift*, depositou-se a Formação Tombador-Caboclo, sedimentos flúvio-eóleos que transgridem para sedimentos plataformais em ambiente tempestuoso com passagem para sedimentos carbonatados. Calcários estromatolíticos da Formação Caboblo foram datados em 1,14 Ga (Babinski *et al.*, 1993). O Grupo Chapada Diamantina (Neves, 1967) engloba as formações Tombador, com a clássica escarpa descrita por

Banner e os níveis com conglomerados diamantíferos (da região de Lençóis e Mucugê), Caboclo e Morro do Chapéu. Na província do Espinhaço, a correlativa seqüência Espinhaço iniciou com sedimentos fluviais seguida por ambiente eóleo.

Após a deposição das duas seqüências anteriores, o abaixamento do nível do mar expôs a bacia a condições subaéreas, que resultou na implantação de sistema fluvial com conglomerados no fundo das drenagens, seguida de elevação do nível do mar para ambiente estuarino, formando a seqüência Morro do Chapéu na Chapada Diamantina. No Espinhaço, sem evidências de exposição subaérea, turbiditos de grã grossa ocupam a parte do topo do Supergrupo Espinhaço, formando a seqüência Gentio, equivalente ao Morro do Chapéu.

O Supergrupo Espinhaço, designação que prevaleceu, tem sido reestudado e propostas formuladas. Subdivisão recente sugere (Silva, 1993; Martins Neto, 1995) para a região meridional, seqüências deposicionais definidas por Olaria, na base, com 30 m de espessura, com o limite inferior por falha de empurrão, em estágio *pré-rift* com tectônica dominante e sedimentos de praia capeando a Formação Barão de Guaicuí e sendo recoberto pela seqüência Natureza (espessura de 100 m) através de discordância erosiva, tendo na base metaconglomerado polimítico, formado em leque aluvial proximal em estágio *sin-rift 1*, gradando para um sistema fluvial entrelaçado e eóleo, com grânulo decrescente. Essas duas seqüências consistem da Formação Bandeirinha (Fogaça *et al.*, 1984). Sobreposta, existe a seqüência São João da Chapada (espessura = 70 m) separada da anterior por discordância angular tendo na base brecha de talus, monomítica, em ambiente litorâneo passando a marinho em estágio *sin-rift 2*, com alguma atividade tectônica. No topo existe a seqüência Sopa-Brumadinho (espessura = 150 m) separada da inferior por conformidade correlativa, tendo na base metapelitos lacustrinos capeados por quartzitos e no topo, metaconglomerado polimítico, diamantífero formados em leques deltáicos em estágio *sin-rift 3*. O conjunto está sotoposto pela Formação Galho do Miguel, de características eóleas e *pós-rift*.

Na borda oeste do CSF (Figura 1.8), o embasamento granito-gnáissico forma grande superfície arqueada e contém fragmentos que formam faixas móveis representados por complexos máfico-ultramáficos granulitizados designados por Porto Nacional, Gameleira, Canabrava ou Uruaçu,

Niquelândia, Barro Alto, Itauaçú-Anápolis (Almeida, 1978; Danni e Leonardos, 1980; Fuck *et al.*, 1981), com intervalos de idades situadas entre 4000 e 4200 Ma, tendo sofrido a granulitização em torno de 2700 Ma. (Cordani, 1976). Alguns granulitos apresentam idades transamazônicas o que pode refletir retrabalhamento durante esse evento. O embasamento arqueano também envolve várias estruturas tipo *greenstone belt*, designadas por Almas-Natividade, Mara Rosa, Crixás, Pilar-Guarinos-Hidrolina, Porangatu, Santa Maria e Rio do Coco (Costa, *et al.*, 1976; Correia Filho e Sá, 1980; Danni e Ribeiro, 1978; Sabóia, 1979; Barreira, 1980). Essas seqüências ocorrem em calhas sinformais apertadas e são caracterizadas por grau metamórfico xisto verde, zonas de clorita e biotita e raramente anfibolito, magmatismo máfico a ultramáfico com texturas tipo *spinifex*, capeamento vulcano-químico sedimentar dominado por meta-*cherts*, formações ferrífera e manganesíferas, material carbonoso, calcários impuros e seqüências clásticas quartzosas. Em algumas situações o magmatismo muda para o topo a andesitos e riolitos. Esses *greenstones* contêm importantes mineralizações auríferas sulfetadas. Corpos granito-granodioríticos cortam tanto os *greenstones* quanto os gnaisses do embasamento, mostrando acentuada variação em idades: 500 a 3000 Ma. (Girardi, *et al.*, 1978; Tassinari e Montalvão, 1980). O denominado Maciço Mediano de Goiás revela complexo padrão de deformação com forte tectônica de empurrões para este, contra o CSF. Os dobramentos distribuem-se por vários ciclos tectônicos culminando com deformações rúpteis que caracterizam os "Lineamentos Transbrasilianos", que controlam o *graben* de Água Bonita e a molassa de Monte do Carmo na margem da bacia do Parnaíba (Scobbenhaus Filho *et al.*, 1975). A famosa Inflexão ou Megaflexura dos Pirineus (Costa e Angeiras, 1970) que trunca todas as seqüências Pré-cambrianas separa a faixa Brasília em duas frações distintas (Fig.1.8). Aparentemente, tratam-se de estruturas com desenvolvimento desde o Arqueano (Fuck e Marini, 1979). Zonação tectônica afetando as unidades brasilianas definindo cinco zonas isópicas (Januária, Unaí, Vazante, Paracatu e Araxá) onde os graus metamórfico e o de deformação aumentam para oeste, foi proposto por Dardenne (1978 e 1979).

Corpos máfico-ultramáficos diferenciados compostos por dunitos, harzburgitos, piroxenitos, gabros e hornblenditos, tipo Americano do Brasil (Nilson, 1980), ocorrem generalizadamente no embasamento goiano. Mineralizações de cobre, níquel e cobalto ocorrem nesses complexos. Similarmente, nas bordas dos complexos de Niquelândia e Barro Alto existem diferenciados gabro-anortosíticos nos locais Serra dos Borges e da Malacacheta em contacto tectônico com os granulitos. Consistem de troctolitos e olivina-gabros no núcleo passando para anortositos acamadados com leitos hornblendiditos resultantes de retrometamorfismo. Seqüências vulcano-sedimentares (anfibolitos e biotita-muscovita xistos) ocorrem em Palmeirópolis, Indaianópolis e Juscelândia (Danni e Leonardos, 1980; Fuck *et al.*, 1980; Ribeiro Filho e Teixeira, 1980) na parte superior dos complexos gabro-anortosíticos. Mineralizações de chumbo e zinco ocorrem nesses complexos, particularmente Palmeirópolis.

Grafita-mica xistos circundantes dos maciços graníticos que ocorrem nas regiões do Rio Preto, Campos Belos e Monte Alegre, denominada de Formação Ticunzal (Marini *et al.*, 1978), gradam para gnaisses que fazem os contornos dos granitos intrusivos da Serra da Mesa, Serra Branca e Nova Roma e que são largamente atravessados por pegmatitos berilo-tântalo-estaníferos. São recobertos pelos quartzitos basais Araí.

Denominados de Grupos Araxá (Barbosa, 1955), Serra da Mesa (Marini *et al.*, 1969) e Canastra (Barbosa, 1955), a seqüência de muscovita (biotita) xistos contendo cianita, estaurolita e granada, com intercalações de quartzitos, xistos calcíferos, raros anfibolitos cortados por granitos e pegmatitos foi englobada na discutível faixa Uruaçuana de idade Proterozóico Médio (1100 e 1300 Ma.) conforme Almeida, (1968) e Fuck e Marini (1979). Unidades desse tipo foram descritas no sul de Minas Gerais com o nome de Formação Andrelândia (Ebert, 1958). Forte tectônica de escamas impede clara relação estratigráfica entre os grupos. Mineralizações estaníferas ocorrem ao longo dos contactos do granito da Serra Dourada em biotititos e zonas extremamente deformadas de granitos na região de Ipameri, com ocorrência de turmalinitos, sulfetos e rutilo (Pires e Miano, 1995). Aparentemente, resultaram do processo extensional que fragmentou a borda do antigo cráton Paramirim preenchida por sedimentação clástica acompanhada por fraco vulcanismo básico. Intrusivas alcalinas (litchfeldito) nas regiões de Porto Nacional e Peixe (Barbosa *et al.*, 1969; Marini *et al.*, 1972; Hasui *et al.*, 1980) com idade de 1200 Ma. foram formadas durante esse evento.

Desde a descrição do Grupo Bambuí (Rimann, 1917; Freyberg,

ARCABOUÇO GEOLÓGICO

1932) em camadas Gerais (horizontais) e Indaiá (dobradas) com seus *Favosites* e *Chaetetes* (Derby, 1882), calcário ou Grupo Una (Derby, 1905; Branner, 1910) essa unidade tem sido exaustivamente estudada. O Grupo Paranoá (Braun, 1968), composto por conglomerados basais sobrepostos ao Araí, quartzitos, siltitos inicialmente colocado à base do Bambuí, foi separado por Dardenne (1979). O estabelecimento da litoestratigrafia do Grupo Bambuí é dificultado pelas variações faciológicas, de espessura e larga extensão territorial. Permite-se reconhecer três ciclos sedimentares que iniciam por calcários argilosos e dolomitos (Formação Sete Lagoas, Branco e Costa, 1961) que passam a siltitos da Formação Serra de Santa Helena (Branco e Costa, 1961) sotopostos a sucessão de siltitos e margas com intercalações de calcários negros com níveis oolíticos e pisolíticos e estratificação cruzada (Formação Lagoa do Jacaré, Branco e Costa, 1961) sob arcósios localmente avermelhados e siltitos verdes (Formação Três Marias, Branco e Costa, 1961) e filitos, ardósias, quartzitos, metassiltitos, raras lentes calcíferas, abundantes dolomitos com estromatólitos com mineralizações de zinco e chumbo, brechas intraformacionais e níveis fosfáticos (Formação Vazante, Dardenne, 1978) no topo da seqüência. Três seqüências distintas são observadas na região de Paracatú e Vazante iniciando-se com ardósias verdes a negras, lentes arenosas e dolomíticas com estromatólitos colunares (Dardenne e Campos Neto, 1976) na Serra do Garrote, passando a dolomitos algais, doloarenitos e brechas intraformacionais com chumbo e zinco passando a metapelitos para o topo na região de Morro Agudo e filitos negros carbonosos e sulfetados com *boudins* de quartzo mineralizados a ouro (Morro do Ouro) denominados de Formação Paracatú (Almeida, 1967).

Sem posição estratigráfica definida a Formação Ibiá (Barbosa *et al.*, 1970) consiste de xistos cinza escuros calcíferos e quartzosos com clorita, muscovita, carbonato e localmente sulfetos.

7. Província Borborema

Os principais elementos geológicos e estrutura desta província correspondem (Kegel, 1961, 1965; Neves, 1975; Almeida *et al.*, 1977) aos complexos granito-gnáissico-migmatíticos de Pernambuco-Alagoas,

Caldas Brandão-São José do Campestre, Rio Piranhas, Tauá, Santa Quitéria, Granja e Marginal Norte do CSF, intercalados regionalmente a sistemas de dobramentos marginais (Sergipano e Médio Coreaú) e internos (Riacho do Pontal, Piancó-Alto Brígida, Seridó, e vestigialmente Pajeú-Paraíba, Jaguaribe e Rio Curú-Independência), mostrados na Figura 1.10. Essa alternância de blocos de embasamento com faixas móveis é modelo da tectônica da província. Profundas geofraturas ou zonas de cisalhamento arranjadas longitudinalmente seccionam o conjunto e são denominadas por Lineamentos de Patos e Pernambuco, a sul. Essas estruturas, aparentemente formadas no ciclo Brasiliano (540 Ma), são interrompidas pelos sedimentos fanerozóicos da Bacia do Parnaíba a oeste. O grau metamórfico predominante situa-se entre xisto verde e anfibolito, localmente chegando a fácies granulito.

Vários fragmentos de rochas arqueanas têm sido detectados na Província Borborema, sendo característicos os de Limoeiro, dentro do Maciço Pernambuco-Alagoas (gabro-anortosítico com 2800 Ma) com concentrações de ilmenita, núcleos diatexíticos de Natal (2970 Ma) e Presidente Juscelino (3230 Ma.), as ovais nos complexos Caicó e São Vicente, subdomínio do Seridó, núcleos de Tauá e Tróia e o Maciço de Granja, com possível prolongamento para o cráton de São Luís (Neves *et al.*, 1974; 1975). Gnaisses granulíticos e anfibolíticos da Faixa Sul-Alagoana, denominados Grupo Jirau podem ser considerados como relíquias arqueanas (Leite, 1969). Severa participação de evento transamazônico pode ter modificado as idades absolutas dos núcleos arqueanos.

O Sistema Marginal Sergipano, que compreende as faixas Sergipana e Sul-Alagoana, encontra-se orientado segundo direção NW-SE, e truncado pela Bacia de Tucano, atinge o Norte da Bahia e está recoberto por sedimentos fanerozóicos da bacia costeira Sergipe-Alagoas. A Faixa Sergipana, que contém simples litoestratigrafia, ocorre em duas partes separadas por empurrões de vergência para SW, definidas por Antefossa Lagarto e Faixa. Na Antefossa Lagarto, o Grupo Estância (Branner, 1913) é subdividido em Formações Jueté (arcósios e lentes de conglomerados), Acauá (calcários e dolomitos escuros, estruturas algais e níveis de metassiltito) e Lagarto (arenitos e siltitos, verdes a vermelhos), no topo, recobertos pela Formação Palmares (arenitos e grauvacas com intercalações de brechas). A Faixa Sergipana apresenta na base o Grupo Miaba (Humphrey e Allard,

ARCABOUÇO GEOLÓGICO

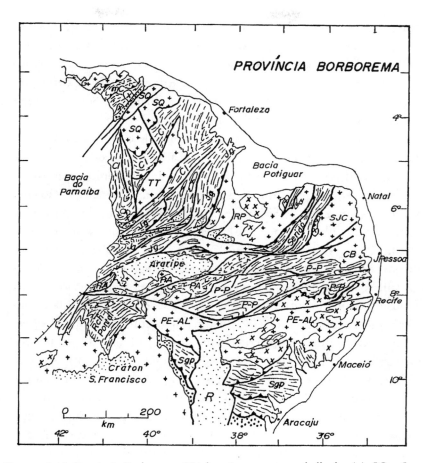

FIGURA 1.10. Província Borborema. Núcleos Arqueanos retrabalhados (+), SQ = Santa Quitéria, TT = Tróia-Tauá, RP = Rio Piranhas, SJC = São José do Campestre, CB = Caldas Brandão, PE = Pernambuco-Alagoas. Pontos maiores: molassas. Pontos menores: bacias fanerozóicas. CZ = Cenozóico. Faixas de dobramento: mC = Médio Corearú, CI = Curu-Independência, Jg = Jaguaribeano, S = Seridó, P-P + Pajeú-Paraíba, Sgp = Sergipano, Rch = Riacho do Pontal. Granitóides Proterozóicos (x).

1969), circundando o Domo de Itabaiana e subdividido em três formações: Itabaiana (conglomerado basal, metarcósios e ortoquartzitos), na base, Jacarecica (metagrauvacas com metassiltitos intercalados) e Jacoca (calcários impuros com ardósias) no topo. Esse grupo encontra-se sobreposto pelo Grupo Vaza-Barris (Moraes Rego, 1933), siluriano e da parte inferior da Série Estância, anteriormente. Atualmente, está subdividido nas Formações Capitão Palestina (filitos, ardósias, metagrauvacas, metassiltitos e metarenitos), Olhos d'Água (mármores escuros, filitos calcíferos) e Frei Paulo Ribeirópolis (filitos, metassiltitos com quartzitos e micaxistos e metagrauvacas) no topo. Os grupos Vaza-Barris e Estância são correlatos. Corpos gabróides invadem filitos Vaza-Barris (Mendes e Souto, 1966) e granodioritos, tipo Glória, cortam rochas da Faixa.

O Sistema de Dobramentos Seridó constitue o domínio central da Província onde a complexidade estratigráfica, pela falta de continuidade lateral de unidades, ausência de nível-guia, padrão tectônico com dobramento fechado com participação do embasamento e metamorfismo com variações significativas de fácies, tem causado polêmicas e dificultado seu entendimento (Ebert, 1955; 1961; 1966; 1968; 1970; Meunier, 1964; Ferreira, 1967; Silva e Santos, 1971; Santos 1973; Lima *et al.*, 1980; Sá, 1978; Sá e Salim, 1980). Desse modo, pode-se optar pela proposta de coluna iniciada pelo embasamento com os complexos Caicó e São Vicente seguida do Grupo Jucurutu (hornblenda biotita epidoto gnaisses com lentes calcissilicáticas e mármores, *skarn* com importantes depósitos de scheelita associada a sulfetos e quartzito ferruginoso, ocasional na base, passando lateralmente a muscovita quartzito espesso, Fácies Equador). Segue-se o Grupo Seridó (micaxistos com raras e delgadas lentes de quartzitos e rochas carbonatadas de posição duvidosa e lentes conglomeráticas na base, Fácies Parelhas). Esse grupo apresenta sensível variação metamórfica desde baixo xisto verde, fácies da clorita, até os biotita granada xistos com cordierita, andalusita, estaurolita e sillimanita, possivelmente ao longo de auréolas metamórficas, característica de metamorfismo de baixa pressão (Melo e Melo, 1971).

A região do Seridó apresenta dobramento com padrões nítidos de interferência, sugestivo de deformação polifásica e variações do comportamento reológico. A identificação de compartimentos com a zona geanticlinal São Vicente (embasamento pré-Seridó) com flancos ocupados pelas depressões de Jucurutu (a NW) e Currais Novos (a SE) compostas pelas fácies sedimentares (pelítica, psamítica e carbonatada a pelito-carbonatada do Grupo Seridó) com plutonitos granitóides (Ferreira e Albuquerque, 1969; Santos, 1973) ilustra a geologia regional da zona scheelitífera. Intrusivas graníticas, sin- a tardi-cinemáticas, neoproterozóicas perfazendo mais que meia centena de corpos representam a atividade plutônica mais

ARCABOUÇO GEOLÓGICO

significativa (Lima *et al.*, 1980). Granitos pegmatóides da Província Pegmatítica da Borborema ocupam a parte leste da depressão de Currais Novos e são responsáveis por mineralizações de Ta-Nb, Ta-Be, Be, Sn e terras raras em mais de 750 corpos pegmatíticos conforme zonação proposta por Silva (1979). Espodumênio, ambligonita, turmalina, água marinha e bismuto também ocorrem nesses pegmatitos datados de 500 Ma.

Sistema Médio Coreau é coberto pelos sedimentos costeiros a norte, e a sudoeste pela bacia do Parnaíba e a sudeste limitada pelo Lineamento Sobral-Pedro II, de direção NE, separando-o do Maciço de Santa Quitéria. O sistema consiste do Maciço de Granja, *grabens* Martinopole e Ubajara-Jaibaras isolados pelo *horst* Tucunduba com o embasamento exposto. Os metassedimentos da Faixa Martinopole consistem de muscovita quartzitos, biotita xistos (Formação São Joaquim) na base sucedidos por complexo pacote de rochas vulcanossedimentares ácidas a intermediárias com níveis chérticos, carbonatados, tufáceos e aglomerados vulcânicos com filitos Pedra Verde, com sulfetos de cobre de origem supergênica (Koepershoeck *et al.*, 1979).

A Faixa Ubajara-Jaibaras, definida por seqüência terrígena com as fácies proximal (arenitos) e distal (pelitos), Formações Trapiá e Caiçaras, seguida por brusca mudança ambiental com deposição marinha de calcários cinza escuros a negros (Formação Frecheirinha, já correlacionada ao Bambuí), superposta pela sucessão terrígena, regressiva com arenitos, grauvacas e arcósios da Formação Coreaú, que representam o Grupo Ubajara (Kegel *et al.*, 1958; Novais *et al.*, 1979; Nascimento e Gava, 1979). Conglomerados polimíticos, arenitos, arcósios e piroclásticas, andesitos e derrames com associação espilito-keratófira (Formação Ubari ou Grupo Jaibaras ou ainda Formações Massapê, Pacujá, Parapuí e Aprazivel) refletem vulcanismo rifteano, fissural e sedimentação em regime instável, variando desde continental molassóide até torrencial de cones aluviais, durante o ciclo Brasiliano.

O Sistema Piancó-Alto Brígida, que corresponde aos grabens de Patos-Salgueiro e Iara, situados entre blocos de embasamento e separados internamente pelo Alto de Piancó e sedimentos fanerozóicos da Serra do Araripe, contém xistos e filitos descritos por Moraes *et al.* (1965) definidos como Grupos Cachoeirinha, fácies xisto verde e Salgueiro, fácies anfibolito, por Barbosa *et al.* (1964). Duas seqüências terrígenas, inferior (psamítica) e superior (pelítica) composta por *augen* gnaisses, biotita gnaisses, *skarn*, quartzitos e anfibolitos capeados por filitos, quartzitos, itabiritos, calcários e raros conglomerados foi definida por Neves (1975). Posteriormente, foi incorporada a sucessão de rochas máficas e ultramáficas, granodioritos intrusivos, piroclásticas andesíticas a riolíticas, denominadas vulcânicas Diamante (Costa, 1980; Munis e Santos, 1980), que representam suíte espilito-keratófira, distribuídas em seis centros plutono-vulcânicas. As zonas de cisalhamento de Patos e Pernambuco truncam esse sistema.

O sistema Riacho do Pontal, localizado na borda norte do CSF, constitui prolongamento SW do sistema Piancó-Alto Brígida (Neves, 1975). Está subdividido em duas partes, a inferior constituída pelos gnaisses Rajada, quartzitos, mica xistos tipo Salgueiro, filitos cloríticos e calcíticos, tipo Monte Orebe, mica xistos e quartzitos tipo Afrânio (Siqueira Filho, 1967; Santos e Caldasso, 1973; Souza *et al.,* 1979). Mármore, em corpos lenticulares e corpos diferenciados de serpentinito, metagabro e norito ocorrem em Brejo Seco com mineralizações de crisotila e sulfetos de níquel e cobre intercalados em metabasaltos amigdaloidais e vermiculita do Massapê. Intrusivas graníticas abundam na área, principalmente na sucessão filítica situada às margens da bacia do Parnaíba.

A Faixa Jaguaribeana é delimitada pelo Lineamento Sobral-Pedro II, Maciço Rio Piranhas a SE e está coberta pelos sedimentos cenozóicos costeiros a NE e da bacia do Parnaíba a SW. Compreende principalmente os metassedimentos da Série Ceará, como xistos e filitos da Borborema, itacolomito das serras de Santa Catarina e Baturité e calcário marmorizado da Serra de João Vale (Crandall, 1910), considerados do paleozóico. Os metassedimentos que ocorrem na seção entre Serrinha do Itacolomi e Serra de Andirobas, Viçosa, Ceará foram incluídos na Série Ceará (Williams, 1926), como o itabirito atrás do porto de Chaval. Quartzitos com turmalina e estaurolita, granada xistos e os calcários da serra de Orós foram também incluídos na mesma Série (Moraes, 1924); nos calcários foram reconhecidos depósitos de magnesita por Bodenlos (1950) em José de Alencar e Jucás. Na Serra dos Martins (RN) com quartzitos e xistos que se prolongam do sul desse estado até a Paraíba também foram incluídos na Série Ceará. Concentrações de rutilo em xistos com sillimanita, cianita formam depósitos econômicos na região de Independência (Barreto, 1967). Faixas de xistos máficos a ultramáficos descritos em Lavras de Mangabeira (CE), intercaladas em gnaisses, associadas a quartzitos, mica xistos, mármores e filitos gra-

ARCABOUÇO GEOLÓGICO

fitosos, contêm mineralizações de amianto, talco e vermiculita (Santos *et al.*, 1981). As faixas denominadas Curu-Independência (Neves, 1975), adjacentes a Jaguaribeana, foram a essa incluídas.

O sistema Pajeú-Paraíba se desenvolve entre os maciços costeiros e a Faixa Piancó-Alto Brígida e entre os cisalhamentos principais da Província (Neves, 1975). Inclui seqüências definidas por Grupos Uauá e Caicó (Barbosa *et al.*, 1970; Albuquerque, 1969) que consistem de intercalações quartzitos e filitos com níveis carbonáticos metamorfizadas na fácies anfibolito migmatizadas em caráter regional.

8. FAIXA PARAGUAI-ARAGUAIA

Corresponde a região central do Brasil que atravessa a Plataforma Sul-Americana separando o Complexo Xingu do conjunto representado pelo Maciço Mediano de Goiás e Faixas Uruaçuanas e a Faixa Brasília, a este. A Faixa Uruaçuana é constituída pelas unidades Araxá, Serra da Mesa, Araí, Natividade e Canastra e a Faixa Brasília definida pelas unidades Paranoá e Bambuí, relatadas anteriormente. A Faixa Paraguai-Araguaia corresponde a parte norte do Supergrupo Baixo Araguaia, constituído pelas unidades Estrondo (quartzitos, quartzo xistos e conglomerados), Couto Magalhães e Pequizeiro, (filitos e quartzitos) com vários corpos básicos e ultrabásicos, as duas últimas formando o Grupo Tocantins (Moraes Rego, 1933) empurrados contra o Complexo Xingu a oeste (Abreu, 1978; Silva e Hasui, 1980). As rochas sofreram metamorfismo fácies anfibolito e têm apresentado idades em torno de 1050 Ma. de metamorfismo e 500 Ma., retrógrada. Pela similaridade entre os Grupos Araxá e Estrondo, Montalvão (1978) propôs nova subdivisão em Formações Serra do Lontra, São Geraldo, Serra dos Martírios e Tocantins ou, subdividindo o Grupo Estrondo, em Morro do Campo e Xambioá (Abreu, 1978).

A Faixa, após ser recoberta por sedimentos recentes, surge na região do Pantanal onde é representada pelo Grupo Cuiabá, com filitos, mica xistos, conglomerados e mármores (Evans, 1894) em grau metamórfico da fácies xisto verde, capeada pela formação Bauxi e pelo Grupo Jacadigo (Lisboa, 1909), subdividida em Urucum com sedimentos clásticos imaturos (arcósios e conglomerados) na base capeados por intercalações de camadas hematíticas e óxidos de manganês da Formação Santa Cruz, representando depósitos de bacia marginal epicratônica, fechada, com ocasional contribuição glacial e vulcânica, pela presença de *dropstones* e rochas vulcânicas no correlativo Grupo Boqui e Formação Puga (Dorr,1945; Maciel, 1959; Mitchell,1979). O Grupo Corumbá (Castelnau, 1854), subdividido nas Formações Puga, Cerradinho, Bocaina e Tamengo (Araras) Raizama e Diamantino ou Alto Paraguai, no Alto Paraguai, (Almeida, 1964, 1965; Olivatti *et al.*, 1979; Correa *et al.*, 1979; Almeida, 1984) representa deposição nerítica em águas rasas em bacia subsidente, refletindo a litoestratigrafia composta por alternância de calcários negros, arenitos, arcósios, siltitos, margas, *cherts* e alguns conglomerados contendo nos calcários Tamengo, macrofósseis de scifozoários (Walde *et al.*, 1982), estromatólitos e formas tubulares descritas por Beurlen e Sommer (1957).

Os depósitos detríticos arenosos, arcoseanos e pelíticos da Formação Raizama acrescidos dos carbonáticos e chérticos da Formação Diamantino são interpretados como preenchimento de bacia molássica com característica de antefossa (Almeida, 1974). Os estratos das Formações Araras, Raizama e Diamantino reproduzem as espetaculares sucessões de dobras em braqui-anticlinais e sinclinais fechadas que formam as "Brasilides" não metamórficas em contraposição as "Brasilides" metamórficas formadas pelo Grupo Cuiabá (Almeida, 1984).

9. Província Mantiqueira

Inclui a Faixa de Dobramentos Sudeste (ou Faixa Atlântica) que inicia a norte na Faixa Araçuaí, se desenvolvendo pelo Paraíba do Sul, Faixas São João del Rei-Andrelândia, Juiz de Fora, Rio de Janeiro, Ribeira e Dom Feliciano até o Rio Grande do Sul. A Faixa Araçuaí contém rochas que pertencem aos Grupos Rio Pardo e Macaúbas e o sotoposto Supergrupo Espinhaço que formam superfície arqueada, com limite oeste na Serra do Espinhaço e limite norte na região Minas Gerais-Bahia, bacia do rio Pardo, (Almeida, 1976, 1978) formando faixa de dobramentos brasiliana marginal ao CSF. O Grupo Rio Pardo definido por Hartt (1870) e estudado por Gorceix (1885), Oliveira (1901, 1925) e Derby (1905) pelos conglomerados diamantíferos foi subdividido por Pedreira (1969, 1979) nas

ARCABOUÇO GEOLÓGICO

Formações Panelinha (conglomerado oligomítico), Camacá (ardósias, metassiltitos e margas com lentes de calcário), Salobro (metaconglomerados petromíticos, metagrauvacas e metassiltitos e filitos com lentes conglomeráticas), Água Preta (filitos, quartzo-filitos, arenitos e calcários e dolomitos) e Serra do Paraíso (calcários e dolomitos com quartzito intercalado) formados em *graben* com profundidades variáveis. Com a designação de Formação Jequitaí-Macaúbas foram englobados conglomerados descritos na Serra de Sincorá, chamados por Derby (1880) de Formação Bebedouro, similares ao Sopa. Em Jequitaí, Derby descreveu outro conglomerado com detalhe suficiente para Branner (1919) considerar como glacial. Aos conglomerados diamantíferos glaciais descritos por Guimarães (1930) e Moraes Rego (1930), o nome Macaúbas foi aplicado (Moraes, 1937), com a mesma situação geológica descrita por Derby em Jequitaí.

A idéia da existência de vasto ambiente glacial eopaleozóico foi proposta. Posteriormente, o Grupo Macaúbas, subdividido nas Formações Terra Branca e Carbonita, consistindo de depósitos costeiros glaciais passando a turbiditos plataformais que gradam para turbiditos distais e sedimentos pelágicos, representados por formação ferríferas bandadas, metacherts, diopsiditos, xistos grafitosos e hiper-aluminosos, orto-anfibolitos e sulfetos maciços intercalados no pacote de xistos e quartzitos (Formação Salinas), foi descrito (Karfunkel e Karfunkel, 1975; Pedrosa-Soares *et al.*, 1992; Uhlein e Trompette, 1993). Transporte tectônico para oeste (CSF) e suíte de granitos Brasilianos foram observados.

As seqüências catazonais da Faixa Mantiqueira, denominadas Complexos Jequitinhonha, Juiz de Fora, Costeiro e Paraíba do Sul (Almeida e Litwinski, 1984; Hasui *et al.*, 1984) compreendem granulitos e charnoquitos intercalados em biotita microclina gnaisses, kinzigitos com corpos lenticulares de quartzitos, mármore, ultrabásicas e várias gerações de corpos graníticos que se desenvolvem pela zona oriental de Minas Gerais e estados do Rio de Janeiro e Espírito Santo (Lamego, 1948; Ebert, 1957; 1968; Guimarães, 1956; Rosier, 1965; Helmbold *et al.*, 1965; Leonardos e Fyfe, 1974; Brandalise *et al.*, 1976; Pires *et al*, 1983), fortemente seccionados por zonas de cisalhamento e empurrões com vergência para NW (Dayan *et al.*, 1993) e invadido por maciços alcalinos terciários (Ribeiro Filho, 1967; Valenca, 1981).

Em direção ao CSF, faixas de micaxistos, quartzitos e calcários ocupam bacias marginais parcialmente circundantes ao Complexo Guaxupé (Ebert, 1958; Chouduri *et al.*, 1978, 1995) definida por Ciclo deposicional Andrelândia (Trouw, 1982; Paciullo *et al.*, 1993; Heilbron, 1995).

Em direção a São Paulo (Figura 1.11), o Grupo Açunguí (Oliveira, 1927) definido como pacote de xistos, xistos grafitosos, quartzitos e calcários localmente estromatolíticos, com intrusivas e vulcânicas máficas e félsicas associadas, com dobramento fechado, metamorfizadas na fácies xisto verde-anfibolito, localmente migmatizadas e cortadas por imensa suíte de granitos (Moraes Rego, 1933; Almeida, 1953; Hasui e Sadowski, 1976; Wernick e Penalva, 1978; Wernick, 1979; Hasui, 1980) subdivididas nas formações Setuva, Capiru e Votuverava no PR (Bigarella e Salamuni, 1956; 1958; Petri e Suguio, 1969) e Itaiacoca (Almeida, 1956) equivalente a Capiru e Água Clara, incluída no topo (Marini *et al.*, 1967). Grupo São Roque (Moraes Rego, 1933) considerado em continuidade física e litológica ao Açunguí e por isso abandonado foi retomado (Hasui *et al.*, 1969) por apresentar tectônica particular.

Conjunto de *grabens* de idade proterozóica superior, ocupado por metassedimentos pelíticos e quartzosos, com conglomerados e brechas definidas por Formações Pouso Alegre, Castro, Eleutério, Campo Alegre, Camarinha, Guaratubinha, Iapó (Derby, 1878; Maack, 1947; Leonardos *et al.*, 1971; Ebert, 1971; Fuck, 1966; Fuck *et al.*, 1967; Albuquerque *et al.*, 1971) com vulcanitos ácidos a básicos, sob metamorfismo de baixo grau ocorrem na Faixa.

Na parte sul o orógeno brasiliano Dom Feliciano que equivale a faixa Tijucas (Hasui *et al.*, 1975) representado pelos Grupos Brusque (Carvalho e Pinto, 1938) e Porongos (Carvalho, 1932), constituídos por pacote de filitos, filitos grafitosos, micaxistos, quartzitos e calcários se sobrepõem ou estão dobrados juntamente com o embasamento arqueano que formam os escudos Sul-Riograndense e Catarinense, representados pelos Complexos granulíticos e migmatíticos de Santa Maria Chico e Rio Grande do Sul (Grupo Cambaí), Santa Catarina e o sienito gnáissico de Piquiri (Goñi *et al.*, 1962; Jost e Villwock, 1966; Jost, 1966; Picada, 1966; Nardi e Hartmann, 1979; Trainini *et al.*, 1978; César, 1980). Estruturas semelhantes entre essas unidades e a sucessão vulcano-sedimentar tipo *greenstone belt*, das Formações Vacacaí, Cerro Mantiqueiras e Cerro do Ouro (Goñi *et al.*, 1962) ocorrem. Granitóides brasilianos, com posicio-

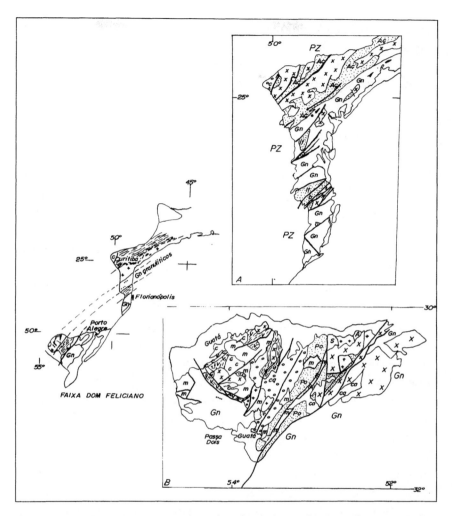

FIGURA 1.11. Faixa Mantiqueira Meridional. A) Santa Catarina-Paraná e B) Rio Grande do Sul: núcleos Arqueanos retrabalhados (Gn, + e C = gn Cambaí), Gnaisses granulíticos (pontos maiores), *greenstone belts* (v). AC = faixa vulcano-sedimentar Açunguí. Coberturas molássicas com ou sem vulcânicas: c = Castro, H = Itajaí, b = Brusque, m = Maricá, cq = Camaquã, Po = Porongos, ca = Caneleiras. Granitóides proterozóicos (x). Coberturas Paleozóicas (PZ): Passa Dois e Guatá.

namento sin- a pós-tectônico atravessam os maciços, epimetamorfitos e depósitos molássicos. O Grupo Itajaí (Dutra, 1926), que corresponde a seqüência molássica, ocorre nas bacias do rio Itajaí, Campo Grande e

Corupá foi subdividido nas Formações Garcia, Campo Alegre e Baú (Schultz Jr. *et al.*, 1969) e é correlacionado ao Grupo Maricá (Santos *et al.*, 1978) que engloba as Formações Maricá (Leinz *et al.*, 1941) e Bom Jardim (Ribeiro e Fantinel, 1978).

10. BACIAS FANEROZÓICAS

Correspondem às bacias sedimentares de cobertura resultantes da estabilização da Plataforma Sul-Americana, denominadas Paraná, Amazonas e Parnaíba, formadas em duas fases evolutivas, talassocrática (desenvolvida entre o Eosiluriano e Eocarbonífero, caracterizada por sucessivas transgressões e regressões marinhas) e geocrática (entre o Neocarbonífero e o Triássico, deposição continental e episódicas ingressões marinhas). As bacias, apesar de ocuparem imensas áreas, apresentam pequena espessura de sedimentos, inferior a 5.500 m. As bacias são parcialmente seccionadas por Arcos (Figura 1.4), em lento movimento positivo desde o Siluriano, separando sub-bacias, em movimento descendente.

As condições de sedimentação nas bacias durante o Paleozóico foram muito semelhantes, iniciando-se no Ordoviciano com arenitos e pelitos (Formação Trombetas, Amazonas), Siluro-Devoniano com arenitos e arcósios da Formação Furnas (Paraná) e arenitos Serra Grande (Parnaíba), correlacionados aos das Formações Cariri, na Bacia Araripe e Tacaratú, Recôncavo-Tucano. Durante o Devoniano, a sedimentação persistiu em arenitos, folhelhos e siltitos nas três bacias, Formações Ponta Grossa (Paraná), Maecuru, Ererê e Curuá (Amazonas) e Pimenteiras, Cabeças e Longá (Parnaíba). Formações Itararé e Aquidauana, com folhelhos e siltitos representam na Bacia do Paraná o Permo-Carbonífero, enquanto na Bacia Amazônica, o Permiano consiste de arenitos da Formação Faro e do Grupo Tapajós, subdividido nas Formações Monte Alegre (arenitos com gás, campo de Urucú, intercalações pelíticas), Itaituba (calcários e folhelhos negros) e Nova Olinda (evaporitos a gipsita, anidrita e halita) com arenitos e folhelhos e na Bacia do Parnaíba, as Formações Potí (arenitos, folhelhos e filmes carboníferos) e Piauí (arenitos e folhelhos), encerrando o ciclo marinho.

Na Bacia do Paraná com o Grupo Guatá (arenitos com uraninita,

ARCABOUÇO GEOLÓGICO

folhelhos, siltitos com cinco níveis de carvão denominados Treviso, Barro Branco, o mais importante, Irapuá, Ponte Alta e Bonito) e o Grupo Passa Dois (com o folhelho pirobetuminoso oleígeno Iratí), marcado pela glaciação gondwânica, iniciou-se o ciclo de sedimentação continental. Na Bacia Parnaíba, os níveis de sílex pisolítico, gipsita e arenito vermelho das Formações Pedra de Fogo e Motuca definem alternâncias ambientais e climáticas e passagem para o Mesozóico.

O Triássico, marcado pelos arenitos vermelhos eóleos Botucatu, ocorre largamente nas bacias sedimentares e está coberto pelos derrames basálticos da Serra Geral. Ainda sob clima árido, foram depositadas as Formações Caiuá, Uberaba e Bauru, com *red beds, loess* e em períodos semi-áridos *playa-lakes* durante o Jura-Cretácico e Cretáceo. Vários focos de vulcanismo alcalino são registrados no Escudo Brasileiro e ilhas oceânicas, representados pelos complexos ígneos de Poços de Caldas, Tinguá, Itatiaia, Salitre, Jacupiranga, Três Lagos, Fernando de Noronha, Trindade, Bonito, Cabo Frio, e carbonatitos como o de Araxá.

Tafrogênese continental resultante de profunda reativação do escudo é representada por fortes falhamentos da costa brasileira em *grabens*, preenchidos por espessas sucessões sedimentares meso-cenozóicas ocorrido durante o evento de abertura do Oceano Atlântico. Bacias costeiras e interiores (Sergipe-Alagoas, Recôncavo-Tucano, Campos, Marajó, Araripe, Barreirinha, São Luiz, Tacutu) apresentam espessuras de até 6.000 m de sedimentos. Sedimentação clástica final que representa a extensa cobertura cenozóica e capeia todo o Escudo Brasileiro indiscriminadamente está representada pelas Formações Barreiras, Alter do Chão, Solimões, e outras, contendo importantes concentrações residuais de bauxita, caolim, detríticas de ouro, areias monazíticas, cassiterita e diamante.

11. Conclusões

A longa discussão geológica mundial sobre a natureza da crosta primordial recae também na caracterização da protocrosta da Plataforma Sul-Americana. As correntes siálicas, defendidas por algumas facções norte-americanas e européias contrapõem-se a algumas russas, defensoras da crosta básica. A presença de corpos básicos e ultrabásicos anfibolitizados e biotitizados em estrita associação a granulitos e charno-enderbitos com idades pré-Jequié ou Guriense apóia a idéia da protocrosta básica-anortosítica-gabróide.

Sucessivos eventos migmatizantes e de geração de granitos, incluindo as suítes tonalito-trondhjemito-granodiorito afetando os *greenstone belts* aparentemente resume a história arqueana. Os pequenos núcleos com a associação granito-*greenstone* sofreram *rifteamento* ou processo acrescional em discutida teoria de tectônica de placas operativa durante o Arqueano. Como conseqüência de tão longo período geológico, três classes gerais de agrupamentos de rochas pré-cambrianas resulta: 1) Crátons estáveis; 2) Faixas Móveis localizadas entre os crátons consistindo de gnaisses de alto grau; 3) Faixas de Dobramentos, em geral mais jovens que as classes anteriores. Os crátons apresentam idades superiores a 2500 Ma., porém, anteriormente a 3300 Ma., há evidências de formação de nova crosta. As idades da maioria dos crátons cai no intervalo 2500-3300 Ma.. A idade 2500 Ma. é considerada como o encerramento do episódio de cratonização, e o fim do Arqueano.

Durante o mesoproterozóico, a maioria dos protocontinentes sofreu fragmentação das margens, *rifteamento* interno, colisões e abertura de bacias marginais, sedimentação clástica, localmente carbonática, acompanhado da evolução de magma de composição básica a riolítica, forte deformação, característica das faixas de dobramento empilharam embricadamente as unidades contra as regiões cratonizadas, que também atuaram, em ambiente colisional, durante o fechamento das bacias. Após período de quiescência crustal, a época glacial determina o desenvolvimento de geleiras acompanhado de novo *rifteamento* com sedimentação plataformal epicontinental e pluto-vulcanismo da suíte espilito-keratófira durante o neoproterozóico. Reaquecimento crustal que provocou o magmatismo foi responsável por metamorfismo retrógrado que afetou amplamente as formações rochosas.

Um resumo conclusivo, envolvendo os ciclos orogenéticos e eventos relacionados que afetaram a Plataforma Brasileira durante o Pré-cambriano, pode ser observado na Tabela 1.1.

ARCABOUÇO GEOLÓGICO

TABELA 1.1
SUBDIVISÕES DO PRÉ-CAMBRIANO NO BRASIL

EON	CICLO	EVENTOS
Proterozóico Superior (500-1000 Ma.)	Brasiliano (470-1000 Ma.)	glaciação *rift*-bacias vulcanismo epicontinental (espilito-keratófiro) granitos anorogênicos metamorfismo retrógado
Proterozóico Médio (1000-1700 Ma.)	Uruaçuano (1500-1000 Ma.)	faixas de dobramento bacias marginais vulcanismo efêmero (basáltico a riolítico) colagem cratônica faixas móveis K-granitos tardi- pós-tectônicos
Proterozóico Inferior (1700-2500 Ma.)	Transamazônico (2200-1800 Ma.)	faixas móveis metamorfismo fragmentação cratônica granitos a sienitos sin- a tardi-tectônicos
Arqueano Superior (2500-3300 Ma.)	Jequié	crátons *greenstone belts* faixas móveis migmatização sin-tectônica Na-granitos (suite TTG) granitização
Arqueano Inferior >3300 Ma.	Pré-Jequié (Guriense)	individualização dos protonúcleos diferenciação crustal

12. Questões de Discussão e Revisão

Apesar de o grande avanço propiciado pelo mapeamento geológico efetuado durante as últimas décadas, com contribuição significativa das datações geocronológicas, o desconhecimento e subdivisão das unidades predominantemente gnáissicas ainda persiste. Conceitos modernos aplicados no desenvolvimento do estudo das faixas vulcanossedimentares arqueanas e proterozóicas inferiores auxiliou sobremaneira no conhecimento de sua estratigrafia interna, evolução, distribuição, deformação e formação dos depósitos minerais. Entretanto, ainda persistem profundas dúvidas no que diz respeito à natureza e constituição do embasamento dessas faixas. O conhecimento da evolução geotectônica dos terrenos arqueanos tem evoluído, porém persistem ainda dúvidas sobre a definição de modelo que estabeleça claramente possíveis comparações dessa evolução com terrenos fanerozóicos.

Alguns pacotes de quartzitos existentes em várias regiões, ainda não são situados estratigraficamente, com relativa segurança, nas seqüências metassedimentares onde se encontram. Similarmente, muitas seqüências xistosas são situadas em posições estratigráficas indefinidas, e muitas conflitantes, com relação as colunas geológicas propostas. Com fator complicador, complexa tectônica, metamorfismo, metassomatismo e migmatização, em graus variáveis tem contribuído significativamente para por um lado dificultar o estabelecimento de algumas colunas estratigráficas e por outro, auxiliar na compreensão da evolução geotectônica em outras áreas. Extensas áreas com coberturas quaternárias e terciárias também contribuem para aumentar a dificuldade, omitindo importantes trechos e seqüências sedimentares, capeando segmentos e zonas deformacionais, obliterando a relativa continuidade das formações geológicas.

Os conceitos fundamentais são suficientementes claros? Os modelos estabelecidos e defendidos pelos geólogos refletem a evolução real da crosta da Terra?

A grande variedade de nomes de formações geológicas, unidades geotectônicas, faixas, províncias, distritos etc., relacionados geralmente aos nomes dos autores, não poderiam refletir o toque da vaidade pessoal?

Avalie a evolução do conhecimento geológico obtida através dos diversos mapas geológicos do Brasil elaborados. Houve real progresso? Em que grandes unidades especificamente?

ARCABOUÇO GEOLÓGICO

Na confecção dos mapas mais recentes, os autores mais novos respeitaram os nomes originais das formações e demais unidades? Qual o significado geológico das Zonas de Cisalhamento Guiana-Central e Guaporé no Cráton Amazônico?

Discuta a relação entre os granitos da Província Xingu e lavas Iriri.

Nas regiões melhor conhecidas geologicamente existe relativo equilíbrio e coerência entre a densidade de informações geológicas de campo e as de laboratório, particularmente as geocronológicas?

Existiu realmente o cráton São Francisco? Caso positivo, seus limites são reais? As mineralizações existentes têm sido estudadas num contexto mais amplo? Para a Província Borborema todos os trabalhos antigos foram considerados?

Qual o real significado da faixa Paraguai-Araguaia? Realmente faz parte de unidade única, apoiada por dados geofísicos?

A Faixa Mantiqueira, "rebatizada" repetidamente por inúmeros geólogos mais novos, tem sido detalhadamente mapeada e estudada, representando as datações geocronológicas com informações coerentes?

13. BIBLIOGRAFIA

ALKIMIN, F.F.; BRITO NEVES, B.B. e ALVES, J.A.C. (1993) Arcabouço Tectônico do Cráton São Francisco: Uma Revisão. *In*: DOMINGUEZ, J.M.L. e MISI, A. editores. O Cráton do São Francisco. SBG/SGM/ CNPq, Salvador, 45-62 pp.

ALMEIDA, F.F.M. (1967) Origem e evolução da plataforma brasileira. DGM/-DNPM, Rio de Janeiro. Bol. 241: 1-36 pp.

ALMEIDA, F.F.M. (1969) Diferenciação tectônica da plataforma brasileira. Congresso Brasileiro de Geologia, Salvador, 23: 29-40.

ALMEIDA, F.F.M. (1971) Geochronological division of the Precambrian of South America. *Revista Brasileira de Geociências*, 1: 13-21.

ALMEIDA, F.F.M. (1972) Tectono-magmatic activation of the South American Platform and associated mineralizations. 24th International Geological Congress, Montreal. Proceedings, Sect 3: 339-346.

ALMEIDA, F.F.M. (1974) Evolução do Cráton Guaporé comparada com a do Escudo Báltico. *Revista Brasileira de Geociências*, 4: 191-204.

ALMEIDA, F.F.M. (1977) O Cráton São Francisco. *Revista Brasileira de Geociências*, 7: 349-364.

ALMEIDA, F.F.M. (1978) A evolução dos crátons Amazônico e do São Francisco comparada com seus homólogos do hemisfério norte. Congresso Brasileiro de Geologia, Recife, 6: 2393-2407.

ALMEIDA, F.F.M. (1978) Regimes tectônicos arqueanos na evolução proterozóica e mineralização do leste brasileiro. Anais da Academia Brasileira de Ciências, 50(4): 601-602.

ALMEIDA, F.F.M. (1981) O Cráton do Paramirim e suas relações com o do São Francisco. Simpósio sobre o Cráton do São Francisco e suas Faixas Marginais, Salvador, 1-10.

ALMEIDA, F.F.M. e HASUI, Y. (1984) *O Pré-Cambriano do Brasil*. Editora Edgard Blücher Ltda., São Paulo, 378 pp.

ALMEIDA, F.F.M, e NOGEIRA Filho, J.V. (1959) Reconhecimento geológico do rio Aripuanã. DGM/DNPM, Rio de Janeiro, Bol. 199:

ALMEIDA, F.F.M.; HASUI, Y. e BRITO NEVES, B.B., (1976) The upper precambrian of South America. Instituto de Geociências da USP, São Paulo, vol. 7: 45-80.

ALMEIDA, F.F.M.; HASUI, Y.; BRITO NEVES, B.B. e FUCK, R.A. (1977) Províncias estruturais brasileiras. Simpósio de Geologia do Nordeste, Campina Grande, Atas: 363-392.

ALMEIDA, F.F.M.; HASUI, Y.; BRITO NEVES, B.B. e FUCK, R.A. (1981) Brazilian structural provinces: an introduction. Earth Science Reviews, 17: 1-29.

AMARAL, G. (1976) Carta geológica ao milionésimo da folha de Belo Horizonte por interpretação de imagens landsat. XXIX Congresso Brasileiro de Geologia, Ouro Preto, vol. 4: 229-37.

BARBOSA, A.L.de M. (1979) Variações de facies na Série Minas. Sociedade Brasileira de Geologia, Núcleo Minas Gerais, Belo Horizonte, Bol. 1: 89-90.

BARBOSA, O. (1954) Evolution du geosyclinal Espinhaço. 19th International Congres Geologique, Algeria. Comptes Rendus, Sec. 13, Fasc. 14: 17-36.

BARBOSA, O. (1955) *Guia das excursões*. Congresso Brasileiro de Geologia, Araxá, Noticiário, 3: 3-5.

BRANCO, J.J.R. e COSTA, M.T. da (1960) Roteiro para excursão Belo Horizonte-Brasília. Congresso Brasileiro de Geologia, Belo Horizonte, 6-10.

BRANDALISE, L.A. *et al.* (1971) Projeto Folha Rio de Janeiro: geologia preliminar da região meridional. DNPM/CPRM, vol. 1.

BRANNER, J.C. (1910) The Tombador escarpment in the State of Bahia, Brazil. American Journal of Science, New Haven. Ser. 4, 30(179):335-43.

BRANNER, J.C. (1910) The geology and topography of the serra de Jacobina, State of Bahia, Brazil. *American Journal of Science*, New Haven, 30(180): 385-392.

BRANNER, J.C. (1919) Outlines of the geology of Brazil to accompany the geological map of Brazil. Geological Society of America, New York, Bulletin, 30(2): 189-338.

BRAUN, O.P.G. e BAPTISTA, M.B. (1976) Considerações sobre a geologia pré-cambriana da região sudeste e norte da região Centro-Oeste do Brasil. CPRM, Rio de Janeiro, 136 pp.

BRAUN, O.P.G. (1979) Considerações sobre a geologia pré-cambriana da região Sudeste e parte da região Centro-Oeste do Brasil. Reunião Preparatória para o Simpósio sobre o Cráton do São Francisco e suas Faixas Marginais, Salvador. Publicação Especial, 3: 225-368.

BRITO NEVES, B.B. (l989) Maciços medianos e marginais: evolução do conceito. Boletim IG-USP, São Paulo. Série Didática, 3: 1-141.

BRITO NEVES, B.B. (1992) O Proterozóico Médio no Brasil: ensaio do conhecimento e seus problemas. *Revista Brasileira de Geociências*, 22: 449-461.

BRITO NEVES e ALKIMIM, F.F. (1993) Cráton: evolução de um conceito. In: DOMINGUEZ, J.M.L. e MISI, A. editores, O Cráton do São Francisco. SBG/SGM/CNPq, Salvador, 1-10 pp.

BRITO, B.B. e CORDANI, U.G. (1991) Tectonic evolution of South America during the Late Proterozoic. Precambrian Research, 53(1/2): 23-40.

BRUNI, M.A.L. *et al.* (1976) Carta Geológica do Brasil ao milionésimo: Folha Brasília (SD.23). DNPM, Brasília, 162 pp, mapa.

CARVALHO, J. e MORAES, R.(1992) Indícios de vulcanismo ácido no Grupo Cuiabá, MT. Congresso Brasileiro de Geologia, São Paulo. vol 1: 311-312.

CHOUDHURI, A.; FIORI, A.P. e BETTENCOURT, J.S. (1978) Charnockitic gneisses and granulites of the Botelhos region, southern Minas Gerais. Congresso Brasileiro de Geologia, Recife, 1236-1249.

CORDANI, U.G. (1968) Esboço da geocronologia pré-cambriana da América do Sul. Anais da Academia Brasileira de Ciências, Rio de Janeiro, 40 (supl.): 47-51.

CORDANI, U.G. *et al.* (l968) Outline of the Precambrian geochronology of South America. *Canadian Journal of Earth Sciences*, 5: 629-32.

CORDANI, U.G. e TEIXEIRA, W. (1979) Comentários sobre as determinações cronológicas existentes para as regiões das Folhas Rio de Janeiro, Vitória e Iguape. *In:* FONSECA, M.J.G. *et al.* coordenadores, Carta Geológica do Brasil ao Milionésimo: Folhas Rio de Janeiro (SF.23), Vitória (SF.24) e Iguape (SG.23). DNPM, Brasília, 175-207 pp.

CORDANI, U.G.; DELHAL. J. e LEDENT, J. (1973) Orogeneses superposes dans le precambrian du Brésil Sud-Oriental (états de Rio de Janeiro et Minas Gerais). *Revista Brasileira de Geociências*, 3(1): 1-22.

CORDANI, U.G.; BRITO NEVES, B.B.; FUCK, R.A.; PORTO, R.; THOMAS Filho, A. e CUNHA, F.M.B. (1984) Estudo preliminar da integração do Pré-cambriano com os eventos tectônicos das bacias sedimentares brasileiras. Ciência-Técnica-Petróleo, Seção Exploração de Petróleo, 15: 1-70.

COSTA, L.A.M. da *et al.* (1970) Novos conceitos sobre o grupo Bambuí e sua divisão em tectonogrupos. Boletim de Geologia, Rio de Janeiro, 5: 3-34.

COSTA, L.A.M. da *et al.* (1978) Mapa geológico do Estado de Minas Gerais: nota explicativa. Instituto de Geociências Aplicadas, Belo Horizonte, 32 pp.

CRANDALL, R. (1910) Geografia, geologia, suprimento d'água, transporte e acudagem nos estados orientais no Nordeste do Brasil: Paraíba, Rio Grande do Norte e Ceará. Inspetoria de Obras contra as Secas, Hidrogeologia, Geologia, Assuntos Gerais, Publ. 4: 137 pp.

DARDENNE, M.A. (1978) Síntese sobre a estratigrafia do grupo Bambuí no Brasil no Brasil Central. XXX Congresso Brasileiro de Geologia, Recife, vol. 2: 297-610.

DARDENNE, M.A. e WALDE, D.H.G. (1979) A estratigrafia dos grupos Bambuí e Macaúbas no Brasil Central. I Simpósio de Geologia de Minas, Diamantina. Atas: 43-54.

DERBY, O.A. (1878) A Geologia da região diamantina da província do Paraná no Brasil. Arquivos do Museu Nacional, Rio de Janeiro. 3: 89-96.

DERBY, O.A. (1905) Notas geológicas sobre o Estado da Bahia. Secretaria da Agricultura, Viação, Indústria e Obras Públicas, Salvador. Boletim, 7(1/3): 12-31.

DERBY, O.A. (1906) The serra do Espinhaço, Brazil. Journal of Geology, Chicago. 14(3): 394-401.

DOMINGUEZ, J.M.L. (1992) Estratigrafia de seqüências aplicada a terrenos pré-cambrianos: exemplos para o Estado da Bahia. *Revista Brasileira de Geociências*, 22: 422-436.

DORR II, J.van N. (1958) Jazidas de manganês de Minas Gerais, Brasil. Tradução de B. Alves e A.L.M. Barbosa. DFPM/DNPM, Rio de Janeiro. Boletim, 105: 1-95.

DORR, J.van N. (1959) Esboço geológico do Quadrilátero Ferrífero de Minas Gerais, Brasil: introdução. DNPM, Rio de Janeiro. Publicação Especial, 1: 7-8.

DORR, J. van N. (1969) Physiographic, stratigraphic and structural development of the Quadrilátero Ferrífero, Minas Gerais, Brazil. U.S. Geological Survey. Washington. Professional Paper 641-A: 110 pp.

EBERT, H. (1954) Relatório Anual da Divisão de Geologia e Mineralogia. DNPM, Rio de Janeiro. 55-57.

EBERT, H. (1955) Pesquisas na parte sudeste do Estado de Minas Gerais. Relatório Anual da Divisão de Geologia e Mineralogia, DNPM, Rio de Janeiro. 79-89.

EBERT, H. (1956) Relatório Anual da Divisão de Geologia e Mineralogia. DNPM, Rio de Janeiro. 62-8l.

EBERT, H. (1958) Discordâncias pré-cambrianas em Carandaí, Minas Gerais. DGM/DNPM, Rio de Janeiro, 183: 1-48.

EBERT, H. (1963) The manganese-bearing Lafaiete-Formation as a guide-horizon in the pre-cambrian of Minas Gerais. Anais da Academia Brasileira de Ciências, Rio de Janeiro, 35: 545-59.

EBERT, H. (1968) Ocorrência da fácies granulítica no sul de Minas Gerais e em áreas adjacentes em dependência da estrutura orogênica: hipóteses sobre sua origem. Anais da Academia Brasileira de Ciências, Rio de Janeiro, 40: 215-30.

FIGUEIREDO, A.M.F. e RAJA GABAGLIA, G.P. (1986) Sistema classificatório aplicado às bacias sedimentares brasileiras. *Revista Brasileira de Geociências*, 16(4): 350-369.

FONSECA, M.J.G. *et al.* (1979) Carta Geológica do Brasil ao Milionésimo: Folhas Rio de Janeiro (SF.23) e Vitória (SG.23). DNPM, Brasília, 240 pp.

GUILD, P.W. (l957) Geology and mineral resources of the Congonhas District, Minas Gerais, Brazil. U.S. Geological Survey, Washington. Professional Paper, 290: 1-90.

GUIMARÃES, D. (1931) Contribuição à geologia do Estado de Minas Gerais, Brasil. SGM/DNPM, Rio de Janeiro. Boletim, 55: 1-36.

GUIMARÃES, D. (1956) Os charnoquitos do Espírito Santo. Instituto de Tecnologia Industrial, Belo Horizonte. Boletim, 23: 3-30.

GUIMARÃES, D. (1961) Gênese do minério de ferro do Quadrilátero Central de Minas Gerais. Intercâmbio Cultural e Estudos Geológicos, Ouro Preto. Boletim, 1: 11-28.

GUIMARÃES, D. (1964) Geologia do Brasil. DFPM/DNPM, Rio de Janeiro. Memória, 1: 1-673.

HARALY, N.L.E. (1980) Carta gravimétrica do oeste de Minas Gerais, sudeste de Goiás e norte de São Paulo. XXXI Congresso Brasileiro de Geologia, Camboriú, vol. 5: 2639-2647.

GUIMARÃES, D. (1980) Depressões tectônicas no cráton do Paramirim. XXXI Congresso Brasileiro de Geologia, Camboriú, vol. 5: 2634-2638.

HARDER, E.C. e CHAMBERLIN, R.T. (1915) The geology of central Minas Gerais, Brazil. *Journal of Geology*, Chicago. 23(4): 341-78 e 23(5): 385-424.

HERZ, N. (1970) Gneissic and igneous rocks of the Quadrilátero Ferrífero, Minas Gerais, Brazil. U.S. Geological Survey, Washington. Professional Paper, 641-B: 1-58.

INDA, H.A.V. e BARBOSA, J.F. (1978) Texto explicativo para o Mapa Geológico do Estado da Bahia, Escala 1:1.000.000. Coordenação na Produção Mineral da Secretaria das Minas e Energia, Salvador, 122 pp.

KEGEL, W. (1961) Os lineamentos da Estrutura Geológica do Nordeste. Anais da Academia Brasileira de Ciências, Rio de Janeiro, 33: 25.

KEGEL, W. (1965) A estrutura geológica do Nordeste do Brasil. DGM/DNPM, Rio de Janeiro. Boletim, 227: 1-52.

KLOOSTERMAN, J.B. (1966) Granites and rhyolites of São Lourenço, a volcano-plutonic complex in southern Amazonas. *Revista Mineração e Metalurgia*, Rio de Janeiro. 44 (262): 119-75.

LAFON, J.M. e MACAMBIRA, M. (1992) Evolução da Província Mineral de Carajás com base em novos dados geocronológicos. XXXVII Congresso Brasileiro de Geologia, São Paulo, vol. 2: 174.

LAMEGO, A.R. (1935) Contribuição à geologia do valle do Rio Grande, Minas Gerais. SGM/DNPM, Rio de Janeiro. Boletim, 70: 1-29.

LAMEGO, A.R. (1936) Escarpas do Rio de Janeiro. SGM/DNPM, Rio de Janeiro. Boletim, 93: 1-70.

LAMEGO, A.R. (1948) Folha do Rio de Janeiro. DGM/DNPM, Rio de Janeiro. Boletim, 126: 1-16.

LAMEGO, A.R. (1955) Geologia das quadrículas de Campos, São Tomé, Lagoa Feia e Xexe. DGM/DNPM, Rio de Janeiro. Boletim, 154: 1-60.

LANDIM, P.M.B. *et al.* (1981) Mapa geológico do Estado de São Paulo: Folhas Campinas, Franca, Ribeirão Preto e São Paulo: Escala 1:250.000. DAEE/-UNESP, Rio Claro.

LEONARDOS, O.H. (1940) Tilito metamórfico de Carandaí. Minas Gerais. Anais da Academia Brasileira de Ciências, Rio de Janeiro, 12: 243-59.

LEONARDOS, O.H.; FYFE, W.S. e FUCK, R.A. (1976) Panafrican thrusting and melting within the Brazilian continental margin. Anais da Academia Brasileira de Ciências, Rio de Janeiro, 48: 153-158.

LEONARDOS Jr., O.H. et al. (1971) Nota sobre a formação Pouso Alegre. Anais da Academia Brasileira de Ciências, Rio de Janeiro, 43(1): 131-134.

ARCABOUÇO GEOLÓGICO

LIBERATORE, G. *et al.* (1972) Projeto Aripuanã-Sucunduri: relatório final. DNPM-CPRM, Manaus, vol. 8.

LOBATO, F.P.N.S. *et al.* (1966) Pesquisa de cassiterita no território federal de Rondônia: relatório final. DFM/DNPM, Rio de Janeiro. Boletim 125.

MARÇAL, M.S.; COSTA, J.B.S.; HASUI, Y. e EBERT, H.D. (1992) A estruturação da Serra Norte com ênfase na área da mina N4E Serra dos Carajás. XXXVII Congresso Brasileiro de Geologia, São Paulo, vol. 2: 330.

MISI, A. e SILVA, M.G. (1992) Algumas feições metalogenéticas relacionadas à evolução geodinâmica do Cráton São Francisco. XXXVII Congresso Brasileiro de Geologia, São Paulo, vol. 2: 225-226.

MONTALVÃO, R.M.G. de (1979) Coberturas sedimentares e vulcano-sedimentares pré-cambrianas das folhas SB.20 — Purus, SC.20 — Porto Velho e SC.21 — Juruena, Plataforma Amazônica. *Revista Brasileira de Geociências*, 1: 27-32.

MONTALVÃO, R.M.G. de et al. (1975) Geologia. *In*: Projeto Radam Brasil, Folha NA.20 (Boa Vista) e parte das folhas NA.21 (Tumucumaque), NB.20 (Roraima) e NB.21 (Rio de Janeiro). DNPM, Rio de Janeiro. Levantamento de Recursos Naturais, 8: 13-135.

MORAIS REGO, L.F. de (1933) Notas geográficas e geológicas sobre o rio Tocantins. Museu Padre Emílio Goeldi, Belém. Boletim, 9: 273-88.

OLIVEIRA, A.I. de e LEONARDOS, O.H. (1943) Geologia do Brasil. Serviço de Informação Agrícola, Rio de Janeiro, 2ª edição, 813 pp.

OLIVEIRA, G.P. e COSTA, J.B.S. (1992) Aspectos Estruturais de um pequeno segmento da extremidade leste da Estrutura em flor positiva da Serra dos Carajás. XXXVII Congresso Brasileiro de Geologia, São Paulo, vol. 2: 347.

PIRES, F.R.M. (1977) Geologia do Distrito Manganesífero de Conselheiro Lafaiete. Instituto de Geociências da UFRJ, Rio de Janeiro. Tese Mestrado, 344 pp.

RIBEIRO, A. e HEILBRON, M. (1982) Estratigrafia e metamorfismo dos grupos Carrancas e Andrelândia, sul de Minas Gerais. XXXII Congresso Brasileiro de Geologia, Salvador, vol. 1: 177-186.

ROSIÈR, G.F. (1957) A geologia da Serra do Mar entre os picos de Maria Comprida e do Desengano (Estado do Rio de Janeiro). DGM/DNPM, Rio de Janeiro. Boletim, 166: 1-58.

ROSIÈR, G.F. (1965) Pesquisas geológicas na parte oriental do Estado do Rio de Janeiro e na parte vizinha do Estado de Minas Gerais. DGM/DNPM, Rio de Janeiro. Boletim, 222: 1-40.

SÁ, E.F.J.; MACEDO, M.H.F.; FUCK, R.A. e KAWASHITA, K. (1992) Terrenos proterozóicos na Província Borborema e a margem norte do Cráton São Francisco. *Revista Brasileira de Geociências*, 22: 472-480.

SABATÉ, P. (1992) Algumas suites granitóides do Cráton São Francisco e Evolução Geotectônica no Neoproterozóico Inferior, Bahia, Brasil. XXXVII Congresso Brasileiro de Geologia, São Paulo, 1: 370.

SABÓIA, L.A.de (1979) Os *greenstone belts* de Crixás e Goiás-GO. Sociedade Brasileira de Geologia, Núcleo Centro-Oeste, Goiânia. Boletim Informativo, 9: 43-72.

SCANDOLARA, J.E.; RIZZOTO, G.J. e SILVA, L.C. (1992) Geologia da região de Nova Brasilândia, Sudeste de Rondônia. XXXVII Congresso Brasileiro de Geologia, São Paulo, vol. 2: 154-156.

SCHOBBENHAUS Filho, C. *et al.* (1975) Carta Geológica do Brasil ao Milionésimo — Folha Tocantins (SC.22), Folha Goiás (SD.22), Folha Goiânia (SE.22), Folha Cuiabá (SD.21), Corumbá (SE.21) e Rio Apa (SF.21). DNPM, Brasília.

SILVA, C.R.; BAHIA, R.B.C. e SILVA, L.C.(1992) Geologia da região de Rolim de Moura, sudeste de Rondônia. XXXVII Congresso Brasileiro de Geologia, São Paulo, vol. 2: 152-153.

SILVA, G.G. da *et al.* (1974) Geologia. *In*: Projeto Radam Brasil, Folhas SB.22 (Araguaia) e parte da SC.22 (Tocantins). DNPM, Rio de Janeiro. Levantamento de Recursos Naturais, 4: 1-43.

SMALL, H.L. (1914) Geologia e suprimento d'água subterrânea no Piauí e parte do Ceará, Brasil. Instituto Contra Secas, Rio de Janeiro. Série I. D., Publicação, 32: 146.

SOARES, P.C.; LANDIM, P.M.B. e FÚLFARO, V.J. (1974) Avaliação preliminar da evolução geotectônica das bacias intracratônicas brasileiras. XXVIII Congresso Brasileiro de Geologia, Porto Alegre, 61-83.

TEIXEIRA, N.A. e DANNI, J.C.M. (1979) Geologia da raiz de um *greenstone belt* na região de Fortaleza de Minas. *Revista Brasileira de Geociências*, 9(1): 17-26.

TEIXEIRA, N.A. e DANNI, J.C.M. (1979) Petrologia das lavas ultrabásicas e básicas da seqüência vulcano-sedimentar Morro do Ferro, Fortaleza de Minas, Minas Gerais. *Revista Brasileira de Geociências*, 9(2): 151-158.

TROMPETTE, R.R.; UHLEIN, A.; SILVA, M.E. e KARMANN, I.(1992) O Craton Brasiliano do São Francisco: uma revisão. *Revista Brasileira de Geociências*, 22: 481-486.

TROUW, R.A.J.; RIBEIRO, A. e PACIULLO, F.V.P. (1980) Evolução estrutural e metamórfica de uma área a SW de Lavras-MG. XXXI Congresso Brasileiro de Geologia, Camboriú, vol. 5: 2773-2784.

ARCABOUÇO GEOLÓGICO

UHLEIN, A.; ALKIMIN, F.F.; PEDREIRA, A.J. e TROMPETTE, R.R. (1992) Evolução geológica da Faixa Móvel Espinhaço nos Estados de Minas Gerais e Bahia. XXXVII Congresso Brasileiro de Geologia, São Paulo, vol. 1: 290-291.

WERNICK, E. (1972) Contribuição ao conhecimento da área cristalina do leste do Estado de São Paulo, Brasil. Boletim de Geologia, Caracas, 6: 454-455.

CAPÍTULO 2

MEGAGEOMORFOLOGIA DO TERRITÓRIO BRASILEIRO

Aziz Nacib Ab'Saber

1. INTRODUÇÃO

De raro em raro, surgem novas óticas para introduzir métodos de trabalho e noções de escala e de tempo-espaço no campo dos estudos geomorfológicos. Não se trata de novos paradigmas, nem de modismos passageiros ou verbalísticos. No caso específico da expressão megageomorfologia existe, acima de tudo, a oportunidade de exercitar a transdisciplinaridade, por meio de uma preocupação de integrar conhecimentos disponíveis, de ordem macrorregional, regional ou sub-regional, significantes. Trata-se de sintetizar, seletiva e hierarquicamente, os fatos essenciais da geomorfologia de grandes extensões territoriais, com ênfase em áreas de primeira ordem de grandeza espacial. No entanto, como a geomorfologia de um país, por menor que ele seja, depende de vastos envoltórios, é possível realizar estudos megamorfológicos centrados em espaços territoriais aparentemente de pequena extensão. Mesmo porque para bem conduzir estudos geológicos e geomorfológicos não é possível cingir-se a espaços administrativos nacionais ou provinciais.

Evidentemente, o Brasil é um país altamente privilegiado para enfoques de megageomorfologia. Possui uma escala territorial de primeira ordem de grandeza, atingindo mesmo um nível de escala continental. É, também, um dos blocos geológicos da crosta terrestre, resultante da separação e derivas de um "supercontinente transverso": no caso o hipercontinente de Gondwana. Ao longo de toda sua fachada atlântica possui um sistema periférico de fragmentação tectônica, traduzido por fossas *rift-valleys* e montanhas de blocos falhados: desde a fossa de Marajó ao Recôncavo Bahiano e desde a Bacia de Campos a bacia de Pelotas. Sofreu amplos soerguimentos pós-cretácicos em suas áreas cratônicas e sedimentares paleomesozóicas; ao mesmo tempo em que foi preservada a bacia amazônica ocidental, através de diversas retomadas de subsidência. No decorrer do Cenozóico o território brasileiro esteve sujeito às flutuações climáticas inter e subtropicais; ora envolvendo climas quentes ou subquentes úmidos, ora sujeito à expansão anastomosada de climas secos, em condições menos quentes ou de invernos bem mais frios. A própria caracterização dos aspectos essenciais dos domínios morfoclimáticos intertropicais brasileiros pode ser considerada como um enfoque particular de megageomorfologia, ainda que tais estudos não estejam inclusos nos objetivos do presente estudo.

Entretanto, a megageomorfologia não se prende, apenas, em considerações de ordens tectônica, estrutural ou morfoclimática. Ela envolve a integração dos estudos de história geomorfológica, tendo por base o conhecimento da posição e significado das superfícies aplainadas — de cimeira interplanálticas e intermontanas — pediplanos, ectaplanos, terraços escalonados, e o posicionamento e gênese de diferentes gerações de "pães de açúcar" e *inselbergs*, além dos depósitos correlativos de distribuição ampla ou localizada. Projeta-se, ainda, para o estudo comparativo da desnudação marginal e circundesnudação (pós-cretácea ou pós-pliocênica), responsável pela gênese de escarpas e talhados nos bordos de platôs mesetiformes, ou de "*cuestas* concêntricas de frente externa", respectivamente no modelo dos bordos da Chapada do Araripe, ou, no esquema das escarpas de circundesnudação da Bacia do Paraná.

Para cada uma dessas questões, existe literatura específica, de maior ou menor grau de profundidade, parte dela listada seletivamente na bibliografia no final do capítulo.

2. Macrodomos Salientes e Macrodomos Esvaziados

Os esforços para retraçar a megageomorfologia do território brasileiro obrigam revisões conceituais, de interesse para uma normatização terminológica em geociências. Um bom exemplo disso diz respeito ao tradicional uso na geologia brasileira, da expressão "arco". Trata-se de um conceito empírico que tem sido aplicado a edifícios geotectônicos muito diversos entre si. O chamado "arco de Ponta Grossa" é uma deformação em abóbada que afetou o núcleo curitibano do Escudo Brasileiro, transformando regionalmente estruturas paleozóicas (e parcialmente mesozóicas) em um capeamento abaulado e densamente cizalhado, conforme documentam explicitamente as imagens de satélite. Por sua vez, uma porção da velha abóbada curitibana, na atual região do alto Iguaçu, sofreu forte rebaixamento por complexos de eversão, seguidos por pequenas falhas geomorfologicamente contrárias, que propiciaram a sedimentação da Bacia de Curitiba, em tempos plipleistocênicos. O fato principal na geologia e geomorfologia dos planaltos orientais do Paraná é a deformação macrodômica regional; a qual segue o modelo de abaulamento em abóbada, devido à intervenção regional dos chamados dobramentos de fundo (Ruellan, 1952). No conjunto do território brasileiro existem, porém, diversos modelos de macrodomos cristalinos, sujeitos a evolução topográfica, geomorfológica e ecológica muito diferenciados: a abóbada rebaixada e evertida do núcleo curitibano do Escudo Brasileiro; a abóbada do Planalto da Borborema, no Nordeste Oriental, circundada por depressões pró-parte tectônicas, pró-parte desnudacionais, homogeneizadas por amplos processos de pediplanação; a abóbada do núcleo uruguaio-sul-rio-grandense do Escudo Brasileiro, bem conservada nos quadrantes interiores do Rio Grande do Sul e Uruguai, porém rota por falhas na sua borda atlântica, face à Bacia de Pelotas; a paleo-abóbada da área onde hoje se encontra a bacia quaternária do Pantanal, oriunda de um arqueamento existente entre a Bacia do Paraná, a Bacia dos Parecis e o Sistema Chiquitano do Paraguai, sujeita a esvaziamento e eversão pelo incentivo da tectônica e da desnudação interior, fatos que se desenrolaram em um lapso de tempo que envolve todo o período Terciário, com retomada da sedimentação fluvial e pró-parte flúvio-lacustre, durante o Pleistoceno e Holoceno (bacia quaternária do Pantanal). A Bacia do Pantanal, designada *boutonnière* por (Ruellan, 1953), e bem identificada por Almeida (informe na conferência URGS, 1960) é a única bacia sedimentar quaternária do país gerada pela intervenção de soleiras tectônicas, geomorfologicamente contrárias. Acrescentamos a tais tipos específicos observações sobre o megadomo cristalino falhado do Brasil de Sudeste: a área falhada e evertida do paleodomo cearense, migrada posteriormente para leste (Borborema); e o esvaziamento da abóbada irregular de Roraima, rebaixada pela falha do Tacutu e sujeita a complexa tectônica e derrames vulcânicos.

Existe uma tendência compreensível para iniciar os estudos de megageomorfologia por uma análise dos diferentes feixes de estruturas que compõem as velhas massas rochosas dos escudos pré-cambrianos. Nas geociências brasileiras quando se usa a expressão escudos, faz-se uma referência direta ao conjunto de formações rochosas, rígidas e consolidadas, que não mais podem ser dobradas. O mosaico de rochas cristalinas, que participam da ossatura geológica dos escudos, tem uma grande importância para o entendimento da geomorfologia dos maciços antigos sobrelevados (Mantiqueira, Bocaina) ou rebaixados por erosão em diferentes contextos geotectônicos (depressões interplanálticas e intermontanas dos sertões nordestinos; setores pediplanados da depressão do médio Tocantins e Araguaia; pediplano cuiabano, entre outras áreas de menor relevância espacial).

A expressão escudo tem uma aplicação genérica para englobar todos os embasamentos pré-cambrianos arqueozóicos e proterozóicos, independentemente de seu arranjo interno e de sua cronogeologia arcaica. Por sua vez a expressão cráton ou área cratônica tem sido reservada, preferencialmente, para as áreas de rochas cristalinas granitizadas, exibidas em diferentes setores dos escudos, distribuídas por entre faixas orogênicas pré-cambrianas. Por fim, a expressão plataforma brasileira, preferida por Almeida (1967) em algumas de suas contribuições essenciais para a compreensão do arranjo, idades e atributos das formações pré-cambrianas do país, foi incorporada na atual terminologia geológica, como uma referência ao embasamento pré-cambriano total do Brasil e da maior parte da América do Sul oriental, desde as Guianas até o Rio Grande do Sul.

Disso resultou, também, uma hierarquia espacialmente decrescente de áreas do embasamento total pré-cambriano, na seguinte ordem, plataforma, escudo e crátons. Para fins de megageomorfologia interessa, sobre-

MEGAGEOMORFOLOGIA DO TERRITÓRIO BRASILEIRO

tudo, a constituição e o comportamento das áreas cratônicas e faixas orogênicas dos escudos expostos; e o grau de soerguimento epirogênico e impactos regionais dos dobramentos de fundo e, sobretudo, a marcha habitual dos processos de decomposição e erosão diferenciais, que se fazem atuar no feixe heterogêneo de rochas epimetamórficas cristalofilianas (quartzitos, filitos, anfiboloxistos e calcáreos metamórficos, além de conglomerados metamórficos).

A expressão plataforma, entendida como larga margem rígida e rebaixada de uma faixa geossinclinal, foi introduzida entre nós, através dos notáveis cursos ministrados por Kenneth E. Caster, no Departamento de Geologia e Paleontologia, da antiga Faculdade de Filosofia, Ciências e Letras da Universidade de São Paulo. Na origem (1945-46), entendia-se por plataforma em Geologia, os bordos baixos ou rebaixados de uma bacia geossinclinal, por oposição às *old lands*, consideradas ativas áreas-fonte de erosão, situadas na outra banda de uma faixa de subsidência acelerada, característica das geossinclinais.

Em um estudo recente sobre a geologia da região norte brasileira, Bezerra (1991) incluiu um tratamento conceitual das expressões plataforma e cráton, que merece maior divulgação. Assim se exprime o autor:

"A Plataforma Sul-Americana é constituída de um embasamento formado por rochas metamórficas, sedimentares e ígneas de idades arqueana e proterozóica e por coberturas sedimentares de idade fanerozóica. Engloba vários elementos tectônicos de menor ordem onde se incluem os *crátons*, as faixas de dobramento e as bacias intracratônicas.

"Os *crátons* são regiões da crosta terrestre que foram antigas plataformas, quando havia uma faixa de dobramentos ou um geossinclinal ativo em suas bordas. Passaram à condição de *crátons* após a estabilização da faixa de dobramentos ou do último ciclo orogênico que a atingiu, fato que no Brasil é representado pelo Ciclo Brasiliano.

"Nesse contexto, *cráton* e plataforma são entidades semelhantes, posto que, ambas são limitadas por faixas de dobramentos. A diferença é que na plataforma a faixa de dobramentos encontra-se em atividade e assim seu embasamento participa na deformação; enquanto nos *crátons*, a faixa de dobramento e o respectivo embasamento já se encontram estabilizados e ambos edificam uma nova plataforma, somente susceptível de individualização através de estudos.

"Bacias intracratônicas são depressões no embasamento dos *crátons* que foram preenchidas por diversos tipos de sedimentos e material magmático. Podem ser formados por subsidência da crosta ou por processos de falhamentos em blocos, constituindo os grabens."

Após a introdução do termo plataforma brasileira por Almeida (1967), houve a tendência para projetar o conceito, afim de abranger todas as áreas de escudos do continente, sob a designação de plataforma sul-americana (Schobbenhaus e Campos, 1984). Ao utilizar esta expressão tão abrangente define-se apenas o embasamento total, sob o qual anicharam as grandes coberturas sedimentares das bacias intracratônicas; independentemente dos tipos de deformações pré- ou pós-cretáceas sofridas pelos escudos (arqueamentos de grande raio de curvaturas, dorsais, abóbadas ou macrodomos, *rift-valleys,* montanhas de blocos falhados). Para a megageomorfologia brasileira interessa mais o comportamento geotectônico moderno dos escudos do que a simples referência ao espaço total raso dos embasamentos.

Na medida em que as teorias sobre as junções antigas dos diferentes blocos do continente de Gondwana passam para um nível de certeza cada vez maior, pode-se falar em plataforma afro-brasileira. Tal ampliação de paleo-espaços de embasamentos pré-cambrianos tem muito a ver com a história e os eixos de penetração das bacias intracratônicas brasileiras, iniciadas por transgressões de mares rasos provenientes do oeste (Pacífico), uma vez que os Andes só vieram a se constituir como grande e nova barreira, nos fins do Terciário. Não se pode visualizar os paleo-espaços da América do Sul centro-oriental sem se levar em conta a macrocompartimentação da borda ocidental da plataforma afro-brasileira. O contorno dos espaços de velhas terras emersas, em relação aos corredores "mediterrâneos" e as bacias sedimentares, diversas vezes invadidas por mares rasos e grandes sistemas lagunares (Devoniano e Permiano), indica um complicado festonamento de núcleos de escudo e depressões marinhas, que funcionaram no Paleozóico.

3. Repercussão Geomorfológica dos Dobramentos de Fundo

As repercussões dos dobramentos pré-cretáceos e pós-cretáceos, sobre a macrocompartimentação da plataforma brasileira e sul-americana, têm sido um tópico negligenciado, ou até omitido, tanto nas obras de síntese quanto nos estudos de detalhamento regional sobre a geologia do Brasil. O ensaio pioneiro fundamental sobre o assunto foi realizado por Ruellan (1952), em trabalho intitulado "O Escudo Brasileiro e os dobramentos de fundo". Através desse estudo, Ruellan assentou as bases para compreensão dos arqueamentos de grande raio de curvatura e de outros de caráter mais regionais e restritos espacialmente. Na bibliografia anterior existiam apenas referências, um tanto vagas, sobre arcos regionais; nomenclatura que depois viria criar muitas confusões, pela sua aplicação genérica a situações muito diversas.

Por seu lado, Almeida (1964) em um excelente trabalho de síntese sobre "Os fundamentos geológicos" do território brasileiro referiu-se aos dobramentos de fundo, no seguinte trecho do seu ensaio, ao comentar a posição do Brasil no quadro geotectônico sul-americano.

> "A leste, ocupando cerca da metade de sua superfície total, estende-se vasta área cratônica — Brasília-Guiana — de cuja estrutura participam, sobretudo, rochas pré-cambrianas. Sobre ela se alojam grandes bacias sedimentares paleozóicas e mesozóicas de reduzido tectonismo.
>
> "É área que desde o Siluriano se tem mostrado tectonicamente calma, reagindo às ações distróficas através de manifestações de caráter epirogêncio e de deformações locais por abaulamentos *plis de fond* e falhamentos de gravidade."

Os principais modelos de deformação macrorregionais exibidos pelo Escudo Brasileiro, dotados de forte participação na história paleo-hidrográfica do Planalto Brasileiro, cingem-se a arqueamentos de grande raio de curvatura; dorsais relacionadas ao re-salientamento de velhas cordilheiras (Espinhaço) e abóbadas regionais de tipo macrodômico complementadas por falhas em algumas de suas bordas.

A saber:

Maciço da Borborema; núcleo uruguaio-sul-rio-grandense do Escudo Brasileiro; abóbada esvaziada do Pantanal Matogrossense, sujeita a recheio sedimentar em fossa tectônica pós-pediplano cuiabano e abóbada de Curitiba, semi-esvaziada e sede recente da Bacia de Curitiba, conhecida na bibliografia pelo nome de arco de Ponta Grossa. É possível que tenha ocorrido uma deformação macrodômica em Roraima, posteriormente fragmentada e substituída pela fossa de Tacutu, sujeita a diversas fases de intrusões e vulcanismo.

Dois são os eixos principais de dorsais norte-sul ocorrentes no Escudo Brasileiro: a dorsal do Espinhaço e a dorsal transversa que se estende desde o planalto do Alto Rio Grande (MG), passa pela Serra da Canastra, atinge o altiplano de Brasília, e termina por soerguer pacotes sedimentares do Devoniano e Cretáceo de Mato Grosso e Rondônia (Chapada dos Guimarães-Serra Azul e Chapada dos Parecis). A primeira dessas alongadas dorsais é montanhosa e relativamente homogênea, desde Minas Gerais até o centro-norte da Bahia. A segunda, é dominantemente altiplanáltica e geologicamente heterogênea, pelo fato de afetar terrenos cristalinos e setores de bacias sedimentares soerguidas.

Nenhum nome mais adequado existiria para a dorsal continental do Espinhaço, do que a própria designação que o povo lhe deu: Espinhaço. As imagens de satélites, em falsa cor, hoje existentes, permitem avaliar a realidade geomorfológica dessa paleocordilheira, aplainada entre o Cretáceo e o Eoceno e reentalhada ao estímulo do soerguimento pós-cretácico, no decorrer do Cenozóico (paleogeno e neogeno).

A Serra do Espinhaço, durante o Cretáceo Superior, servia de barreira topográfica para toda uma alongada bacia sedimentar arenítica que se estendia pelo vão formado entre ela própria e o altiplano de Brasília. A esse tempo, segundo tudo leva a crer, o pacote sedimentar restrito aos chapadões ocidentais da Bahia e Noroeste de Minas Gerais, era mais largo e muito mais extenso, projetando-se até a bacia cretácica do Maranhão, na contra-encosta ocidental das escarpas devonianas do Piauí. A depressão periférica talhada entre o Espinhaço e os chapadões do Urucuia encarcerou o curso geral do São Francisco, por longo tempo, nos princípios do

Terciário; até que o ativo macrodomo cristalino da Borborema abrigasse o "Velho Chico" a sucessivos desvios para leste, atingindo sua posição atual desde o cotovelo de Juazeiro-Petrolina até seu desemboque no mar.

4. Paleo-Abóbada do Escudo Brasileiro Transformada em Montanhas de Blocos Falhados

Além desses casos mais flagrantes de deformações macrodômicas, que envergaram regionalmente o Escudo Brasileiro, existem duas ou três áreas que merecem considerações à parte. A maior e mais persistente deformação em abóbada do Escudo é certamente aquela que ocorre nos terrenos cristalinos do Brasil de Sudeste. Trata-se de um megadomo cristalino, de presença muito antiga, sujeito a diferentes fases de reativação, a par com complicações paleo-hidrográficas, devido às interferências da tectônica quebrável, a partir dos meados do Terciário. A área atingida por esse gigantesco arqueamento radial envolve os terrenos cristalinos do Brasil de Sudeste, desde o planalto do alto rio Grande, o altiplano da Mantiqueira, o Quadrilátero Central Ferrífero, o planalto da Bocaina e a atual área de serranias do alto vale do Paraíba, alto Tietê e Jundiaí — São Roque. A exagerada exaltação dessa paleo-abóbada, de onde nascem drenagens para todos os quadrantes (cabeceiras do rio São Francisco, drenagem da Mantiqueira Ocidental, alto Paraíba, alto Tietê, alto rio Grande, drenagens do Paraíba mineiro-fluminense e alto vale do rio Doce), redundou na atuação de uma tectônica quebrável radical, responsável pelo *rift-valley* do médio Paraíba e suas projeções tectônicas na Bacia de São Paulo. A uma certa altura do período neogênico, ocorreu uma captura de um braço antigo do paleo-Tietê, para a fossa do Paraíba, onde se acumularam sedimentos pertencentes a duas formações geológicas.

Não sendo possível visualizar as feições dos paleo-espaços das formações devonianas, as quais sofreram fortes retalhamentos erosivos entre o Devoniano Superior e o Carbonífero Médio, pode-se garantir que o megadomo do Brasil de Sudeste teve continuada atuação, a diferentes níveis tectônicos, desde o Carbonífero Superior até nossos dias. Pode-se inferir ainda, que essa velha abóbada, em conjugação com o restante corpo espacial da dorsal da Canastra, e, ao sul, pelo domo cristalino de Curitiba, e a oeste com o domo hoje esvaziado do Alto Paraguai (Pantanal), colaborou para criar o teatro de sedimentação da Formação Bauru, em uma fase pós-derrames basálticos e pós-fragmentação da arcaica plataforma afro-brasileira.

Enquanto, na plataforma continental atlântica do Brasil, estabeleciam-se fossas tectônicas e espessos pacotes transgressivos de formações marinhas, acumulavam-se sedimentos fluviais e flúvio-lacustres, em uma larga depressão central terminal da bacia paleomesozóica do Paraná (Bacia do Bauru). Registre-se, porém, que a separação do Brasil em relação à África, pela intervenção da tectônica de placas, tornou possível o surgimento do Atlântico Sul, fator de forte amenização climática e ruptura radical em relação ao clima desértico que presidiu a sedimentação do Botucatu. (Ab'Saber, 1950 e 1951).

Outra região do Escudo Brasileiro de história fisiográfica e geomorfológica complexa foi a paleo-abóbada, onde hoje se localizam os rebaixados sertões do Ceará. Preocupados sempre em explicar a gênese do Planalto da Borborema, o qual foi gerado por um "bombeamento" regional em algum período do Terciário, permanece em certo esquecimento o comportamento geotectônico e desnudacional do setor cearense do Escudo. No Devoniano, ainda vinculada à plataforma afro-brasileira, a região esteve sujeita a transgressões marinhas procedentes de oeste e noroeste, provavelmente em uma vasta enseada projetada a partir da faixa paleozóica da Amazônia Oriental. Na época, boa parte do Ceará ocidental serviu de plataforma-embasamento para a sedimentação marinha devoniana. Pela posição da base das formações sedimentares, que se assentam em um legítimo paleoplano na meia-serra das escarpas do Ibiapaba, pode-se inferir que, na época os maciços antigos regionais estendiam-se para leste, sudeste, nordeste e norte, em uma abóbada rasa que poderia ser designada pelo nome de paleo-Borborema. O setor cearense da plataforma afro-brasileira era muito mais amplo do que sua sucessora atual, migrada para leste — a Borborema (Pernambuco, Paraíba e Rio Grande do Norte). A desnudação marginal, forçada pelo soerguimento mesocretáceo, fez recuar as escarpas devonianas para oeste, esboçando o atual relevo de *cuestas* da porção ocidental da Bacia do Parnaíba (sistema Serra Grande do Ibiapaba). No Cretáceo Superior, a plataforma cearense foi exondada, evertida e tectonizada, servindo para a extensão irregular de coberturas marinhas (Apodí) ou lacustres (Araripe), logo que o Atlântico Sul, recém-formado,

MEGAGEOMORFOLOGIA DO TERRITÓRIO BRASILEIRO 81

estabeleceu-se entre a África e o Brasil. Foi a esse tempo, também, que a fachada atlântica do Nordeste Brasileiro recebeu um complicado sistema de falhamentos e flexuras, responsável pelas fossas tectônicas de uma geração que permeia toda a plataforma continental e parte da retroterra costeira. A rigor, o sistema de *grabens, rift-valleys* e pacotes marinhos transgressivos do Cretáceo e Mioceno, estende-se desde Marajó até as bacias de Santos e Pelotas, envolvendo no Grande Nordeste, a bacia de São Luiz, a fossa de Barreirinhas, a Bacia Potiguar e bacia de Alagoas-Sergipe, e a bacia do Recôncavo. As porções mais soerguidas dessas bacias sedimentares, sincopadas entre si, foram as bacias sedimentares costeiras Potiguar (Rio Grande do Norte-Ceará) e terrenos da fossa do Recôncavo. Depois da formação da abóbada terciária que remodelou toda a geomorfologia regional, os diferentes pacotes de rochas sedimentares cretácicas ficaram na condição de um irregular e descontínuo sistema de *cuestas* semiconcêntricas de *front* interno: Araripe voltado para leste, chapada de São José/Buique voltada para o norte, Apodí voltada para o sul; e, escarpas baixas e mal definidas cretácicas (Sergipe) e pliocênicas (Paraíba), voltadas para oeste. Sem falar das altas escarpas de *cuestas* sucessivas do Piauí, todas elas de frente voltadas para leste, para além do grande espaço sujeito a eversão, da paleo-abóbada Ceará ou paleo-Borborema.

5. Superfícies de Aplainamento

Na visualização megageomorfológica de um território tão vasto quanto o brasileiro é necessário rever a problemática das velhas e modernas superfícies de aplainamento. Trata-se de uma área da geomorfologia clássica — de raízes davisianas — inteiramente revista e fortalecida conceitualmente, durante a segunda metade do século XX, por meio da introdução dos conceitos de pediplano e ecktaplano; e através de uma nova percepção da força e potencialidade dos processos erosivos por ocasião de mudanças climáticas de paisagens e ambientes úmidos para ambientes secos. O correto uso dos conceitos de biostasia e resistasia — engendrados pelo pedólogo Henri Erhart (1966) — tornou possível captar a potencialidade dos processos erosivos e desnudacionais que incidem sobre mosaicos de geossistemas, ao sabor de mudanças climáticas e ecológicas radicais.

Os estudos sobre testemunhos de aplainamentos antigos iniciou-se com a divulgação de Harder e Chamberlin (1915), sobre uma superfície aplainada detectada nos altos da Serra do Espinhaço (1700 a 1800 metros de altitude). Preston James (1933) e Chester Washburne (1935) colaboraram para a identificação de uma superfície de aplainamento interplanáltica no interior da depressão periférica paulista. Mas, foi certamente, De Martonne (1940, 1943 e 1944) quem estabeleceu o esquema das superfícies aplainadas habitualmente existentes desde os maciços antigos até as depressões periféricas e planaltos interiores do Brasil. Em um só trabalho, o grande mestre detectou a superfície dos altos campos (Bocaina e reverso da Mantiqueira), a das Cristas Médias (mudada para superfície do Japi, por Almeida), e a neogênica (desdobrada por Ab'Saber, para superfície de Indaiatuba e, superfície de Rio Claro). Coube, ainda, a De Martonne (1940) identificar uma superfície fóssil pré-Carbonífero Superior, em processo de exumação na margem oriental da depressão periférica paulista. Caster (1947) posteriormente, registrou trechos exumados de uma superfície pré-Devoniana, em seus estudos sobre terrenos dessa idade, nas margens da Chapada dos Guimarães e da Serrinha (PR). Freitas (1951), elaborou um ensaio de maior valor teórico sobre "os relevos policíclicos na tectônica do Escudo Brasileiro", ensaio que deu oportunidade do ingresso de Fernando de Almeida no campo dos estudos sobre superfícies aplainadas, por meio de um comentário substancial a propósito dos relevos policíclicos na tectônica do Escudo Brasileiro (1951). Por volta dos meados da década de 50, intensificaram-se os estudos sobre testemunhos de aplainamentos antigos no Planalto Brasileiro tendo de se destacar uma contribuição importante, porém desligada da bibliografia prévia, levada a intento por Lester King (1956), sob o título de *A Geomorfologia do Brasil Oriental.*

Pouco antes e logo após o Congresso Internacional da União Geográfica Internacional (Rio de Janeiro, 1956), intensificaram-se os estudos sobre velhos e modernos aplainamentos — de cimeira ou interplanálticos — no Planalto Brasileiro, graças a pesquisas conduzidas por Ruellan (1950), Almeida (1951), Ab'Saber (1955 e 1964), Feio (1954), Andrade (1958), Tricart (1957 e 1959), Dresch (1957 e 1959) e Barbosa (1959), entre outras contribuições.

Nossos próprios trabalhos sobre a gênese das depressões periféricas no Brasil, iniciada com uma visão megageomorfológica no ensaio "Re-

MEGAGEOMORFOLOGIA DO TERRITÓRIO BRASILEIRO   83

giões de circundesnudação pós-cretácica no Planalto Brasileiro" (1949), foram inspirados na leitura atenta dos primeiros estudos geológicos regionais de Rego (1932 e 1941), logo seguidas pelo genial trabalho de De Martonne (1940, 1943 e 1944) sobre os problemas geomorfológicos fundamentais do Brasil de Sudeste. No que concerne à circundesnudação nossa contribuição derivou de longas viagens pelo interior do país e pelas referências morfoestruturais preexistentes sobre a Bacia de Paris; assim como pelo mapa geomorfológico sintético de Von Engeln (1942), incluído em seu excelente livro, publicado nos Estados Unidos (*Geomorphology Systematic and Regional*).

Rego (1932 e 1936) fez transectos representativos entre os terrenos antigos do Escudo Brasileiro e os planaltos interiores, interessando à geomorfologia do Estado de São Paulo e à do interior baiano. Identificou, geomorfologicamente, a depressão periférica paulista, disposta sob a forma de um segundo planalto, na borda nordeste da Bacia do Paraná. Logo depois, em um ensaio geográfico sobre o vale do São Francisco (1936), realizou um transecto entre o Espinhaço e os chapadões do Urucuia, contribuindo para caracterizar a depressão periférica do médio São Francisco, ocupado pelo alongado rio do mesmo nome. Seu discípulo mais ilustre e preparado, Almeida (1949), deu continuidade aos estudos geomorfológicos estruturais, publicando um ensaio sobre o "Relevo de *Cuestas*, na bacia sedimentar do rio Paraná", discutindo ainda o trabalho de Freitas (1951), sobre relevos policíclicos no Brasil; e, logo depois, divulgando um estudo sobre "O planalto basáltico da Bacia do Paraná"(1956) e a "Geologia do Centro-Leste Matogrossense" (1954). Caberia a Almeida (1964) em uma notável contribuição para a obra coletiva, dirigida por Azevedo (*O Brasil. A Terra e o Homem*), escrever um ensaio metódico sobre "Os Fundamentos Geológicos" do Brasil, que se constituiu em um repositório, a um tempo sintético e analítico, para a megageomorfologia do território brasileiro.

De nossa parte, após o ensaio sobre circundesnudação, em diferentes bacias soerguidas do país, revimos os "Problemas paleogeográficos do Brasil de Sudeste" (1955); "O planalto da Borborema na Paraíba"(1953); "A Geomorfologia do Estado de São Paulo" (1954); "As altas superfícies de aplainamento do Brasil de Sudeste" (1954); "A Bacia do Paraná-Uruguai: estudo de geomorfologia aplicada" (1955); "Depressões periféricas e depressões semi-áridas no Nordeste Brasileiro" (1956); uma contribuição à geomorfologia do Sudoeste Goiano (1950), em colaboração com Miguel Costa; e, mais tarde, uma tese comparativa entre o Nordeste e o Rio Grande do Sul, sob o título abrangente de "Participação das depressões periféricas e superfícies aplainadas na compartimentação do Planalto Brasileiro"(1965). Em 1964, foi divulgado um longo estudo sobre "O relevo brasileiro e seus problemas", no livro dirigido por Aroldo de Azevedo — *O Brasil. A Terra e o Homem* — onde foi intentada uma megageomorfologia do país, dentro dos limites dos conhecimentos e da literatura especializada, acumulados até a metade do século. Só muito recentemente conseguimos pesquisar na região de Roraima com vistas ao entendimento das características da macro-abóbada esvaziada da região, a história e a posição geomorfológica da Fossa de Tacutu e a ligeira eversão ocorrida na margem norte da Formação Alter do Chão — Solimões, que tornou possível a instalação da Bacia de Boa Vista, no Pleistoceno Inferior.

A contribuição principal desses trabalhos dirigiu-se para a caracterização das superfícies aplainadas do Terciário Inferior, agrupadas sob a designação de séries de aplainamentos, hoje soerguidas e colocadas no topo de maciços antigos e reverso de escarpas de *cuestas* de planaltos interiores. E, ao mesmo tempo, caracterizar a posição da outra série de superfícies aplainadas do Terciário Superior, existentes em depressões interplanálticas, geradas na segunda metade do Terciário, por circundesnudação ou anastomose de pediplanos regionais. A série dos aplainamentos de cimeira (*surfaces sommitales*) é testemunhada nas terras altas do Brasil de Sudeste, Brasil Oriental, Brasil Central e altiplanos basálticos ou arenítico-basálticos, por desdobramentos ou tresdobramentos, relacionados aos ressaltos da epirogênese pós-cretácea (*epirogenese par sacade*). Enquanto a série de superfícies interplanálticas e intermontanas, elaboradas após a principal fase de soerguimento do Escudo — responsável pelas depressões periféricas e seus prolongamentos — foram geradas no interespaço situado entre maciços antigos e *cuestas* ou bordo de chapadas interiores, exibindo um desdobramento de baixa amplitude topográfica: superfície antiga da Campanha Gaúcha; face à superfície moderna da Campanha; superfície de Indaiatuba face à superfície de Rio Claro; superfície Sertaneja Velha, face à Sertaneja Moderna; superfície centro-sul da Roraima, face à superfície de Boa Vista. Em pelo menos dois desses casos ocorrem pequenas e raras bacias detríticas plio-pleistocênicas em setores restritos das depressões interplanálticas, de retomada mais recente: exemplos na Bacia de Rio Claro (SP) e na Bacia de Boa Vista (RR). Cumpre lembrar que depois do desdobramento das aplainações neogênicas, ocorreram incisões de vales pleistocênicos e holocênicos, um pouco por toda parte, os quais criaram nas suas vertentes seqüências escalonadas de pedimentos, *strath terraces* e baixos terraços fluviais, abaixo dos quais embutiram-se planícies aluviais em alvéolos ou em calhas, marcadas por forte meandração. Um levantamento epirogênico irregular, porém muito amplo, respondeu inicialmente pela elaboração desses níveis de erosão embutidos nas vertentes de grandes ou médios e pequenos vales. Por fim, na zona costeira e nas terras baixas da Amazônia Oriental, sobretudo, ocorreram influências glácio-eustáticas, devido às oscilações sofridas pelo nível dos mares, durante o Pleistoceno e o Holoceno. Estudos fundamentais sobre as flutuações paleoclimáticas, hidrológicas e ecológicas, sofridas pelo território inter e subtropical brasileiros, têm tido um desenvolvimento muito avançado no Brasil, graças à consolidação da Teoria dos Redutos Florestais e Refúgios de Fauna, levados a efeito por diversos pesquisadores (Ab'Saber, 1964, 1977, 1982, 1984; Vanzolini, 1970 e 1973; Bigarella, 1982 e 1995; e Brown, Ab'Saber, 1979).

6. Superfícies de Aplainamento nos Dois Bordos do Atlântico: A Contribuição de Francis Ruellan e de Reinhard Maack

Um destaque especial no progresso dos estudos sobre superfícies aplainadas e níveis de erosão costeiros deve ser atribuído a Ruellan (1956). Enfrentando a frieza dos colegas geógrafos de diversos países do hemisfério norte, onde o estudo de velhas superfícies aplainadas não possuía a mesma importância do que o Brasil e a África, Ruellan (1956) conseguiu incluir entre os grupos de trabalho da U.G.I., uma Comissão para o estudo e correlação dos níveis de erosão e das superfícies de aplainamento em torno do Atlântico. A aceitação para a instalação dessa Comissão foi alicerçada no interesse despertado em alguns geomorfólogos pela palestra-síntese de Ruellan no Congresso Internacional de Geografia (UGI — Lisboa), em 1950, sob o título de *Les surfaces d'érosion de la région sud oriental du*

Plateau central brésilien. Em 1956, finalmente, Ruellan e seus colaboradores apresentaram os ensaios revisivos sobre aplainamentos e níveis de erosão na África e Brasil, incluindo um capítulo final de conclusões, pelo próprio organizador e diretor do projeto. Trata-se da mais séria e ampla empreitada científica para esclarecimento das questões referentes a superfícies aplainadas e níveis de erosão, ocorrentes no Escudo Brasileiro e fachada atlântica do país. Sendo de se notar que houve muitos acréscimos e modificações posteriores, em relação aos níveis de erosão costeiros, em função de pesquisas posteriores realizadas por Birot (1957), Tricart (1957 e 1959), Bigarela, Marques Filho, Ab'Saber, Salamuni (1957, 1958 e 1959).

Maack (1947 e 1953), grande estudioso da geografia física e fitogeografia do Paraná e Santa Catarina, abriu espaço para uma discussão interressante, ao tecer especulações sobre a possibilidade de terem existido altas superfícies aplainadas, geradas em tempos geológicos em que o Brasil e a África ainda estivessem ligados. Conhecendo bem a metade Sul da África e a porção meridional do Brasil, em termos geográficos e geomorfológicos, Maack tinha todo o direito de especular sobre o problema..Na época era considerado herético e ignorante quem apoiasse, ainda que de leve, a teoria da separação dos continentes. Criticava-se Wegener, omitia-se a contribuição de Alexander Du Toit (1927), e se tentava desprezar as preferências de Reinhard Maack. Tudo se modificou cultural e cientificamente quando se descobriu as mudanças sofridas pela posição dos pólos magnéticos, à época dos grandes derrames basálticos do Triássico — Cretáceo Inferior, do Brasil e Sul da África. Para consolidar a teoria da fragmentação do continente Gondwana foi de importância essencial a vinda ao nosso país, do pesquisador britânico Creer. Mas, as resistências às teorias sobre deriva dos continentes e gênese do Atlântico somente recuaram quando da introdução dos conhecimentos sobre a tectônica de placas, em fins da década de 1970. Por fim, a trama da tectônica quebrável na fachada atlântica e na plataforma continental brasileira, foi suficiente para transformar a velha teorià, tão bem defendida por Wegener (1937), em uma quase certeza. Os estudos de megageomorfologia, por sua vez, acrescentam novos argumentos a favor da existência da velha plataforma afro-brasileira e australoindo-malgaxe, fragmentada no Cretáceo Inferior.

A despeito do direito de propor hipóteses, como foi o caso de Maack, convém registrar que nenhuma das superfícies de cimeira atual-

MEGAGEOMORFOLOGIA DO TERRITÓRIO BRASILEIRO 87

mente observáveis nas terras altas do Brasil pode ser considerada como de elaboração ao tempo da junção geológica Brasil-África. Quando da separação das placas continentais, a plataforma brasileira deveria estar em nível tectônico relativamente baixo, sem que entretanto possuísse a uniformidade geomorfológica por pressuposta em trabalhos anteriores. Os processos erosivos, que alimentaram a Formação Bauru e as áreas de extravasamento sedimentar diretamente para terrenos aplainados pré-cambrianos, reduziram as massas originais dos velhos plainos afro-brasileiros. Enquanto, por seu turno, os sucessivos soerguimentos epirogênicos sofridos pelas mais antigas abóbadas do Escudo, sob a influência desgastante de muitas flutuações climáticas, contribuíram para rebaixamentos erosivos das superfícies aplainadas pré-cretácicas, que por ventura possam ter existido. Os níveis aplainados remanescentes nas cumeadas dos altiplanos cristalinos (Mantiqueira, Bocaina, Espinhaço), quando muito são referências, parcialmente rebaixados de plainos de erosão herdados dos fins do Cretáceo e início do Terciário (paleoceno/eoceno).

O exame ainda que rápido da megageomorfologia de uma expressiva área de escudos cristalinos e bacias intercratônicas, pertencentes em grande parte a um arcáico supercontinente pré-cretácico, quando as águas do Pacífico penetravam eventualmente pelo mediterrâneo amazônico, Bacia do Parnaíba e áreas da Bacia do Paraná, possibilita uma meditação indutora sobre alguns dos grandes problemas da história geológica do continente, prolongada pela história geomorfológica pós-cretácica. Na história geológica seria difícil compreender, por exemplo, caso houvesse imobilismo das placas continentais, de onde teriam provindo as geleiras e os materiais detríticos continentais que se depositaram na Bacia do Paraná, mais difícil, ainda, compreender porque os eixos de embaciamento e deposição sedimentar indicam penetrações de mares rasos devonianos provenientes da outra banda do continente de Gondwana, ou seja de mares provenientes do Pacífico.

Os estudos de megageomorfologia conduzem forçosamente os pesquisadores interessados no relevo brasileiro a um desafio subseqüente relacionado a uma classificação geomorfológica do território. Tem sido difícil separar os objetivos de uma classificação didática para uso de alunos do 1.º e 2.º graus, e uma classificação mais detalhada de caráter plenamente científico. Mais difícil ainda, a tarefa de separar linguagens topográficas populares em face de uma correta linguagem científico-geomorfológica. Mesmo assim, foram realizadas duas experiências de classificações adaptadas sobretudo ao ensino pré-universitário e universitário básico (Ross, 1985 e IBGE, 1993). Em função da grande contribuição documentária do Projeto RADAM, logo acrescido de um estoque de imagens de satélites, de inigualável valor, pode-se prever classificações científicas mais detalhadas e aprofundadas, fato porém que as distanciará mais ainda de uma aplicabilidade didática. Foi mais fácil realizar um mapa sintético dos domínios morfoclimáticos e fitogeográficos do Brasil do que setorizar a extraordinária compartimentação topográfico-geomorfológica do país.

Uma recuperação mais integrada do Projeto RADAM; o uso sistemático e seletivo das imagens de satélites; um respeito honesto e permanente aos informes geomorfológicos existentes em trabalhos regionais — a par com um olhar atento para as escalas da megageomorfologia — poderão determinar aperfeiçoamentos progressivos na ciência-arte de realizar experiências tipológicas ou classificatórias, no interior da alta interdisciplinaridade da Geomorfologia.

7. Conclusões

Uma revisão do edifício territorial do Brasil, a nível megageomorfológico, permite listar fatos e processos básicos para a história geotectônica, denudacional e paleoclimática do país. A saber:

A plataforma brasileira, composta de rochas granitizadas ou metamortizadas em feixes de velhíssimos dobramentos, e incluindo vastas bacias intracratônicas, formadas entre o Devoniano Inferior e o Cretáceo Inferior, eram partes de um gigantesco contínuo geológico, reconhecido pela clássica expressão "Continente de Gondwana".

Até o Cretáceo Inferior todo o país esteve voltado para uma fachada pacífica, somente obtendo sua fachada atlântica, tectonicamente complexa, a partir de meados do Cretáceo para o Cretáceo Superior.

Com a fragmentação do continente de Gondwana e, mais tarde, nos fins do Terciário, com o soerguimento da barreira ocidental constituída pela Cordilheira Andina, toda a drenagem antiga tributária da fachada pacífica teve que se inverter, por mecanismos complexos, para a fachada atlântica. Cada setor das redes hidrográficas instaladas após o Cretáceo Superior teve problemas específicos para encontrar caminhos para o Atlântico. Fato que torna particularmente rica e complexa a interpretação paleo-hidrográfica do Território brasileiro: do Amazonas, do Paraná-Paraguai, do São Francisco e das bacias isoladas do Nordeste, Leste, Sudeste e Sul do Brasil. Ocorreram desvios de cursos d'água para Leste e capturas de setores hidrográficos para depressões tectônicas.

Na história da fragmentação megatectônica do continente afro-brasileiro, têm importância os grandes derrames de lavas basálticas que, através de raízes de efusão situadas abaixo dos embasamentos das bacias intra-cratônicas, atingiram o topo das áreas de sedimentação, escorrendo por grandes espaços de areais. Os sucessivos derrames, intercalados com pacotes de dunas extensas, documentam que aos processos climáticos de grande aridez da Formação Botucatu acrescentaram-se produtos de um vulcanismo maciço, vinculado ao início da tectônica de placas que deu origem à separação de Afro-Brasília. Desde os derrames iniciais até os últimos houve transformações geoquímicas radicais fato observável no gigantesco tampão de lavas do Rio Grande do Sul. Quando o bolsão magmático subsiálico arrefeceu suas atividades restaram pequenos bolsões espaçados entre si, que responderam pela formação de edifícios vulcânicos dotados de rochas sieníticas, responsáveis pelos *ring dyques* do Itatiaia, Poços de Caldas e setores da Ilha de São Sebastião: áreas de exceção no meio das serranias do Brasil de Sudeste.

Houve uma dualidade opósita marcante entre a sedimentação cretácea terminal, acontecida no dorso da plataforma brasileira, e os espessos depósitos acumulados nas fossas tectônicas da fachada Atlântica brasileira. Enquanto os depósitos mesozóicos continentais eram exclusivamente lacustres, fluviais e flúvio-lacustres, os sedimentos das bacias tectônicas da plataforma continental eram predominantemente marinhos ou semimarinhos, tornando possível a geração de formações oleiginas (Bacia de Campos, Recôncavo, Alagoas-Sergipe, Bacia Potiguar e Bacia de Santos). Muito embora os sedimentos dessas bacias estejam predominantemente recobertos por espessas águas marinhas, algumas delas ou parte delas apresentam-se como estruturas transgressivas na retroterra das regiões costeiras de alguns Estados. O protótipo de tais estruturas homoclinais subliterâneas é a região do baixo platô, designado chapada do Apodi, no Rio

Grande do Norte, com suas pequenas escarpas de *cuestas*, voltadas para o interior.

No momento terminal da separação entre África e Brasil a plataforma brasileira estava em nível tectônico mais baixo do que o atual (Freitas, 1951). Mas, certamente haviam setores abaulados nos terrenos cristalinos interpostos entre as bacias sujeitas a subsidência residual, ao fim do Cretáceo. Estas bacias sedimentares que fecharam os episódios deposicionais no Escudo Brasileiro localizaram-se parcialmente sobre setores das grandes bacias paleomesozóicas ou se estenderam por áreas de extravasamento em porções deprimidas da plataforma brasileira. O paradigma das formações cretácas residuais sobre velhas bacias devono-triássicas é a Formação Bauru. No que tange às bacias cretácicas hoje dispostas em forma de mesas e chapadões limitados, distanciadas, entre si, e sotopostas diretamente sobre terrenos cristalinos ou cristalofilianos do embasamento, existem modelos muito diversos. Destaca-se, no caso, a grande mesa dos sertões nordestinos (Araripe); o planalto dos Parecís; o baixo platô do Raso da Catarina; a Serra do Roncador; os chapadões do Noroeste de Minas e Oeste da Bahia; e as chapadas florestadas do Sudoeste e Centro do Maranhão que se estendem até o Sudeste do Pará.

As principais depressões periféricas, existentes no entorno ou margens de bacias sedimentares soerguidas no território brasileiro, foram escavadas na primeira metade da era Terciária (Paleogeno). O incentivo principal para ativar os processos de desnudação marginal, incluindo sistemas de circundesnudação, foi a fase de soerguimento epirogenético pós-cretácea e pré-pliocênica; ao término da qual restaram vastas áreas de aplainações interplanálticas, nas mais diversas regiões do território brasileiro, tendo como protótipos a depressão periférica paulista, as depressões interchapadas e intermontanas dos sertões do Nordeste, e as depressões periféricas da metade sul da terra gaúcha.

O quadro das superfícies aplainadas no Brasil envolve superfícies fósseis em processo de exumorção, superfícies de cimeira desdobradas ou mesmo tresdobradas e superfícies interplanálticas de níveis ligeiramente desdobradas. A mais perfeita aplainação antiga do território brasileito tem baixíssima participação no relevo atual, porém grande importância para a história paleogeomorfológica do país: foi designada paleoplano pré-devoniano por Caster (1947). Enquanto essa velhíssima aplainação, aperfeiçoa-

MEGAGEOMORFOLOGIA DO TERRITÓRIO BRASILEIRO   91

da por transgressões de mares rasos, apresenta-se apenas como uma forte discordância angular na frente de escarpas devonianas (Serrinha, Ibeapaba, Guimarães), as aplainações que se seguiram no Carbonífero Superior foram muito mais abrangentes, porém menos aperfeiçoadas, como é o caso clássico da superfície fóssil pré-carbonífera superior, identificada por De Martonne (1940), nos arredores Itu-Salto e Sorocaba. Estudos posteriores, realizados um pouco à margem da faixa de contacto dos depósitos glaciais e subglaciais regionais, demonstraram a existência de fortes irregularidades topográficas no embasamento pré-glacial da região. As superfícies de cimeira, por sua vez, foram geradas a partir dos rebaixamentos denudacionais dos fins do Cretáceo, sendo muito bem marcadas nas cimeiras das terras altas do Escudo Brasileiro e no reverso das *cuestas* concêntricas da Bacia do Paraná e Bacia do Parnaíba. Foram reconhecidas nos altos do Espinhaço, por Harder e Chamberlin (1915), no topo da Mantiqueira e da Bocaina por De Martonne (1940), sob o nome de "superfície dos Altos Campos", tendo um desdobramento mais baixo, designado por "superfície das cristas médias" pelo próprio De Martonne (1940), modificada para "superfície do Japí, por Almeida (1951). A "superfície dos Altos Campos" está presente na cimeira do Espinhaço, na Mantiqueira e na Bocaina, reaparecendo no topo do planalto basáltico, na região de São Joaquim (SC) e São Francisco de Paula (RS), enquanto a superfície das cristas médias além de aparecer no reverso de todas as escarpas de *cuestas* do Brasil Meridional, encontra-se muito bem preservada no planalto de Vacaria e no reverso da *cuesta* do Caiapó, no Sudoeste de Goiás. No interior do Nordeste Brasileiro, áreas tais como a Serra de Teixeira, os altos do Baturité, o reverso da escarpa do Ibiapaba e o topo da Chapada do Araripe constituem testemunhos de um importante período de aplainamento, desfigurado por deformações tectônicas e processos desnudacionais responsáveis pela notável expansão dos aplainamentos interplanálticos sertanejos.

Terminada a sedimentação cretácica no centro da Bacia do Paraná e nas áreas de extravasamento dos processos desposicionais em áreas descontínuas da plataforma brasileira, sujeitas a discretas subsidências, instalaram-se os primeiros eixos hidrográficos dos quais depende o traçado relativo de numerosos rios do Planalto Brasileiro. Na Bacia do Paraná ocorreu uma superimposição hidrográfica centrípeta, comportando rios de quase todas as periferias convergindo para o curso d'água conseqüente mestre (rio Paraná). O soerguimento das bacias variou de relativamente simétrico (Alto do Paraná) a bastante assimétrico (Bacia do Parnaíba), até soerguimentos tabuliformes de áreas centrais de bacias (Aratipe, Parecís e Urucúia).

Sob o incentivo da epirogênese pós-cretácica ocorreram amplos esquemas de circundesnudação, muito perfeitos no caso do Alto Paraná, e parcialmente conservado na Bacia do Parnaíba, devido ao forte empenamento sofrido pelo edifício geológico regional. Em ambas as bacias, a amarração das redes hidrográficas centrípetas permaneceu com marcante individualidade. Identicamente, formaram-se nos dois casos relevos estruturais do tipo designado "*cuestas* concêntricas de frente externa". Um sistema de escarpas estruturais desse modelo somente é possível de ser formado à custa de soerguimento de uma bacia, acompanhado de complexos processos de circundesnudação, que por sua vez respondem por uma rede de depressões periféricas, algumas das quais transformadas em compartimentos de planaltos. No estado de São Paulo, a chamada depressão periférica paulista é um legítimo segundo planalto interposto entre o Planalto Atlântico e os planaltos interiores, sujeita a retomadas de erosão fluvial no decorrer do instável período Quaternário. No Paraná, desde há muitos anos utiliza-se a expressão "segundo planalto" para o setor de relevo que se estende desde o alto reverso da "Serrinha" até as escarpas arenítico-basálticas do interior. No centro-oeste do estado de Mato Grosso, na outra banda da Bacia do Paraná, após a atuação dos processos de desnudação marginal e de aplainações interplanálticas (pediplano Cuiabano), aconteceu o caso mais radical de tectônica residual quaternária do país, representado pela bacia sedimentar do Grande Pantanal.

As aplainações terciárias, que se fizeram atuar com grande amplitude espacial no Planalto Brasileiro, foram acompanhadas na Amazônia e na faixa costeira do Brasil Atlântico Central, por imensos pacotes de depósitos correlativos pliocênicos ou pleistocênicos. À medida que os processos de ecktaplanização progrediam, preparando a sediplanação extensiva, os depósitos detríticos argilo-arenosos ou areno-argilosos eram evacuados para teatros deposicionais da Amazônia Ocidental, e, outros tantos, projetados para um cinturão sublitorâneo de sedimentação, ligeiramente subsidente, em uma época em que a linha de costa estava a dezenas de quilôme-

MEGAGEOMORFOLOGIA DO TERRITÓRIO BRASILEIRO

tros de distância. Uma flexura continental do bordo costeiro favoreceu a aproximação das águas marinhas, incluindo processos de abrasão e encaixamento de baixos vales fluviais. Ainda que tenham ocorrido variações do nível do mar em diversos períodos do Quaternário, aquelas que influenciaram mais diretamente no afeiçoamento da zona litorânea do Brasil, estão relacionadas com o período Würm IV, Wisconsin Superior. Entre 23.000 e 12.700 anos A.P. o nível do mar baixou muito, atingindo um descenso aproximado de -100 metros, obrigando os rios costeiros a descerem para um novo nível de base, e iniciarem uma notável erosão regressiva até o encontro de rochas muito resistentes, ocorrentes na retroterra: no Brasil atlântico e no interior do vale amazônico. Por sua vez, a corrente das Malvinas/Falklands subiu muito na faixa oceânica, alcançando o sul da Bahia, e implicando em enormes extensões de climas secos no litoral e depressões interiores. Enfim, um mosaico anastomosado de faixas semiáridas, sob temperaturas médias bem inferiores às de hoje.

Terminadas as grandes aplainações dos fins do Terciário, embutidas em depressões interplanálticas, ocorreu uma reativação de soerguimentos, de grande abrangência espacial e baixa amplitude altimétrica. Ao sabor desse soerguimento pós-pliocênico, foram elaborados níveis de erosão intermediários (sedimentos, terraços de pedimentação e baixos terraços fluviais), entre o Pleistoceno Inferior e o Pleistoceno Médio. Do Pleistoceno Médio para o Superior cessaram os soerguimentos de conjunto, substituídos por casos de tectônica quebrável irregular, muito raros e localizados. Passaram a predominar os amplos efeitos paleoclimáticos e ecológicos, relacionados a rápidas e sucessivas flutuações do nível do mar, sobretudo no intervalo de tempo decorrido entre 110.000 anos antes do presente (a.P.) até nossos dias. Quando o mar, após descer para -100 metros, ascendeu até +3 metros, durante a primeira metade do Holoceno, houve forte ação de afogamento costeiro, criação de rías, entalhe de falésias nos setores frontais de ilhas e esporões de serras, além de notáveis ranhuras de abrasão como aquelas da base do morro do Penedo, no interior da Baía de Vitória. A maior parte das baías, estuários e rías do país foram geradas durante essa importante fase de transgressão e ingressão marinhas. Sendo de se acrescentar que o mar desceu de 2,5 a 3 m, com algumas irregularidades, deixando vazar argilas que serviram de suporte para a expansão de manguezais, de diversas configurações e amplitudes espaciais: manguezais frontais no Maranhão e Pará, e manguezais de funda e flanco de estuários, na maior parte do Brasil, até o sul de Santa Catarina.

8. QUESTÕES DE DISCUSSÃO E REVISÃO

1. As duas anomalias hidrográficas mais conhecidas no Brasil são encontradas no "cotovelo de Guararema" (rio Paraíba do Sul) e no cotovelo de Petrolina-Joazeiro (rio São Francisco). Qual a significância dessas anomalias em termos megageomorfológicos?
2. Existem depósitos marinhos do Mioceno na Amazônia Ocidental, e separadamente, na Fossa de Marajó, e na chamada "Região Bragantina do Pará". Qual a significância paleogeomorfológica dessas ocorrências de mares miocênicos, tão separados entre si?
3. Qual o significado hidrogeomorfológico das "lagoas de terra firme" e dos rios da "Geração Xingu" na Amazônia?
4. Qual o significado geomorfológico das formações detríticas da fachada atlântica do Nordeste Oriental (Formação Barreiras) e aquelas da Amazônia, designadas por Formação Solimões?
5. Qual o cenário predominante nas redes hidrográficas atuais de regiões que sofreram deformações macrodômicas no Escudo Brasileiro (Borborema, Centro-Oeste de Mato Grosso e Núcleo Uruguaio-Sul-riograndense do Escudo Brasileiro)?

9. BIBLIOGRAFIA

AB'SABER, A. N. (1948). Regiões de circundesnudação pós-cretácica no Planalto Brasileiro. Boletim Paulista de Geografia. São Paulo, 1(1): 3-21.

AB'SABER, A. N. (1950-51). Sucessão de quadros paleogeográficos no Brasil do Triássico ao Quaternário. Anuário da Faculdade de Filosofia "Sedes Sapientiae", Universidade Católica de São Paulo. São Paulo: 61-69.

AB'SABER, A. N. (1954-55). Problemas paleogeográficos do Brasil de Sudeste. — Anuário da Faculdade de Filosofia "Sedes Sapientiae". São Paulo, v.12: 79-96.

AB'SABER, A. N. (1956-57). Significado geomorfológico da rede hidrográfica do Nordeste Oriental brasileiro. Anuário da Faculdade de Filosofia "Sedes Sapientiae". São Paulo: 69-76.

AB'SABER, A. N. (1957). O problema das conexões antigas e da separação da drenagem do Paraíba e Tietê. Boletim Paulista de Geografia. São Paulo (n. 26): 38-49.

AB'SABER, A. N. (1960). Posição das superfícies aplainadas no Planalto Brasileiro. Notícia Geomorfológica. Campinas, (n.5): 52-54.

AB'SABER, A. N. (1964). O relevo brasileiro e seus problemas. *In*: Brasil — A Terra e o Homem: As bases físicas. Editado por A. de Azevedo. São Paulo, Ed. Nacional, v.1: 135-250.

AB'SABER, A. N. (1965). Significado geomorfológico das superfícies de eversão à margem das escarpas devonianas. Resumo de Teses e Comunicações — II Congresso Brasileiro de Geografia (AGB). Ed. Delta. Rio de Janeiro.

AB'SABER, A. N. (1977a). Os domínios morfoclimáticos na América do Sul. Primeira aproximação. Geomorfologia, IGEO-USP. São Paulo (n.52).

AB'SABER, A. N. (1977b). Espaços ocupados pela expansão dos climas secos na América do Sul por ocasião dos períodos glaciais quaternários. Paleoclimas, IGEOG -USP. São Paulo, (3): 1-20.

AB'SABER, A. N. (1982). The paleoclimate and paleoecology of Brazilian Amazônia. *In* Prance, G. T. Biological diversification in the Tropics. Columbia University Press, New York.

AB'SABER, A. N. (1984). Ecossistemas continentais. Relatório da Qualidade do Meio Ambiente — Sinopse (Coord. de E.M. Oliveira e Z. Kracowicz), SEMA. Brasília, 171-218.

AB'SABER, A. N. (1988). O Pantanal Matogrossense e a Teoria dos Refúgios. *Revista Brasileira de Geografia*, IBGE. Rio de Janeiro, tomo 2(50): 9-57 especial.

AB'SABER, A. N. (1993). As bases do conhecimento sobre os paleoclimas modernos da Amazônia. SBPC. Ciência Hoje, 16(93): 1-3.

ALMEIDA, F. F. M. (1948a). Reconhecimento geomórfico nos planaltos divisores das bacias Amazônicas e do Prata, entre os meridianos 57° e 58° a WG. *Rev. Brasileira de Geografia*. Rio de Janeiro, X(2): 397-440.

ALMEIDA, F. F. M. (1948b). Contribuição à geologia dos Estados de Goiás e Mato Grosso. — DGM-DNPM. Notas Preliminares e Estudos. Rio de Janeiro, (n.46).

ALMEIDA, F. F. M. (1951). A propósito dos relevos policíclicos na Tectônica do Escudo Brasileiro. Boletim Paulista de Geografia, (n.9): 3-18.

ALMEIDA, F. F. M. (1954). Botucatu, um deserto triássico da América do Sul.

Notas Preliminares e Estudos. Div. de Geologia e Mineração (D.N.P.M). Rio de Janeiro (n.86).

ALMEIDA, F. F. M. (1964). Os Fundamentos Geológicos (Brasil). *In* Brasil, a Terra e o Homem. (org. por Aroldo de Azevedo). São Paulo, ′v.1, 55-133.

ALMEIDA, F. F. M. (1967). Origem e evolução da plataforma brasileira. Bol. da Div. de Geol. e Miner. DNPM. Rio de Janeiro (n.24).

ALMEIDA, F. F. M. (1969). Diferenciação Tectônica da plataforma brasileira. Anais do XXIII Congr. Bras. de Geologia (Salvador, BA). Salvador, 29-46.

ALMEIDA, F. F. M. (1977). Províncias estruturais brasileiras. Atas do Simpósio de Geologia do Nordeste, 8. Núcleo Nordeste da Soc. Bras. de Geologia, Boletim. Campina Grande, (6): 363-392.

ALMEIDA, F. F. M *et al.* (1978). Tectonic map of South America. — Escala 1: 5.000.000. Explanatory note. DNPM. CCMW, UNESCO. Brasília.

ALMEIDA, F. F. M.(1984). Província Tocantins — setor sudeste. *In* ALMEIDA, F.F.M. e HASUI, Y. (Coords). O pré-cambriano do Brasil, 365-381.

ALMEIDA, F.F. e HASUY, Y. (coords).(1984). O Pré-cambriano no Brasil. São Paulo, Edgar Blücher.

ASMUS, M. E. (ed.). (1981). Estruturas e Tectonismo da margem continental brasileira e suas implicações nos processos sedimentares e na avaliação do potencial de recursos naturais. Projeto REMAC, Rio de Janeiro, Petrobrás, v.9.

ASMUS, M. E. Geologia das bacias marginais atlânticas mesozóicas — cenozóicas do Brasil. *In* "Cuencas sedimentárias del Jurásico y Cretácico de America del Sur". Buenos Aires, Wolkheimer, W.

ASMUS, Haroldo Ewing. (1984). Geologia da Margem Continental Brasileira. *In*: "Geologia do Brasil" (Schobbenhaus e Campos — coords.), M.M.E./ D.N.P.M. (Excel. Bibliografia). Brasília: 443-472.

ASMUS, H.E.; CARVALHO, J. C. (1978). Condicionamento Tectônico da sedimentação nas bacias marginais do Nordeste do Brasil. *In* Projeto REMAC. Rio de Janeiro, Petrobrás, v.4: 1-24.

AMERICAN ASSOCIATION OF PETROLEUM GEOLOGISTS (1928). The theory of continental drift. Tulsa. Oklahoma.

ANDRADE LIMA, Dárdaro. (1982). Present — day Forest Refuges in Northeastern Brazil. *In* Biological diversification in the Tropics. (Prance, G.T., ed.). New York, Columbia Univ. Press: 245-253.

BARBOSA, Octavio (1949). Contribuição à geologia do centro de Minas Gerais. Mineração e Metalurgia. Rio de Janeiro, XIV (79): 3-19.

BARBOSA, Octavio. (1952). Comparison between the Gondwana of Brazil, Bolivia and Argentina. Congr. Geol. Intern. (19º), Alger, 1952. Symp. sur les séries de Gondwana. Alger: 313-324.

BARBOSA, Octavio. (1958). Geomorfologia do Território do Rio Branco. Notícia Geomorfológica. Campinas, 1(1): 16-18.

BARBOSA, Octavio. (1959). Quadro provisório das superfícies de erosão e aplainamento no Brasil — 1959. Notícia Geomorfológica. Campinas, (4): 31-33.

BARBOSA, Octavio. (1967). Tectônica da Bacia Amazônica. Atas do Simpósio sobre a Biota Amazônica. Cons. Nac. de Pesq., Geociências. Rio de Janeiro, 1:83-86.

BEURLEN, Karl (1954a). La Palegéographie de la glaciação gondwanienne au Brésil Meridional. C.R. do Congr. Geol. Intern. Alger, VIII(15): 193-211.

BEURLEN, Karl. (1954b) Uma comparação do "Inlandsis" quaternário europeu com o do gondwânico sul-brasileiro. Anais da Acad. Bras. de Ciências. Rio de Janeiro, 26(1):101-109.

BEURLEN, Karl. (1971). Bacias sedimentares no bloco brasileiro. Estudos Sedim. Natal, RN, UFRN, 1(2): 7-31.

BEURLEN, K. e MARTINS, E. A. (1953). O Itararé do Rio Grande do Sul e o escudo riograndense. Anais da Acad. Bras. Ciências. Rio de Janeiro, 25(4): 411-416.

BEURLEN, K. e MARTINS, E. A. (1956). O Escudo sul-rio-grandense: conceito geológico e paleogeográfico. Bol. do Museu Nacional (N. Ser.), Geologia. Rio de Janeiro, (n.23).

BEZERRA, P.E.L. et al (1986). Mapa Geológico da Amazônia Legal. — Escala: 1: 2.500.000. Congresso Brasileiro de Geologia, 34.SBG. Goiânia.

BEZERRA, P.E.L. et al (1991). Geologia. (Região Norte). In Geografia do Brasil. M.E.F. e Plan. FIBGE. Rio de Janeiro, v.3: 27-46.

BIGARELLA, J.J. e ANDRADE, G.O. (1965). Contribution to the study of the Brazilian Quaternary. In Intern. Studies in the Quaternary Spec. Geol. Soc. of America, Paper (n.84): 433-451.

BIGARELLA, J.J.; ANDRADE LIMA, D. (1972). Continental drift and paleo current analysis (A comparison between Africa and South America). Bol. Paranaense de Geociências. Curitiba, PR, (30): 73-79.

BIGARELLA, J.J.; ANDRADE LIMA, D. (1982). Paleo environmental changes in Brazil. In: Biological diversification in the Tropics (Prance, G.T., ed.). Columbia Univ. Press. New York, pp. 27-40.

BIGARELLA, J.J.; ANDRADE LIMA, D.; RIEHS, P.J. (1975). Considerações a respeito das mudanças paleoambientais na distribuição de algumas espécies vegetais e animais no Brasil. Anais da Acad. Bras. de Ciências. Rio de Janeiro, 47(supl.): 411-464.

BIGARELLA, J.J.; BECKER, R.D.; PINTO, I.D. (1967). Problems in Brazilian Gondwana Geology. Brazilian contribution to I Intern. Symp. on de Gondwana Stratigraphy and Paleontology. CNPq (Inst. de Geol. da Univ. Fed. Paraná/ Centro de Invsts. do Gondwana, da Univ. Fed. RS/ Com. da Carta Geol. do Paraná, Curitiba, PR.

BIGARELLA, J.J.; SALAMUNI, R. (1967). Some paleogeographic and Paleo Tectonic Features of the Paraná Basin. In: Problems in Brazilian Gondwana Geology (Bigarella; Becker; Pinto, eds.)., Curitiba, PR: 235-302.

BRASIL, A.E.; ALVARENGA, S. M. (1989). Relevo (BR-Centro Oeste). In: Geografia do Brasil-Região Centro Oeste. IBGE. Rio de Janeiro, v.1: 53-90.

BUCHER, Walter H. (1952) Continental drift versus Land bridges. Bull. of the American Museum of Natural History. New York, (99): 93-103.

BUTLER, L.W. (1970). Shallow structure of the continental margin Souththern Brazil and Uruguay. Geological Soc. of America, Bull, v.81: 1079-1096.

BUTZER, K.W. (1957). The recent climatic fluctuation in lower latitude and general circulation of the Pleistocene. Geogr. Annals. Stockholme, v.39: 91-111.

CAILLEUX, A.; TRICART, J. (1957). Zones phytogeographics et morphoclimatiques au Quaternaire au Brésil. C.R. de la Societé de Biogeographie. Paris, (293): 7-13.

CASTER, K. E. (1947). Expedição geológica em Goiás e Mato Grosso. Mineração e Metalurgia. Rio de Janeiro, XII (69): 126-127.

CASTER, K. E. (1947).[Abstrats. — de trabalhos sobre o Carbonífero no Sudeste de Goiás e Mato Grosso; o Devoniano no Paraná e São Paulo (em col. c/S.Petri); e comentários sobre a obra de Dutoit, de compar. entre a América do Sul e o Sul da África (em colab. c/ J.C. Mendes).] Bull. Geol. Soc. of Amer., v.58(12): 1171-1173.

CASTER, K. E. (1948). Excursão geológica ao Estado do Piauí. Mineração e Metalurgia. Rio de Janeiro, XII (72): 271-274.

CASTER, K. E. (1952). Stratigraphic and palentologic data relevant to the problem of Afro-American ligation during the paleozoic and mesozoic. Bull. of Amer. Museum of Nat. Hist. New York, v.99: 105-152.

CORDANI, U. G. (1970). Idade do vulcanismo no Oceano Atlântico. Bol. do Inst. Geol. e Astron., SP. São Paulo, v.1: 9-76.

CORDANI, U.G.; VANDOROS, P. (1967). Basaltic Rocks of the Paraná Basin. In "Problems in Brazilian Gondwana Geology" (Bigarella; Becker; Pinto, ed.), pp. 207-231.

CREER, K.M. (1958). Preliminary paleomagnetic results from South Amer. Ann. Geophys. Paris, v.14: 373-390.

CREER, K.M. (1964). A reconstruction of the Continents for the Upper Paleozoic from Paleomagnetic data. Nature, London, (203): 115-120.

CREER, K.M. (1965). Paleomagnetic data for the Gondwanic continents. Phil. Trans. Royal Soc. London, ano 258: 27-40.

CREER, K.M. (1967). Paleomagnetic measurements on marks from the Passa Dois & São Bento Series Southern Brazil. *In* Bigarella; Becker; Pinto, ed. Problems in Brazilian Gondwana Geology, Univ. Fed. Paraná (e outros). Curitiba, PR: 303-317.

DAMUTH, J. E. (1973). The Western Equatorial Atlantic: morphology, quaternary sediments cycles. (Tese de Doutorado). New York, Columbia University.

DAMUTH, J.E.; FAIRBRIDGE, R.W. (1970). Equatorial atlantique Deep-Sea Arkosic Sands and Ice-Age Aridity in Tropical South America. Geol. Soc. of America, Bull. v. 81: 189-206.

DE MARTONNE, Emmanuel (1940). Problèmes morphologiques du Brésil Tropical atlantique. Annales de Géographie. Paris, 49(277): 1-27; (278-279): 106-129.

DE MARTONNE, Emmanuel (1943-44). Problemas morfológicos do Brasil Tropical Atlântico. *Rev. Brasileira de Geografia*, IBGE-CNG. Rio de Janeiro, 5(4): 523-550; 6(2): 155-178.

DEL'ARCO, J. O.; BEZERRA, P.E.L. (1989). Geologia (BR-Centro Oeste). *In:* Geografia do Brasil — Região Centro-Oeste. IBGE. Rio de Janeiro, v.1: 35-51.

DEMANGEOT, Jean (1959). Coordination des surfaces d'érosion du Brésil Oriental. C.R. Soc. Geol. de France. Paris, (n.5).

DEMANGEOT, Jean (1961). Pseudo-cuestas de la zone inter-tropicale. Bull. de l'Assoc. des Geogrs. Français. Paris, (n.296-297).

DEMANGEOT, Jean (1972). Le Continent Bresilien. SEDES. Paris.

DRESCH, Jean. (1957). Les problémes morphologiques du Nord-Est Brésilien. Bull. da Assoc. de Geogrs. Francs.

DRESCH, Jean. (1959). Le Nord-Est. Annales de Geographie, Notícia Geomorfológica, (3), 1959. Campinas. Paris, LXVI (353): 71-74.

DRESCH, Jean. (1963). Geomorphologie des boucliers intertropicales. Confer. na Fac. de Filos., Ciências e Letras, USP. São Paulo.

DU TOIT, Alexander L. (1927). Geological comparision of South America with South Africa. Cannegie Inst. of Washington. Publ. 381.

DU TOIT, Alexander L. (1952). Comparação geológica entre a América do Sul e a África do Sul. Reed. rev. e anotada de dois trabalhos. trad. de K. E. Caster e J.C. Mendes [com notas do autor, dos trads. e do Dr. Frengueli]. Serv. Graf. do IBGE. Rio de Janeiro.

EWING, Maurice (1952). The Atlantic Ocean Basin. Bull of American Museum of Natural History. New York: 87-91.

FEIO, Mariano (1954). Notas acerca do relevo da Paraíba e do Rio Grande do Norte. Rev. Faculdade de Filosofia da Paraíba. João Pessoa: 131-137.

FRANCO, E.S.; DEL'ARCO, J.O.; RIVETTI, M. (1975). Geomorfologia da Folha NA-20 Boa Vista (e) parte da folha NA-21 Tucumaque, NB-20 Roraima e NB-21. Projeto RADAMBRASIL (Lev. de Recs.Nats), v.8. Rio de Janeiro.

FREEMAN, W.B. (1972). A Scientific American Book: Continental Drift. San Francisco.

FREITAS, Ruy Ozório de (1951a). Ensaio sobre o relevo tectônico do Brasil. *Rev. Brasileira de Geografia.* Rio de Janeiro, XIII(2): 171-222.

FREITAS, Ruy Ozório de (1951b). Relevos policíclicos na tectônica do Escudo Brasileiro. Bol. Paulista de Geografia. São Paulo, (n.7): 3-19.

FREITAS, Ruy Ozório de (1951c). Ensaio sobre a Tectônica Moderna do Brasil. Bol. da Fac. Filos., Ciêns. e Letras, USP. Geologia. São Paulo, (n.6).

FREITAS, Ruy Ozório de (1951d). Mapa Teotônico do Brasil. Ed. Prelim. Escala 1:10.000.000 Editora J. Magalhães. São Paulo.

GORINI, M. A.; CARVALHO, J.C. de. (1984). Geologia da margem continental inferior brasileira e do fundo oceânico adjacente. *In* Geologia do Brasil (Schobbenhaus, Campos e outros coordenadores). M.M.E./DNPM. Brasília, [Bibliografia], pp. 473-489.

GUERRA, Antonio Teixeira (1953). Aspectos geomorfológicos do Brasil. Bol. Geogr. (CNG). Rio de Janeiro, IX (603-617).

GUERRA, Antonio Teixeira (1957). Estudo geográfico do Território do Rio Branco. IBGE. Rio de Janeiro.

GUIMARÃES, Djalma (1933). A província magmática do Brasil meridional. Serv. Geol. e Miner. (Brasil), DNPM-DGM. Rio de Janeiro, Notas Prelim. e Estudos, (n.38).

GUIMARÃES, Djalma (1951). Arqui Brasil e sua evolução. Div. de Fomento, DNPM, Boletim. Rio de Janeiro, (n.88).

GUIMARÃES, Fábio Macedo Soares (1943). O relevo do Brasil. Bol. Geogr. (CNG), 1(4): 63-72.

HARDER, E.C.; CHAMBERLIN, R.T. (1915). The geology of Central Minas Gerais, Brazil. *Journal of Geology.* Chicago, XXIII(5): 385-424.

HARRINGTON, Horácio J. (1950). Geologia do Paraguay Oriental. Fac. de

MEGAGEOMORFOLOGIA DO TERRITÓRIO BRASILEIRO

Ciências Exactas, Físicas y Naturales. Ser. E. — Geologia. Buenos Aires, tomo I.

HASUI, J.; PONÇANO, W.L. (1978). Organização estrutural e evolução da bacia de Taubaté. XXX Congresso Brasileiro de Geologia, Recife. Anais. SBG. Recife, v.1: 368-381

IBGE [Fundação Instituto Brasileiro de Geografia e Estatística] (1989). Geografia do Brasil. Diretoria de Geociências. Rio de Janeiro, v.1— Região Centro-Oeste e v.3 — Região Norte.

IBGE [Fundação Instituto Brasileiro de Geografia e Estatística] (1993). Mapa de Unidades do Relevo do Brasil. Rio de Janeiro.

IRWIN, E. (1964). Paleomagnetism. John Wiley & Sons. New York.

ISSLER, R.S. (1975). Geologia do Cráton Guianês e suas possibilidades metalogenéticas. In: X Confer. Geológica Interguianas, Anais. Belém, PA: 47-74.

JOHNSON, H.; SMITH, E.L. (ed.) (1970). The megatectonics of continents and oceans. New Brunswick, Rutgers Univ. Press.

JOURNAUX, André (1975). Recherches géomorphologiques en Amazonie Brésilien. Centre de Géomorphologie CNRS. Caen. Bull. Sem. (CNRS), (n.20). Caen.

KEGEL, Willelm (1965). A estrutura geológica do Nordeste do Brasil. DNPM — Div. de Geol. e Miner., Boletim. Rio de Janeiro, (n.227).

KING, Lester C. (1950). The study of the World's Plainlands: a new approach in Geomorphology. Quart Journal Geological Soc. of London, v.106: 101-131.

KING, Lester C. (1956). A Geomorphological comparison between Earsten Brazil and Africa (Central and Southern). Geol. Soc. of London. London, v. CXII, part 4(448): 445-474.

KING, Lester C. (1956). Rift valleys in Brazil. Trans. of the Geological Soc. of South Africa.

KING, Lester C. (1956). A Geomorfologia do Brasil Oriental. *Rev. Brasileira de Geogr.*, Rio de Janeiro, XVIII(2): 147-265.

KING, Lester C. (1962). Morphology of the Earth. (Oliver & Boyd). Edinburg, UK.

LEINZ, Viktor (1937). Estudos sobre a glaciação permocarbonífera do Sul do Brasil. Serv. do Fomento da Prod. Min. (DNPM), Boletim (n.21).

LEINZ, Viktor (1950). Derrames basálticos no Sul do Brasil. (Tese de Cátedra). Fac. Filos. Ciências e Letras, USP. São Paulo.

LISBOA, Miguel Arrojado Ribeiro (1909). Oeste de São Paulo, sul de Mato Grosso. Estrada de Ferro Noroeste do Brasil. Comissão Emílio Schnoor. Rio de Janeiro.

MAACK, Reinhard (1945-46). Geologia e Geografia da região de Vila Velha, Estado do Paraná (e) Considerações sobre a glaciação carbonífera no Brasil.

MAACK, Reinhard (1947). Breves notícias sobre a geologia dos Estados do Paraná e Santa Catarina. Arq. Biol. e Tecnol. Curitiba, v.II: 63-154.

MAACK, Reinhard (1953). O desenvolvimento das camadas gondwânicas do sul do Brasil e suas relações com a Formação Karru da África do Sul. Arq. Biol. e Tecnol. Curitiba. VII, artigo 21: 201-253.

MAACK, Reinhard (1958). Geografia Física do Estado do Paraná. Publicações sobre auspícios do Banco de Desenvolvimento do Paraná. Universidade Federal do Paraná e Instituto de Biologia e Pesquisas Tecnológicas do Paraná. Curitiba.

MARINI, O.J. *et al* (1984). Província Tocantins — Setor Sudeste. *In*: Almeida, F.F.M. de; Hasuy, Y. O pré-cambriano no Brasil. E. Blücher. São Paulo: 205-264.

MARTIN, H. (1964). The directions of flow of the Itararé ice sheet in the Paraná Basin, Brazil. Bol. Paranaense de Geogr. Curitiba, (n.10/15): 25-76.

MARTINS, L.R.; URIEN, C.M.; EICHLER, B.B. (1967). Distribuição dos sedimentos modernos na plataforma continental sul-brasileira e uruguaia. Anais do XXI Congresso Brasileiro de Geologia: 29-43.

MAUL, Otto (1930). Von Itatiaya zum Paraguay: Ergebnisse eirner Forschungereise durch Mittel Brasilien. Leipzig.

MAYR, Ernst (Editor) (1952). The problem of land connections across the South Atlantic, with especial reference to the Mesozoic. Bull of American Museum of Natural History. New York, v.99: 79-258

MONTALVÃO, R.M.G. de (1974). Esboço geológico — Tectônico do Cráton Guianês. Congresso Brasileiro de Geologia, 28º (Porto Alegre). Resumo das Comunicações. Boletim. Porto Alegre, (1): 541-547.

MONTALVÃO, R.M.G. de (1975). Grupo Uatumã no Cráton Guianês, 10ª Conferência Geológica Interguianas. Anais. Belém, PA, p.186-339.

MONTALVÃO, R.M.G. de (1975). Geologia do Território Federal de Roraima. *In*: Anais da Conferência Geológica Interguianas, 10. DNPM. Belém, PA: 198-218.

MONTALVÃO, R.M.G. de (1975). Geologia da Folha NA20 Boa Vista (e parte das folhas vizinhas). Projeto RADAM BRASIL. M.M.E. DNPM. Rio de Janeiro, v.8: 15-125.

MOURA, Pedro de (1943). O Relevo da Amazônia. *Rev. Brasileira de Geografia.* Rio de Janeiro, v.(3): 3-38.

MUNIZ, M.B.; DALL'AGNOL, R. (1974). Geologia do Território Brasileiro, nas folhas Boa Vista (NA20), Roraima (NB20-21) e parte da folha Tumu-

MEGAGEOMORFOLOGIA DO TERRITÓRIO BRASILEIRO 103

cumaque (NA21). Anais, XXVIII Congresso Brasileiro de Geologia. Porto Alegre, v.4: 247-267.

NAIRM, A.E.M. (1963). Problems in Paleoclimatology. Nato Paleoclimates Conference.

NAIRM, A.E.M.; STEHLI, F.G. (ed.) (1973). The ocean basins and margins. New York, Plenum Press, v.1 — The South Atlantic.

PARDÉ, Maurice (1958). Alguns aspectos da hidrografia brasileira. Bol. Geográfico (CNG-IBGE). Rio de Janeiro, 16(143): 161-219.

PENTEADO, M. M. (1978). Relevo Terrestre. Processos endógenos de elaboração. (Teoria de placas, Deslocamentos continentais). *In*: Fundamentos de Geomorfologia, M.M.Penteado, ed. IBGE. Rio de Janeiro: 11-17.

PETRI, S.; FULFARO V.J. (1983). Geologia do Brasil. (Fanerozóico) TA. Queiroz/EDUSP. São Paulo.

PRANCE, Ghillean (1982). Biological diversification in The Tropics. Columbia Univ. Press. New York.

PROJETO REMAC — PETROBRÁS (1971-79). Reconhecimento Global da Margem Continental Brasileira. Projeto REMAC, Petrobrás, DNPM,- CPRM, DHN, CNPq. Rio de Janeiro, v.1 e 12; [v.11 — Coleção de Mapas].

PUTZER, Hanfrit (1953). Diastrofismo germanótipo e sua relação com o vulcanismo basáltico na parte meridional de Santa Catarina. Soc. Brasileira de Geologia. Boletim. São Paulo, II(1): 37-74.

RADAMBRASIL — MME-DNPM-CPRM (1973-87). Projeto RADAMBRASIL-PIN (Projeto de Integração Nacional) — Levantamento de Recursos Naturais. 1973-1987. MME, BNPM CPRM. Rio de Janeiro, v. 34.

RAMGRAB, G.E.; BONFIN, L.F.; MANDETTA, P. (1972). Projeto Roraima. — 2ª Fase. DNPM-CPRM. Manaus, v.2.

RODRIGUES, R.; QUADROS, L.P. (1982). Avaliação do potencial gerador das bacias paleozóicas brasileiras. IBF. III Congresso Brasileiro de Petróleo [trab. nº 16] Rio de Janeiro.

ROYAL SOCIETY — LONDON. (1965). A Symposium on Continental Drift. Phil. Trans. Royal Society. London.

ROSS, Jurandir L.S. (1985). Relevo Brasileiro: Uma nova proposta de classificação. Rev. do Departamento de Geografia FFLCH/USP. São Paulo, (n.4).

RUELLAN, Francis. (1944). A evolução geomorfológica da baía de Guanabara e das regiões vizinhas. *Rev. Bras. de Geografia*. Rio de Janeiro, ano IV: 355-508.

RUELLAN, Francis. (1944). Aspectos geomorfológicos do litoral brasileiro entre Santos e o rio Doce. Bol. da Assoc. dos Geogrs. Bras. São Paulo, (n.4): 6-12.

RUELLAN, Francis. (1947). Alguns aspectos do relevo do planalto central do Brasil. Anais da Assoc. dos Geogrs. Brasileiros. GGB. São Paulo, v.2: 17-28.

RUELLAN, Francis. (1952). O Escudo Brasileiro e os dobramentos de fundo. Univ. do Brasil — Fac. Nac. de Filos. Depto. de Geografia (Curso de Espec. em Geomorfologia). Rio de Janeiro.

SALAMUNI, R.; BIGARELLA, J.J. (1967). The Pre-Gondwana Basement. — (e) The Botucatu Formation. *In* "Problems in Brasilian Gondwana Geology" (Bigarella; Becker; Pinto, ed.). Curitiba.

SANTOS, R.B. (1962). Aspectos da hidrografia brasileira. *Rev. Brasileira de Geografia.* Rio de Janeiro, 24(3): 327-375.

SCHOBBENHAUS, C.; CAMPOS, D.A. (1984). A evolução da plataforma Sul-americana no Brasil e suas principais concentrações minerais. *In*: Geologia do Brasil (Schobbenhaus; Campos; Derze e Asmus). MME-DNPM.. Brasília: 9-93.

SCHOBBENHAUS, C.; CAMPOS, D.A.; DERZE, G.R.; ASMUS, H.E. (1984). Geologia do Brasil. M.M.E.-DNPM. Brasília.

SILVEIRA, J.D. (1950). Baixadas litorâneas quentes e úmidas. (Tese de Cátedra) FFCL-USP [Poster. public. nos boletins da FFCL, (n.152), Geografia (n.8). São Paulo].

SILVEIRA, J.D. (1964). Morfologia do Litoral. In Brasil — a Terra e o Homem, v. 1. As bases físicas (Por um grupo de geógrafos sob a direção de A. de Azevedo), Editora Nacional. São Paulo, pp. 253-306.

SIOLI, H. (1961). Landschafto Kologischer Beitrag aus Amazonien. Natur und Landschaft, (n.5).

SIOLI, H. (1967). Studies in Amazon Waters. Simpósio sobre a Biota Amazônica, Limnologia. Atas. CNPq. Rio de Janeiro, v.3: 9-50.

SIOLI, H. (1974). Tropical Rivers as Expression of Their Terrestrial Environments. Ecological Systems. Verlag. New York-Berlin, cap.19, pp. 275-288.

SIOLI, H.; SCHWABE, G.; KLINGE, H. (1969). Limnological Outlooks and Landscape-ecology in Latin America. Tropical Ecology, 10(1): 72-82.

SOARES, Lúcio de Castro (1991). Hidrografia. In: "Geografia doBrasil" — Região Norte. M.E.F. e P;. — IBGE. Rio de Janeiro, v.3: 79-121.

STERNBERG, Hilgard O'Reilly (1950). Vales tectônicos na Planície Amazônica. Rev. Bras. de Geografia. IBGE. Rio de Janeiro,12(4): 513-533.

STERNBERG, Hilgard O'Reilly (1953). Sismicidade e Morfologia na Amazônia Brasileira. Anais da Acad. Bras. de Ciências. Rio de Janeiro, 25(4): 443-453.

STERNBERG, Hilgard O'Reilly (1975). Amazon River of Brazil. Erdkundisches Wiessen. Geogr. Zeisch. Beih. Franz Steiner Verlag. Wiesbaden, (n.40).

SUGUIO, K.; MARTIN, L. (1969). Brazilian coastline quarternary formations — the states of São Paulo and Bahia litoral zone evolutive schemes. Anais da Academia Brasileira de Ciências, Rio de Janeiro, 48(supl.): 325-334.

TAKEUCHI/UYEDA/KANAMORI (1970). Debate about the Earth: approach to Geophysics through Analyses of Continental Drift (Revised). Freeman Coper&Co. San Francisco. [Trad. para o português por N.R. Ruegg, sob o título "A Terra, um planeta em debate", EDART, São Paulo].

TRICART, J. (1958). Division morphoclimatique du Brésil Atlantique Central. Revue de Geomorphologie Dynamique. Strasbourg, IX(1-2) [Trad. bras. in Bol, Paulista de Geografia, (n.31), 1959. São Paulo].

TRICART, J. (1959). Problèmes geomorfologiques du Litoral oriental du Brésil. Cahiers Oceanographiques du C.O. E.C. Paris, XI(5).

TRICART, J. (1960). Problemas geomorfológicos do litoral oriental do Brasil. Bol. Baiano de Geografia. Salvador, BA, 1(1):5-39.

TRICART, J. (1963). Oscilations et modifications de caractères de la zone aride em Afrique et en Amerique Latine lors des périodes glaciaires des hautes latitudes. In "Les Changements de Climat". Actes du Colloque de Rome. UNESCO/O.M.M: 415-419.

TRICART, J.; CAILLEUX, A. (1956). Le problème de la classification des faits géomorphologiques. Annales de Géographie. Paris, 45(349):162-186.

UPDYKE, N.D. (1958). Paleoclimatology and paleomagnetism in relation to polar wandering and continental drift. Thesis (King College — Univ. Durham). Durhan.

VANDER HAMMEN, Theodor (1972). Changes in vegetation and climates in the Amazon basin and surrounding areas during Pleistocene. Geologie en Mynbouw, v.6: 641-643.

VOGT, J.; VINCENT, P.L. (1966). Terrains d'alteration et de recouvrement en zone intertropicale. Bull. du BRGM, (n.4) [1ª parte-VOGT: Le complexe de la stoneline. Mise ao point].

WHALTER, K. (1927). Contribucion al conocimiento de las rocas "Basalticas" de la formation de Gondwana en la America del Sud. Inst. Geol. Perf. Uruguay. Boletim. 9. Montevideo.

WILSON, J.T. (1963). Continental Drift. Scientific American (Abril).

Megageomorfologia: Trabalhos Fundamentais

CONDIE, K.C. (1982). Plate tectonics and Crustal Evolution. Pergamon Press. Elmsford. New York.

GARDNER, E.A.M.; SCOGING, H. (ed.). (1983). Megageomorphology. Clarendon Press, Oxford.

HAYDEN, R.S. (ed.). (1985). Global Mega Geomorphology. NASA Washington D.C.

NASA — Scient and Technical Inform Branch (1986). Geomorphology from Space. A Global overview of Regional Landsforms. Ed. por Nicholas M. Short e Robert W. Blair Jr. NASA, Washington D.C..

WINDLEY, B.F. (1984). The Envolving Continents. John Wiley. New York.

CAPÍTULO 3

SUPERFÍCIES DE EROSÃO

Everton Passos
João José Bigarella

1. INTRODUÇÃO

A identificação, análise e classificação genética das formas de relevo adotada baseiam-se em modelos fundamentados na relação entre a geologia (natureza e idade das rochas) e grandes unidades geográficas representativas das superfícies de aplainamento.

Os primeiros trabalhos geomorfológicos realizados no Brasil, nas décadas de 1940 e 1950, fundamentam-se nos princípios da teoria Davisiana do ciclo geográfico, os quais serviram como referência aos diversos estudos do relevo brasileiro.

Nestes primeiros trabalhos a interpretação dos sucessivos estágios de evolução do relevo baseou-se na teoria do rebaixamento contínuo e redução da declividade de Davis (1899). Nessas tentativas pioneiras de análise da evolução do relevo, surgiu o uso de uma terminologia específica, como: níveis de erosão, superfícies de aplainamento, peneplanos, peneplanícies, relevo jovem, relevo maduro, relevo senil, rejuvenescimento, entre outros.

A aplicação dessa conceituação teórica, representativa de um ciclo ideal contínuo, seria viável se não ocorressem os afastamentos da evolução normal do relevo causados por mudanças climáticas profundas, dificultando a adequação do modelo a realidade do relevo.

Com os trabalhos de King (1956) a geomorfologia brasileira é abordada considerando novos modelos interpretativos. As superfícies aplainadas são referidas como resultantes da atuação de processos de recuo paralelo, de conformidade com os modelos teóricos de King (1949) e Penck (1953).

A elaboração das superfícies de erosão esteve freqüentemente sujeita a variações paleoclimáticas, as quais influenciaram de forma alternada os sucessivos processos erosivos. Essa alternância foi evidenciada a partir de pesquisas sistemáticas realizadas a partir do final da década de 1950 por Ab'Saber e Bigarella que resultaram numa nova fase na geomorfologia brasileira com a adoção de novos modelos teóricos baseados em estudos de geomorfologia climática (Ab'Saber, 1956; Ab'Saber e Bigarella, 1961; Bigarella, Ab'Saber e Marques, 1961; Bigarella e Ab'Saber, 1964; Bigarella, Mousinho e Silva, 1965).

As pesquisas realizadas na década de 1960 possibilitaram a definição de um quadro representativo da diversidade das mudanças climáticas, ao longo do tempo geológico, seja de forma acidental ou cíclica. Estes estudos contribuíram para a interpretação das formas do relevo, bem como para o conhecimento dos processos envolvidos na sua morfodinâmica.

A evolução da geomorfologia brasileira, desde as fases iniciais com a aplicação dos conceitos de Davis (1899) e Penck (1953), e pelos vários pesquisadores, entre eles Moraes-Rego (1932), Freitas (1951), De Martonne (1943 e 1944) Ruellan (1944, 1950, 1952 e 1956), Maack (1947) e King (1956), passa a adotar novas linhas de pesquisa dentro da geomorfologia climática como a apresentação e aplicação de modelos dos mais simples aos mais complexos, na tentativa de explicar a origem e evolução das feições típicas do relevo atual que, ao longo do tempo (mais particularmente durante o Quaternário), caracteriza-se por um reafeiçoamento contínuo da superfície e por uma sobreposição de formas sobre uma estrutura morfológica preexistente, seja de natureza morfoestrutural, ou morfoclimática.

Os vários modelos propostos apresentam relações que envolvem relevo, geologia e clima, assim como suas interações com o intemperismo, os solos (pedogênese), erodibilidade, dinâmica fluvial, nível dos oceanos e com a distribuição de biocenoses.

No Brasil, os conhecimentos das teorias da geomorfologia climática foram significativamente ampliados, a partir das pesquisas de Ab'Saber e Bigarella, que contribuíram para a adoção de novas aproximações metodo-

SUPERFÍCIES DE EROSÃO

lógicas nos estudos geomorfológicos, inovando com o uso de técnicas estratigráficas, sedimentológicas e laboratoriais, além do emprego de nova terminologia.

A metodologia empregada por Bigarella e Ab'Saber (1964), Bigarella, Mousinho e Silva (1965), utilizando critérios geológicos associados aos geomorfológicos, demonstrou-se eficiente na análise e interpretação do relevo ou da evolução da paisagem atual. A aplicação de metodologia similar, com base nos registros estratigráficos e sedimentológicos, às vezes limitados pela natureza dos depósitos correlativos, foi referida por vários autores (Garner, 1974; Johnson, 1982). Outros autores enfatizam, também, a análise e interpretação do perfil pedológico (Semmel 1977, entre outros).

O estudo da evolução morfológica do relevo, baseado na geomorfologia climática, adota conceitos de pedimentação e pediplanação similares àqueles do aplainamento, considerados nos modelos cíclicos Davisianos. Entretanto, em ambos os casos, as interpretações são bastante diferenciadas do ponto de vista da interpretação genética e de sua relação com os níveis de base. A geomorfologia climática trouxe novo enfoque à interpretação da paisagem, vinculada aos processos erosivos exógenos controlados por fatores climáticos. Estes, em grande escala, influenciaram no deslocamento dos níveis de base, competindo à tectônica apenas a função de favorecer, em determinadas situações, a deformação (arqueamentos e/ou falhamentos) e a amplitude altimétrica dos diversos níveis aplainados.

2. Conceitos Fundamentais

Peneplano — No modelo Davisiano do "ciclo geográfico ideal", o manto de intemperismo migraria pela ação da gravidade encosta abaixo, sendo então removido pelo rio como parte de sua carga. Dependendo da competência do transporte dos cursos fluviais haveria uma sucessão de estágios. No estágio de juventude a capacidade de transporte do rio excede a carga recebida das vertentes. Num estágio avançado da evolução do ciclo normal, os rios passariam a meandrar sobre uma superfície quase plana, referida como peneplano (Davis, 1899 e 1930). O peneplano representaria uma superfície ondulada de relevo suave, com elevações residuais ocasionais referidas como *monadnocks*. Sua formação seria devido a coalescência das planícies de inundação, bem como ao rebaixamento dos interflúvios com a redução da declividade das vertentes. Em teoria, o produto final do ciclo normal de erosão seria atingido no momento em que os rios estivessem completamente graduados.

Na conceituação de Davis (1902), de ampla aceitação entre os geólogos, o peneplano resultaria da denudação de uma região montanhosa durante um lapso de tempo de "dezenas de milhões de anos". Esse conceito teórico foi muito criticado pelos geomorfólogos por excluir as superfícies das regiões áridas e semi-áridas, e pela impossibilidade da estabilidade do nível de base permanecer estável durante um período de tempo extremamente longo.

O conceito de peneplano contrasta com aqueles do pediplano e do panplano, ambos originados pelo recuo das vertentes, em vez do rebaixamento. O panplano refere-se a um terreno plano originado pela coalescência das planícies de inundação, devido à erosão lateral provocada pelos rios nos divisores intermediários (Crickmay, 1933). O pediplano por sua vez resultaria da erosão lateral em estágio avançado de pedimentação.

De acordo com Davis (1930) o recuo das encostas seria seguido por uma diminuição da declividade. Independentemente da morfologia inicial, desenvolver-se-ia, no topo, um perfil convexo, enquanto, na base, originar-se-ia uma concavidade. Segundo o mesmo autor, a principal diferença entre a evolução de uma encosta em clima úmido, árido ou semi-árido reside no ângulo de sua inclinação. No clima úmido haveria uma diminuição da declividade, enquanto no árido esta seria preservada.

Para a evolução das vertentes, em clima árido, Davis (1930) aceita as idéias de Lawson (1915). Comparando os ciclos úmido e árido aquele autor menciona que os diversos processos erosivos, sob ambos os climas, diferem em grau e modo de atuação e não em natureza. Assim sendo, as formas difeririam pelo grau em que são formados seus elementos (concavidade e convexidade) e não em sua essencialidade.

Segundo Davis (1902), a interrupção de um ciclo e o começo de um outro daria origem a um relevo policíclico, com a repetição de formas de relevo a diferentes altitudes. As sucessivas interrupções estariam relacionadas às variações do nível de base, causadas por fenômenos tectônicos e/ou por mudanças climáticas. Os conceitos de Davis foram de grande valor

SUPERFÍCIES DE EROSÃO

para uma primeira apreciação das paisagens. Entretanto, a análise da estrutura subsuperficial do terreno não confirma muitas de suas idéias.

Plano de corrosão (*Etchplain*) — O conceito de *Etchplain* foi introduzido por Wayland (1933). Em sua conceituação original o aplainamento de corrosão (*Etchplaination*) representaria uma superfície de gradiente suave, sem qualquer relevo, que se destacasse de forma marcante numa paisagem de clima sazonal. Nesse ambiente, o movimento da água subterrânea seria predominantemente vertical em vez de horizontal, favorecendo a alteração química das rochas (corrosão = *etching*) até profundidades de mais de dez metros, com exceção daquelas mais recentes, como por exemplo o quartzito.

No aplainamento de corrosão (*etchplanation* = etchplanação), o intemperismo químico é de importância fundamental. A alteração das rochas na frente de intemperismo origina a superfície basal de intemperismo (*etching surface* = superfície de corrosão).

No aplainamento de corrosão o manto de intemperismo seria continuamente removido pelos agentes de denudação durante os movimentos de levantamento regional, os quais poderiam ter sido recorrentes com a epirogênese lenta ou descontínua (Wayland, 1933). Os aplainamentos resultantes seriam indicativos da instabilidade tectônica. No decorrer do tempo o manto superficial de alteração seria gradualmente removido pelas correntes episódicas e/ou pela erosão laminar.

As diferenças altimétricas entre os vários aplainamentos de erosão foram atribuídas a movimentos relativamente rápidos de levantamento em contraposição àqueles lentos que reafeiçoavam a superfície de erosão. Esse tipo de aplainamento segundo Wayland (1933), poderia desenvolver-se, igualmente, a partir de um peneplano.

De acordo com Büdel (1957 e 1982) a formação do etchplano estaria associada principalmente com as regiões tropicais sazonais tectonicamente estáveis e inativas. Para Büdel, os aplainamentos encontrados nos trópicos úmidos (referidos como de corrosão) ter-se-iam desenvolvido no passado, sob condições de sazonalidade climática.

Patamares de piemonte (*Piedmonttreppen*) — De acordo com Penck (1953), a evolução da paisagem resultaria de processos operantes nas vertentes em ação conjunta com o levantamento crustal e a denudação. As diferenças de velocidade determinariam o tipo de morfologia a ser desenvolvida no relevo. Perfis côncavos resultariam de uma denudação mais rápida do que o levantamento crustal. No caso de soerguimento mais veloz que a denudação, o perfil seria convexo, e no caso de equilíbrio entre ambos os processos haveria um recuo paralelo do relevo com a formação de um perfil retilíneo.

Pedimentos — A evolução das vertentes é caracterizada por King (1953 e 1957) de acordo com um modelo no qual a encosta é identifica-da e subdividida em quatro segmentos a partir do topo sendo: 1) convexo (*waxing slope*); 2) face nua, segmento sem cobertura detrítica (*free face*); 3) detrítico (*debris slope*); 4) pedimento (*pediment*). De acordo com o autor, as condicionantes físicas da formação dos vários segmentos seriam as mes-mas, independentemente das condições climáticas. Para King (1957) o cli-ma tem pouca influência no desenvolvimento das encostas, admitindo, contudo exceções onde ocorre um desenvolvimento anormal como, por exemplo, nas regiões glaciais e periglaciais ou nas áreas desérticas em que predominam as ações glaciais e eólicas, respectivamente. Segundo o mes-mo autor, são normais os processos de formação e evolução das paisagens das regiões semi-áridas, cuja importância é atestada pela grande maioria dos depósitos continentais, desde um passado geológico remoto, os quais revelam condições de sedimentação características de ambiente semi-árido (King, 1953).

O pedimento representa uma superfície suavemente inclinada, situada no sopé de uma encosta mais íngreme, cortando a rocha do subs-trato. É separado da vertente superior por uma rápida mudança do ângu-lo de declividade (ângulo de piemonte) na zona de piemonte. Via de regra, seu perfil é ligeiramente côncavo, terminando num rio ou num plano alu-vial. Os pedimentos possuem gradientes menores de 10°, a maioria abai-xo de 6°.

A formação dos pedimentos é explicada por: a) escoamento difuso superficial; b) escoamento dendrítico (*rill wash*); c) aplainamento lateral pela drenagem paralela; d) recuo paralelo das vertentes. Todos processos podem ser grupados como agentes de pedimentação. É possível que origi-nem-se por mais de um processo. Embora sejam típicos das regiões semi-áridas, seus vestígios também são comuns nos trópicos úmidos, bem como nas zonas temperadas úmidas.

Pediplano — A coalescência regional de pedimentos dá origem ao

SUPERFÍCIES DE EROSÃO

pediplano, o qual constitui uma superfície de baixo relevo interrompida, ocasionalmente, por elevações residuais (*inselbergs*). De acordo com Penk, o pediplano representaria o estágio final da evolução de uma paisagem submetida, predominantemente, ao recuo paralelo das vertentes.

Aplainamento duplo — O conceito de aplainamento duplo (*doppelten Einebnungsfläten*) de Büdel (1957), considera a superfície do escoamento difuso e em subsuperfície, a superfície basal do intemperismo causou grande impacto nos estudos geomorfológicos, principalmente naqueles referentes às regiões tropicais. A conceituação de Büdel é a do aplainamento de corrosão de Wayland (1933).

Para Büdel (1957 e 1958), sobre a maior parte do terreno plano, a erosão atua, somente, na porção superior do solo durante a estação úmida, enquanto a alteração química intensa das rochas age o ano todo, na superfície basal do intemperismo, a qual permanece úmida durante a estação seca. A erosão e a alteração desempenham funções distintas no processo de aplainamento.

Os pediplanos, pedimentos e inselbergs são, de acordo com King, (1953) formas atuais ainda em evolução, malgrando a diversidade das condições climáticas. Entretanto, estas desempenham um papel diferencial extremamente importante no desenvolvimento das diversas formas de relevo.

A partir da realização do XVI Congresso Internacional de Geografia (1950), dentre os posicionamentos controvertidos, surge um número significativo de autores que relacionam a evolução das formas do relevo com impactos produzidos pelas alternâncias climáticas entre o úmido e o semiárido.

3. Pedimentos e Pediplanos

Até os estudos efetuados por De Martonne (1943 e 1944), as superfícies aplainadas brasileiras eram interpretadas como resultantes de processos de peneplanização, atuantes desde um passado bastante remoto. O caráter policíclico do modelado era explicado pelos sucessivos períodos de instabilidade crustal, provocando o soerguimento regional, seguidos por épocas em que os agentes de denudação conduziam a um rebaixamento progressivo do relevo, em conseqüência de uma estabilidade endógena.

Ruellan (1944), além de considerar os movimentos tectônicos, admitiu, também, a influência dos movimentos eustáticos do Quaternário na formação dos níveis mais baixos do modelado do relevo. A ciclicidade da paisagem para este autor passou a ter uma explicação não somente tectônica mas também eustática. De acordo com King (1956) as superfícies e níveis de erosão, encontrados em diferentes altitudes no Brasil Oriental, seriam, essencialmente, resultados do soerguimento da crosta, tendo evoluído como os *piedmonttrepen* de Penk. Na explicação da elaboração desses níveis King (1956) substituiu os processos de peneplanização, até então aceitos, pelos de pedimentação e de pediplanação, de acordo com sua teoria de evolução de encostas.

Em concordância com a linha de pensamento representada pela corrente da geomorfologia climática, que considera serem os processos de pedimentação e de pediplanação (em vez daqueles de peneplanização) os responsáveis pela gênese da grande maioria das superfícies aplainadas existentes no modelado atual, Bigarella e Ab'Saber (1964) foram os primeiros a generalizar as influências climáticas profundas na explicação da morfogênese de grande parte da paisagem brasileira. Segundo estes autores, as condições de climas secos (semi-áridos) teriam dado origem, pelos processos de pediplanação, às grandes superfícies aplainadas (pediplanos), e pelos processos de pedimentação aos níveis embutidos nos vales (pedimentos).

Conquanto já fosse aceita uma origem pedimentar para as superfícies aplainadas do Nordeste semi-árido, Bigarella e Ab'Saber (1964) baseando-se nas formas erosivas e nos seus depósitos correlativos, ampliaram ao restante do Brasil Oriental a influência das condições semi-áridas pretéritas. A ciclicidade dos episódios observados na paisagem estaria ligada, essencialmente, às alternâncias climáticas entre o semi-árido e o úmido.

Comparando-se as superfícies de aplainamento descritas em São Paulo por De Martonne (1943) com os pediplanos referidos por Bigarella e Ab'Saber (1964) como Pd_3, Pd_2 e Pd_1, verifica-se que estes são passíveis de correlação com os peneplanos das Cristas Médias, Paleógeno e Neógeno, respectivamente.

Correlacionar os pedimentos e pediplanos caracterizados por Bigarella e Ab'Saber (1964) com aqueles descritos por King (1956) torna-se

SUPERFÍCIES DE EROSÃO

tarefa bastante complexa pois a ciclicidade do relevo é interpretada de forma diversa pelos autores citados. Enquanto King concebe uma origem tectônica para as interrupções dos ciclos de aplainamento, Bigarella e Ab'Saber (1964) acreditam numa ciclicidade baseada, principalmente, nas alternâncias climáticas. King distinguiu os diversos aplainamentos, segundo suas altitudes escalonadas, os mais baixos sendo considerados mais recentes e o conjunto evoluindo como um *piedmonttreppen*. Para Bigarella e Ab'Saber (1964) as superfícies contemporâneas podem desenvolver-se em alvéolos, as altitudes bastante variadas, evoluindo na dependência direta das soleiras (*knick points*) mantidas pela rede de drenagem. Dessa forma, o aparecimento de níveis mais recentes não teria o caráter regressivo (remontante) preconizado por King. Assim sendo, um critério puramente altimétrico torna-se insuficiente para a datação e correlação entre os diferentes níveis de aplainamento. A sucessão vertical dos níveis em relação ao fundo atual dos vales e depressões, forneceria a chave para o reconhecimento da cronologia, possibilitando, outrossim, uma correlação entre níveis encontrados em altitudes absolutas bastante diversas e em áreas distintas (Bigarella, Mousinho e Silva, 1965).

O estudo das extensivas superfícies de erosão e de seus depósitos correlativos cenozóicos, bem como dos diversos fenômenos erosivos e agradacionais no Quaternário, demonstram que as zonas climáticas da Terra foram caracterizadas pela alternância climática de dois grupos principais de processos representados pela degradação lateral e pela dissecação vertical do terreno (Erhart, 1955; Bigarella, Mousinho e Silva, 1965; Bigarella e Mousinho, 1966; Rohdenburg, 1970). Nas regiões tropicais e subtropicais do Brasil Meridional e Sudeste a evolução do relevo resultou da atuação alternante de períodos de degradação lateral ativa do terreno com períodos de dissecação vertical, estes acompanhados de considerável intemperismo químico com formação de solos.

Pesquisas da origem e evolução das superfícies de erosão e/ou sedimentação (agradação) decorrentes de aplainamentos, genericamente denominados de pedimentação e pediplanação, revelam o caráter policíclico do relevo brasileiro. Embora, a gênese dessas superfícies não esteja totalmente esclarecida na literatura, existe boa fundamentação teórica baseada nos princípios da geomorfologia climática na explicação dessas formas do relevo.

As antigas superfícies pedimentares apresentam-se como formas fósseis dissecadas, não se desenvolvendo no Brasil sob as condições ambientais hodiernas. As condições climáticas pretéritas, sob as quais essas formas foram elaboradas, embora ainda não bem compreendidas, parecem ter sido bastante severas, e os processos degradacionais muito ativos. Remanescentes de pedimentos encontrados em áreas úmidas distantes das regiões mais secas atuais testemunham que o ambiente semi-árido responsável pela pedimentação teve extensão muito maior no passado. As evidências geológicas não deixam dúvidas sobre as significantes mudanças climáticas globais do Quaternário em toda superfície terrestre.

Durante as glaciações pleistocênicas, os processos de degradação lateral do terreno (aplainamento) foram importantes, tanto nas regiões periglaciais como naquelas situadas em baixas latitudes, onde sob condições de semi-aridez severa, houve em amplas áreas geográficas o desenvolvimento, aparentemente simultâneo e generalizado, de superfícies aplainadas, acompanhadas ou não de seus depósitos correlativos (Bigarella, Mousinho e Silva, 1965; Bigarella, Andrade-Lima e Riehs, 1975).

Segundo Bigarella e Mazuchowski (1985), as grandes mudanças climáticas, que afetaram extensas áreas da superfície da Terra, tiveram um caráter cíclico, e ainda que não existam informações suficientes, para a generalização do fenômeno à escala mundial, *"a hipótese é muito atrativa para explicação das evidências de ocorrência geográfica ampla, indicadoras da alternância de episódios relacionados aos climas úmido e semi-árido, in sensu lato"*, sendo que no período de máximo rigor do semi-árido os processos morfogenéticos elaboraram os pediplanos ou aplainamentos de extensão regional, representado pelas superfícies de cimeira e interplanálticas (Pd$_3$, Pd$_2$ e Pd$_1$).

Para os mesmos autores, a presença de pedimentos e seus depósitos correlativos (em grande parte já dissecados), as rampas de colúvio e leques colúvio-aluviais, os depósitos de vertentes, os anfiteatros rasos (*dales*), as veredas, as áreas de dissecação média e fina e as áreas de acumulação colúvio-aluvionais, assim como os terraços, entre outras formas do relevo modelados durante o Quaternário, foram elaborados por processos relacionados a condições hidrológicas e hidrodinâmicas diversas das atuais.

Segundo Fairbidge (1968), de acordo com a teoria meteoreológica, a máxima expressão do período glacial deveria correlacionar-se a um episó-

SUPERFÍCIES DE EROSÃO

dio de baixa radiação solar, no qual a evaporação dos oceanos estaria reduzida em 20 a 30%, o que seria responsável pelas secas globais durante as glaciações.

De acordo com Bigarella *et al.* (1978), uma série de mecanismos físicos e químicos favoreceu o desenvolvimento de superfícies de erosão planas suavemente inclinadas, por meio de processos de degradação lateral (épocas de alta energia). Estes parecem ter ocorrido durante o Cenozóico, de maneira cíclica, em todos os continentes, em ambientes caracterizados por geologia, fisiografia e fitogeografia distintas.

4. PEDIMENTOS

O significado do termo pedimento tem sido objeto de algumas controvérsias. Ao lado de seu caráter puramente descritivo, ele tem sido utilizado com implicações genéticas. Apesar de nem todos os processos ligados ao seu desenvolvimento serem conhecidos, o pedimento pode ser considerado inicialmente, como sendo uma feição morfológica, desenvolvida durante períodos em que as condições climáticas favoreceram a operação de processos hidrodinâmicos e de meteorização específicos, que propiciaram a elaboração de uma superfície de erosão, ligeiramente inclinada, cortando todas as estruturas e rochas, independentemente de sua natureza (Figura 3.1).

As diferentes aplicações do termo pedimento são devidas às várias conotações adotadas pelos diversos autores a propósito de seu significado. O termo inicialmente proposto por Gilbert (1882) foi definido por Mcgee (1897), sem qualquer implicação genética, como uma superfície suavemente inclinada resultante da ação da erosão no sopé de vertentes íngremes ou escarpas. O pedimento constitui uma superfície rochosa, aplainada, parcialmente recoberta por uma camada pouco espessa de alúvio ou de material residual (*veneer*) que se desenvolve até a planície aluvial dos vales. O significado morfológico inicial do termo era apenas descritivo tornando-se controvertido quando passou a receber conotações de caráter genético. De acordo com Bryan (1922), o termo *mountain pediment*, correspondia aos aplainamentos no sopé das áreas montanhosas desérticas, modeladas pela ação combinada de erosão e transporte, originando uma

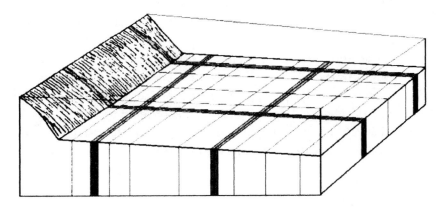

FIGURA 3.1. Diagrama ilustrativo do conceito básico de pedimento, representado por uma superfície suavemente inclinada cortando todas as estruturas geológicas e rochas, independentemente de sua natureza. Os diaclasamentos mais espaçados possuem, frente a erosão, um comportamento similar àquele das rochas mais resistentes. De modo análogo, os diaclasamentos mais apertados respondem à erosão similar àquela das rochas menos resistentes. (Adaptado de Bigarella *et al.*, 1978.)

superfície suavemente inclinada, com maior ou menor cobertura de aluviões, interrompida apenas por elevações esparsas que se levantam abruptamente do nível aplainado.

Johnson (1932a e 1932b) refere o pedimento como um aplainamento rochoso regular, formando uma superfície baixa suavemente inclinada, em contínuo alargamento, situada na periferia de áreas montanhosas. Constitui uma zona de vários quilômetros de largura, na qual o substrato rochoso está freqüentemente exposto à superfície, enquanto a cobertura aluvial se restringe a uma pavimentação pouco espessa e descontínua.

Howard (1942) define o pedimento como sendo um trecho da superfície de degradação situada no sopé de uma vertente em recuo. Encontra-se talhado nas mesmas rochas que afloram nas elevações, podendo apresentar-se como um aplainamento inteiramente nu, ou recoberto por uma camada de aluviões, que não excede em espessura a profundidade do entalhamento dos cursos de água durante as cheias.

Chids (1948) descreve os pedimentos como aplainamentos erosivos, suavemente inclinados, truncando o substrato rochoso. Geralmente são recobertos por cascalho de origem fluvial. Ocorrem em alvéolos entre as

SUPERFÍCIES DE EROSÃO

vertentes montanhosas e os vales ou depressões, formando comumente extensas superfícies rochosas sobre as quais são transportados os materiais erodidos das frentes montanhosas em recuo.

De acordo com Tuan (1959) os pedimentos são superfícies que cortam as formações rochosas das cadeias montanhosas, inclinando-se a partir das elevações residuais, sendo comumente orlados por uma capa aluvial ou por uma superfície de degradação desenvolvida em aluviões mais antigos.

Derreau (1956) caracteriza o pedimento como *glacis* situado ao sopé das cadeias de montanhas desérticas, os quais passam a jusante a uma área de acumulação (*bajada, champs d'épandage*).

Com base na estrutura geológica, alguns autores restringem o uso do termo pedimento às superfícies planas de erosão desenvolvidas sobre rochas duras, sugerido para aquelas sobre rochas brandas os termos: *glacis* (Dresch, 1960); terraço-pedimento (Mammerickx, 1964); peripedimento (Howard, 1942); terraço de *glacis* (Mensching, 1958); entre outros.

De acordo com King (1953 e 1957), o pedimento constitui uma forma fundamental da paisagem, para a qual tende o desenvolvimento de todo modelado subaéreo. No seu modelo ideal de recuo das vertentes, o pedimento caracteriza um dos setores, independentemente de restrições de ordem estrutural ou climática, estando contudo firmemente ligado ao processo de formação. Outros autores sugeriram termos alternativos para designar feições similares a pedimentos, porém relacionados a condições morfogenéticas especiais.

Numa definição de abordagem climática os pedimentos são relacionados com o recuo paralelo das vertentes em ambientes semi-áridos a áridos (Bryan, 1935). O termo superfície de crioplanação, foi proposto pelo mesmo autor para descrever formas similares ao pedimento associadas a ambientes periglaciais. Büdel (1957) e Ollier (1960), entre outros autores, consideram algumas rampas (pedimentos) como geneticamente relacionadas à erosão do manto de intemperismo e à exposição da frente basal de alteração das rochas. Tais formas são designadas na literatura como planos de corrosão (*etchplains*).

Büdel (1970) restringiu o uso do termo pedimento para descrever formas planas originadas nas regiões semi-áridas pelo recuo passivo espacial das vertentes. Para evitar mal-entendidos na terminologia vários autores têm evitado o uso do termo, substituindo-o por uma palavra descritiva como rampa, *bench ramp*, plano de piemonte, *glacis* de erosão, entre outras (Dresch, 1962).

Na realidade, existem diferentes tipos de formas topográficas planas e suavemente inclinadas, as quais poderiam ser descritivamente referidas como rampas ou rampas topográficas, sem qualquer conotação de ordem genética (Bigarella e Becker, 1975). São de natureza poligenética, compreendendo duas partes distintas de acordo com a cobertura sedimentar. As rampas adquiriram sua morfologia específica em função de uma sucessão de processos, durante a qual mantiveram sua forma original. A mudança do caráter e da intensidade dos processos contribuiu para modificar a morfologia da rampa. De acordo com esse conceito, as rampas topográficas podem ser constituídas por um número de seções individuais, algumas em equilíbrio dinâmico ou seções graduadas, enquanto outras representam seções não graduadas, fases agradacionais ou degradacionais, Bigarella e Becker (1975).

Bigarella e Becker (1975) definem como pedimento rochoso as seções de rampas ou paleorampas topográficas onde uma pequena cobertura de alúvio e/ou colúvio sugerem condições que se aproximam de um equilíbrio dinâmico, independente de restrições litológicas ou dos processos climáticos. Os pedimentos detríticos constituem seções da rampa com aspectos agradacionais, caracterizadas por coberturas aluviais e/ou coluviais, cortando rochas duras ou friáveis. Representa uma forma erosiva, em contraste com o pedimento detrítico no qual a cobertura deposicional pode ser cada vez mais espessa para jusante, dando origem a uma superfície agradacional.

Os pedimentos aumentam sua declividade para montante, principalmente junto às regiões montanhosas, nas proximidades da ruptura de declive. Nessas condições o perfil do pedimento torna-se ligeiramente côncavo. Geralmente o pedimento apresenta um forte ângulo de ruptura de declive no contato com a vertente montanhosa íngreme. Entretanto, processos subseqüentes, principalmente sob condições climáticas modificadas, podem produzir uma cobertura de *tálus* mascarando a forte ruptura de declive. O resultado é um perfil côncavo hiperbólico. A jusante do pedimento rochoso, na parte agradacional da *bajada* (*bolson plain*), realiza-se a deposição detrítica (Figura 3.2).

SUPERFÍCIES DE EROSÃO

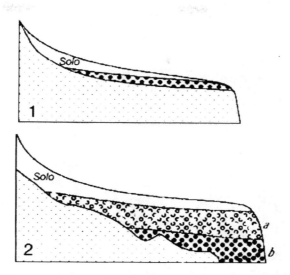

FIGURA 3.2. Diagrama representativo de dois tipos de pedimentos encontrados na localidade de Canhanduva, Itajaí-SC: 1) pedimento rochoso com uma camada relativamente fina de cascalho; 2) pedimento detrítico com uma seqüência sedimentar relativamente espessa constituída de: a) camada superior areno-silto-argilosa com cascalho esparso; b) cascalho. Ambos pedimentos apresentam cobertura coluvial fina. (Adaptado de Bigarella *et al.*, 1978).

Para além do pedimento rochoso foram depositados os materiais grosseiros (pedimento detrítico), transportados por movimentos de massa, entre eles corridas de lama, cuja matriz fina era subseqüentemente lavada e removida para jusante (Figura 3.3).

De acordo com Dresch (1957) e com Birot e Dresch (1966) distinguem-se dois tipos de pedimentos: 1) aqueles elaborados em rochas cristalinas, descritos inicialmente no oeste dos Estados Unidos por McGee (1897); 2) e aqueles referidos sempre como elaborados em rochas sedimentares, alternadamente duras e tenras.

Nos diferentes continentes têm sido descritos pedimentos e rampas, atualmente em formação em ambientes distintos sob o ponto de vista da geologia, relevo e clima.

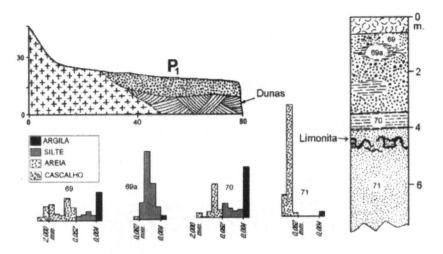

FIGURA 3.3. Pedimento detrítico nível P$_1$, recobrindo antigos depósitos de dunas na área ao sul de Lagoa, ilha de Santa Catarina. Esses depósitos eólicos tiveram suas estruturas destruídas possivelmente por movimentos de massa nas areias durante a fase de pedimentação. O material detrítico do pedimento (P$_1$) é composto por uma matriz silto-argilosa e areias arcosianas, oriundas de terrenos a montante de constituição gnáissico-graníticos. (Adaptado de Bigarella, Mousinho e Silva, 1965).

4.1. Origem

Os processos de formação dos pedimentos são chamados genericamente como pedimentação e ainda não são bem conhecidos e compreendidos. Os pedimentos constituem geralmente formas fósseis, não se desenvolvendo atualmente no Brasil. Normalmente encontram-se dissecados. As condições climáticas pretéritas sob as quais foram elaborados também não são bem conhecidas; parecem ter sido extremamente severas ao mesmo tempo em que os processos degradacionais eram bastante ativos. Remanescentes de pedimentos encontrados em áreas úmidas e distantes dos desertos e semidesertos atuais mostram que o ambiente semi-árido responsável pela pedimentação teve extensão muito maior durante certas épocas do passado.

Têm sido realizados grandes esforços para a explicação da origem dos pedimentos. O maior obstáculo que se opõe à compreensão das condições prevalecentes durante a época de pedimentação resiste no fato de

SUPERFÍCIES DE EROSÃO

que procura-se transferir para o passado processos atuantes nos dias atuais em áreas desérticas.

Na formação de um pedimento atuam concomitantemente dois processos; num tem lugar o intemperismo predominantemente mecânico e noutro a remoção dos detritos promovendo o recuo paralelo das vertentes íngremes. A resultante seria um aplainamento de inclinação suave (Figura 3.1) e cujo gradiente deveria ser aquele necessário para o escoamento do material detrítico. A rocha se recobriria de uma capa fina e descontínua de detritos em trânsito. Seria, portanto, uma superfície essencialmente de transporte, não apresentando nem dissecação marcante nem deposição excessiva. No entanto, de acordo com Rich (1935), a superfície do pedimento também estaria sujeita à ação do intemperismo e à remoção do seu próprio material detrítico.

A remoção dos detritos tem sido atribuída aos fluxos em lençol (*sheetfloods*), os quais são considerados como muito efetivos na formação dos pedimentos, devido à sua carga de detritos grosseiros, a velocidade e ao alto poder de corrasão (McGee, 1897). As torrentes canalizadas das áreas montanhosas possuem forte poder erosivo linear não sendo, contudo, capazes de exercer corrosão lateral. Quando atingem a zona de piemonte no pedimento, espalham-se sobre a superfície plana suavemente inclinada transformando-se em torrentes em lençol.

Dando ênfase às idéias de Lawson (1915), Davis (1938) salientou a importância do intemperismo no recuo paralelo das vertentes e na remoção dos detritos pelas torrentes em lençol com o aperfeiçoamento do aplainamento. Davis considerava ainda que a erosão lateral dos rios em equilíbrio teria importância reduzida na elaboração do pedimento. Para Lawson (1915), o escoamento em lençol é apenas tratado como agente de transporte. Discordando da reduzida importância atribuída por Davis à erosão lateral, na elaboração do pedimento, Blackwelder (1931), Johnson (1932) e Howard (1942 e 1943) afirmam ser a erosão lateral das torrentes canalizadas o processo dominante na formação do pedimento. Entretanto, Rich (1935) refere que apesar da erosão lateral das torrentes canalizadas não ser necessária para a formação dos cones detríticos rochosos e pedimentos ela contribui, notavelmente em certos casos, para a elaboração dos mesmos. Rich salienta serem as torrentes em lençol os agentes mais importantes que as canalizadas na escultura dos pedimentos.

Para Paige (1912), as torrentes em lençol resultariam do desenvolvimento da superfície aplainada, não sendo seu agente de formação. Para esse autor, os processos erosivos nos interflúvios e a erosão lateral dos rios nos cones aluviais seriam os responsáveis pelos aplainamentos.

Também, considerando as torrentes em lençol como conseqüências do pedimento, Derreau (1956) liga a formação do mesmo ao recuo da vertente montanhosa pela desagregação mecânica e queda de detritos por gravidade.

Birot (1949) considera que os pedimentos desenvolvidos em rocha tenra são facilmente explicados pela teoria de Johnson (1932).

Uma série de fatores são relacionados por Bryan (1922) quanto a origem dos pedimentos sendo: a) erosão lateral dos rios ao saírem dos canhões das montanhas; b) *sheet-flood* típico, erosão dos filetes d'água anastomosados (*rill wash*), no sopé da encosta montanhosa; c) meteorização das elevações residuais e remoção do material alterado, através dos filetes anastomosados. Ainda, de acordo com esse autor a erosão lateral dos rios torna-se menos importante nos últimos estágios de desenvolvimento das áreas desérticas, quando a intemperização e ação das águas pluviais e em filetes anastomosados torna-se dominante.

De acordo com King (1949,1953 e 1957), os pedimentos resultam do recuo da parte íngreme da encosta ou escarpa (*free-face*). Eles constituem, portanto, um dos quatro elementos básicos das vertentes plenamente desenvolvidas. Ocorrem no relevo por toda superfície do globo e em todas as condições climáticas (exceto as glaciais ou nas extremamente áridas).

O perfil do pedimento é conseqüente da ação do escoamento superficial, o qual em épocas de chuvas torrenciais pode ser na forma de lençol. Nessas condições o escoamento laminar não turbulento atinge até a margem inferior do pedimento. Entretanto, esse sistema não subsiste perfeitamente na natureza a não ser em áreas limitadas por pequeno espaço de tempo. Sem essas condições, e com a redução da incidência de chuvas, o escoamento em lençol pode ser substituído, no pedimento, pelo escoamento em filetes ou ravinas. Quando a lâmina de escoamento torna-se mais espessa para além da área inferior do pedimento, o escoamento em lençol transforma-se em torrente em lençol. Segundo King (1949), esse seria o agente principal responsável pelo perfil hidráulico desenvolvido pelo pedimento. Ainda, de acordo com King (1949) os pedimentos são

SUPERFÍCIES DE EROSÃO   125

melhor exemplificados em rochas resistentes e sob climas semi-áridos, onde o transporte dos detritos no terreno é mais eficiente.

Na formação de um pedimento pela ação das águas correntes, Dresch (1957) destaca duas condições essenciais:

1) A primeira condição é que os detritos não excedam em massa e sobretudo em calibre a capacidade e a competência das águas correntes;

2) A segunda condição é que para a elaboração de um pedimento depende da existência de um escoamento relacionado com precipitações concentradas, susceptível de transportar os detritos. A rocha exposta e os declives acentuados dos relevos residuais permitem um escoamento a partir de precipitações menores que aquelas requeridas nas regiões cobertas de solo e vegetação onde a infiltração e a evaporação reduziria o escoamento.

De acordo com Leopold *et al.* (1964) o pedimento ocorre tanto nas regiões semi-áridas como nas úmidas, correspondendo a uma superfície desenvolvida no substrato rochoso pela ação do escoamento em filetes, em canal ou laminar.

Thornbury (1958) baseado em idéias de Bryan, Davis, Sharp, Rich e Gilluly atribui a origem dos pedimentos a uma combinação de processos, especialmente a intemperização da vertente montanhosa, o escoamento superficial em lençol, torrentes em lençol e à erosão lateral dos rios.

Os pedimentos existem em diversos tipos de paisagens, apesar de serem considerados como formas típicas dos climas semi-áridos. Foram encontrados nas regiões de climas úmidos do Sul e Sudeste do Brasil. Entretanto, acredita-se que representem condições de clima semi-árido pretérito, resultantes de uma combinação de vários processos atuantes sobre o modelado (Bigarella e Becker, 1975).

4.2. CONVERGÊNCIA DE PROCESSOS

Os pedimentos e rampas topográficas atualmente em formação têm sido descritos na literatura internacional, sob as mais diversas condições geológicas, de relevo e de clima. Na maioria dos casos a formação do pedimento é relacionada às condições do passado, quando a natureza e intensidade dos processos subaéreos promoveram a degradação lateral da paisagem.

Inconformidades erosivas encontradas na coluna estratigráfica têm sido referidas à formação de pedimentos (Willian, 1969). Na realidade, se consideradas as amplas superfícies de erosão como relacionadas às condições hidrodinâmicas graduadas, conduzindo à formação de rampas, muitas inconformidades subaéreas na coluna estratigráfica podem ser relacionadas a pedimentos fósseis.

A degradação lateral consiste numa série de mecanismos físicos e químicos que proporcionam condições favoráveis para o desenvolvimento de superfícies de erosão planas e suavemente inclinadas. Os processos de degradação lateral parecem ter ocorrido de maneira cíclica durante o Cenozóico em todos os continentes.

Entretanto, essas condições ocorreram em diferentes tipos de ambientes, caracterizados por distintos substratos geológicos, relevo, clima e cobertura vegetal. Parecem estar associados a épocas de alta energia no desenvolvimento da paisagem. A forma geométrica do pedimento rochoso e a estrutura do pedimento detrítico sugerem um alto influxo de energia. Os fluxos lineares, por outro lado, relacionam-se aos regimes de baixa energia conduzindo à dissecação vertical do terreno.

Ambientes de alta energia parecem ter sido sincrônicos em grande parte da Terra durante o Cenozóico. Na maioria das regiões áridas e semi-áridas, bem como na maioria das regiões temperadas e tropicais (com floresta pluvial ou savana), os pedimentos representam formas relictas de condições hidrodinâmicas pretéritas. Tanto nas regiões áridas como nas úmidas as condições ambientais aproximam-se daquelas de baixa energia no que concerne a evolução das vertentes. Essas condições teriam caracterizado os processos morfogenéticos das épocas interglaciais.

Sob condições climáticas áridas, a energia erosional não é suficiente para promover o nivelamento efetivo do terreno (recuo das vertentes e erosão laminar). Da mesma maneira, sob condições de climas úmidos e cobertura florestal protetora, a ação dos processos erosivos também é bastante reduzida. Em ambos os casos o fornecimento de sedimentos é baixo (Langbein e Schumm 1958; Schumm, 1965). Contudo, deve ser considerado que as condições climáticas do passado poderiam promover a convergência de processos em direção a degradação lateral durante as épocas glaciais do Quaternário. Assim, tanto para as regiões áridas como para as úmidas o clima tornava-se semi-árido caracterizando-se pela concentração das chuvas. Tal convergência teria ocorrido no espaço e no tempo, embo-

SUPERFÍCIES DE EROSÃO

ra pudessem ter existido certas diferenças na intensidade dos processos, no que diz respeito aos movimentos de massa e à ação das águas correntes, entre outros fenômenos.

Processos erosivos de alta energia, com degradação lateral das vertentes, parecem também ter prevalecido nas regiões periglaciais durante as épocas glaciais. Nessas regiões marginais as geleiras, a ação das geadas e do degelo da neve foram responsáveis pela erosão das vertentes, pelo transporte dos detritos, pelos movimentos de massa e pela água corrente.

As épocas glaciais do Quaternário parecem ter sido caracterizadas por processos de alta energia com degradação lateral das paisagens. Durante épocas interglaciais, ao contrário, prevaleceram condições de baixa energia sobre grandes extensões dos continentes. Tais padrões podem ter exceções regionais uma vez que as condições hidrodinâmicas responsáveis tanto pela morfogênese de alta como de baixa energia são localmente influenciadas por uma seqüência de variáveis. A interação entre elas pode ser visualizada pelas formas do terreno.

O estudo das extensivas superfícies de erosão, dos sedimentos correlativos formados durante o Cenozóico, bem como dos fenômenos ocorridos principalmente no Quaternário comprova que as zonas climáticas da Terra caracterizaram-se pela alternância de dois grupos principais de processos (Erhart, 1955; Bigarella, Mousinho e Silva, 1965; Bigarella e Mousinho, 1966; Rohdenburg, 1970).

As duas seqüências alternantes de processos consistem:

a) na erosão extensiva das vertentes com degradação lateral ou dissecação vertical do terreno (Bigarella e Mousinho, 1966), designada como período de bioresistasia (Erhart, 1955) ou de atividade morfodinâmica (Rohdenburg, 1970);

b) na formação extensiva de solos referida por Erhart (1955), como biostasia e por Rohdenburg (1970), como de estabilidade morfoclimática.

A formação dos solos está vinculada, principalmente, aos períodos de dissecação linear da paisagem, como evidenciada pela superposição de diferentes horizontes de paleossolos (Bigarella, Mousinho e Silva, 1965).

A atuação dos processos de degradação lateral do terreno (formação do pedimento) foi relacionada aos períodos de chuvas concentradas, representando condições semi-áridas severas (*sensu lato*). Os depósitos correlativos sugerem que durante as épocas de degradação lateral ocorreram flutuações climáticas para o úmido, de pequena duração com chuvas melhor distribuídas, favorecendo o intemperismo químico e a formação de solos, contribuindo, também, para a arenização das rochas cristalinas (Bigarella e Mousinho, 1966).

A erosão linear e a dissecação vertical do terreno requerem condições de clima úmido (*sensu lato*). A época úmida caracteriza-se pela presença de curtos intervalos de climas mais secos, os quais causaram a retração da floresta e o desenvolvimento de uma vegetação aberta tipo cerrado ou caatinga. As flutuações climáticas para o seco contribuíram para a rápida remoção do solo desprotegido pela ação das chuvas concentradas, tornando a dissecação mais efetiva.

4.3. Pedimentos no Brasil

A área estudada por Bigarella, Mousinho e Silva (1965), especialmente na base das vertentes da Serra do Mar em Santa Catarina, a fina cobertura detrítica dos pedimentos clássicos, transforma-se numa seqüência bastante espessa de material rudáceo, antes que a superfície aplainada atinja o ambiente de *bajada*. O aplainamento passa insensivelmente, sem nenhuma ruptura de declive, da área de pedimento rochoso para os trechos onde ocorrem os depósitos rudáceos relativamente espessos. Estes são considerados como pedimentos detríticos. No terreno, onde a estrutura não é visível, torna-se impossível determinar o contato exato entre a parte rochosa e a detrítica. Durante a fase inicial de vigência dos processos de pedimentação o material detrítico teria preenchido antigos vales abertos no período úmido anterior. Como resultado, os remanescentes de pedimentos encontrados em áreas presentemente úmidas, apresentam, freqüentemente, uma fase detrítica de cobertura com espessura variável.

Em áreas extradesérticas, como por exemplo nas regiões tropicais e subtropicais do Brasil Meridional e Sudeste, onde se verificou a vigência alternada de condições semi-áridas e úmidas, o efeito da decomposição química se faz sentir de maneira marcante na evolução do relevo.

Nas fases úmidas originou-se um espesso regolito, o qual facilitou a abertura posterior de largos alvéolos pelos processos de morfogênese mecânica com degradação lateral da topografia.

SUPERFÍCIES DE EROSÃO

Remanescentes de pedimentos no Brasil Sudeste e Meridional foram inicialmente descritos para a Serra do Iquererim em Santa Catarina, (Bigarella, Marques e Ab'Saber, 1961). Foram referidas suas feições morfológicas e caracterizados os processos de morfogênese mecânica que lhes deram origem. Na região, esses processos repetiram-se pelo menos em duas fases distintas, separadas por dissecação em clima úmido. Posteriormente, constatou-se que esta sucessão de eventos foi geral no Brasil oriental e meridional, não tendo se restringindo somente ao Nordeste brasileiro.

Pelo estudo dos grandes alvéolos situados entre os maciços em blocos na Serra do Mar, abertos por processos de pedimentação intermontanos clássicos em mais de uma etapa, chegou-se a conclusão da existência de três épocas semi-áridas, relacionadas aos níveis P_3, P_2 e P_1 como mostra a Figura 3.4; (Bigarella, Marques e Ab'Saber, 1961). Essas corresponderiam às glaciações pleistocênicas das altas latitudes, já que alguns dos depósitos correlativos destes aplainamentos semi-áridos encontram-se sob o nível do mar.

O pedimento P_3 foi relacionado à glaciação *Nebraskan*, o P_2 ao *Kansan* e o P_1 ao *Illinoian*. Pedimento P_3 constituía aplainamento mais generalizado, o qual resulta na coalescência de pedimentos de vários alvéolos ou compartimentos, identificando-se como o pediplano Pd_1.

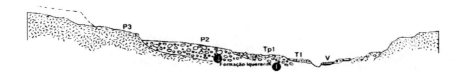

FIGURA 3.4. Remanescentes pedimentares das fraldas da Serra do Iquererim, localizados em Garuva, divisa dos estados do Paraná e Santa Catarina. O pedimento P_3 (Pd_1) encontra-se na forma residual provavelmente rebaixado, o pedimento P_2 acha-se bem desenvolvido, enquanto que os níveis Tp_1 e T_1, acham-se embutidos nos vales situados entre os remanescentes do P_2. (Adaptado de Bigarella, Marques e Ab'Saber, 1961).

Entre as épocas de pedimentação nos períodos interglaciais prevaleceram condições de climas úmidos, responsáveis pela dissecação dos aplainamentos e, portanto, pelo seu aparecimento como níveis embutidos e escalonados nas vertentes.

As grandes mudanças climáticas pretéritas que ocorreram nas regiões tropicais e subtropicais brasileiras, atualmente úmidas, proveram condições para acumulação de espessos depósitos coluviais e aluviais, originando uma superfície agradacional plana, suavemente inclinada (pedimento detrítico).

O espesso manto colúvio-aluvionar associado ao pedimento indica a importância dos processos de solifluxão, tanto contemporâneos como penecontemporâneos ao desenvolvimento da superfície agradacional. Nos remanescentes atuais dos pedimentos são reconhecidas evidências de rampas colúvio-aluvionares pretéritas. O material de aspecto coluvial existente nestes remanescentes não representa produto de intemperismo do substrato local, mas revela um transporte apreciável (movimento de massa proveniente de vertentes mais íngremes).

A interpretação dos pedimentos do Brasil meridional baseou-se na localidade de Canhanduba (Figura 3.5) situada entre Itajaí e Camboriú, Santa Catarina (Bigarella e Salamuni, 1961).

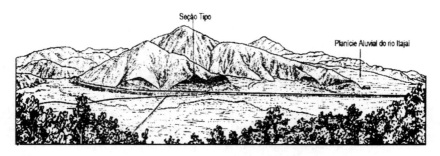

FIGURA 3.5. Vista panorâmica da localidade de Canhanduba junto a BR-101 próximo a Itajaí-SC, onde se situa a seção tipo do Membro Canhanduba, Formação Itaipava. (Adaptado de Bigarella e Becker, 1975).

SUPERFÍCIES DE EROSÃO

As camadas inferiores correlacionam a transição de clima úmido para semi-árido, enquanto que as superiores são características da vigência de ambiente semi-árido. Nesta localidade a seção estratigráfica apresenta-se completa terminando por uma superfície remanescente de pedimento (Figura 3.6).

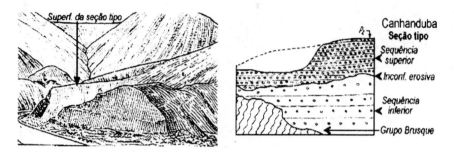

FIGURA 3.6. Detalhes do pedimento P_2, junto à BR-101 (próximo a Itajaí-SC), onde se encontra a seção tipo do Membro Canhanduba, ilustrada ao lado direito da figura. (Adaptado de Bigarella e Becker, 1975).

Comparando-se a estrutura de diversos remanescentes de pedimentos de mesma idade, situados numa mesma posição relativa, verificam-se diferenças atribuíveis a características climáticas locais. Embora o clima não tivesse sido o mesmo em regiões diferentes, as condições ambientais desenvolveram fenômenos convergentes.

Nem sempre são encontradas seções típicas de pedimentos com depósitos de cascalhos. Freqüentes são as ocorrências de um capeamento colúvio-aluvionar representativo de antigas rampas.

As áreas de dissecação média e fina do relevo sugerem uma evolução relacionada com processos semelhantes àqueles geradores de voçorocas, indicando retomadas sucessivas de erosão acelerada. A presença generalizada em grande parte do Brasil de coberturas coluviais extensivas, recobrindo os interflúvios e vertentes nos vales, originou-se pelo remanejamento do manto de intemperismo por processos de erosão hídrica do solo, favorecidos pela rarefação da cobertura vegetal, durante as flutuações climáticas para o seco na época de clima úmido (Bigarella e Mazuchowski, 1985).

Durante as glaciações pleistocênicas, as atuais regiões de clima úmido tropicais e subtropicais foram submetidas a vigência de climas semi-ári-

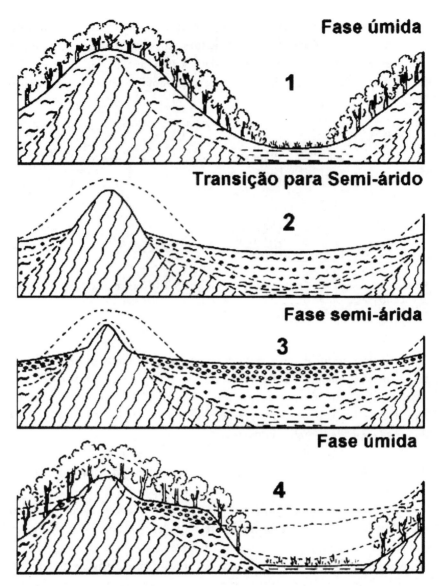

FIGURA 3.7. Representação esquemática da origem do Membro Canhanduba:
I. Modelado original dissecado desenvolvido em fase climática úmida.
II. Período de transição para o semi-árido.
III. Aperfeiçoamento do modelado durante fase semi-árida.
IV. Dissecação da superfície desenvolvida na fase anterior, em novo período úmido.
(Adaptado de Bigarella e Becker, 1975).

dos com processos de aplainamento lateral. Essas mesmas regiões durante os episódios interglaciais sofreram intenso intemperismo químico e dissecação vertical do terreno.

Os estudos dos depósitos correlativos de várias formas erosivas (Bigarella, Mousinho e Silva, 1965) fornecem numerosos dados que concernem a interpretação das condições climáticas vigentes à época de sua formação. Tais informações permitiram correlacionar as superfícies remanescentes de pedimentos com depósitos detríticos (Figura 3.8).

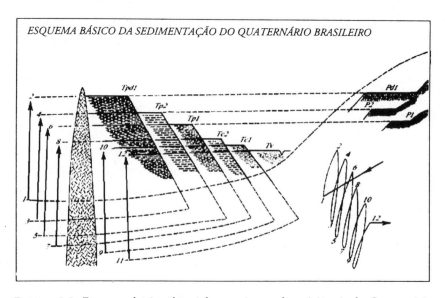

FIGURA 3.8. Esquema básico dos ciclos erosivos e deposicionais do Quaternário Brasileiro: 1) Superfície de relevo anterior ao ciclo de desenvolvimento do Pd_1; 2) desenvolvimento do Pd_1; 3) Dissecação; 4) Agradação desenvolvimento do P_2; 5) Dissecação; 6) Agradação desenvolvimento do P_1; 7) Sucessão do ciclo dissecação-agradação, com desenvolvimento dos baixos níveis de terraços até a elaboração do plaino aluvial atual. O pico a esquerda do diagrama representa o nível de base local externo ao compartimento onde o controle em grande parte deve-se à natureza do ambiente e às condições hidrológicas regionais. (Adaptado de Bigarella e Becker, 1975).

5. Pediplanos

Testemunhos dos ciclos de pediplanação, estas grandes superfícies aplainadas brasileiras (pediplanos) geralmente constituem remanescentes dispersos e preservados em rochas que impõem maior resistência à erosão, em climas mais úmidos, são superfícies normalmente bastante dissecadas. Estudadas em pesquisas como de: Bigarella e Ab'Saber (1964), Bigarella e Andrade (1965) e Bigarella, Mousinho e Silva (1965). Tais superfícies de erosão são caracterizadas como originadas em condições de semi-aridez.

Definidos pelo amplo desenvolvimento espacial e decorrentes de uma ação mais efetiva e prolongada dos agentes de morfogênese mecânica, os pediplanos foram reconhecidos e identificados no modelado brasileiro e foram relacionados a pelo menos três aplainamentos extensivos (Pd_3, Pd_2 e Pd_1), sendo o mais antigo, pediplano Pd_3, indicado como contemporâneo ao fim da sedimentação cretácica no Brasil (Bigarella, Mousinho e Silva, 1965).

Conforme Bigarella, Mousinho e Silva (1965), a sucessão dessas superfícies de erosão no Brasil ocorreu conforme descrição a seguir:

O pediplano Pd_3, indicado como elaborado no Cretáceo—Eocêno, atualmente encontra-se preservado como superfície de cimeira.

A partir da dissecação do pediplano Pd_3, o cenozóico caracterizou-se por processos erosivos intensos. Após sua elaboração este, também, sofreu deformações em decorrência de dobramento de longo raio de curvatura, relacionado aos falhamentos ocorridos no Brasil Oriental e pela reversão da drenagem em direção a leste.

Após ciclicidade de alternâncias de fases climáticas secas e úmidas, que foram responsáveis pela elaboração de pedimentos embutidos entre os pediplanos Pd_3 e Pd_2, houve no Terciário médio nova fase de desenvolvimento de pediplano Pd_2, o qual raramente representa superfície de cimeira, sendo geralmente intermontano, compondo compartimentos alveolares antigos e grandes, dissecados nas terras elevadas das porções sudeste e meridional do território brasileiro.

A instabilidade marcante das condições climáticas do Quaternário, em decorrência das sucessivas fases com duração relativamente breve de semi-aridez alternadas por fases úmidas, resultou na esculturação de níveis e subníveis de pedimentos, facilmente observáveis na paisagem, dado seu

SUPERFÍCIES DE EROSÃO

caráter relativamente recente. Como superfície mais desenvolvida, imediatamente anterior aos referidos pedimentos, relacionado à fase semi-árida relacionada ao *Nebraskan*, de origem Plio-peitocênica, desenvolveu-se o pediplano Pd_1, o qual no interior compõem as depressões interplanálticas, inclinando-se ligeiramente no sentido de vazão (jusante) das principais calhas de drenagem, e na zona de costa apresenta suave inclinação em direção ao oceano.

Ainda que de forma descontínua os remanescentes do pediplano Pd_1, relativamente preservados, são identificados desde o norte até o sul do Brasil, tendo recebido várias denominações regionais como: Superfície das Chãs e Tabuleiros no estado de Pernambuco, Neógena em São Paulo, de Curitiba no Paraná e Campanha no Rio Grande do Sul, ao adentrar Uruguai denomina-se Superfície de Montevidéu.

6. CONCLUSÕES

Os estudos pioneiros das superfícies de erosão introduziram novas técnicas e métodos, que permitiram a reconstituição das condições paleoambientais, possibilitando estabelecer interpretação cada vez mais precisa dos eventos responsáveis pelas formas do modelado do terreno e pelos aspectos da sedimentação.

Sob o aspecto morfodinâmico essas superfícies são marcadas por dois grandes grupos de processos correlacionados às alternâncias climáticas que atuaram de modo diverso, ou seja, a degradação lateral (clima semi-árido) e a dissecação vertical (clima úmido). Tais processos, além de esculpir o relevo de modo diferenciado, originaram depósitos característico, e, que quando preservados, são elementos-chave para a interpretação da evolução da paisagem atual.

A escultura da paisagem brasileira caracterizada pelas superfícies de erosão apresenta-se como um vasto território para pesquisa dessas superfícies especialmente no seu detalhamento.

7. Questões de Discussão e Revisão

1. Quais são as perspectivas futuras de evolução do modelado da paisagem em relação a mudanças climáticas?

2. É possível identificar na paisagem feições morfológicas instáveis ou indicadoras de desequilíbrio ambiental? Listar algumas.

3. Os sistemas terrestres sofrem cada vez maior interferência antrópica. Identificar possíveis aspectos econômicos relacionados ou envolvidos no estudo dos processos ambientais do passado geológico.

4. Assinale em uma carta topográfica (escala 1:50.000 ou maior) alguns segmentos de interflúvios internos de uma bacia hidrográfica. Construa perfis topográficos dos respectivos segmentos, usando a mesma quota como nível de base e mesmo exagero vertical (ver Argento e Cruz, 1996 in: Cunha e Guerra, 1996). A seguir analise e compare os perfis, assinale as rupturas de gradiente, identifique e correlacione as prováveis gêneses. Discuta os resultados e a validade do uso dessa técnica na análise e interpretação de superfícies de erosão.

5. Face a extensão territorial, a dificuldade de acesso a algumas áreas e a deficiência do recobrimento topográfico dificultam o estudo de extensões significativas da paisagem do Brasil. Na identificação e mapeamento das superfícies de erosão, dentre novos recursos tecnológicos, como poderiam ser aplicados: o sensoriamento remoto; sistemas de georreferenciamento (GPS) e sistemas de informação geográfica (SIG).

6. Quais são as razões da existência de diferentes tipos de erosão nas encostas?

8. Bibliografia

AB'SABER, A.N. 1956 — Eat actuel dês connaissances sur les niveaux d'erosion et les surfaces d'aplanissement du Brésil. *In*: CONGRÉS INTERNATIONAL DE GEOGRAPHIE, 18., Rio de Janeiro, 1956. Report. New York, Union Geographique Internationale, s.d. v.5; pp. 7-27.

AB'SABER, A.N. 1962 — Revisão do conhecimento sobre o horizonte subsuperficial de cascalhos inhumados do Brasil Oriental. Boletim da Universidade Federal do Paraná. Geogr. Física. Curitiba, (2): 1-32.

SUPERFÍCIES DE EROSÃO

AB'SABER, A.N. 1964 — Palaeogeographische und Palaeoklimatische aspekte des kaenozoikums in Sued Brasilien. Zeitschrift fuer Geomorphologie. Berlim, 1964. 8(3): 286-312.

ANDRADE — Lima E.D.; e Riehs, P.J. 1975 — Considerações a respeito das mudanças paleoambientais na distribuição de algumas espécies vegetais e animais no Brasil. Anais da Academia Brasileira de Ciências. Curitiba, (47) (Suplemento): 411-464.

ANDRADE, L. E. D. *et al.,* 1978 — A Serra do Mar e a porção oriental do Estado do Paraná. Um problema de segurança ambiental e nacional. Contribuição a geografia, geologia e ecologia regional. Secretaria do Planejamento do Estado do Paraná e Associação de Defesa e Educação Ambiental. Curitiba, 1978, 249 p.

ARGENTO M.S.F. e Cruz, C.B.M. 1996 — Mapeamento geomorfológico. *In* Cunha, S.B. e Guerra A.J.T. 1996 — Geomorfologia: exercícios, técnicas e aplicações. Bertrand Brasil, 1996. Rio de Janeiro. Pp. 269-273

BECKER, R.D.1975 — International Symposium on the Quaternary. Boletim Paranaense de Geociências. Curitiba, (33): 1-370, 1975.

BIGARELLA, J.J. 1961 — Considerações sobre a geomorfogênese da Serra do Mar no Paraná. Boletim Paranaense de Geografia, Curitiba, (4/5): 94-125, 1961.

BIGARELLA, J.J. 1964 — Variações climáticas no Quaternário e suas implicações no revestimento florístico do Paraná. Boletim Paranaense de Geografia. Curitiba, (10-15): 211-3.

BIGARELLA, J.J. 1975 — Pediments, a convergence of processes. Boletim Paranaense de Geociências. Curitiba, (33): 206-16, 1975.

BIROT, P. 1949 — Essai sur quelques problemes de morphologie generale.

BLACKWELDER, E. 1931 — Deserts plains. Journal of Geology. Chicago, 1931. 39: 133-140.

BRYAN, K. 1922 — Erosion and sedimentation in the Papago Country, Arizona — USA. U.S. Geol. Survey Bull. 730: 1990.

BRYAN, K. 1935 — The formation of pediments. 15 Inter. Geol. Congress. C.R. **v.2** 765-775 p.

BÜDEL, J. 1957 — die Doppelte Einebnungs flächen in den feuchten Troppen. Zeit. Geomorph. Berlim, 1: 201-228.

BÜDEL, J. 1970 — Pedimente, Runpflächen und Rückland-Steilhänge, deren aktive und passive Rückverlegung in verschiedenen klimaten. Zeit. Geomorph. Berlim, 14(1): 1-57.

BÜDEL, J. 1982 — Climatic Geomorphology. Tra. Ficher e Busche, Princeton U.P. Princeton.

CHILDS, O.E. 1948 — Geomorphology of the valley of the little Colorado River Arizona. Bull. Geol. Soc. Am., 1948. 59: 353-388 p.

CRICKMAY — 1933 — The late stages of the cycle of erosion. Geol. Magazine London, 70: 337-347.

DAVIS, W.M. 1899 — The geographical cycle. Geographical Journal. 14: 481-504 p.

DAVIS, W.M. 1902 — Base level, grade, and peneplain. Jour. Geol. Chicago, 10: 77-111.

DAVIS, W.M. 1930 — Rock floors in arid and humid climates. Jour. Geol. Chicago, 38(1): 1-27.

DAVIS, W.M. 1938 — Sheetfloods and Streamfloods. Bull. Geol. Soc. Am. New York, 49 Sep.: 1337-1416.

DE MARTONNE, E. — 1943 — Problemas morfológicos do Brasil Tropical Atlântico, (1ª parte). *Rev. Brasileira de Geografia*. Rio de Janeiro,5(4). 1943. 532-550 p.

DE MARTONNE, E. 1944 — Problemas morfológicos do Brasil Tropical Atlântico, (2ª parte). *Rev. Brasileira de Geografia* 5(4). Rio de Janeiro,1944. 532-550 p.

DERRUAU, M. 1956 — Précis de geomorphologie. Masson e Cie. Paris, 1956. 393 p.

DRESCH, J. 1957 — Les problémes morphologiques du nord-est brésilien. Bull. Assoc. De Geogr. Français, 263(4): 48-59.

DRESCH, J. 1957 — Remarques géomorphologiques sur Itatiaia (Brésil). Zeitschrift für Geomorph. 1(3):289-291.

DRESCH, J. 1960 — Remarques sur les surfaces d'aplainissement et les reliefs residuelsen Afrique tropicale. Int. Geog. Cong., 18th, Brasil, C.R. 2: 213-219p.

DRESCH, J. 1962 — Pedimentos *glacis* de erosão, pediplanícies e *inselbergs*. Not. Geomorf. Campinas, 5 (9-10): 1-15.

DRESCH, J. 1966 — Pediments et glacis dans l'Ouest des États-Unis. Annales de Geographie (75) Soc. de Geog., Paris. 513-552.

ERHART, H. 1955 — Biostasie et resittasie esquisse d'une théorie sur le rôle de la pedogenése en tant que phenoméne geologique. C.R. acad. Sci. 241: 1218-1220.

FAIRBRIDGE, R.W. 1968 — The enciclopedia of geomorphology. Reinhol B.Corp., New York. 1295p.

FREITAS, R.O. 1951 — Ensaio tectônico do Brasil. Rev. Bras. Geogr. Rio de Janeiro, 13: 171-222.

GARNER, H.F. 1974 — The origin of landscapes: asynthesis of geomorphology. Oxford University Press, New York, 1974. 734p.

GILBERT, G.K. 1882 — Contribuition to the history of Lake Bonneville. U.S.G.S. Am. Rept. 2: 167-200.

HOWARD, A.D. 1942 — Pediment passes and the pediment problem. Zeit. fuer Geomorph. Berlim,5:1-31.

HOWARD, A.O. 1942 — Pediment passes and the pediment problem. Journal of Geomorph. V 5., 1942.

JOHNSON, D.W.1932a — Rock fans of arid regions. Am. Journ. Of Science, 4th Ser. V.23. 1932. 389-416p.

JOHNSON, D.W. 1932b — Rock plains of arid regions. Geogr. Review N.º 22. 1932. 656-665p.

JOHNSON, W.H. 1982 — Interrelationships among geomorphic interpretations of the statigraphic record, processes, geomorphology and geomorphic models. In: THORN, C.E. ed. Space and time in Geomorphology. Allen e Unwin, 1982. 219-239p.

KING, L.C. 1949 — The pediment landform: Some current problems. Geol. Magazine 86:(4) 245-250

KING, L.C. 1953 — Canons of landscape evolution. Bull. Geol. Soc. of America. New York, 64(7). 721-752p

KING, L.C. 1956 — Geomorfologia do Brasil Oriental. *Rev. Brasileira de Geografia.* Rio de Janeiro, 18(2). 1956. 147-266p.

KING, L.C. 1957 — The uniformitarian nature of hilslopes. Trans. Edin. Geol. Soc. Edinburg — USA, V 17 (1). 81-102p

LANGBEIN W.B. e Schumm S.A. 1958 — Yield ofsediment in relation to mean anual precipitacion. Amer. Geophys. Union. Trans., 39: 1076-1084

LAWSON, A.C. 1915 — The epigene profiles of the desert. Calif. Univ. Dept. Geol. Bull. 9: 23-48.

LEOPOLD L.B. *et al.,* 1964 — Fluvial Processes in Geomorphology. San Francisco, W.H.Freeman. 552p.

MAACK, R. 1947 — Breves notícias sobre a geologia dos estados do Paraná e Santa Catarina. Arq. Biol. Tecn. Curitiba, 2:66-154.

MAMMERIKX, J. — Quantitative observations on pediments in the Mojave and Sonoran deserts (Southwestern Unided States). Amer. J. Sci. 262: 417-435.

MARQUES F.º, P.L. e Ab'Saber, A.N.1961 — Ocorrência de pedimentos remanescentes nas fraldas da Serra do Iqueririm (Garuva-SC). Bol. Paranaense de Geografia. Curitiba, 1961.(4/5): 82-93 p.

MAZUCHOWSKI, J.Z.1985 — Visão integrada da problemática da erosão.

Livro Guia: 3.º Simpósio de Controle de Erosão. Associação de Defesa e Educação Ambiental e Associação Brasileira de Geologia e Engenharia. Maringá, 1985, 332 p.

MCGEE, J.W. 1897 — Sheetflood erosion. Bull. Geol. Soc. of America. New York, 1897. 8: 87-112p.

MENSCHING, H. 1958 — Glacis Fussfläche-Pediment. Zeit. Geomorph. Berlin, 2:165-186.

MORAES-Rego, L.F. de 1932 — Notas sobre a geomorfologia de São Paulo e sua gêneses. Inst. Astro. e Geogr., São Paulo.

MOUSINHO, M.R. 1965 — Considerações a respeito de terraços fluviais, rampas de colúvios e várzeas. Boletim Paranaense de Geografia. Curitiba, Jun-1965, (16/17): 153-197 p.

MOUSINHO, M.R. 1966 — Slope development in Soutern and Southeastern Brazil. Zeit. Geomorph. Berlin, 10(2): 150-160.

OLLIER, C.D. 1960 — The inselbergs of Unganda. Zeit. Geomorph. Berlim, 4:43-52.

PAIGE, S. 1912 — Rock-cut surfaces in the Desert Ranges. Journal of Geology. Chicago, 20: 442-450, 1912.

PENCK, W. 1953 — Morphological analysis of land forms. Trad. E ed. H. CZECH e K.C. BOSWELL. London, Macmillan, 1953. 429p.

RICH, J.L. 1935 — Origin and evolution of rock fans and pediments. Bull. Geol. Soc. Of America 46: 999-1024.

ROHDENBURG, H. 1970— Morphodynamische Aktivitäts und Stabilitäts-seiten statt pluvial und Interpluvialzeiten. Eiszenitalter U. Gegenw. 21:81-96.

RUELLAN, F. 1944 — Evolução geomorfológica da baía de Guanabara e das regiões vizinhas. *Rev. Brasileira de Geografia.* Rio de Janeiro, 6(4). 445-508p.

RUELLAN, F. 1950 — Les surfaces d'erosion de la région sud-orientale du plateau central brésilien. *In*: XVI Congresso Internacional de Geografia, Lisboa. 659-673p.

RUELLAN, F. 1952 — Alguns aspectos do relevo no planalto central do Brasil. Assoc. Geog. Brasil, An., 2: 17-28.

RUELLAN, F. 1956 — Les caracteres des aplaissements du relief. *In*: Congres Internactional de Géographie,18. Rio de Janeiro. Premier Rapport de la Commission pour l'étude et la correlation des niveaux d'erosion et des surfaces d'aplainissement autour de l'Atlantique. Union Géographique Internationale. New York, 1956, 5: 73-79.

SALAMUNI R. 1961— Ocorrência de sedimentos continentais na região litorâ-

SUPERFÍCIES DE EROSÃO

nea de Santa Catarina e sua significação paleoclimática. Bol. Paranaense de Geogrense. Curitiba (4-5): 179-187.

SCHUMM, S.A.1965 — Quaternary paleohydrology. In: Wright, H.E. e Frey,

SILVA, J.X. 1965 — Considerações sobre evolução das vertentes. Boletim Paranaense de Geografia. Curitiba: Jun-1965, (16/17): 85-116 p.

SEMMEL, A. 1977 — Grundzüge der Boden Geographie. Stuttgart: B.G.Teubner, 120p.

THORNBURY, N.D. 1958 — *Principles of Geomorphology*. Wiley e Sons, New York, 1958, 118p.

TUAN, YI-FY 1959 — Pediments in southeastern Arizona. Univ. of Calif. Publ. *In* Geography. Berkeley, V 13.

WAYLAND, 1933 — Peneplains and some other erosional platforms. Anual Report and Bulletin, Protectorate of Uganda Geological Survey Dept. Of Mines, Note 1, pp. 77-79.

WILLIAN G.E. 1969 — Characteristics and origin of Precambrian pediment. Jour. Geol. 77: 183-207.

XVI. Int. Geog. Cong.,-1950 — Annais, Lisboa.

CAPÍTULO 4

COMPLEXO DE RAMPAS DE COLÚVIO

Josilda Rodrigues da Silva Moura
Telma Mendes da Silva

1. A EVOLUÇÃO DAS ENCOSTAS DO MODELADO BRASILEIRO

As paisagens tropicais destacam-se por apresentarem, entre outras características marcantes, uma significativa cobertura do relevo por materiais inconsolidados (regolito), provenientes da alteração *in situ* do substrato rochoso (elúvio) e da remobilização deste por processos de encosta e fluvial (coberturas sedimentares). Os depósitos de encosta (colúvios) assumem um significado considerável nestas áreas; a recorrência de processos erosivos sobre o regolito, profundamente alterado, instabiliza-o com freqüência, sendo possível gerar sucessivas camadas superpostas de materiais coluviais, posteriormente pedogeneizados. São documentadas, assim, em regiões tropicais, complexas coberturas sedimentares, freqüentemente caracterizadas por variações e recorrências nos aspectos litológicos/pedogenéticos, distribuídas sobre múltiplos segmentos do relevo (Mousinho e Bigarella, 1965).

A região planáltica do Sudeste do Brasil caracteriza-se por contrastes morfológicos marcantes, representados pela justaposição de domínios de colinas suavemente desenvolvidas sobre o embasamento cristalino précambriano, compondo a morfologia de "mar de morros" (Moura *et al.*, 1992), a serras escarpadas, relacionadas a uma tectônica mesocenozóica (Figura 4.1).

FIGURA 4.1. Visão panorâmica do domínio de serras e colinas do Planalto SE do Brasil (Município de Bananal, SP).

A paisagem de colinas, aparentemente monótona, caracteriza-se pela articulação em planta e perfil por segmentos convexo-côncavos onde se desenvolvem feições geomorfológicas de encosta — rampas, que se articulam no domínio fluvial com os terraços. Tais feições reproduzem em sua estrutura subsuperficial (seqüência deposicional) uma dinâmica complexa, porém passível de reconstituição dos processos evolutivos, da distribuição espacial das coberturas pedológicas e do controle sobre os mecanismos atuais de degradação ambiental.

As feições de rampas ganham importância no modelado das encostas dos trópicos úmidos, especialmente porque configuram em superfície e em subsuperfície relações intrínsecas à dinâmica das cabeceiras de drenagem não canalizadas — anfiteatros, reproduzindo-se em diferentes escalas como unidades fundamentais de evolução do relevo.

É crescente na literatura a identificação de rampa em diferentes domínios do modelado tropical do globo terrestre (Thomas, 1994). O conceito tratado neste capítulo privilegia a região do Planalto Sudeste do Brasil, tendo em vista a concentração de estudos sistemáticos que há quin-

COMPLEXO DE RAMPAS DE COLÚVIO

ze anos vem sendo desenvolvido pelo Núcleo de Estudos do Quaternário e Tecnógeno (NEQUAT) do Departamento de Geografia — IGEO/UFRJ, cujos os resultados permitem uma abordagem teórico-metodológica ancorada em relações geomorfológicas, estratigráficas e pedológicas.

Apresentamos um posicionamento do tema a partir de uma visão dentro da perspectiva histórica da geomorfologia, seguindo-se aos avanços dos estudos sobre o conceito de rampa nos vales dos rios Doce e Paraíba do Sul. As freqüentes interações entre geomorfologia e estratigrafia ancoram o modelo evolutivo das feições de rampas de colúvio, bem como a proposta de tipologia das cabeceiras de drenagem. Chama-se atenção ainda para a importância do controle geométrico das relações tridimensionais (planta x perfil) da estrutura deposicional dos complexos de rampa no comportamento hidrológico dos fluxos d'água de superfície e subsuperfície e no condicionamento da história evolutiva nos processos erosivos acelerados nos dias atuais.

1.1. EVOLUÇÃO DA PAISAGEM: INDICADORES PALEOCLIMÁTICOS E AMBIENTES DEPOSICIONAIS

O desenvolvimento dos estudos geomorfológicos na região do Planalto Sudeste do Brasil tem seguido dois enfoques principais, com abordagens distintas e objetivos diferentes. De um lado, sob uma perspectiva histórica, os estudos geomorfológicos foram realizados relacionando as formas de relevo a uma seqüência deposicional contínua de evolução durante um longo intervalo de tempo. Essa abordagem atingiu seu apogeu com o "Ciclo Geográfico" de Davis, um modelo ideal extremamente difícil de ser comprovado, que levou ao desenvolvimento de estudos conhecidos como cronologia de desnudação, numa tentativa de reconstruir a evolução da paisagem, em escala regional, pela dedução de uma seqüência de transformações no relevo (Ritter, 1988).

Sob uma percepção diferente da análise da paisagem adotada por Davis, Gilbert foi o precursor de um novo ramo dos estudos geomorfológicos: a Geomorfologia de Processos. Enfatizando o componente físico da Geomorfologia, a perspectiva concentrada no estudo dos processos geomórficos interessa-se, principalmente, em distinguir os mecanismos responsáveis pela geração das formas de relevo, identificando episódios de equilíbrio, periodicamente interrompidos, e não considerando a história das paisagens enquanto seqüências de eventos.

Em virtude de um clima intelectual favorável ao conceito do ciclo de erosão (evolucionista), a perspectiva histórica de Davis dominou a maioria dos estudos geomorfológicos realizados até a primeira metade do século XX, não obstante as inúmeras críticas e tentativas de adaptação do modelo ideal às condições reais observadas. Somente nas últimas décadas é que, de maneira concreta, o desencantamento com a Geomorfologia de Davis favoreceu a uma mudança na abordagem dos estudos geomorfológicos — na realidade um verdadeiro retorno às propostas de Gilbert — enfatizando-se o relacionamento entre os processos geomórficos e as formas resultantes, ajustando-se a rompimentos de estados de equilíbrio (Ritter, 1988).

O estudo geomorfológico das regiões tropicais desenvolveu-se, ainda, sob uma abordagem própria: a valorização do conceito dos trópicos abrigarem paisagens diferentes e surpreendentes (exóticas) como os *inselbergs* e a ocorrência de grandes espessuras de rocha decomposta. A ênfase climática é bastante acentuada, sendo as paisagens tropicais distinguidas em tropicais úmidas e savanas. Na realidade, as paisagens tropicais estão longe de serem uniformes como a simples divisão em zonas morfogenéticas, constantemente úmida e sazonalmente úmida, como sugerem Douglas e Spencer (1985): diversas variações regionais, além do clima, produzem diferenças nas paisagens regionais e na dominância de processos.

Apesar de uma grande similaridade em escala global, não existem paisagens tropicais típicas, universalmente reconhecidas (Douglas e Spencer, 1985). Estudos em escalas mais localizadas têm demonstrado a variedade de paisagens, resultado de processos distintos em seqüências de evolução diversas, nem sempre relacionáveis a um controle climático.

Um conceito fundamental tem sustentado uma grande mudança de perspectiva nos estudos geomorfológicos: a quantidade de tempo envolvido deve condicionar qualquer análise geomórfica. A questão do tempo e das escalas de tempo, bem como sua importância no pensamento geomorfológico, foram claramente colocadas por Schumm e Lichty (1965) ao considerarem que os intervalos de tempo usados nos estudos geomorfológicos poderiam ser subdivididos em três categorias, nas quais os processos geomórficos atuariam de formas distintas. *Cyclic Time*, envolvendo inter-

COMPLEXO DE RAMPAS DE COLÚVIO

valos de tempo geológico, seria a escala temporal apropriada para a análise da evolução da paisagem em escala espacial. Intervalos de *Cyclic Time* podem ser subdivididos em períodos de tempo mais curtos (*Graded* e *Steady Time*), adequados para investigações geomórficas como os episódios de desequilíbrios postulados por Gilbert.

Dentro dessa perspectiva temporal, considerando as duas abordagens clássicas de análise geomorfológica, os estudos orientados pelos processos avaliam os sistemas físicos dentro de espaços de tempo relativamente curtos (*Graded Time*), obtendo resultados cuja validade, se considerados em intervalos de tempo maiores, é questionada, comprometendo a formulação de conceitos geomórficos baseados apenas em estudos dessa dimensão.

Por outro lado, entendendo-se os intervalos de *Cyclic Time* como uma série de episódios de *Graded Time* sucessivos, o objetivo da Geomorfologia Histórica modificou-se de uma evolução teórica da paisagem sob intervalos muito longos para a análise de uma seqüência de eventos de desequilíbrios. A história geomórfica tem sido considerada como um contínuo ajuste a episódios de desequilíbrio de grande freqüência, eliminando-se o conceito de uma evolução prolongada e progressiva da paisagem (Ritter, 1988).

Um aspecto tem sido considerado essencial, seja ao entendimento da seqüência evolutiva da paisagem ou à extensão temporal dos dados nas análises dos sistemas físicos (processos, taxas e respostas): a associação dos estudos geomorfológicos à análise do registro estratigráfico, como instrumento material à interpretação da evolução da paisagem (Johnson, 1982). O registro sedimentar preserva, de maneira menos subjetiva, informações a respeito da história erosiva e deposicional.

A natureza do registro sedimentar, relacionada às últimas transformações ambientais no tempo geológico (Quaternário) e no tempo histórico, tem sido no entanto considerada como incompleta e relacionada a uma sedimentação episódica, pontuada por eventos catastróficos. Crowley (1984) reconhece que o registro sedimentar é dominado por eventos raros de alta magnitude, sendo preservada uma pequena quantidade dos eventos deposicionais que caracterizam os ambientes atuais. Além disso, em decorrência de hiatos (fases de não deposição e/ou de remoção, pela erosão), muitas feições identificadas em ambientes atuais não se preservam como registro sedimentar.

Schumm (1977) sugere que a natureza incompleta de tal registro é inerente à natureza episódica dos processos de erosão/sedimentação (conceito intimamente ligado à questão de equilíbrio/desequilíbrio e tempo). A associação entre a natureza do registro sedimentar e a dinâmica de evolução da paisagem seria, dessa forma, a base para a reconstituição dos períodos de estabilidade e instabilidade ambiental.

A incorporação da estratigrafia dos solos aos estudos do Quaternário tem sido ressaltada nos últimos anos como diretamente relacionada ao conhecimento da estrutura do regolito e da compreensão da dinâmica evolutiva das feições geomorfológicas (Butler, 1959; Ojunaga, 1976; Finkl, 1980, 1984 e 1985).

1.2. Cronologia de denudação e reconstituição dos processos de sedimentação no Brasil

De maneira geral, o estudo do Quaternário no Brasil tem se caracterizado pela freqüência de estudos assistemáticos. Poucos têm se detalhado na definição das seqüências estratigráficas para, a partir destas, chegar à cronologia dos eventos e à dinâmica da sedimentação e evolução geomorfológica. A literatura sobre o Quaternário brasileiro, além de abordar problemas ligados à cronologia da sedimentação, vem mostrando também uma constante preocupação com a reconstituição dos processos e ambientes de deposição. A maioria dos trabalhos realça características sedimentológicas dos depósitos quaternários (Bjornberg e Landim, 1966; Arid e Barcha, 1971) ou demonstra interesse em datações dos sedimentos (Bigarella, 1971; Turcq *et al.*, 1987; Melo *et al.*, 1987). Outra abordagem empregada é a cronologia de eventos baseada em oscilações climáticas e variações do nível do mar, não existindo situações bem datadas interpostas às seqüências continentais. Fúlfaro e Suguio (1974) fizeram uma tentativa de correlacionar eventos e depósitos continentais e costeiros aos níveis marinhos estabelecidos.

No século atual, as primeiras tentativas de interpretação da evolução da paisagem do Sudeste do Brasil fundamentaram-se em concepções dedutivas, ancoradas nas teorias geomorfológicas clássicas de Penck (1953) e Davis (1954). Os trabalhos de De Martonne (1943) e King

COMPLEXO DE RAMPAS DE COLÚVIO

(1956) podem ilustrar bem esta influência, mantida até hoje no espírito de muitos geomorfólogos.

Outras tentativas, no sentido de reconstituir a seqüência dos eventos quaternários, têm suas bases na constatação do papel fundamental do fator climático para a evolução morfogenética. Dentro deste enfoque, verifica-se uma preocupação com a delimitação dos grandes domínios morfoclimáticos atuais e sua comparação com os testemunhos da evolução quaternária (Tricart, 1959; Ab'Saber, 1967). A definição dos processos e ambientes deposicionais pretéritos passa a ser tratada a partir da observação de alguns aspectos considerados como indicadores paleoclimáticos como, por exemplo, as cascalheiras, crostas e/ou concreções lateríticas (Tricart, 1959).

Tendo como base correlações entre os níveis topográficos (pedimentos) e as unidades sedimentares associadas (depósitos correlativos), Bigarella e Ab'Saber (1964) e Bigarella e Andrade (1965) estabeleceram um modelo de evolução cíclica da paisagem, assim como uma primeira aproximação para a curva paleoclimática do Quaternário. Bigarella *et al.* (1965) aprofundaram o estudo da sedimentação subaérea, procurando identificar seqüências de litofácies caracterizadas por suas propriedades sedimentológicas. Na década de 70, Roncarati e Neves (1976) e Meis e Monteiro (1979), entre outros, procuraram reconstituir a seqüência dos eventos quaternários, através da análise conjugada das seqüências litoestratigráficas e das feições geomorfológicas.

As feições geomorfológicas de terraços representam os principais indicadores cronológicos para o estabelecimento da estratigrafia dos corpos aluviais de ocorrência espacial fragmentária. Entretanto, ainda na década de 70, a estratigrafia das coberturas deposicionais das encostas era pouco explorada. Apesar de Mousinho e Bigarella (1965), Penteado (1969) e outros já haverem anteriormente mostrado a possibilidade de subdivisão para os depósitos de encosta, grande parte dos pesquisadores mantinha o modelo clássico do complexo de linha de seixos, associado com o corpo coluvial de cobertura, aderindo aos modelos de Parizek e Woodruff (1957), Ruhe (1956), Vogt e Vicent (1966), entre outros.

2. RAMPA DE COLÚVIO: ORIGEM E EVOLUÇÃO DO TERMO

Os estudos sobre a evolução quaternária das encostas e sistemas fluviais no Planalto Sudeste do Brasil têm se destacado pelo enfoque dado à integração de argumentos geomorfológicos e estratigráficos na apreensão das transformações ambientais ocorridas durante os últimos milhares de anos. Variações dos níveis de base das encostas e/ou variações paleo-hidrológicas seriam os fatores responsáveis pela natureza descontínua dos processos de encosta, espelhada nos sucessivos retrabalhamentos coluviais (Meis e Moura, 1984).

Dentro dos modelos evolutivos apresentados, as cabeceiras de drenagem em anfiteatro — feições características do relevo no Sudeste brasileiro — teriam origem no recuo diferencial das encostas: os segmentos côncavos (*hollows*) teriam recuado mais rapidamente que as encostas convexas (*noses*), que constituiriam as áreas-fonte dos depósitos coluviais encosta abaixo. Esta dinâmica de erosão e sedimentação levaria ao desenvolvimento de feições deposicionais características nas reentrâncias das cabeceiras de drenagem em anfiteatro: os complexos de rampa de colúvio (Figura 4.2).

FIGURA 4.2. Cabeceira de drenagem em anfiteatro com visualização dos complexos de rampa; Córrego do Soledade, Município de Bananal (SP).

COMPLEXO DE RAMPAS DE COLÚVIO

2.1. RELAÇÕES GEOMÉTRICAS EM PLANTA E EM PERFIL DAS ENCOSTAS E CABECEIRAS DE DRENAGEM

Tem sido reconhecido na literatura que pequenos vales não-canalizados são feições morfológicas predominantes em ambiente tropical e subtropical. Estes vales, ou bacias não-canalizadas, caracterizam-se por uma conformação topográfica côncava em planta, configurando cabeceiras de drenagem em forma de anfiteatro (*amphitheaterlike heads*) segundo Hack e Goodlett (1960).

Correspondem aos primeiros formadores da rede de drenagem, podendo constituir o prolongamento direto da nascente dos canais fluviais de 1ª ordem ou, ainda, tributários laterais de fluxos canalizados de qualquer nível hierárquico. Tsukamoto *et al.* (1982) definem tais unidades geomorfológicas como bacias de ordem 0 (zero), destacando que, durante chuvas de grande magnitude, constituem locais de desenvolvimento de fluxos temporários.

Apesar de as cabeceiras de drenagem em anfiteatro, ou bacias de ordem zero, apresentarem significativa expressão espacial nos trópicos úmidos, pouco se conhece acerca de suas características geométricas, além da descrição qualitativa como feições associadas às concavidades da topografia.

Uma análise mais detalhada das formas topográficas nas cabeceiras de drenagem em anfiteatro evidencia, no entanto, serem estas unidades compostas por diferentes segmentos geométricos. Buscando descrever as propriedades tridimensionais da topografia nas cabeceiras de drenagem em anfiteatro, Hack e Goodlet (1960) e Hack (1965) introduziram uma classificação para os segmentos de encostas fundamentada no seu aspecto geométrico (Figura 4.3).

A classificação proposta por estes autores estabelece que a área dos interflúvios, cujos contornos são convexos em planta e perfil, é definida como *nose* (saliência); a zona de contornos aproximadamente retilíneos em planta e perfil existente entre o segmento convexo e o fundo de vale é denominada *side slope* (encosta lateral); a parte central da cabeceira de drenagem, ou qualquer outra área da encosta, cujos contornos são côncavos em planta e perfil é definida como *hollow* (reentrância). Esta terminologia define, ainda, as áreas caracterizadas por contornos côncavos adjacentes ao canal fluvial como *foot slope* (base das encostas); aquelas situadas na porção

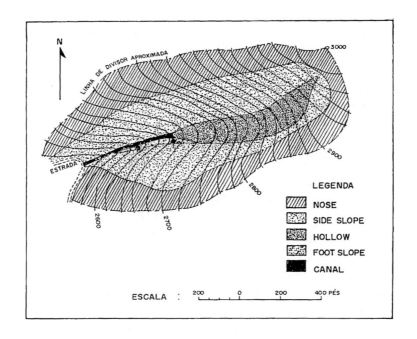

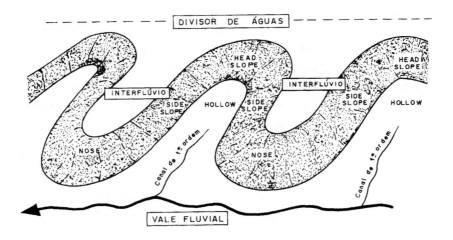

FIGURA 4.3. (A) Topografia de uma cabeceira de drenagem em anfiteatro com a representação dos segmentos de encosta proposto por Hack e Goodlett (1960); (B) Componentes geomórficos de encostas em cabeceiras de drenagem. (Modificado de Ruhe e Walker, 1968.)

frontal da cabeceira de drenagem que apresentam contornos côncavos em planta e retilíneos em perfil são denominadas *head slope* (encosta frontal).

Estes diferentes segmentos geométricos apresentam comportamentos hidrológicos distintos, refletindo na distribuição da umidade e da vegetação. Três tipos principais de padrões de fluxos de água caracterizam os diferentes segmentos geométricos de encosta (Hack e Goodlett, 1960; Hack, 1965; Ruhe, 1975): linhas de fluxo divergentes no *nose*, linhas de fluxo paralelas nas *side slopes* e linhas de fluxo convergentes no *hollow* e na *head slope* (Figura 4.4).

As características geométricas das cabeceiras de drenagem em anfiteatro condicionam fortemente os processos de escoamento de água e o transporte de sedimentos. As áreas côncavas das cabeceiras de drenagem em anfiteatro concentram fluxos d'água subsuperficiais (*throughflow, shallow subsurface stormflow*), favorecendo o aumento da poro-pressão e a geração de fluxos superficiais saturados (*saturation overland flow*) na sua

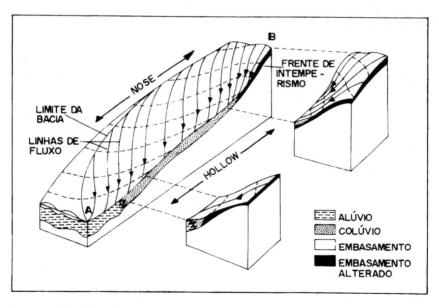

FIGURA 4.4. Bloco-diagrama esquemático representando o comportamento das linhas de fluxo d'água nos diferentes segmentos de encosta e a distribuição dos materiais aluviais, coluviais e eluviais em cabeceiras de drenagem em anfiteatros (modificado de Hugget, 1975).

porção inferior, que, quando intensificados durante períodos de elevada pluviosidade, podem produzir rupturas nestas áreas (Dietrich *et al.*, 1986). Atuam, do mesmo modo, na convergência do material intemperizado e pedogeneizado nas encostas, removido para jusante por diferentes processos como rastejamento (*creep*), erosão superficial hídrica (*rainwash*), em lençol (*sheetwash*) e em sulcos (*rill erosion*), tendendo a desenvolver um espesso pacote deposicional (Hack e Goodlett, 1960; Woodruff, 1971; Huggett, 1975; Pierson, 1977; Lehre, 1982 e Marron, 1982 — *apud* Dietrich *et al.*, 1986; Dietrich & Dunne, 1978; Reneau *et al.*, 1984; Meis e Moura, 1984).

Tais aspectos apontam a necessidade de aliar aos estudos de processos, informações a respeito da evolução do sistema geomorfológico, componente histórica geralmente não considerada nestes estudos, o que leva ao restrito alcance temporal e espacial dos seus resultados (Schumm e Lichty, 1965).

Contrapondo-se ao caráter dedutivo e limitado dos modelos evolutivos preconizados pela perspectiva histórica tradicional, a moderna abordagem geomorfológica fundamenta-se na integração da forma externa, expressa pelos componentes geométricos do relevo, com a forma interna ou estrutura subsuperficial (Ruhe, 1975), representada pelo registro estratigráfico, como meio de reconstituir a evolução da paisagem. O registro estratigráfico preserva, de maneira menos subjetiva, informações a respeito da história erosiva e deposicional, configurando o instrumento material à interpretação da seqüência evolutiva e à extensão temporal dos dados obtidos nas análises dos sistemas físicos tais como: processos, taxas e respostas (Moura, 1990). A Estratigrafia surge, assim, como o elo entre processos passados e presentes, possibilitando a previsão de processos futuros, dentro do contexto evolutivo do modelado (Johnson, 1982).

2.2. O CONCEITO DE RAMPA DE COLÚVIO

Bigarella e Mousinho (1965) introduziram o termo rampa de colúvio para descrever as formas de fundo de vale suavemente inclinadas, constituídas por acumulações detríticas em forma de lobos delgados, provenientes das vertentes, que se interdigitam e/ou recobrem depósitos aluviais quaternários no Sudeste do Brasil. Meis e Machado (1975) ampliam o termo rampa de colúvio, reconhecendo segmentos erosivos e deposicionais. Meis e Monteiro (1979) inseriram as formas côncavas individualizadas nos fundos de vales e baixas encostas dentro de uma dinâmica acelerada de recuo das encostas nas reentrâncias da topografia (*hollows*). Dentro destes *hollows*, a recorrência de processos erosivos, durante o Quaternário, produziu vários períodos de formação de rampas, gerando os complexos de rampa. Uma rampa ideal, individual, seria constituída por três domínios: rampa superior ou segmento de erosão; rampa média ou segmento de transição; rampa inferior ou segmento de deposição.

Meis e Moura (1984) individualizam os padrões de complexos de rampa e atribuem às variações paleo-hidrológicas e de nível de base à dinâmica de evolução (*agrading* e *degrading baselevel*, Figura 4.5). A associação da dinâmica de evolução dos complexos de rampa às cabeceiras de drenagem (anfiteatros da topografia) pressupõe que erosão e deposição atuam simultaneamente e sobre diferentes setores da encosta, a taxas e direções variadas, convergentes para seu eixo longitudinal (*hollow*). Dentro dessa mesma ótica, os segmentos de erosão e deposição não são fixos espacialmente, mas móveis com o tempo.

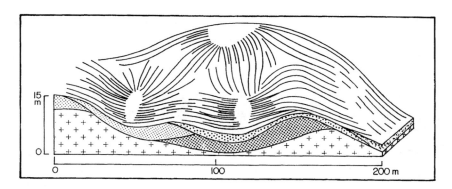

FIGURA 4.5. Os complexos de rampa constituem os ambientes formados a partir de sucessivos episódios de coluviação convergentes em direção ao eixo das paleodepressões do relevo, envolvendo retrabalhamentos parciais dos colúvios mais antigos e o reafeiçoamento da topografia (Meis e Moura, 1984).

2.3. Complexos de Rampa: Variações Espaço-Temporais na Dinâmica das Encostas e Vales Fluviais

Nos últimos anos, tem-se desenvolvido a idéia de que a complexidade das respostas aos fatores desestabilizadores da paisagem estaria associada não apenas às interferências externas, mas representaria algo inerente à própria evolução do sistema, à sensibilidade da paisagem às modificações ambientais, existindo subsistemas de alta sensibilidade ao lado de áreas praticamente estagnadas (Crickmay, 1959). Esta perspectiva levou à construção de um modelo hipotético sobre os processos atuantes na evolução da paisagem, fundamentado na capacidade do sistema em estocar energia até atingir limites críticos (Parker, 1985), os quais correspondem a eventos episódicos de erosão e sedimentação (Schumm, 1977) que ocorrem, diferencialmente, no tempo e no espaço, de acordo com a posição de cada elemento em relação às condições críticas gerais. A concepção de *geomorphic thresholds* destaca os controles intrínsecos dos limites críticos às transformações como os fatores determinantes das variações de sensibilidade do ambiente.

A necessidade de abordar as inter-relações entre os ambientes fluvial e de encosta como base a uma compreensão integrada da evolução da paisagem corresponde a uma visão recente dos estudos sobre a dinâmica de evolução do relevo. Sparks (1986) destaca as condições de nível de base positivo e negativo, respectivamente, dinâmicas de agradação e degradação dos sistemas fluviais, na diferenciação dos processos evolutivos de encosta. Para este autor, o nível de base em agradação produz pequenas alterações na morfologia, determinando o reafeiçoamento parcial da topografia, enquanto o nível de base em degradação promove intenso retrabalhamento dos materiais, responsáveis pelo reafeiçoamento total das formas de relevo.

O modelo de evolução de encostas proposto por Meis e Moura (1984) destaca o controle dos níveis de base locais na configuração de duas dinâmicas de evolução distintas, responsáveis pela elaboração de feições características na topografia das encostas e nas seqüências deposicionais. Ainda Meis e Moura (1984) colocam as variações no nível de base das encostas e/ou variações paleo-hidrológicas como os fatores responsáveis pela natureza descontínua dos processos de encosta, espelhada nos sucessivos retrabalhamentos dos colúvios. A articulação da geometria de superfície com a das unidades deposicionais do substrato, numa perspectiva tridimensional, possibilitou a identificação de variações temporais e espaciais no direcionamento destes retrabalhamentos, caracterizando a evolução pluriaxial dos complexos de rampa.

Os padrões básicos de comportamento das unidades coluviais observados nos complexos de rampa, associados às feições morfológicas resultantes, levaram à definição de duas condições de evolução de encosta (Figura 4.6).

a) Degradação do nível de base — nesta condição, observa-se o recuo das encostas continuamente dissecadas pelas rampas que convergem em direção ao eixo principal das cabeceiras de drenagem. O sucessivo retrabalhamento dos depósitos mais antigos em direção à porção basal das encostas determina a configuração de unidades truncadas e de pequena espessura, superpostas lateralmente, responsáveis pelo reafeiçoamento total da paleotopografia;

b) Agradação do nível de base — neste caso, a elevação do nível de base é responsável pela retenção das unidades deposicionais na média e baixa encostas, caracterizando a superposição vertical das camadas e a configuração de pacotes coluviais mais espessos. Os sucessivos episódios de

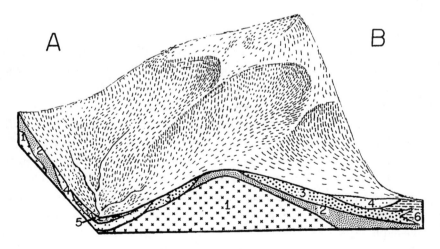

FIGURA 4.6. Evolução das encostas do Planalto SE do Brasil, segundo Meis e Moura (1984). A — Degradação do nível de base; B — Elevação do nível de base.

coluviação e o espessamento dos depósitos, tanto em sentido longitudinal como transversal ao eixo dos anfiteatros, determinam, deste modo, o reafeiçoamento parcial das encostas.

No decorrer do tempo, os sucessivos episódios de coluviação gerariam modificações e reajustes de maior ou menor intensidade na topografia dos complexos de rampa, de acordo com a condição de rebaixamento ou elevação do nível de base, respectivamente. Cada descontinuidade erosiva, dentro da seqüência coluvial, representaria uma paleoencosta, ou paleo-rampa, algumas vezes associada à formação de paleossolos. Os episódios de coluviação, convergentes em direção ao eixo das paleodepressões da topografia, envolveriam retrabalhamentos parciais dos colúvios mais antigos (Figura 4.6). Deste modo, a erosão e a deposição atuariam sincronicamente sobre diferentes partes da encosta, com ritmos e direções variadas; os segmentos que sofreram erosão não estiveram fixos no espaço, porém deslocaram-se no decorrer do tempo, em função de mecanismos auto-reguladores e/ou alterações nas variáveis externas. A reconstituição da evolução dos complexos de rampa testemunha, assim, a natureza descontínua dos processos de erosão de encostas no passado: à variação (espacial e temporal) na atuação destes processos associaram-se mudanças na conformação das encostas.

3. Dinâmica dos Complexos de Rampa e Padrões Evolutivos de Cabeceiras de Drenagem

A ordenação estratigráfica do registro sedimentar quaternário no médio vale do Paraíba do Sul (Moura e Mello, 1991), através da definição de unidades aloestratigráficas, levou ao reconhecimento de sucessivos episódios erosivos e deposicionais, destacando-se, em especial, um evento holocênico de grande instabilidade ambiental (evento Manso) responsável por um intenso processo de morfogênese da paisagem. Esta fase foi caracterizada, inicialmente, pelo encaixamento da drenagem por um processo de erosão linear acelerada (voçorocas) de grande expressão regional, atingindo, em grande parte das cabeceiras, o embasamento cristalino alterado. Este mecanismo promoveu o recuo das encostas, produzindo uma grande quantidade de sedimentos, que excedeu a capacidade de transporte dos cursos fluviais da área, resultando no completo entulhamento da paisagem, ainda hoje preservado em grande parte das bacias de drenagem. Fases subseqüentes de encaixamento fluvial, descontínuas a nível de bacias de drenagem, resultaram na elaboração de diferentes níveis de terraço fluvial (Figura 4.7).

Dentro da história evolutiva regional, as condições de degradação e agradação do nível de base estão representadas, respectivamente, em dois tipos principais de comportamento das encostas e fundos de vale em bacias fluviais: **(A)** bacias que acompanharam as fases de reencaixamento holocênico do coletor principal, apresentando vários níveis de sedimentação fluvial; **(B)** sistemas que não acompanharam todas as fases de encaixamento dos coletores, permanecendo, ainda em grande parte, entulhados, inexistindo níveis de sedimentação inferiores (Moura, 1990).

As feições de maior destaque na paisagem regional estão relacionadas, portanto, a bacias e cabeceiras de drenagem entulhadas, de dimensões variadas, com fundos de vale e reentrâncias preenchidas por pacotes sedimentares de significativa espessura (da ordem de até 25m), que permanecem total ou, mais comumente, parcialmente afastadas da ação fluvial atual. Estas unidades vêm sendo intensamente atingidas por processos de erosão linear acelerada (voçorocas) cujo mecanismo principal relaciona-se

FIGURA 4.7. Vale fluvial entulhado pela sedimentação holocênica; localizado a 8 km de Bananal (SP), na estrada de acesso à Fazenda Bela Vista.

a um processo de esvaziamento de antigas linhas de drenagem entulhadas (Moura, 1990).

O mapeamento de feições deposicionais quaternárias (Tabela 4.1) em cabeceiras e sub-bacias de drenagem em anfiteatros configura-se, portanto, como etapa fundamental para o reconhecimento da distribuição espacial dos sedimentos e solos quaternários, bem como para a individualização de áreas propícias à ocorrência de processos erosivos.

TABELA 4.1 — Feições deposicionais quaternárias e seus significados morfológicos.

FEIÇÕES DEPOSICIONAIS QUATERNÁRIAS	SIGNIFICADO MORFOLÓGICO
Complexos de Rampa de Colúvio	Feições deposicionais inclinadas, associadas à coalescência de depósitos coluviais que se desenvolvem em direção às reentrâncias (*hollows*) e fundos de vale.
Rampas de Alúvio-colúvio	Feições de geometria plana, horizontal a sub-horizontal, encontradas em *hollows* e fundos de vale não-canalizados, que apresentam ruptura abrupta com as encostas laterais e estão associadas a uma fase de entulhamento de antigos canais erosivos holocênicos por materiais alúvio-coluviais (evento Manso).
Rampas de Alúvio-colúvio Reafeiçoadas	Rampas de alúvio-colúvio que apresentam suavização da ruptura entre as encostas laterais e a reentrância plana, devido ao reafeiçoamento por coluviações posteriores à fase de entulhamento alúvio-coluvial.
Terraço Superior	Nível mais elevado da sedimentação fluvial, relacionado à fase de entulhamento dos eixos de drenagem no Holoceno (evento Manso); constituem a extensão topográfica das rampas de alúvio-colúvio no domínio fluvial.
Terraços Recentes	Associados às fases de encaixamento e deposição fluvial posteriores ao evento Manso.

COMPLEXO DE RAMPAS DE COLÚVIO

A Figura 4.8 permite uma primeira aproximação das relações apontadas. Nos mapas apresentados, destaca-se a estreita relação entre as rampas de alúvio-colúvio e os depósitos arenosos associados ao entulhamento das reentrâncias das cabeceiras e sub-bacias de drenagem em anfiteatro (depósitos alúvio-coluviais holocênicos). A superfície de entulhamento holocênico prolonga-se a partir das cabeceiras de drenagem pelo nível superior de terraço fluvial (T1), onde são observados depósitos argilo-sílticos, com camadas arenosas intercaladas. Os segmentos dos fundos de vale que tiveram o antigo preenchimento aluvial e/ou alúvio-coluvial removido pelo encaixamento da drenagem ou pelo entalhe erosivo atual estão assinalados como "fundos de vale esvaziados".

As complexas estruturas de subsuperfície observadas nas encostas convexo-côncavas e nos fundos de vale suavemente inclinados, característicos do domínio de colinas do Planalto Sudeste do Brasil, são passíveis de reproduzir, associadas às suas variações geométricas de superfície, padrões evolutivos de cabeceiras de drenagem relacionados à dinâmica de evolução paleoambiental. Os padrões geométricos principais evidenciam diferentes estruturas de subsuperfície, cujo registro estratigráfico indica variações importantes ao entendimento da história evolutiva (Moura, 1990).

O retrabalhamento dos materiais coluviais, convergente para o eixo principal do anfiteatro, relacionado ao desenvolvimento de rampas que se coalescem nas reentrâncias (complexos de rampa), define a geometria de anfiteatros com *hollow* côncavo em planta e em perfil (HC , Figuras 4.9 e 4.10). A situação de ruptura brusca das encostas laterais, o fundo plano suborizontal das reentrâncias, resultante do preenchimento dos paleocanais erosivos por materiais de natureza alúvio-coluviais (rampas de alúvio-colúvio), que truncam seqüências coluviais mais antigas ou mesmo o embasamento cristalino alterado, define a geometria de anfiteatros com *hollow* côncavo em planta e retilíneo em perfil, denominados anfiteatros com *hollow* côncavo-plano (HCP, Figuras 4.9 e 4.11). Destaca-se que as sub-bacias de drenagem afetadas pelo processo de erosão linear acelerada e entulhamento holocênicos reproduzem, em diferentes escalas, a dinâmica de evolução de uma unidade fundamental (anfiteatro), como pode ser observada na Figura 4.12.

A distribuição espacial dos tipos de cabeceiras de drenagem apresentados pode ser obtida através do mapeamento das feições geomórficas associadas à estrutura de subsuperfície, em escala apropriada (Figura 4.8).

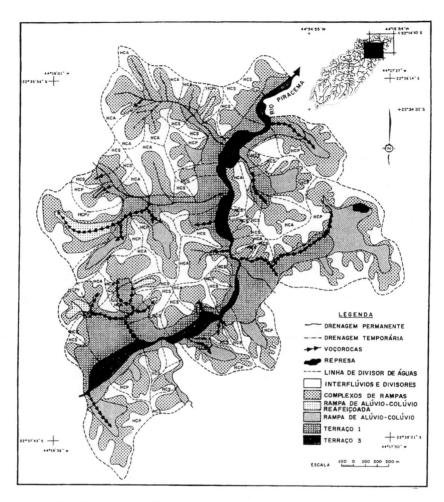

FIGURA 4.8. Mapa geomorfológico de um segmento do baixo curso do rio Turvo. Os anfiteatros e sub-bacias de drenagem foram delimitados e classificados segundo a tipologia citada (Moura, 1990).

COMPLEXO DE RAMPAS DE COLÚVIO

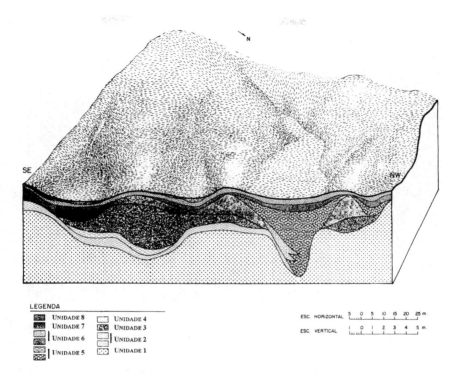

FIGURA 4.9. Bloco diagrama esquemático reproduzindo as feições topográficas e unidades estratigráficas correspondentes às cabeceiras de drenagem em anfiteatro com *hollow* côncavo (HC) e *hollow* côncavo-plano (HCP). (Moura, 1990.)

No contexto estudado, as feições de *hollow* côncavo, associadas à dinâmica de remoção e retrabalhamento dos regolitos no domínio das encostas, representam grande parte das reentrâncias que configuram a morfologia convexo-côncava das colinas do Planalto Sudeste do Brasil.

Os anfiteatros com *hollow* côncavo-plano (HCP), associados a fenômenos de instabilidade ambiental durante o Holoceno (voçorocas), desenvolvem-se nos eixos principais das sub-bacias de drenagem, onde a coalescência de anfiteatros sugere maior grau de hierarquização. Podem, também, estar relacionados a eixos secundários (pequenas cabeceiras de drenagem) e, neste caso, resultam de deslocamentos das linhas de fluxo que originaram inversões na topografia dos complexos de rampa (Moura, 1990).

FIGURA 4.10. Anfiteatro com *hollow* côncavo (HC), localizado na estrada Bananal-Arapeí (SP-066), a 2 km de Bananal (SP) (Moura, 1990).

FIGURA 4.11. Anfiteatro com *hollow* côncavo-plano (HCP) relacionado ao eixo secundário da drenagem, localizado a 8 km de Bananal (SP), na estrada de acesso à Fazenda Bela Vista (Moura, 1990).

COMPLEXO DE RAMPAS DE COLÚVIO

FIGURA 4.12. Sub-bacia de drenagem entulhada (HCP) associada ao eixo principal da drenagem; localizada a 2 km de Bananal (SP), na estrada de acesso à Fazenda Santa Apolônia (Moura, 1990).

4. EVOLUÇÃO DOS COMPLEXOS DE RAMPA E INVERSÕES DE RELEVO

A reconstituição dos diferentes episódios de erosão e sedimentação, ocorridos durante o Quaternário tardio, na região do médio vale do rio Paraíba do Sul, tem fundamentado o aprimoramento do modelo de evolução da paisagem proposto por Moura e Meis (1984), no que se refere ao dimensionamento, nas escalas espacial e temporal, do ritmo dos episódios de transformação do sistema encosta-calha.

As variações paleo-hidrológicas e de nível de base produziram, especialmente durante o Holoceno, variações na intensidade e direcionamento dos processos de erosão e deposição nos diferentes segmentos de encosta (*agrading* e *degrading baselevel*).

Em condição de nível de base em degradação, o recuo acelerado das cabeceiras de drenagem por voçorocas teria afetado tanto as encostas, com localização preferencial nos eixos das paleodepressões (*hollows*), quanto as sub-bacias menos hierarquizadas. Este mecanismo pode levar à destruição dos divisores e, conseqüentemente, ao deslocamento do segmento conve-xo do interflúvio (*nose*), em direção às cabeceiras de drenagem adjacentes, invertendo a topografia dos complexos de rampa e/ou promovendo captu-ras de drenagem (inversões intercabeceiras de drenagem). Por outro lado, o deslocamento das linhas de fluxo, dentro das cabeceiras de drenagem, pelos fenômenos de erosão linear acelerada/movimentos gravitacionais de massa, pode promover mudanças no posicionamento dos segmentos de encosta, gerando também fenômenos de inversão de relevo (inversões intra-anfiteatros).

A Figura 4.13 é representativa de uma condição em que o encaixa-mento diferencial de cabeceiras de drenagem contíguas, pertencentes a sub-bacias distintas, promoveu a configuração de ambientes morfodinâ-micos diferenciados. O maior retrabalhamento das encostas, durante a fase de erosão linear holocênica, no córrego Santa Vitória, parece ter sido responsável pelo deslocamento do divisor em direção às cabeceiras de dre-nagem da bacia do córrego São João que, por sua vez, permanece entulha-da, mantendo o seu nível de base em agradação.

O encaixamento diferencial desses sistemas de drenagem pode ser observado através da configuração dos perfis longitudinais da cabeceira de drenagem voltada para o córrego São João, incluindo segmento do rio Manso (A) e do córrego Santa Vitória (B), além das relações morfodinâ-micas com o coletor principal (Figura 4.14).

Verifica-se, através do mapeamento geomorfológico (Figura 4.13) que, na área analisada do córrego São João/rio Manso, há o predomínio de rampas de alúvio-colúvio, o que, em conjunto com a configuração suave de seu perfil longitudinal, demonstra uma condição em que a sedimenta-ção das cabeceiras de drenagem permaneceu retida. A preservação dos materiais de encosta e de fundo de vale, resultando na topografia de fun-do plano, correspondente ao preenchimento dos paleocanais erosivos por materiais de natureza alúvio-coluvial.

O córrego Santa Vitória, por sua vez, apresenta gradiente mais eleva-do que o córrego São João/rio Manso, como pode ser visualizado através de seu perfil longitudinal (Figura 4.14). Trata-se de uma condição repre-sentativa da dinâmica de canais tributários que acompanharam o reencai-xamento holocênico dos coletores. Nesta condição, os anfiteatros ligados aos primeiros formadores da drenagem estão sendo submetidos aos suces-

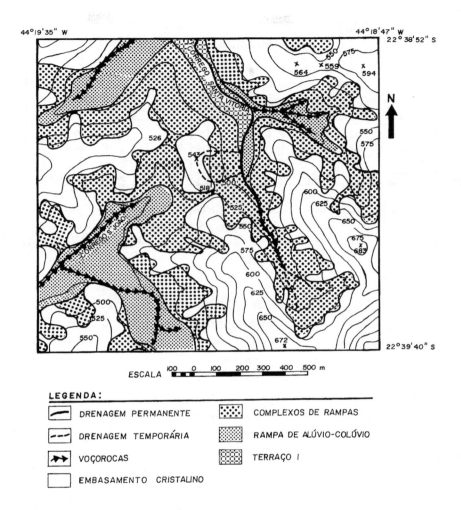

FIGURA 4.13. Mapeamento geomorfológico de uma área que abrange trechos das sub-bacias dos córregos Santa Vitória e São João/rio Manso, tributárias do rio Piracema, afluente do rio do Bananal (Moura, 1990).

sivos rebaixamentos do nível de base, apresentando-se, em sua maioria, articulados ao nível da drenagem atual. À medida em que a sedimentação fluvial ganha expressão em direção ao médio curso da sub-bacia, verifica-se o predomínio de anfiteatros e sub-bacias de drenagem ainda entulhados pela sedimentação fluvial ou alúvio-coluvial.

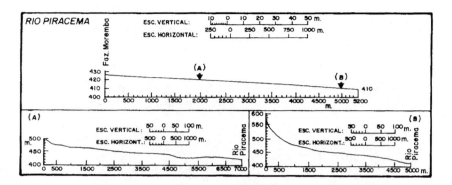

FIGURA 4.14. Perfis longitudinais de um segmento do rio Piracema que abrange a confluência com as duas sub-bacias de drenagem analisadas, da cabeceira de drenagem tributária do córrego São João/rio Manso (A) e do córrego Santa Vitória (B) (Moura, 1990).

O fenômeno da inversão de relevo pode ser evidenciado pela análise do comportamento estratigráfico dos depósitos coluviais quaternários encontrados no divisor das sub-bacias do córrego Santa Vitória e São João/rio Manso (Figura 4.15). Observa-se que, no atual divisor, a paleotopografia do substrato rochoso e o direcionamento da linha de seixos e das unidades coluviais mais antigas indicam ser a direção da sedimentação anterior à unidade 4 diferente daquela sugerida pelo gradiente topográfico atual. A geometria dos corpos associados aos primeiros eventos de coluviação (unidades 1, 2 e 3) evidencia o retrabalhamento dos materiais em direção ao córrego São João: as unidades deposicionais subseqüentes demonstram duas direções de sedimentação, resultantes do deslocamento do interflúvio em função da maior taxa de degradação das encostas voltadas para a cabeceira de drenagem do córrego Santa Vitória. A unidade 3 testemunha, deste modo, o fenômeno de inversão de relevo, sendo preservada em posição de interflúvio, aflorando em superfície.

Um outro tipo documentado de inversão de relevo corresponde àquele decorrente do deslocamento das linhas de fluxo dentro de cabeceiras de drenagem. As cabeceiras de drenagem reproduzidas na Figura 4.16 constituem exemplo típico desta condição de evolução, encontrando-se diretamente controladas pela dinâmica do rio do Bananal.

Os perfis longitudinais efetuados para os eixos das cabeceiras de dre-

COMPLEXO DE RAMPAS DE COLÚVIO

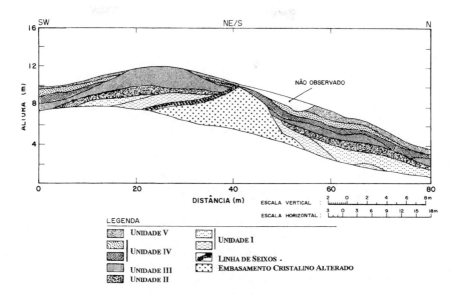

FIGURA 4.15. Seção estratigráfica cortando o divisor das sub-bacias São João/rio Manso e Santa Vitória (Moura, 1990).

nagem referidas (Figura 4.17) demonstram uma relativa similaridade da concavidade basal, refletindo níveis de encaixamento semelhantes.

Através da Figura 4.18, pode ser verificada, nitidamente, a situação de inversão de relevo. O levantamento de uma seção estratigráfica no interflúvio gerado a partir da inversão de relevo evidencia o comportamento dos depósitos de encosta. Percebe-se que as unidades 2 e 3 configuram espessos pacotes coluviais que preencheram as paleo-reentrâncias da topografia, retratando uma condição de agradação do nível de base. A preservação de perfis de solo completos documenta a baixa declividade da paleotopografia. Percebe-se, ainda, que o posterior recuo linear acelerado das encostas por voçorocas teve localização preferencial na zona de articulação da paleo-reentrância com o interflúvio, sendo responsável pela inversão da topografia no *hollow* — inversão de relevo intracabeceira de drenagem. Este fenômeno se deu, assim, em decorrência do processo de erosão linear acelerada posterior à pedogênese da unidade 3.

Vale destacar que uma importante conseqüência do mecanismo de inversão na topografia das encostas constitui a alteração das condições de

170 GEOMORFOLOGIA DO BRASIL

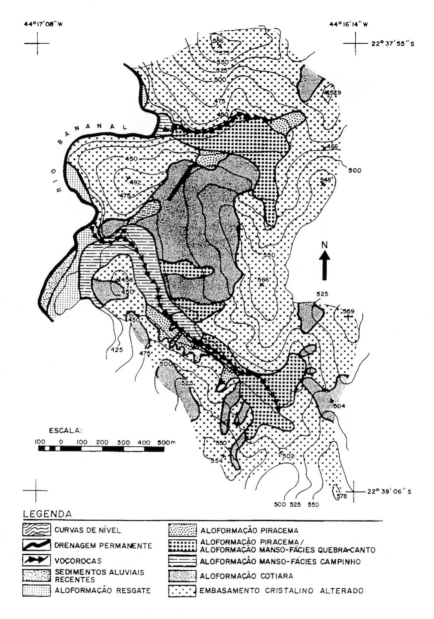

FIGURA 4.16. Mapeamento geomorfológico correspondente às cabeceiras de drenagem afluentes do rio Bananal. Em hachúria, a seção estratigráfica levantada (Moura, 1990).

COMPLEXO DE RAMPAS DE COLÚVIO

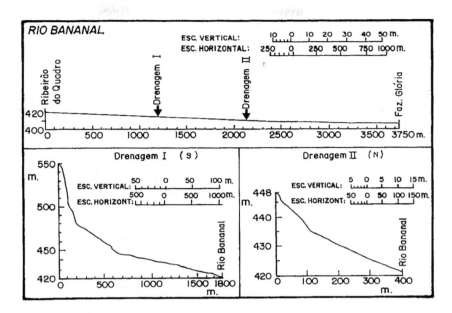

FIGURA 4.17. Perfis longitudinais dos eixos das cabeceiras de drenagem analisadas e de um segmento do rio Bananal que abrange a confluência com as referidas drenagens. I = drenagem I; II = drenagem II (Moura, 1990).

drenagem dos materiais coluviais, o que interfere na evolução dos solos e do próprio relevo.

O contexto evolutivo da história quaternária no Planalto Sudeste do Brasil, envolvendo tanto aspectos paleoclimáticos quanto evidências neotectônicas, foi responsável pela modificação da geometria dos divisores de água, freqüentemente delineados pela coalescência de complexos de rampa opostos ou divisores planos. Estes últimos associam-se a reorganização dos sistemas de drenagem em fases de recuo acelerado das encostas e capturas fluviais.

Cabe ressaltar que as inversões nos complexos de rampa por deslocamento do eixo das linhas de fluxo intra-anfiteatros associam-se a fases onde o reencaixamento da drenagem foi de pouca eficácia a uma re-hierarquização completa. Desta forma, as retenções de pacotes coluviais das rampas mais antigas são retrabalhados lateralmente, assumindo posições de interflúvios sob formas de ombreiras.

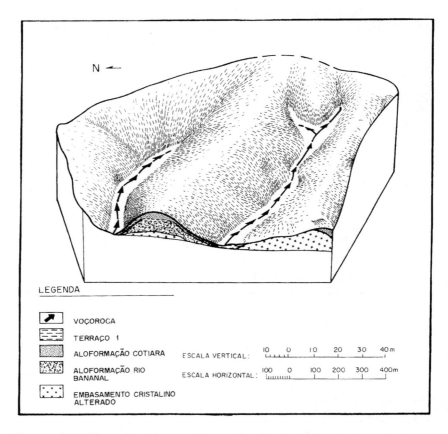

FIGURA 4.18. Bloco diagrama esquemático de cabeceiras afluentes do rio Bananal, com representação da seção estratigráfica realizada no interflúvio entre as drenagens I e II (Moura, 1990).

O conhecimento da dinâmica de inversões da topografia dos complexos de rampa pode ancorar o mapeamento de solos, uma vez que associam-se a distribuição de rampas relíquias — solos relíquias.

COMPLEXO DE RAMPAS DE COLÚVIO   173

5. Conclusões

Os complexos de rampa constituem as feições geomorfológicas típicas das encostas do relevo colinoso do Planalto Sudeste do Brasil, associando-se a uma dinâmica de evolução dos sistemas de drenagem nos últimos milhares de anos (Período Quaternário). Apresentam-se como unidades fundamentais de análise das encostas por expressar em uma visão tridimensional a distribuição dos solos e a orientação da dinâmica dos fluxos d'água em superfície e em subsuperfície.

A evolução integrada das encostas e dos canais fluviais, durante o Quaternário, no domínio do Planalto SE do Brasil, documenta uma fase de entulhamento generalizado da paisagem, responsável pelo preenchimento das reentrâncias da topografia (*hollows*) e dos fundos de vales fluviais, datados em cerca de 10.000 anos pelo C_{14} dos testemunhos de paleossolos e de argila orgânica encontrados em sedimentos da bacia do rio Doce e Paraíba do Sul. A fase posterior de retomada erosiva holocênica se deu sob a forma de erosão linear acelerada (voçorocas) a partir dos principais coletores da drenagem, onde grande parte dos canais tributários não acompanharam esta retomada erosiva. Em conseqüência, foram colmatados sob forma de leques aluviais, cujos sedimentos de natureza alúvio-coluvionar se interdigitam com os alúvios do terraço superior. A contemporaneidade e contigüidade espacial deste mecanismo dá origem a feição de rampa de alúvio-colúvio, que se desenvolve no eixo das reentrâncias dos anfiteatros com uma geometria Côncavo-Plana (HCP) e, topograficamente, concordante com o nível do terraço superior, articulando-se de forma abrupta com as reentrâncias dos complexos de rampa (HC). Esta dinâmica dá aos sistemas fluviais uma morfologia singular, aparentemente em desequilíbrio com a morfologia do vale em que se insere. Em geral, esse desequilíbrio é refletido em bacias de drenagem com baixo grau de hierarquização e com as cabeceiras de drenagem suspensas em relação ao canal coletor. Entretanto, o controle de níveis de base locais foram responsáveis pelo esvaziamento de cabeceiras e/ou bacias que acompanharam a dinâmica do seu canal coletor encontrando-se articuladas com o nível de base do mesmo.

As descontinuidades espaço-temporais da erosão/deposição nas cabeceiras de drenagem, a partir do controle de níveis de base locais, promove, na topografia, fenômeno de inversão de relevo, evidenciado por divisores rebaixados ou planos. O encaixamento diferencial dos sistemas de drenagem pode ainda delinear vales assimétricos e freqüentes capturas fluviais. O reafeiçoamento dos complexos de rampa afetados pela erosão linear acelerada pode ser responsável por inversões intra-anfiteatro que, com o reafeiçoamento posterior, promoveu feições de ombreiras, testemunhando rampas relíquias que preservam, em superfície, corpos coluviais mais antigos dos que as coluviações contemporâneas que recobrem as concavidades.

Conforme foi discutido, a evolução das encostas no planalto Sudeste do Brasil mostra evidências de, pelo menos, duas fases de instabilidade ambiental. Uma fase pleistocênica, responsável pela colmatagem dos *hollows*, e um colúvio amarelo areno-argiloso, que chegou ao fundo dos vales. Uma fase posterior de estabilidade teria ajustado a paisagem promovendo o desenvolvimento de um solo que preserva, regionalmente, um paleo-horizonte A bem desenvolvido, datado em 10.000 anos. A segunda, associa-se à retomada erosiva linear acelerada holocênica, acompanhada pela agradação dos vales fluviais por alúvios e alúvio-colúvios nos eixos da paleodrenagem, configurando na paisagem uma morfologia contígua de rampas de alúvio-colúvio e terraços fluviais, em geral com topografia concordante.

Uma nova fase de reencaixamento holocênico, representou na paisagem uma fase de erosão linear acelerada (voçoroca), no entanto, afetando os principais coletores e os tributários de maior hierarquia. É notório que esta paisagem se reajustou, guardando as características de um entulhamento generalizado, atestado pela desproporção entre a extensão do preenchimento do fundo do vale e a largura do canal fluvial, além do fraco grau de hierarquização das bacias de drenagem.

Avaliando a representatividade areal dos três grupos de cabeceiras de drenagem encontradas na região do médio vale do rio Paraíba do Sul (SP-RJ), percebe-se que, apesar da menor freqüência em relação ao número total de cabeceiras amostradas, os anfiteatros com *hollow* côcavo-plano (HCP) ocupam maior área: 37% da área total selecionada é ocupada por HCP, enquanto os anfiteatros com *hollow* côncavo articulado (HCA) ocupam 24% e anfiteatros com *hollow* côncavo suspenso (HCS) ocupam 31%. Por outro lado, observa-se que 60% dos HCP amostrados apresentam-se voçorocados, ao passo que os HCA possuem apenas 12% de casos

COMPLEXO DE RAMPAS DE COLÚVIO

de voçorocas e os HCS, 20%. Estes dados evidenciam a extensão e magnitude dos impactos causados pela retomada erosiva sobre as cabeceiras de drenagem com *hollow* côncavo-plano (Figura 4.19).

As transformações ambientais a partir da atuação antrópica na escala histórica evidenciam o controle da história quaternária, o que pode ser apreendido pela análise das relações geomorfológicas e estratigráficas dos "complexos de rampa". Com efeito, os sistemas de drenagem do Planalto SE do Brasil encontram-se em uma fase de re-hierarquização a partir da reativação das paleovoçorocas e, conseqüentemente, de desentulhamento da drenagem. Além desse condicionante principal, em escala regional, das áreas mais vulneráveis ao fenômeno erosivo, o controle dos depósitos quaternários também pode ser verificado a partir do afloramento de unidades bastante susceptíveis à erosão, como é o caso dos solos relíquias.

Finalmente, o mapeamento dos complexos de rampas e de suas relações com as feições associados a sedimentação fluvial associadas ao controle da distribuição espacial de solos e sedimentos; parecem ser uma base ao planejamento do uso do solo urbano e rural.

FIGURA 4.19. Aspecto de um canal erosivo referente a uma sub-bacia de drenagem entulhada (HCP): voçoroca Bela Vista; localizado a 8 km de Bananal (SP), na estrada de acesso à Fazenda Bela Vista.

6. Questões de Discussão e Revisão

a) Cabeceiras de drenagem em anfiteatro (bacias de zero ordem) correspondem a unidades fundamentais de evolução das encostas na região dos trópicos úmidos?

b) O conceito de rampa de colúvio foi ampliado considerando aspectos geomorfológicos, enfatizando a visão em planta e tridimensional?

c) As descontinuidades espaciais na distribuição dos complexos de rampa refletem a dinâmica evolutiva quaternária?

d) Os fenômenos de inversão na topografia dos complexos de rampa associam-se ao encaixamento diferencial dos sistemas de drenagem?

e) Os fenômenos de inversão de relevo podem gerar rampas relíquias reafeiçoadas sob forma de ombreiras?

f) É possível associar a ocorrência de voçorocas remontantes conectadas à rede de drenagem a um processo natural, embora com uma forte componente antrópica?

g) Como pode se explicar a maior sensibilidade das rampas de alúvio-colúvio à ocorrência de voçorocas, apesar de se caracterizarem por gradientes muito baixos?

h) Os anfiteatros com *hollow* côncavos (HC) são feições encontradas tanto suspensos como articulados a nível de base da drenagem?

7. Bibliografia

ARID, F.M. e BARCHA, S.F. Sedimentos neocenozóicos no vale do rio Grande — Formação Rio Grande. Sedimentologia e Pedologia, São Paulo, 2:37p. 1971.

AB'SABER, A.N. Domínios morfoclimáticos e províncias fitogeográficas no Brasil. Orientação, 3:45-58. 1967.

BIGARELLA, J.J. Variações climáticas no Quaternário superior do Brasil e sua datação radiométrica pelo método do carbono 14. Paleoclimas, São Paulo, 1:22. 1971.

BIGARELLA, J.J. e AB'SABER, A.N. Paläogeographische und paläoklimatische aspekte des känozoikums in sud brasilien. Zeitsch. Geomorph., Berlin-Stuttgart, 8:286-312. 1964.

COMPLEXO DE RAMPAS DE COLÚVIO

BIGARELLA, J.J. e ANDRADE, G.O. Contribution on the study of Brazilian Quaternary. In: WRIGHT, H.E. Jr. & FREY, D.G. eds. International Studies on Quaternary. Geol. Soc. Am. Spec. Papers, New York, 84. p.433-451. 1965.

BIGARELLA, J.J. e MOUSINHO, M.R. Considerações a respeito dos terraços fluviais, rampas de colúvios e várzeas. Bol. Paran. Geogr., Curitiba, 16/17:153-97. 1965.

BIGARELLA, J.J. e MOUSINHO, M.R.& SILVA, J.X. Pediplanos, pedimentos e seus depósitos correlativos no Brasil. Bol. Paran. Geogr.,Curitiba, 16/17:117-151. 1965.

BJORNBERG, A.J.S. e LANDIM, P.M.B. Contribuição ao estudo da Formação Rio Claro (Neocenozóico). Bol. Soc. Bras. Geol., São Paulo, 15(4):43-67. 1966.

BUTLER, B.E. Periodic phenomena in landscapes as a basis for soil studies. C.S.I.R.O., Australia. Soil Publ., Camberra, 14, 1959.

CRICKMAY, C.H. A preliminary inquiring into the formulation and applicability of the geological principle of uniformity. Calgary, Evelyn Mille Books, 55p. 1959.

CROWLEY, K.D. Filtering of depositional events and the completeness of sedimentary sequences. Jour. Sedim. Petrol., Tulsa, 54(1):127-136. 1984.

HUGGETT, R.J. Soil landscape systems: a model of soil genesis. Geoderma, Amsterdam, 13(1):1-22. 1975.

DAVIS, W.M. The geographical cycle. Geogr. Jour., London, 14(3):481-504. 1889.

DE MARTONNE, E. Problemas morfológicos do Brasil Tropical Atlântico. Rev. Bras. Geogr., Rio de Janeiro, 5(4):532-50. 1943.

DIETRICH, W.E. e DUNNE, T. Sediment budget for a small catchment in mountainous terrain. Zeitschr. Geomorph., Berlim-Stuttgart, 29:191-206. 1978.

DIETRICH, W.E.; WILSON, C.J. e RENEAU, S.L. Hollows, colluvium and landslides in soil-mantled landscapes. *In*: ABRAHAMS, A. D. ed. Hillslopes processes, Boston, Allen & Unwin, pp. 361-388. 1986.

DOUGLAS, I. e SPENCER, T. The history of geomorphology in low latitudes. In: Douglas, I. & Spencer,T. (eds). Environmental change and tropical geomorphology. London, Allen & Unwin, p. 3-11. 1985.

FINKL Jr., C.W. Stratigraphic principles and practices as related to soil mantles. Catena, Cremlingen-Destedt, 7:169-194. 1980.

FINKL Jr., C.W. Evaluation of relative pedostratigraphic dating methods, with special reference to Quaternary successions overlying weathered plataform material. *In*: RAHANEY, W.C. ed. Quaternary dating methods. Amsterdam, Elsevier Science Publisher B.V., p. 323-53. 1984.

FINKL Jr., C.W. Chronology of weathered materials and soil age determination in pedostratigraphic sequences. Chem. Geol., Amsterdam, 44(1/3):311-35. 1985.

FÚLFARO, V.J. e SUGUIO, K. O Cenozóico paulista: gênese e idade. *In*: Congresso Brasileiro de Geologia, 28, Porto Alegre, 1974. Anais..., Porto Alegre, SBG. vol. 3, pp. 91-102. 1974.

HACK, J.T. Geomorphology of the Shenandoah valley, Virginia and West Virginia and origins of the residual ore deposits. U.S. Geol. Surv. Prof. Paper. 484. 84p. 1965.

HACK, J.T. e GOODLETT, J.G. Geomorphology and forest ecology of a mountain region in the Central Appalachians. U. S. Geol. Surv. Prof. Paper. 347. 66p. 1960.

HUGGETT, R.J. Soil landscape systems: a model of soil genesis. Geoderma, Amsterdam, 13(1):1-22. 1975.

JOHNSON, W.H. Interrelationships among geomorphic interpretations of the stratigraphic record, processes, geomorphology and geomorphic models. *In*: Thorn, C.E. (ed). Space and time in Geomorphology. London, Allen & Unwin, pp. 219-39. 1982.

KING, L.C. A geomorfologia do Brasil Oriental. *Rev. Bras. Geogr.*, Rio de Janeiro, 18(2):147-266. 1956.

MEIS, M.R.M & MONTEIRO, A.M.F. Upper Quaternary "rampas", Doce River Valley, Southeastern Brazilian Plateau. Z. Geomorph., Berlin-Stuttgart, 23(2):132-51. 1979.

MEIS, M.R.M e MOURA, J.R.S. Upper Quaternary Sedimentation and Hillslope Evolution: Southeastern Brazilian Plateau. *Am. J. Sci.*, New Haven, 284(3):241-254. 1984.

MELO, M.S.; PONÇANO, W.L.; MOOK, W.G. e AZEVEDO, A.E.G. Datações C_{14} em sedimentos quaternários da grande São Paulo. *In*: Congresso da Associação Brasileira de Estudos do Quaternário, 1, Porto Alegre, 1987. Anais... Porto Alegre, ABEQUA, pp. 427-36. 1987.

MOURA, J.R.S. Transformações Ambientais Durante o Quaternário Tardio no Médio Vale do Rio Paraíba do Sul (SP-RJ). Rio de Janeiro. 267 p. (Tese de Doutorado, Depto. Geologia — IGEO/UFRJ). 1990.

MOURA, J.R.S.; PEIXOTO, M.N.O.; SILVA, T.M. e MELLO, C.L. Mapas de feições geomorfológicas e coberturas sedimentares quaternárias: abordagem para o planejamento ambiental em compartimentos de colinas no Planalto

Sudeste do Brasil. *In*: Congresso Brasileiro de Geologia, 37, São Paulo (SP). Boletim de Resumos Expandidos, SBG-SP, v.1, pp. 60-62. 1992.

MOUSINHO,M.R. e BIGARELLA,J.J. Considerações a respeito da evolução das vertentes. Bol. Paran. Geogr., Curitiba, 16/17: 85-116. 1965.

OJUNAGA, A.G. Weathering of biotite in soil of a humid tropical climate. Soil Sci. Soc. Am. Proc. 37:644-646. 1976.

PARIZECK, E.J. e WOODRUFF, J.F. Description and origin of stone layers in soils of the southeastern states. Jour. Geol., Chicago, 65(1):24-34. 1957.

PARKER, R.B. Buffers, energy storage and the mode and tempo of geologic events. Geology, Boulder, 13:440-442. 1985.

PENCK, W. Morphological Analysis of Landforms. London, Macmillan. 429p. 1953.

PENTEADO, M.M. Novas informações a respeito dos pavimentos detríticos (*stone lines*). Not. Geomorf., Campinas, 9(17):15-41. 1969.

RENEAU, S.L.; DIETRICH, W.E.; WILSON, C.J. e ROGERS, J.D. Colluvial deposits and associated landslides in the northern San Francisco Bay area, California, USA. *In*: International Symposium on Landslides, IV, Toronto, 1984. Anais..., Toronto, pp. 425-30. 1984.

RITTER, D.F. Landscape analysis and the search for geomorphic unity. Geol. Soc. Amer. Bull., Boulder, 100(2):160-71. 1988.

RONCARATI, H. e NEVES, L.E. Estudo geológico preliminar dos sedimentos recentes superficiais da baixada de Jacarepaguá, município do Rio de Janeiro. Rio de Janeiro, CENPES/Petrobrás. 1976.

RUHE, R.V. Geomorphic surfaces and nature of soils. Soil Sci., Baltimore, 82(6): 441-55. 1956.

RUHE, R.V. Geomorphology — geomorphic processes and surficial geology. Boston, Houghton Mifflin Company. 246p. 1975.

RUHE, R.V. e WALKER, P.H. Hillslope models and soil formation. I. Open systems. *In*: Congress of International Soilsciense, 9, Adelaide, 1968. Trans..., Adelaide, Inter. Soc. Soil Scient., v. 4, pp. 551-60. 1968.

SCHUMM, S.A. The Fluvial System. New York, John Wiley & Sons, 338 p. 1977.

SCHUMM, S.A. e LICHTY, R.N. Time, space and causality in geomorphology. Am. Jour. Sci., New Haven, 263:110-119. 1965.

SPARKS, B.W. Geomorphology. Longman, New York. 351 p. 1986.

THOMAS, M.F. 1994. The Quaternary Legacy in the Tropics: a fundamental property of the land resource. In: Syers,J.K & Rimmer,D.D. (Eds.). Soil science and sustainable land management in the tropics. Universit Press, London, pp. 73-87.

TRICART, J. Divisão morfoclimática do Brasil Atlântico Central. Bol. Paul. Geogr., São Paulo, 31(1):3-44. 1959.

TSUKAMOTO, Y.T.O. e NOGUCHI, H. Hydrological and geomorphological studies of debris slides on forested hillslopes in Japan. *In:* Wallin, D.E. ed. Recent developments in the explanation and prediction of erosion and sediment yield. Inter. Assoc. of Hydrol. Sci. Publi.., 137:89-98. 1982.

TURQ, B.; SUGUIO, K.; SOUBIES, F., SERVANT, M. e PRESSINOTI, M.M.N. Alguns terraços fluviais do sudeste e centro-oeste brasileiro datados por radiocarbono: possíveis significados paleoclimáticos. *In:* Congresso da Associação Brasileira de Estudos do Quaternário, 1, Porto Alegre. Anais..., Porto Alegre, ABEQUA, v.1, pp. 379-392. 1987.

VOGT, J. e VICENT, P.L. Le complexe de la stone-line: mise au point. Bull. B.R.G.M., Paris, 4:3-51. 1966.

CAPÍTULO 5

EROSÃO DOS SOLOS

Antonio José Teixeira Guerra
Rosangela Garrido Machado Botelho

1. INTRODUÇÃO

O problema da erosão dos solos vem sendo estudado há algum tempo. No Brasil, onde ele ocorre com grande intensidade, em diversas partes do território nacional, seu estudo tem acontecido tanto no âmbito das Universidades, como no de outras instituições públicas especializadas no assunto, como a EMBRAPA. Através dessas pesquisas o problema tem sido melhor conhecido e tem surgido uma série de tecnologias de prevenção e de combate à erosão.

O capítulo aborda a erosão dos solos no Brasil, levando em consideração uma série de fatores. Para isso, são analisadas não apenas as características intrínsecas aos solos brasileiros mas, também, aspectos que podem auxiliar na compreensão desses processos. Dessa forma, o capítulo inicia-se com a análise de algumas das principais classes de solos e sua ocorrência nos diferentes domínios morfoclimáticos brasileiros, e sua respectiva suscetibilidade à erosão. Apesar de existirem dezenas de classes, foram selecionadas treze de maior expressão espacial, para que fosse possível detalhar cada uma, no sentido de proporcionar um melhor entendimento da erosão no Brasil.

Com base no item anterior, tornou-se possível estudar, com profundidade, algumas áreas críticas quanto à incidência dos processos erosivos.

Apesar de reconhecer que a erosão ocorre em praticamente todo o território nacional, foram selecionadas seis áreas, onde o processo vem ocorrendo há algum tempo, sendo responsável por perdas na agricultura e impactos ambientais nas áreas urbanas, rodovias, ferrovias, reservatórios etc. Essas áreas são aqui representadas pelo Noroeste do Paraná, Planalto Central, Oeste Paulista, Médio Vale do Paraíba do Sul, Campanha Gaúcha e Triângulo Mineiro.

O capítulo encerra com a descrição da evolução dos conhecimentos e das técnicas no estudo da erosão, e com a abordagem do manejo de bacias hidrográficas, através das estratégias de conservação dos solos e do Código Florestal Brasileiro. Algumas questões de discussão e revisão são também propostas, com o intuito de remeter o leitor a uma reflexão da importância que o estudo dos processos erosivos tem para o mundo e, em especial, para o Brasil. Esse pode ser um dos caminhos para se atingir o desenvolvimento sustentável.

2. Principais Classes de Solos e sua Suscetibilidade à Erosão

Neste item serão descritas as principais classes de solo do Brasil, sob o ponto de vista da expressão espacial. Ao todo, trinta e seis classes de solo foram reconhecidas em alto nível categórico no país (Oliveira *et al.*, 1992). Está excetuada, portanto, neste caso, a grande variedade de solos *intergrades*, ou intermediários, que se caracterizam pela manifestação de atributos de duas ou mais classes de solo distintas.

A possibilidade de associar as classes de solo aos principais domínios morfoclimáticos surge da estreita relação de correspondência existente entre os conceitos adotados para cada classe e a ocorrência dos solos na paisagem, dentro do sistema brasileiro de classificação (Resende *et al.*, 1995). Ao apresentar as principais classes de solo e suas características mais relevantes, pretende-se dar uma idéia abrangente da grande diferenciação da cobertura pedológica no território nacional e suas áreas de ocorrência, de acordo com seu ambiente formador e, também, em função de pesquisas de levantamento de solos realizadas no país. A partir disso, é possível abordar as diferenças na suscetibilidade desses solos à erosão, em função da

EROSÃO DOS SOLOS

183

maior ou menor erodibilidade de seus materiais componentes e seus comportamentos frente à ação dos fatores erosivos.

Para reconhecimento e/ou distinção de classes de solo a nível de levantamento, recomenda-se a consulta a um manual de classificação de solos, que contém informações mais detalhadas (Camargo *et al.*, 1987; Oliveira *et al.*, 1992; Prado, 1996).

2.1. LATOSSOLOS

São encontrados em áreas de vegetação de florestas (densa, aberta e mista com palmeiras) e de campo cerrado, em relevo que varia de plano a forte ondulado. Ocorrem em grande extensão na Amazônia (Vieira, 1988; Resende *et al.*, 1995), no Planalto Central (Resende *et al.*, 1995) e no domínio dos Mares de Morros (Botelho e Silva, 1995; Resende *et al.*, 1995). Os Latossolos Brunos ocorrem nas áreas basálticas elevadas do Sul do país, o Latossolo Roxo tem sua ocorrência associada à presença de rochas máficas e o Latossolo Ferrífero está restrito ao Quadrilátero Ferrífero (Resende *et al.*, 1995).

São solos que apresentam horizonte B latossólico (Bw), caracterizado por avançado estágio de intemperização; formação de argila de baixa atividade; capacidade de troca catiônica (CTC) baixa; cores vivas (brunadas, amareladas e avermelhadas); boa agregação; estrutura comumente granular; e com pouca ou nenhuma acumulação de argila iluvial (translocada de horizonte mais superficial). São solos profundos, ácidos a fortemente ácidos (com exceção dos eutróficos, que são muito raros), bastante porosos e permeáveis, de textura que varia de média a muito argilosa, e com predomínio de argilominerais do grupo 1:1 (caulinítico-gibsíticos), quartzo e outros minerais altamente resistentes a intemperização.

Os Latossolos classificam-se em: Latossolo Ferrífero (LF), Latossolo Roxo (LR), Latossolo Vermelho-Escuro (LE), Latossolo Vermelho-Amarelo (LV), Latossolo Amarelo (LA), Latossolo Bruno (LB) e Latossolo variação Una (LU) (Oliveira *et al.*, 1992). Tais solos diferem-se, principalmente, na cor, na atração magnética, no teor de ferro (ambos maiores no Latossolo Ferrífero e no Latossolo Roxo), e nos valores de Ki (relação sílica/alumina) (Prado, 1996).

Os Latossolos, de um modo geral, apresentam reduzida suscetibilidade à erosão (Vieira, 1988; Oliveira *et al.*, 1992; Resende *et al.*, 1995). A boa permeabilidade e drenabilidade e a baixa relação textural B/A (pouca diferenciação no teor de argila do horizonte A para o B) garantem, na maioria dos casos, uma boa resistência desses solos à erosão.

2.2. PODZÓLICOS

Os Podzólicos têm ocorrência abrangente, sendo que o Podzólico Vermelho-Escuro é encontrado em áreas relativamente pouco extensas nas regiões Sul, Sudeste, Nordeste e Centro-Oeste (EMBRAPA, 1982; *in* Resende *et al.*, 1995). O Podzólico Vermelho-Amarelo é o mais comum no Brasil (Oliveira *et al.*, 1992; Resende *et al.*, 1995), estando bem distribuído por praticamente todo o território nacional, porém com certa ordenação, pois os eutróficos estão normalmente associados ao material de origem e/ou a um clima mais seco, como aqueles derivados do arenito Bauru em São Paulo, ou sob clima subúmido no Centro-Oeste e Meio-Norte. Os distróficos são encontrados em clima úmido, como na Amazônia e na região costeira do país (Oliveira *et al.*, 1992). O Podzólico Amarelo surge, em sua grande maioria, nos tabuleiros da zona úmida costeira e na Amazônia. O Podzólico Bruno-Acinzentado aparece em pequenas extensões em regiões de clima subtropical (Planalto Meridional) (Oliveira *et al.*, 1992; Resende *et al.*, 1995). O Podzólico Acinzentado foi registrado em áreas planas ou suave onduladas dos tabuleiros sedimentares do Grupo Barreiras ou de sedimentos quaternários, na região Nordeste (Oliveira *et al.*, 1992).

São solos com horizonte B textural (Bt), caracterizado por acumulação de argila, por iluviação, translocação lateral interna ou formação no próprio horizonte. Em geral, apresentam diferenças significativas no teor de argila entre os horizontes A e B (relação textural mais alta do que os Latossolos), passando de um horizonte superficial mais arenoso, para um horizonte subsuperficial mais argiloso. Tal fato pode representar um obstáculo à infiltração da água ao longo do perfil, diminuindo sua permeabilidade e favorecendo o escoamento superficial e subsuperficial na zona de contato entre os diferentes materiais.

EROSÃO DOS SOLOS

Desse modo, os Podzólicos, apesar das suas características de agregação e boa estruturação (horizonte Bt em blocos angulares ou subangulares), apresentam certa suscetibilidade aos processos erosivos, que serão tão mais intensos quanto maiores forem as descontinuidades texturais e estruturais ao longo do perfil.

Os Podzólicos subdividem-se em: Podzólico Vermelho-Escuro (PE), Podzólico Vermelho-Amarelo (PV), Podzólico Amarelo (PA), Podzólico Bruno-Acinzentado (PB) e Podzólico Acinzentado (PA) (Oliveira *et al.*, 1992).

Os principais critérios utilizados na sua distinção são: cor do horizonte B, tipo de horizonte A, teor de ferro e CTC. O Podzólico Vermelho Escuro apresenta os teores de ferro mais elevados, enquanto o Podzólico Amarelo é pobre em ferro. O Podzólico Bruno, além da cor peculiar, apresenta, geralmente, CTC alta (Oliveira *et al.*, 1992; Prado, 1996; Resende *et al.*, 1995).

2.3. TERRA ROXA/ESTRUTURADA

A Terra Roxa Estruturada (TR) apresenta horizonte Bt com estrutura bem desenvolvida (em blocos), cerosidade moderada a forte, alta estabilidade dos microagregados, textura argilosa ou muito argilosa, pouca diferenciação nas cores dos horizontes e presença de minerais magnéticos em grande quantidade. Normalmente eutrófica sua ocorrência está relacionada ao material originário, representado por rochas máficas (básicas e ultrabásicas), estando melhor representadas nos estados da região Sul e São Paulo.

Corresponde a solos com baixo gradiente textural entre os horizontes A e B e alta porosidade, possibilitando, na maioria dos casos, apesar da textura pesada (argilosa), uma boa permeabilidade. Em casos de drenagem moderada ou imperfeita e terrenos mais declivosos, eleva-se a suscetibilidade desses solos à erosão (Oliveira *et al.*, 1992).

2.4. Bruno não-cálcico

É um solo típico do Sertão Nordestino brasileiro. Possui horizonte B textural, de coloração vermelha e horizonte A de cor clara que se torna endurecido na ausência de água. Apresenta CTC alta e caráter eutrófico e, em geral, alto percentual de cascalhos e relação textural B/A bastante elevada.

Mesmo estando em região de clima com estiagem severa, apresenta suscetibilidade à erosão relativamente alta, em função da coesão e consistência dura do horizonte A e do forte gradiente textural entre os horizontes A e B (Oliveira *et al.*, 1992).

2.5. Planossolo

São encontrados, em maior expressão, na região Nordeste (EMBRAPA, 1981, ocorrendo, também, no Pantanal Matogrossense e Rio Grande do Sul (Oliveira *et al.*, 1992), na Amazônia (Vieira, 1988) e Rio de Janeiro (Silva e Mafra, 1991).

Este solo caracteriza-se por uma drenagem deficiente, possuindo horizonte Bt, argiloso, de densidade aparente elevada e semipermeável. Sua posição, na maioria dos casos, em topografia plana ou quase plana, favorece ao acúmulo de água durante parte do ano, caracterizando um ambiente redutor (excesso de água). Em função da variação do lençol freático, o solo intercala condições redutoras com ambientes de oxidação, responsáveis pela coloração mosqueada que o horizonte B comumente apresenta.

O horizonte B repousa sob um horizonte A ou E álbico, extremamente lavado e arenoso. Tal transição abrupta entre os horizontes, em função dos contrastes texturais e estruturais, responde pela alta suscetibilidade desse solo à erosão.

2.6. Cambissolo

Distribuem-se em ambientes diversos, por praticamente todo o território nacional, sendo importantes na porção oriental dos planaltos dos estados sulistas, Serra do Mar (do Rio Grande do Sul até o Espírito Santo),

EROSÃO DOS SOLOS

Serra da Mantiqueira, interior de Minas Gerais, Região Nordeste (onde os eutróficos são os mais comuns) e na região Amazônica (Oliveira *et al.*, 1992).

Os Cambissolos (C) possuem horizonte B incipiente (Bi), caracterizado pela presença de muitos minerais primários de fácil intemperização, ausência ou fraca presença de cerosidade, textura variando de franco-arenosa a muito argilosa, teor de silte, em geral, elevado e estrutura, comumente, em blocos, fraca ou moderada. Apresentam, na sua maioria, teor de argila relativamente uniforme em profundidade, possuindo um gradiente textural baixo (exceção feita àqueles derivados de depósitos aluvionares), drenagem variando de acentuada a imperfeita, podendo ser eutróficos ou distróficos.

O grau de suscetibilidade desses solos à erosão é variável, dependendo da sua profundidade (os mais rasos tendem a ser mais suscetíveis, devido à presença de camada impermeável, representada pelo substrato rochoso, mais próxima da superfície), da declividade do terreno, do teor de silte e do gradiente textural.

2.7. PLINTOSSOLO

Os Plintossolos são encontrados em ambientes específicos, onde há condições de escoamento lento ou encharcamento periódico. Sendo assim, áreas de relevo plano a suavemente ondulado, depressões, terraços e várzeas são os locais de maior incidência desses solos.

Os Plintossolos (PT) distinguem-se por possuir horizonte plíntico, caracterizado pela presença de plintita em quantidade não inferior a 15%, com espessura de no mínimo 15 cm e profundidade variada, de acordo com o tipo de horizonte sobrejacente (Camargo *et al.*, 1987; Oliveira *et al.*, 1992; Prado, 1996). A presença do horizonte plíntico é verificada através do mosqueamento vermelho acinzentado ou álbico, indicando oxidação e redução do ferro, no horizonte B, pobre em matéria orgânica, de consistência firme ou muito firme quando úmido, e extremamente duro quando seco, argiloso e, comumente, de estrutura em blocos subangulares bem desenvolvida.

Em geral, são solos ácidos, com baixa CTC e distróficos. A drenagem interna varia de moderada a imperfeita, em função do grau de coesão e compacidade do horizonte plíntico e da presença, ou não, de petroplintita, geralmente, em sua parte superior (maior oxidação). A petroplintita é representada por nódulos e concreções lateríticas endurecidas de modo irreversível e formada, gradativamente, a partir do umedecimento e secagem sucessivos da plintita. Quando esses solos apresentam petroplintita são chamados de Plintossolos Concrecionários (Pétricos) (Oliveira *et al.*, 1992).

No caso de aumento acentuado no teor de argila dos horizontes superficiais para o horizonte plíntico ou da presença de petroplintita, formando uma camada coesa e contínua, principalmente se não estiver muito profunda, intensifica-se a limitação dos Plintossolos por suscetibilidade à erosão, já que a permeabilidade torna-se extremamente prejudicada.

2.8. GLEISSOLOS

Estes solos ocupam planícies aluviais, várzeas e áreas deprimidas por todo o país. De um modo geral, o Glei Húmico aparece com mais freqüência no sul do Brasil, onde o clima mais frio favorece a maior concentração de matéria orgânica. Quando ocorrem associados, Glei Húmico e Glei Pouco Húmico, o primeiro ocupa as partes mais baixas da planície, algumas vezes aparece ocupando posições entre o Glei Pouco Húmico e os Solos Orgânicos (com maior teor de matéria orgânica), formando uma catena que se ordena no sentido do canal fluvial. Quando apresentam alto teor de enxofre, são denominados Glei Tiomórficos, situados em áreas litorâneas, sob vegetação de mangue ou campos halófilos.

São solos hidromórficos, mal drenados, pouco profundos, com ou sem mosqueado, distróficos ou eutróficos, dependendo da natureza do material sobre o qual se desenvolvem. Os eutróficos estão, normalmente, relacionados a solos férteis localizados nas encostas circunvizinhas, as quais fornecem o material que é transportado e posteriormente depositado pelos agentes fluviais. Quando distróficos, são fortemente ácidos. A textura é, geralmente, argilosa, podendo ser de siltosa a média.

São classificados como Glei Húmico quando possuem, sobre o horizonte gleizado diagnóstico, um horizonte A espesso (igual ou superior a 20 cm), escuro e com teor de matéria orgânica relativamente elevado (teor de

EROSÃO DOS SOLOS

carbono maior ou igual a 2,5%), caracterizando um A turfoso, chernozê-mico ou húmico. Quando o horizonte A apresenta-se menos espesso, mais claro e com menor teor de matéria orgânica, caracterizando um A moderado, tem-se o Glei Pouco Húmico.

No que se refere à suscetibilidade à erosão, esses solos, por situarem-se em áreas planas, que não favorecem o escoamento, não apresentam limitações relevantes.

2.9. VERTISSOLO

A ocorrência dos Vertissolos (V) está associada ao seu material de origem, derivado de rochas básicas, calcário ou sedimentos argilosos ricos em cálcio e magnésio, a condições de clima com seca pronunciada e/ou relevo que favoreça a permanência das bases no solo (Oliveira et al., 1992). Sendo assim, os Vertissolos são comuns na zona semi-árida do Nordeste, no Pantanal Matogrossense e na Campanha Riograndense (EMBRAPA, 1981. Ocorrem, também, à exceção das condições climáticas especificadas, no Recôncavo Baiano, no Pará e no Acre (Oliveira et al., 1992).

Caracterizam-se por apresentar um horizonte C vértico, de estrutura mais comumente prismática, podendo ser em blocos ou paralelepipédica, com forte grau de desenvolvimento, assentando diretamente sob o horizonte A. O teor de argila não varia muito em profundidade, sendo sempre superior a 30%. Os argilominerais predominantes são do tipo 2:1 (grupo das esmectitas), expansíveis e portanto responsáveis pela contração, durante o período de seca, e expansão, na época chuvosa. Esses movimentos de contração e expansão geram o aparecimento de fendas profundas e periódicas (na época da estiagem) e de superfícies de fricção (*slickenside*) típicas, resultantes do deslocamento do material argiloso.

São solos de coloração acinzentada a preta, com CTC alta e eutróficos, apresentando alta pegajosidade quando úmidos e dureza acentuada quando secos. A drenabilidade ao longo do perfil varia de moderada a imperfeita e a permeabilidade de lenta a muito lenta, em função da baixa porosidade do horizonte C vértico. Tal fato é responsável pela alta erodibilidade desses solos.

2.10. Solo Litólico

Os Solos Litólicos ocorrem, geralmente, em áreas de topografia acidentada, associados a afloramentos de rocha. Estão distribuídos por praticamente todo o país, destacando-se, pela maior expressão espacial, nos planaltos sulinos, na região da Campanha, no Rio Grande do Sul, no Pará, na zona da Caatinga, no Nordeste e na Chapada Diamantina, na Bahia (EMBRAPA, 1981).

Há quem faça distinção entre Solo Litólico e Litossolo, referindo-se este último àquele representado por um horizonte A diretamente sobreposto à rocha dura e coerente (Oliveira *et al.*, 1992).

De modo geral, os Litossolos formam pequenas áreas, as quais tornam-se mapeáveis somente em escalas de detalhe (maiores que 1:20.000). Em mapeamentos de escalas menores, os Litossolos aparecem associados aos Solos Litólicos.

São solos pouco evoluídos, rasos, com no máximo 50 cm até o contato com o substrato rochoso, de textura e fertilidade variáveis, estando esta última relacionada, principalmente, ao material de origem e ao clima. Apresentam alto teor de minerais primários facilmente intemperizáveis e fragmentos de rocha. Caracterizam-se pela presença do horizonte A sobre a rocha ou sobre o horizonte C pouco espesso, sendo admissível a presença de um ínfimo horizonte Bi.

Devido a pequena espessura desses solos, o fluxo d'água em seu interior é precocemente interrompido, facilitando o escoamento em superfície, gerado pela rápida saturação do solo, e em subsuperfície, na zona de contato solo-rocha. Tal situação pode responder pela ocorrência de processos erosivos e, mais especificamente, de deslizamentos, se agravando nas encostas mais íngremes e desprovidas de vegetação.

2.11. Regossolo

Sua formação está associada a deposições arenosas ou à presença de rochas do pré-cambriano (gnaisses, granitos e migmatitos), tendo portanto ocorrência expressiva no Sertão e no Agreste nordestinos, em relevo plano a suave ondulado. Também é encontrado na região serrana do Sudeste,

EROSÃO DOS SOLOS

onde ocupa as áreas de relevo forte ondulado a montanhoso, geralmente associado a Cambissolos e Solos Litólicos, dificilmente formando uma unidade simples de mapeamento, mesmo em escalas grandes (Oliveira *et al.*, 1992).

Trata-se de um solo pouco evoluído, com pequena variação de cor em profundidade, de textura arenosa ou média, estrutura em grãos simples ou subangular fraca, possuindo quantidade apreciável de minerais primários pouco resistentes a intemperização, podendo ser eutrófico ou distrófico. Possui seqüência de horizontes A-C (superior a 50 cm), sendo o horizonte A fraco ou moderado.

Os Regossolos de textura arenosa são os mais suscetíveis à erosão, em especial, quando ocorrem em terreno mais declivoso. O predomínio da fração grosseira, às vezes cascalhenta, no solo, permite uma infiltração rápida da água, criando condições de saturação do perfil e conseqüente escoamento do fluxo de água em superfície e em subsuperfície, como no caso dos Solos Litólicos.

2.12. AREIAS QUARTZOSAS

As Areias Quartzosas (AQ) ocorrem com destaque nos estados de São Paulo, Mato Grosso do Sul, Mato Grosso, Bahia, Pará, Maranhão, Piauí e Pernambuco (Oliveira *et al.*, 1992).

São solos areno-quartzosos, profundos (cerca de 200 cm), acentuadamente drenados, bastante arenosos (textura areia ou areia franca), com estrutura em grãos simples, caráter distrófico e acidez elevada predominantes. Apresenta seqüência de horizontes A-C, caracterizando-se pela ausência de minerais primários facilmente intemperizáveis.

Quando sujeitas à variação do lençol freático são denominadas Areias Quartzosas Hidromórficas, situadas nas margens dos canais fluviais. Existem, também, as Areias Quartzosas Marinhas, que revelam um horizonte A incipiente e são encontradas em toda faixa litorânea do país, sob vegetação de restinga e de dunas fixas.

Os maiores problemas quanto à erosão são quando se encontram desprovidas de cobertura vegetal, agravando a situação de escassez de materiais agregadores (argila e matéria orgânica) e tornando-se expostas também à erosão eólica.

2.13. Solo Aluvial

São encontrados nas margens de rios e lagos, várzeas, terraços e deltas, tendo uma distribuição, portanto, não regionalizada. Em termos de escala nacional, aparecem com destaque na Planície Amazônica, na planície do rio Paraguai, no oeste do Mato Grosso, nos deltas dos rios Paraíba do Sul, Doce e São Francisco (EMBRAPA, 1981).

São solos pouco evoluídos, formados a partir de depósitos aluviais, de cor amarelada ou acinzentada, moderadamente a bem drenados, de textura argilosa, silto-argilosa ou média. Possuem, em geral, um horizonte A incipiente, de cor escura, assentado sobre camadas estratificadas, diagnósticas desses solos, mas que não apresentam relação pedogenética entre si. Quanto à fertilidade, podem ser eutróficos e distróficos, dependendo da natureza do material depositado pelos rios.

De um modo geral, não apresentam grande risco à erosão devido à ocorrência em topografia plana.

3. Áreas Críticas quanto à Incidência de Processos Erosivos

O território brasileiro possui algum grau de suscetibilidade aos processos erosivos devido a uma série de fatores tais como: diferentes classes de solos, com suas respectivas propriedades físico-químicas; tropicalidade dos climas (alguns com chuvas concentradas em determinadas estações do ano); tipo de cobertura vegetal (nem sempre com alta densidade, o que protegeria os solos contra o impacto direto das gotas de chuva); forma, declividade e comprimento das encostas (que muitas vezes favorecem o escoamento superficial) e, finalmente, o uso e manejo inadequado dos solos (que são, na maioria dos casos, os maiores responsáveis pelos processos de erosão acelerada).

As variáveis apontadas neste capítulo estão presentes em quase todo o território nacional, com diferentes intensidades. Conseqüentemente, os processos de erosão e degradação dos solos brasileiros também ocorrem de maneira mais ou menos indiscriminada em grandes extensões. Nesse capítulo, os autores optaram por selecionar áreas (Noroeste do Paraná, Planalto Central, Oeste Paulista, Médio Vale do Paraíba do Sul, Campa-

EROSÃO DOS SOLOS

nha Gaúcha e Triângulo Mineiro) onde os estudos realizados têm reportado perdas de solo significativas, o que tem repercutido sobre a redução da produtividade desses solos. Isso não quer dizer que não existam outras áreas do território nacional onde os problemas de erosão e degradação dos solos não sejam relevantes. A seguir, é feito um pequeno estudo regional de cada uma dessas áreas, com o objetivo de compreender onde, como e por que os processos de erosão acelerada ocorrem. Algumas sugestões de práticas de conservação dos solos são também feitas.

3.1. NOROESTE DO PARANÁ

Refere-se à região em que a cobertura de lavas basálticas apresenta-se coberta pelos arenitos da Formação Caiuá, sob um clima tropical subquente úmido a superúmido, com precipitação média anual variando de 1.100 a 1.600 mm (Nimer, 1979), englobando municípios tais como: Loanda, Paranavaí, Cianorte, Cruzeiro do Oeste, Umuarama e Palotina.

Segundo Galerani (1995), o surgimento dos processos erosivos acelerados, característicos da região, deu-se com a sua ocupação, principalmente a partir de 1950, em função da má disposição e formato dos lotes rurais e pelo crescimento desordenado das cidades, desprovidas de planos diretores compatíveis com as características geotécnicas dos solos originados da Formação Caiuá. A retirada da cobertura vegetal original para a implantação de cultivos, notadamente de café, milho e algodão, além do uso com pastagens, desencadeou uma rápida degradação dos solos, tanto a nível da diminuição da fertilidade, pelo decréscimo do teor de matéria orgânica, como a nível da atuação dos processos de erosão hídrica, com a manifestação de erosão laminar, em sulcos, ravinas e voçorocas, além da ocorrência de movimentos de massa (Figura 5.1).

Os principais solos encontrados na região são: Latossolo Vermelho-Escuro textura média, Podzólico Vermelho-Escuro textura média e Podzólico Vermelho-Escuro abrupto textura arenosa/média (Carvalho, 1994). A textura predominantemente arenosa, aliada ao manejo inadequado dos solos têm sido citadas como as principais causas do estado de degradação das terras na região (Costa, 1990; Costa e Rosa Coelho, 1990; Cunha *et al.*, 1995; Fidalski *et al.*, 1995; Gasparetto *et al.*, 1995).

FIGURA 5.1. Voçoroca em área de relevo suave ondulado, sobre arenitos da Formação Caiuá, no município de Cianorte-PR. (Foto Antonio Soares da Silva)

A característica granulométrica verificada para a maioria dos solos da área responde pela sua baixa estabilidade estrutural, especialmente quando o conteúdo de matéria orgânica é baixo, devido à menor disponibilidade de material agregador (argila e matéria orgânica). A ausência de práticas de conservação e o emprego de técnicas de preparo convencional, com passagem excessiva de maquinaria agrícola na superfície do solo, por várias décadas, provocou a sua pulverização e decomposição acelerada da matéria orgânica, aumentando a suscetibilidade dos solos à erosão hídrica e eólica, transportando as partículas mais finas durante as tempestades de pó.

Gasparetto *et al.* (1995) destacam as áreas onde se observa a presença de solos Podzólicos, sob o uso de pastagens, em locais de declives mais acentuados, como sendo áreas de grande fragilidade, onde os processos erosivos são detonados através da abertura de rodovias e/ou pelo próprio pisoteio do gado. Os autores ainda identificam os ambientes de anfiteatros e cabeceiras de drenagem, localizados em altas e médias encostas ocupadas com cultivos e/ou pastagens, como zonas de instabilidade potencial, estan-

EROSÃO DOS SOLOS

do as mesmas sujeitas à concentração de água, coluvionamento, solapamento de parte do solo por efeitos de *piping* e erosão remontante das nascentes. Tais processos acabam por ampliar as cabeceiras das voçorocas.

Em vista disso, o Noroeste do Paraná tem sido alvo de pesquisas e projetos que buscam desenvolver sistemas de produção diferenciados, adaptados ao contexto regional, contribuindo para suprir a falta de um manejo integrado ou mais eficiente dos solos.

3.2. PLANALTO CENTRAL

Engloba quase toda a região Centro-Oeste, bem como partes do Sudeste. Seu relevo se apresenta com extensos planaltos, intercalados por grandes depressões, com a cobertura vegetal de florestas e cerrados. Esse relevo, contendo os planaltos e as depressões, foi modelado em sucessivas fases erosivas, durante o Cenozóico (Brasil e Alvarenga, 1989).

A topografia razoavelmente plana, que domina grandes extensões do Planalto Central, tem levado alguns agricultores a mecanizar essas áreas, sem levar em conta os riscos que alguns dos solos aí presentes possuem em termos de erosão. Como conseqüência desse processo de ocupação desordenada e altamente mecanizada, algumas áreas do Planalto Central vêm sofrendo processos de erosão acelerada, em especial nos últimos 10 anos.

As condições climáticas apresentam-se com precipitações em torno dos 1.500 mm anuais e um período seco que varia de 5 a 6 meses, durante o ano (Macedo, 1994). Mas essas chuvas, que se concentram em aproximadamente 6 meses, em especial durante o verão, caem, muitas vezes, de forma torrencial, com totais que chegam a atingir mais de 150 mm em um único dia. Isso tem conseqüências sérias para os processos erosivos, especialmente, quando coincide com solos que acabaram de ser arados e, portanto, se encontram desprotegidos de cobertura vegetal. Os impactos das gotas de chuva nos solos serão sentidos com muito mais intensidade e os processos erosivos terão maior repercussão. Além disso, a mecanização, facilitada pelas superfícies razoavelmente planas, existentes nos chapadões, faz com que aumente a compactação dos solos, diminuindo a sua porosidade e conseqüentemente as taxas de infiltração. Com isso, o escoamento superficial aumenta, em especial nas extensas encostas do Planalto Central.

Segundo Macedo (1994), a distribuição dos solos dessa área pode ser dividida da seguinte maneira: Latossolos (49%); Podzólicos (15%); Areias Quartzosas (15%); Cambissolos e Litólicos (10%); Hidromórficos (8%), além de outras classes em pequenas proporções.

Apesar de possuírem uma certa resistência à erosão, o manejo inadequado do solo tem acarretado processos erosivos acelerados, como os documentados no município de Sorriso/Mato Grosso (Guerra e Almeida, 1993; Almeida e Guerra, 1994) e no município de Cáceres-MT (Figueiredo e Guerra, 1995).

Os Podzólicos ocupam uma área de 15%. Esses solos apresentam uma suscetibilidade de moderada a alta aos processos erosivos, sendo, portanto, necessárias práticas de conservação adequadas, para que esses processos não se estabeleçam, quando do seu uso. Possuem algumas restrições para o uso agrícola, devido à sua baixa fertilidade, suscetibilidade à erosão e, quando ocorrem em áreas de relevo acidentado, possuem também restrições à sua mecanização (Macedo, 1994).

As Areias Quartzosas ocupam 15% da área em estudo, correspondendo a solos pouco desenvolvidos, possuindo sua origem nos arenitos e nos sedimentos arenosos não consolidados, com teores de argila inferiores a 15%. São solos altamente suscetíveis à erosão, mal estruturados, pobres em nutrientes e de baixa capacidade de retenção de umidade.

Os Cambissolos e os Solos Litólicos ocupam apenas 10% da área em questão e ocorrem, quase sempre, em terrenos acidentados. Os Cambissolos são pouco desenvolvidos, apresentando um horizonte câmbico, sendo encontrados minerais primários facilmente intemperizáveis (Macedo, 1994). Possuem elevados teores de silte e são, muitas vezes, cascalhentos. Os Litólicos são rasos, pedregosos e com horizonte A sobre o horizonte C ou sobre a rocha matriz. Pelas suas propriedades físicas e químicas, associadas ao relevo acidentado, onde geralmente ocorrem, não deveriam ter uso agrícola. Quando isso acontece, os processos erosivos acelerados quase sempre estão presentes.

Os Hidromórficos ocorrem em áreas deprimidas de várzeas, sendo que o lençol freático está quase sempre próximo à superfície. Possuem uma grande quantidade de matéria orgânica, com horizontes gleizados (acizentados), podendo ocorrer também mosqueados, com coloração amarelada ou avermelhada (Macedo, 1994). São pouco desenvolvidos, rasos, com textura predominantemente argilosa. Apesar de serem de baixa suscetibilidade à erosão, aqueles que ocorrem próximos aos rios deveriam ser preservados pela mata ciliar, para que os sedimentos transportados das encostas pelo escomento superficial não provoquem o assoreamento dos rios.

Em suma, os solos do Planalto Central devem ser utilizados com muito cuidado, pois, apesar de apresentarem facilidade de mecanização, tem sido constatada a ocorrência de ravinas e voçorocas em diversas áreas (Figura 5.2) em virtude da compactação provocada pela passagem das máquinas agrícolas. O surgimento de inúmeras cidades, em função dos fluxos migratórios para o Centro-Oeste, em especial nas últimas duas décadas, tem provocado, também, processos de voçorocamento em áreas urbanas, como aquelas documentadas por Guerra e Almeida (1993).

FIGURA 5.2. Voçoroca no município de Sorriso-MT, podendo-se notar um início de colonização através do aparecimento de alguns vegetais. (Foto Antonio J. T. Guerra)

3.3. OESTE PAULISTA

Esta região, que corresponde a 40% da área do estado de São Paulo, é caracterizada por solos derivados de rochas de Grupo Bauru, referentes aos arenitos do Cretáceo Superior (Formações Marília, Adamantina, Santo Inácio e Caiuá) e materiais inconsolidados do Quaternário (Almeida *et al.*, 1981, *in* Salomão, 1994). Apresenta um clima tropical mesotérmico, com precipitação média anual de 1.254 mm e chuvas concentradas no verão (Nimer, 1979).

As principais classes de solo encontradas na região são: Latossolo Vermelho-Escuro, Podzólico Vermelho-Amarelo e Podzólico Vermelho-Escuro, todos de textura média ou arenosa/média (Salomão, 1994).

Trabalhos recentes, envolvendo diagnóstico de erosão no estado de São Paulo, têm constatado a maior incidência de feições erosivas na região Oeste (Salomão, 1994; Araújo, 1995; Canil *et al.*, 1995; Carvalho *et al.*, 1995; Kertzman *et al.*, 1995). A partir desse tipo de estudo, 39 municípios foram classificados como críticos no que diz respeito à erosão, estando 28 deles situados no Oeste Paulista (Kertzman *et al.*, 1995).

Alguns municípios destacam-se por concentrar feições erosivas de grande porte. São eles: Bauru, Marília, Presidente Prudente, São José do Rio Preto, Catanduva, Agudos, Assis, Rancharia, Pereira Barreto, Ilha Solteira e Quintana. Em termos de bacias hidrográficas, aquelas consideradas mais críticas são as dos rios Aguapeí e do Peixe (Kertzman *et al.*, 1995) e Santo Anastácio (Iwasa *et al.*, 1992; Catarino, 1995; Stein *et al.*, 1995).

Nessas áreas, as feições erosivas, especialmente as voçorocas, atingem centenas de metros de extensão, como em Bauru (Figura 5.3), onde existem voçorocas que chegam a atingir 1 km de comprimento, mais de 50 m de largura e mais de 30 m de profundidade (Cavaguti, 1995). As erosões em ravinas e voçorocas na área urbana de Bauru já degradaram 1.880.525 m², representando 16.038 metros lineares de solo rasgado e 1.392.951 m³ de solo escavado (Cavaguti, 1995).

O processo de degradação na região é marcado, não só pelo surgimento de feições erosivas de grande porte, mas, também, por perda de fertilidade desses solos, tornando-os muitas vezes inviáveis ao uso agrícola (Catarino, 1995; Zimback *et al.*, 1995). Além disso, tem causado assoreamento de fundos de vale e rios, comprometendo a sua perenidade (Cata-

EROSÃO DOS SOLOS

FIGURA 5.3. Voçoroca desenvolvida em solos derivados de arenitos da Formação Marília (Grupo Bauru), localizada na zona periurbana do município de Bauru-SP. (Foto Antonio Soares da Silva)

rino, 1995). Nas áreas urbanas e periferias, tem ocorrido a destruição de obras, a desvalorização do solo e diminuição da qualidade de vida, o que representa aumento dos gastos públicos e entraves ao desenvolvimento urbano (Cavaguti, 1995).

As razões do desgaste acelerado dos solos no Oeste Paulista têm sido associadas à alta suscetibilidade à erosão dos seus solos, derivados dos arenitos do Grupo Bauru e às formas de uso e ocupação (Araújo *et al.*, 1995; Canil *et al.*, 1995; Catarino, 1995; Kertzman *et al.*, 1995).

Os solos, em geral, são bastante arenosos, constituindo um material solto, com pouca agregação (a nível macro) que, principalmente em superfícies desprovidas de cobertura vegetal, tornam-se altamente suscetíveis à erosão por escoamento superficial. Alguns solos Podzólicos apresentam significativo gradiente textural entre os horizontes superficial e subsuperficial. Carvalho *et al.* (1995) calcularam 2,49 como gradiente textural médio para esses solos, com um máximo de 4,70. Tal fato cria condições de circulação hídrica específica, havendo uma retenção de água em profundidade, que gera o surgimento de um fluxo em subsuperfície, capaz de causar a perda de parte do horizonte superficial.

Estudos conduzidos por Queiroz Neto *et al.* (1995), na região do *Plateau* de Marília, atestam que a "forte restrição aos fluxos verticais de água nas partes com solos B textural relacionam-se ao aparecimento de sinais mais intensos de erosão". Ratificam também as considerações de Salomão (1994), em estudos no mesmo município, a respeito da fragilidade das coberturas pedológicas que evidenciam movimentação lateral de águas pluviais em subsuperfície, criando condições para o desenvolvimento de dutos e voçorocamento.

Contudo, somente a suscetibilidade dos solos não é suficiente para explicar o elevado grau de erosão no Oeste Paulista. O uso inadequado do solo nas áreas rurais e urbanas é, na verdade, o grande detonador dos processos erosivos. A partir do primeiro estágio de ocupação, através do desmatamento, o equilíbrio ambiental é rompido e faz-se necessária a adequação das atividades desenvolvidas sobre o solo com a capacidade de suporte do meio. Na maioria dos casos, tal condição não foi respeitada, havendo, por exemplo, áreas rurais com usos invertidos, ocupadas por pastagens, quando deveria haver agricultura e vice-versa (Carvalho *et al.*, 1995).

No que se refere às áreas urbanas e periféricas, o principal fator contribuinte refere-se ao próprio processo de urbanização, realizado sem o devido manejo do escoamento superficial por ele produzido, como verificado por Silva *et al.* (1995), no município de Bauru.

A localização das áreas urbanas nos divisores das bacias (Kertzman *et al.*, 1995) possui papel agravante na evolução dos processos erosivos, na medida em que os sistemas de fluxos gerados pela ocupação do solo somam-se à rede de fluxos naturais, engrossando a força de atuação do componente hídrico. Neste caso, as áreas das periferias urbanas, por apresentarem, em geral, uma rede de drenagem pluvial deficiente, ou mesmo ausente, como verificado na cidade de Bauru por Cavaguti (1995), revelam-se como as mais críticas quanto à incidência de feições erosivas.

Alguns autores acrescentam ainda o papel das chuvas intensas de verão na aceleração dos processos erosivos (Araújo, 1995; Queiroz Neto *et al.*, 1995). Em estudo realizado para Bauru, por Kertzman *et al.* (1995), foi verificado que as chuvas fortes do verão de 1993, que alcançaram mais de 1.600 mm, acumulados num período de quatro meses, provocaram o surgimento e a reativação de várias feições erosivas.

EROSÃO DOS SOLOS

Projetos multidisciplinares, com a participação do Instituto de Pesquisas Tecnológicas do Estado de São Paulo (IPT), do Departamento de Águas e Energia Elétrica (DAEE), do Instituto Agronômico de Campinas (IAC), do Instituto Nacional de Pesquisas Espaciais (INPE), da Universidade de São Paulo (USP) e da Universidade Estadual de São Paulo (UNESP — Campus de Bauru), estão em desenvolvimento. Tais projetos objetivam diagnosticar e prognosticar os processos erosivos no estado de São Paulo, a fim de subsidiar ações de planejamento e medidas de combate à erosão.

3.4. MÉDIO VALE DO PARAÍBA DO SUL

A região compreende toda a área drenada pelo rio Paraíba do Sul, situada entre as Serras da Mantiqueira e do Mar, no sudeste brasileiro, do cotovelo de Guararema (estado de São Paulo) até os primeiros afluentes com maior descarga: Piabanha e Paraibuna, nas proximidades da cidade de Três Rios, estado do Rio de Janeiro.

O relevo reflete o domínio do mar de morros, caracterizado por colinas suaves, havendo também a presença de uma segunda unidade morfológica formada por uma "sucessão de cristas gnáissicas separadas por vales profundos" (Nogueira e Camelier, 1977), representando um nível mais dissecado do relevo, que se apresenta muitas vezes escarpado. As condições climáticas regionais refletem um clima tropical subquente semi-úmido, com total pluviométrico médio anual em torno de 1.250 mm e estação seca bem marcada, atingindo em média 4 a 5 meses, relativos ao período de inverno (Nimer, 1979).

Predominam os Latossolos Vermelho-Amarelos (EMBRAPA, 1958), contudo, em trabalhos de levantamento de solos mais detalhados é possível verificar a variedade de solos com expressiva representação espacial: Podzólico Vermelho-Amarelo, Cambissolo, Solos Litólicos e Aluviais, além de vários *intergrades*, como o Latossolo Vermelho-Amarelo podzólico, Podzólico Vermelho-Amarelo latossólico e Latossolo Vermelho-Amarelo câmbico, com texturas variando de média a franco-argilosa, podendo chegar a muito argilosa no horizonte Bt (Mafra, 1985; Mafra e Botelho, 1991; Botelho e Silva, 1995; Botelho, 1996).

A erosão dos solos pode ser constatada através da forte incidência de processos erosivos difusos (erosão laminar), com a perda parcial ou total do horizonte superficial, e de processos erosivos lineares (ravinas e voçorocas), como nos municípios de Vassouras, Barra do Piraí, Engenheiro Paulo de Frontin, Piraí e Bananal (Figura 5.4).

Grande parte das formas de erosão linear acelerada (voçorocas) situa-se nas feições geomorfológicas dos "complexos de rampas" (Meis *et al.*, 1985; Moura, 1995), mais especificamente, nas áreas de *hollows*, ou concavidades do relevo (Coelho Netto, 1995b), ocorrendo também nas áreas de interflúvios (Mafra e Botelho, 1991). Meis *et al.* (1985) sugerem que a formação e a evolução destas formas erosivas estejam ligadas à atuação dos fluxos de água superficiais e subsuperficiais, sendo estes controlados pelos planos de descontinuidades no interior do regolito. Trabalhos posteriores, realizados na região, confirmam a importância dos mecanismos erosivos por fluxos superficiais e o papel das descontinuidades na produção desses fluxos (Coelho Netto e Fernandes, 1990; Coelho Netto *et al.*, 1990;

FIGURA 5.4. Aspectos das marcas produzidas pelo pisoteio do gado na encosta e formação de sulcos e ravinas, em Latossolo câmbico, município de Vassouras-RJ. (Foto Rosangela G. M. Botelho)

Fernandes, 1990; Moura, *et al.*, 1992a; Moura *et al.*, 1992b). Silva e Moura (1995) destacam que os processos de voçorocamento são de natureza, predominantemente, remontante a partir dos coletores, seguindo a orientação da paleodrenagem.

O peso da variável uso do solo na compreensão do atual quadro de degradação das terras, na região do Médio Vale do Paraíba, ganha maior valor à medida em que o tipo de litologia e de solos dela derivados, direta ou indiretamente, não representam materiais altamente erodíveis, como são os arenitos e os solos deles resultantes, encontrados em outras regiões do país (oeste de São Paulo e noroeste do Paraná, por exemplo), o que não significa dizer que ambos não tenham participação nos processos erosivos.

A história da ocupação passa a ter um significado primordial, constituindo-se no principal fator para o entendimento do estado de degradação na área (Mafra e Botelho, 1991; Oliveira *et al.*, 1995). A ocupação teve início, efetivamente, na segunda metade do século XVIII, com a monocultura do café. A derrubada da cobertura vegetal nativa, representada pela Mata Atlântica, causou a quebra do equilíbrio natural, constituindo o primeiro passo no desencadeamento dos processos erosivos. A forma de preparo e cultivo do solo morro-acima e as práticas de queimadas, durante mais de um século, aliadas às chuvas concentradas nos meses de verão, começaram a deixar suas marcas no solo, onde já era possível observar, ainda no século passado, sinais de erosão em forma de sulcos profundos entre as fileiras dos cafezais e a perda da fertilidade, constatada através da diminuição da produtividade (Stein, 1961). Com a decadência do café, em fins do século passado, a região é dominada pela pecuária em grande parte extensiva, que agrava as condições de erosão, em função da compactação do solo efetuada pelo pisoteio do gado, dificultando a infiltração da água e favorecendo o escoamento superficial.

O quadro erosivo atual é responsável, não só pela perda de volumes de solo e de sua fertilidade, vitais para as áreas agrícolas ainda existentes em alguns municípios da região (Três Rios, Paty do Alferes, Piraí, Petrópolis, Teresópolis e Nova Friburgo), mas, também, pelo assoreamento de rios, reservatórios e barragens, pelo aumento do risco de enchentes e comprometimento de mananciais.

Somente uma política concreta de conservação, ainda praticamente inexistente na região, com exceção do município de Paty do Alferes, onde a EMBRAPA/RJ vem desenvolvendo um projeto de manejo em microbacias, poderá reverter ou atenuar esse quadro em benefício de uma população que ocupa uma das regiões mais pulsantes desse país, situada entre as duas grandes metrópoles brasileiras: São Paulo e Rio de Janeiro.

3.5. CAMPANHA GAÚCHA

Essa região situa-se no sudoeste do Rio Grande do Sul, incluindo municípios como Itaqui, São Francisco de Assis, Manuel Viana, Alegrete, Cacequi, Quaraí e Santana do Livramento. Segundo Nogueira e Lima (1977), a geologia apresenta um capeamento basalto-arenítico, e "embora pouco espessa, a cobertura de lavas recobre os terrenos Paleozóicos da Depressão Central e dá origem a uma *cuesta* típica". Esses terrenos mergulham suavemente em direção a oeste, sendo recobertos, em alguns locais, por formações Cretácicas e Quaternárias (Nogueira e Lima, 1977). Ab'Saber (1969) considera essa região como uma superfície interplanáltica, que passou por processos sucessivos de denudação, ocorridos no Terciário e início do Quaternário, expondo os arenitos das formações Rosário do Sul e Botucatu.

Segundo Klamt (1994), os solos da Campanha Gaúcha possuem textura arenosa, destacando-se as Areias Quartzosas, Podzólicos Vermelho-Amarelos abruptos e Latossolo Vermelho-Escuro (com textura média), constituindo áreas com intensos processos erosivos, resultantes da ação eólica e pluvial. Apesar de ser uma área que está sofrendo processos erosivos, que têm causado sua "desertificação", Suertegaray (1987, 1992 e 1996) prefere usar o termo arenização (formação de areais), porque essa área não apresenta características de aridez, pois as precipitações oscilam em torno de 1.400 mm por ano. Além disso, não existem dados que comprovem a mudança desse clima úmido para um clima do tipo desértico. Segundo Suertegaray (1996), a gênese desse processo de arenização é natural, no entanto, sua aceleração deve-se ao uso da terra na Campanha Gaúcha, através da pecuária, com o superpastoreio e expansão da lavoura da soja, com a mecanização, em especial, nos municípios de Alegrete, São Francisco de Assis, Manuel Viana e Itaqui (Figura 5.5).

EROSÃO DOS SOLOS 205

FIGURA 5.5. Arenização no município de Quaraí-RS. A extensão desse areal é de 150 hectares. (Foto Dirce Suertegaray)

Os processos de formação de ravinas e voçorocas (Figura 5.6) têm ocorrido principalmente nos interflúvios e meia encostas, limitadas à montante por escarpas areníticas (Suertegaray, 1996). A pouca cobertura vegetal acelera o escoamento supeficial, dando origem a ravinas e voçorocas, nessas encostas, e leques arenosos, no sopé. A ação eólica também contribui para a evolução dos areais (processo de arenização). Os arenitos existentes na Campanha Gaúcha se constituem no principal material de origem, que dá como conseqüência esses areais.

Segundo Bigarella (1964), a região sofreu processos de agradação, devido às oscilações climáticas do Pleistoceno e do Holoceno, sendo encontrados seixos e arenitos silicificados, calcedônia e geodos em cortes de estradas, sobre a Formação Rosário do Sul. Além disso, são encontrados, também, sedimentos areno-argilosos do Pleistoceno e arenosos do Holoceno, sobre a Formação Botucatu (Suertegaray, 1987), além de paleossolos sob sedimentos arenosos, que entulham os vales. O que se observa, atualmente, são processos de dissecação da paisagem, sob um cli-

FIGURA 5.6. Voçoroca no município de São Francisco de Assis-RS, podendo-se notar o alargamento dessa feição erosiva. (Foto Dirce Suertegaray)

ma úmido, onde a retirada da vegetação e a ocupação indiscriminada das encostas, com pecuária e agricultura, têm causado a formação de ravinas e voçorocas.

Os processos erosivos ocorrem em várias partes da Campanha Gaúcha. De acordo com Klamt (1994), as Areias Quartzosas que são bastante suscetíveis à erosão, possuem perfis profundos, com boa drenagem, estrutura fraca e pouca consistência. Os Latossolos Vermelho-Escuros, também presentes na área, possuem textura média, com estrutura fraca e blocos subangulares que se desfazem em grãos simples com certa facilidade. Os Podzólicos Vermelho-Amarelos apresentam textura franco-argilo-arenosa, grandes blocos subangulares, sendo friáveis e ligeiramente plásticos (Klamt, 1994). Apesar dessa variedade de características dos principais solos da Campanha Gaúcha, os elevados teores de areia são uma constante em todos eles, o que os torna mais suscetíveis à erosão. Além disso, como destaca Klamt (1994), possuem baixos teores de matéria orgânica, que decresce em profundidade. Estas são algumas propriedades dos solos que, aliados à mecanização e/ou superpastoreio, têm provocado os proces-

EROSÃO DOS SOLOS

sos de ravinas e voçorocas, bem como a arenização, como enfatiza Suertegaray (1987, 1992 e 1996).

Os solos que têm sofrido maiores processos de arenização, segundo Suertegaray (1987) e Klamt (1994), possuem em torno de 90% de areia, sendo aproximadamente a metade de areia fina, que é facilmente transportada pelo vento, quando a vegetação é retirada e o solo se apresenta seco. A erosão em lençol, as ravinas e as voçorocas (Figura 5.6) podem acentuar o problema da arenização, pois expõem os solos à ação do vento, em especial aqueles com teores de areia elevados, transportando esses sedimentos para as planícies. Tanto Klamt (1994) como Suertegaray (1996) têm sugerido formas de conter o processo de arenização desses solos, através da identificação e mapeamento dessas áreas, em um primeiro estágio. Em seguida, os referidos autores destacam a necessidade de vegetar esses terrenos com gramíneas e leguminosas ou, até mesmo reflorestá-los, com espécies que possam se adaptar às condições de baixa fertilidade e disponibilidade de água.

3.6. TRIÂNGULO MINEIRO

A região conhecida como Triângulo Mineiro está situada no oeste do estado de Minas Gerais entre as bacias dos rios Paranaíba e Grande, que fazem parte da bacia do rio Paraná. Trata-se de uma importante região agropecuária, com destaque para o gado de corte. Essas atividades, aliadas ao relevo e tipo de solos existentes, têm causado uma série de processos erosivos acelerados.

Segundo Nogueira e Camelier (1977), essa área faz parte da bacia Mesozóica do Paraná, que ocupa uma grande área dentro da Região Sudeste, se estendendo desde o Triângulo Mineiro até o oeste do estado de São Paulo, daí as referidas autoras terem incluído toda essa região na unidade geomorfológica intitulada Planalto Ocidental Paulista. Nogueira e Camelier (1977) afirmam, ainda, que as rochas basálticas são recobertas por sedimentos no Triângulo Mineiro, sendo expostos em alguns locais, ou ao longo dos grandes cursos d'água formadores do rio Paraná, dando continuidade às grandes superfícies estruturais da referida área.

Baccaro (1994) detalha a área, situando-a como parte das Chapadas

Sedimentares do Triângulo Mineiro, modeladas em rochas sedimentares, principalmente do Grupo Bauru, onde destacam-se os arenitos das Formações Marília, Adamantina e Uberaba, além da Formação Botucatu, do Grupo São Bento. Baccaro (1994) destaca, ainda, que rios como o Paranaíba e o Araguari são responsáveis pela dissecação do relevo, atingindo, muitas vezes, o embasamento Pré-cambriano, representado pelos xistos do Grupo Araxá. Essas informações concordam com os estudos de Ab'Saber (1971), que denomina a área do Triângulo Mineiro como Domínio dos Chapadões Tropicais do Brasil Central, cujo relevo vem sendo modelado desde o Terciário e durante o Quaternário, pelos processos morfoclimáticos, promovendo processos de pediplanação, pedimentação, laterização e dissecação. Baccaro (1994) destaca ainda que o relevo do Triângulo Mineiro tem sido marcado por climas semi-áridos e tropical úmido, desde o Terciário até os dias de hoje, fazendo com que "os depósitos correlativos dessas fases climáticas (cascalheiras, lateritas, colúvios e terraços de várzea) se distribuam constituindo as formações superficiais que vêm sendo apropriadas, trabalhadas e impactadas pelo homem".

Segundo o mapa da EMBRAPA (1980), o Triângulo Mineiro apresenta uma grande variedade de solos, predominando: Latossolo Vermelho-Escuro álico, onde o relevo apresenta-se mais dissecado; Latossolo Vermelho-Escuro distrófico; Latossolo Vermelho-Amarelo álico, aparecendo geralmente nos interflúvios; Latossolo Roxo distrófico e eutrófico, que ocorrem em algumas vertentes e baixo curso de alguns rios, como o Uberabinha; Podozólico Vermelho-Amarelo eutrófico; Cambissolo eutrófico, no sopé das encostas; e Glei Húmico álico e distrófico, em alguns fundos de vales.

Baccaro (1989, 1990 e 1994) fez estudos detalhados para o município de Uberlândia, sendo que alguns dos resultados podem ser extrapolados para outras áreas do Triângulo Mineiro, cujo uso e manejo da terra, bem como o relevo e os tipos de solos são mais ou menos semelhantes para essa grande área em questão. Segundo Baccaro (1994), os processos erosivos possuem uma orientação e seu desenvolvimento ocorre de acordo com as unidades geomorfológicas. Para o município de Uberlândia, Baccaro (1994) catalogou, através de fotointerpretação e de trabalho de campo, 227 voçorocas (Figura 5.7), sendo 211 ativas e 16 estabilizadas. A referida autora dividiu a ocorrência desses processos, levando em conta a existência de três grandes unidades geomorfológicas no município.

EROSÃO DOS SOLOS

FIGURA 5.7. Voçoroca no município de Uberlândia-MG, em solos com alto teor de silte. (Foto Antonio J. T. Guerra)

A Unidade de Relevo Medianamente Dissecado (Baccaro, 1994) é aquela onde ocorre o maior número de voçorocas (173 ativas e 13 estabilizadas), correspondendo aos topos aplainados entre 700 e 900 m, com vertentes suaves, interrompidas por rupturas locais mantidas por lateritas. Predominam os arenitos da Formação Adamantina, sendo recobertos por sedimentos cenozóicos. Segundo Baccaro (1994), os Latossolos Vermelho-Escuros álicos são dominantes e apresentam um teor médio de areia fina entre 60 e 70% e ausência de compacidade.

A segunda unidade é de Relevo Intensamente Dissecado, que "corresponde à borda da Chapada de Uberlândia, entre 650 e 800 m, apresentando uma porção mais elevada com topos aplainados por volta de 900 a 950 m, fazendo parte de uma grande chapada que se estende por toda essa região entre Uberlândia e Araguari" (Baccaro, 1994). As declividades das encostas situam-se entre 25 e 40° e estão relacionadas ao afloramento de basalto. Os solos são férteis e estão sofrendo processos de erosão acelerada, tendo sido catalogadas 40 voçorocas, sendo 35 ativas e 5 estabilizadas.

A área de relevo de Topos Planos e Largos constitui a terceira unidade geomorfológica, estando localizada entre 1.000 e 1.100 m de altitude, com pouca ramificação da drenagem (Baccaro, 1994) e vertentes entre 2° e 5° de declividade. Essas superfícies são sustentadas pelos arenitos da Formação Marília, recobertos por sedimentos do Cenozóico. Os principais processos erosivos encontrados nessa unidade foram os de escoamento superficial difuso, possuindo apenas 3 voçorocas ativas, cujo desenvolvimento está associado à exploração de cascalho (Baccaro, 1994).

A região do Triângulo Mineiro, como um todo, requer cuidados especiais, pois além de seus solos possuírem elevados índices de erodibilidade e estar incluída na região dos Cerrados, seus processos erosivos são acelerados, em especial durante a estação chuvosa, pois as chuvas concentradas provocam verdadeiras enxurradas, que podem desencadear a formação de erosão em lençol, ravinas e voçorocas. O desmatamento generalizado, que é feito para atender as atividades agropecuárias, tem sido um dos responsáveis pelos processos erosivos.

4. Tecnologias de Prevenção e Combate à Erosão no Brasil

Os processos erosivos vêm sendo estudados no Brasil e em outros países há algum tempo. Entretanto, ainda não conhecemos, na sua totalidade, como a erosão se inicia e também como se processa nas áreas tropicais, tão bem como nas áreas de clima temperado, onde a produção científica sobre esse tema é altamente expressiva. As pesquisas que vêm se desenvolvendo nos países africanos, asiáticos e latino-americanos ainda são insuficientes sobre os processos erosivos, ou seja, onde, como e por que eles ocorrem. Mesmo assim, no caso brasileiro, apesar de muitos trabalhos executados tanto pela EMBRAPA, como pelas Universidades, apontarem quais as principais causas e conseqüências dos processos erosivos e, dessa forma, indicarem quais seriam as tecnologias apropriadas para a prevenção da erosão dos solos, muito pouco em termos práticos tem sido feito nesse sentido. Sendo assim, o que se tem visto são processos de erosão acelerada e perdas significativas nas áreas rurais e urbanas.

Dessa forma, esse item se propõe a apontar a evolução dos conhecimentos e das técnicas no estudo dos processos erosivos, bem como a implantação de novas práticas de manejo dos solos em diferentes áreas do país, tomando como unidade de planejamento a microbacia hidrográfica.

EROSÃO DOS SOLOS

A adoção de novas técnicas na prevenção e combate à erosão, em projetos de manejo em microbacias no Brasil, pretende minimizar os processos erosivos e seus efeitos, não só sobre a produção agro-silvo-pastoril e produtores rurais, mas sobre a população urbana, que direta ou indiretamente é afetada por esses processos, através do assoreamento de rios e lagos, poluição das águas, aumento dos preços dos produtos rurais etc. Além disso, serão mencionados, neste item, os principais artigos e alíneas do Código Florestal Brasileiro, com objetivo de contribuir na divulgação de tão importante documento na prevenção e combate à erosão no país.

4.1. Evolução dos conhecimentos e das técnicas no estudo da erosão

A partir da pesquisa básica e aplicada, desenvolvida nas Universidades, na EMBRAPA, no IPT e em outros centros de pesquisa, é que se pode gerar conhecimentos em relação aos processos erosivos, bem como desenvolver técnicas que possam evitar o problema e recuperar áreas que estejam degradadas, em especial para as áreas tropicais e semi-áridas do território brasileiro.

Modelos de predição de erosão exitem em várias partes do mundo, como por exemplo a Equação Universal de Perda de Solo (Wischmeier e Smith, 1978) e o modelo mais recente WEPP (*Water Erosion Prediction Project*), descrito por Chaves (1994). A USLE (Equação Universal de Perda de Solo) é bem conhecida de todos aqueles que trabalham com os processos erosivos, enquanto o WEPP, como é conhecido, foi concebido também nos Estados Unidos, para substituir a USLE, até o ano 2000. O referido modelo procura estimar a erosão dos solos, através de seus componentes: 1. um gerador de clima; 2. componente de hidrologia; 3. componente de crescimento de plantas; 4. componente de solos; 5. componente de erosão/deposição; 6. componente de irrigação. O WEPP "não apenas calcula os impactos decorrentes da erosão nas áreas-fonte, mas é também capaz de quantificar impactos em áreas à jusante, tais como: o aporte de sedimentos e a relação de enriquecimento do sedimento" (Chaves, 1994).

O avanço do conhecimento sobre os processos erosivos tem sido possível, no Brasil, graças à atuação de pesquisadores das Universidades, da EMBRAPA e do IPT, além de outros órgãos. Várias reuniões científicas têm sido organizadas para discutir o assunto, bem como para divulgar novas metodologias e técnicas criadas nos vários órgãos de pesquisa espalhados pelo país. Um exemplo disso, foi o V Simpósio Nacional de Controle de Erosão, realizado em outubro de 1995, na cidade de Bauru. Nessa ocasião, profissionais de diversos ramos do saber: agrônomos, biólogos, engenheiros, geógrafos, geólogos, entre outros, mostraram, sob diferentes ângulos, como diagnosticar e prognosticar o problema da erosão dos solos. O que tem ficado cada vez mais claro é a necessidade de se investigar a erosão, com profissionais de diversos campos do conhecimento científico.

O avanço das técnicas que empregam o geoprocessamento e o sensoriamento remoto, bem como a integração desses dados, através de Sistemas de Informações Geográficas (SIGs), também tem possibilitado um grande avanço nos estudos que envolvem os processos erosivos. Segundo Valério Filho (1994), essas técnicas "são ferramentas que possibilitam a coleta e análise das informações temáticas e oferecem subsídios ao planejamento agrícola e ambiental". Mesmo assim, os monitoramentos de campo (Figura 5.8) através, por exemplo, das estações experimentais (Imeson e Kwaad, 1990; Guerra, 1991a; Guerra, 1996; Cunha e Guerra, 1996), bem como as coletas de amostras de solos, para a determinação das propriedades físico-químicas, continuam sendo meios utilizados por aqueles que procuram compreender os processos erosivos e, dessa forma, sugerir alternativas para a conservação e recuperação dos solos (Boardman, 1983; Morgan, 1986; Daniels e Hammer, 1992).

A partir desses conhecimentos, que englobam mapeamentos de classes de solos, riscos de erosão, uso potencial e outros tipos de mapas, envolvendo trabalhos de campo, laboratório e gabinete, as técnicas de uso racional e manejo do solo e das bacias hidrográficas, podem ser de grande aplicação aos fazendeiros e ao poder público que investem na conservação do solo.

4.2. MANEJO EM BACIAS HIDROGRÁFICAS

Na tentativa de racionalizar o uso e o manejo dos recursos naturais renováveis, notadamente o solo e a água, vêm sendo desenvolvidos, desde o início da década de 80, projetos de manejo em bacias hidrográficas no

EROSÃO DOS SOLOS

FIGURA 5.8. Estação experimental para monitorar escoamento superficial e perda de solo no município de Petrópolis — RJ (LAGESOLOS — Laboratório de Geomorfologia Experimental e Erosão de Solos — Departamento de Geografia — UFRJ) (Foto Antonio J. T. Guerra)

país. A bacia hidrográfica constitui uma unidade natural básica de planejamento (Bertoni e Lombardi Neto, 1990; Coelho Netto, 1995), onde a ação integradora das diferentes formas de uso e manejo devem ser vistas sob a ótica sistêmica, na qual cada componente pode influenciar ou ser influenciado pelos demais.

O estado do Paraná foi o pioneiro em termos de projetos de manejo em microbacias, fato que pode ser facilmente compreendido pelo quadro de degradação das terras apresentado pelo estado, mais especificamente pela região noroeste, e pela grande participação dos produtos do setor agrícola (cerca de 60%) na arrecadação estadual (Bragagnolo, 1994). Após 15 anos de implementação do projeto, o estado do Paraná engloba 2.148 microbacias, totalizando 365 municípios e uma área de 6,2 milhões de hectares beneficiados, correspondendo a 45% da área agropastoril do estado (Bragagnolo, 1994). Os resultados podem ser constatados através do aumento da produção e da produtividade, com a redução nos custos com fertilizantes, manutenção de estradas rurais e tratamento de água.

Em Santa Catarina, o projeto de microbacias foi implantado em junho de 1991, com previsão de término para setembro de 1997, com recursos do estado e do Banco Mundial, visando atender 81.000 produtores em 520 microbacias, beneficiando 25% da área agrícola do estado (Santa Catarina, 1994). Outros estados brasileiros também iniciaram seus programas de manejo, como São Paulo, Mato Grosso do Sul e Rio de Janeiro, estando, contudo, suas ações ainda restritas a poucas microbacias.

Para alcançar as metas a que se propõem, os programas de manejo em microbacias têm adotado estratégias e medidas de conservação do solo, algumas das quais serão apresentadas a seguir.

a. Estratégias e Práticas de Conservação

As estratégias dos projetos em microbacias podem ser resumidas em três pontos básicos: aumentar a extensão e duração da cobertura vegetal do solo; melhorar a estrutura e drenagem interna do solo; e controlar o escoamento superficial (Bragagnolo, 1994; Lombardi Neto, 1994; Santa Catarina, 1994).

O aumento da cobertura vegetal do solo implica em maior proteção contra o impacto das gotas da chuva, permite melhor estruturação do solo, em função do papel agregador da matéria orgânica a ele incorporada, e reduz o *runoff* (escoamento superficial) pelo aumento da rugosidade do terreno e da infiltração. A infiltração, por sua vez, pode ser elevada através da melhor estruturação do solo, aumento da macroporosidade, da rugosidade do terreno e da diminuição do selamento superficial, condições que são atingidas com o aumento da cobertura vegetal. Elevada a infiltração, diminui-se o escoamento superficial, minimizando os processos de erosão hídrica.

Como é possível notar, as estratégicas estão intimamente relacionadas umas com as outras, de tal modo que as práticas de manejo adotadas, em geral, atendem a todas elas. Como exemplos importantes dessas práticas, são destacados:

a) aumento da população de plantas, através da adequação da densidade (número de indivíduos por área considerada) e distribuição espacial;

b) adubação verde, através da incorporação de massa vegetal não decomposta, em áreas que permanecem em pousio e nas entrelinhas das culturas permanentes;

EROSÃO DOS SOLOS

c) cuidados no preparo do solo, como utilização do plantio direto e do cultivo mínimo, onde o plantio é realizado sobre a resteva da cultura anterior e as operações de revolvimento do solo são reduzidas;

d) cobertura morta, onde os resíduos das culturas são preservados sobre a superfície do solo, evitando sua incorporação;

e) reforma e manejo de pastagens, através da associação da pecuária à agricultura;

f) reflorestamento, com destaque para as matas ciliares e para áreas suscetíveis à erosão;

g) preparo do solo e plantio em nível, que reduz em 50% as perdas de solo e em 30% as perdas de água (Lombardi Neto, 1994);

h) cordão vegetal, plantio de uma faixa de vegetação permanente ou de retenção, que funciona como barreira física, substituindo o terraço;

i) cordão de pedra, onde pedras soltas disponíveis na área vão sendo empilhadas em estreitos canais abertos em nível;

j) cordão de contorno, utilizado em culturas perenes já plantadas morro-acima;

l) embaciamento, construção de pequenas depressões entre cada linha de cultura perene;

m) quebra-vento, onde, em geral, ocorre proteção da área a uma distância de 20 vezes a altura da cortina vegetal (Bertoni e Lombardi Neto, 1990).

No que se refere ao manejo e conservação dos solos, é possível afirmar que tem havido uma sensível mudança nas práticas de controle à erosão, de tal forma que, desde a última década, principalmente com o desenvolvimento dos Projetos de Manejo em Microbacias, os procedimentos edafovegetativos vêm sendo priorizados em detrimento das práticas mecânicas, ou ao menos sendo a elas conjugados. Tal mudança pode ser exemplificada pelos métodos de terraceamento tradicionais, que vêm sendo substituídos ou conjugados com os terraços vegetados. A importância da utilização dos procedimentos edafovegetativos reside no fato de que o controle da erosão, neste caso, ocorre na fase de desagregação do solo, ou seja, tais procedimentos visam a maior estruturação e drenabilidade do solo, de modo que o carreamento das partículas de solo pela água seja dificultado. No caso do uso das práticas mecânicas, tal controle se dá na fase de transporte, agindo apenas na condução dos fluxos.

b. *Código Florestal Brasileiro*

A Lei nº 4.771 de 15 de setembro de 1965, que institui o Código Florestal Brasileiro, parcialmente alterada pela Lei nº 7.803 de 18 de julho de 1989, exige, como regra geral, a manutenção da vegetação primitiva ou natural em áreas onde sua presença possui a função de proteger os solos, as águas ou espécies vegetais e animais em extinção.

Acredita-se que ao divulgar e destacar a importância de alguns artigos e alíneas deste Código estaremos contribuindo para a conscientização da necessidade de colocá-lo sempre em prática, utilizando-o como um guia real de comportamento junto às novas políticas de manejo e conservação pregadas pelos diversos projetos de caráter ambiental, que visem o controle e o combate à erosão no país. Sendo assim, destacam-se os seguintes artigos e alíneas:

Art. 2º — Consideram-se de preservação permanentes as florestas e demais formas de vegetação natural situadas:

a) ao longo dos rios ou qualquer curso d'água desde o seu nível mais alto em faixa marginal cuja largura mínima seja:

1. de 30 (trinta) metros para os cursos d'água de menos de 10 (dez) metros de largura;
2. de 50 (cinqüenta) metros para os cursos d'água que tenham de 10 (dez) a 50 (cinqüenta) metros de largura;
3. de 100 (cem) metros para os cursos d'água que tenham de 50 (cinqüenta) a 200 (duzentos) metros de largura;
4. de 200 (duzentos) metros para os cursos d'água que tenham de 200 (duzentos) a 600 (seiscentos) metros de largura;
5. de 500 (quinhentos) metros para cursos d'água que tenham largura superior a 600 (seiscentos) metros;

b) ao redor das lagoas, lagos ou reservatórios d'água naturais ou artificiais;
c) nas nascentes, ainda que intermitentes, e nos chamados "olhos d'água", qualquer que seja a sua situação topográfica, num raio mínimo de 50 (cinqüenta) metros de largura;

EROSÃO DOS SOLOS

d) no topo de morros, montes, montanhas e serras;
e) nas encostas ou partes destas com declividade superior a 45°, equivalente a 100% na linha de maior declive;
f) nas restingas, como fixadoras de dunas ou estabilizadoras de mangues;
g) nas bordas dos tabuleiros ou chapadas, a partir da linha de ruptura do relevo, em faixa nunca inferior a 100 (cem) metros em projeções horizontais;
h) em altitude superior a 1.800 (mil e oitocentos) metros, qualquer que seja a vegetação.

Art. 3º — Consideram-se ainda de preservação permanente, quando assim declarados por ato do Poder Público, as florestas e demais formas de vegetação natural destinadas:

a) a atenuar a erosão das terras;
b) a fixar dunas;
c) a formar faixas de proteção ao longo de rodovias e ferrovias;

Art. 10º — Não é permitida a derrubada de florestas situadas em áreas de inclinação entre 25º e 45º (46% a 100%), só sendo nelas toleradas a extração de toros quando em regime de utilização racional, que vise a rendimentos permanentes.

Art. 15º — Fica proibida a exploração sob forma empírica das florestas primitivas da bacia amazônica que só poderão ser utilizadas em observância a planos técnicos de condição e manejo a serem estabelecidos por ato do Poder Público, a ser baixado dentro do prazo de um ano.

Art. 16º — As florestas de domínio privado, não sujeitas ao regime de utilização limitada e ressalvadas as de preservação permanente, previstas nos artigos 2º e 3º desta Lei, são suscetíveis de exploração, obedecidas as seguintes restrições:

a) nas regiões Leste Meridional, Sul e Centro-Oeste, esta na parte sul, as derrubadas de florestas nativas, primitivas ou regeneradas, só serão permitidas desde que seja, em qualquer caso, respeitado o limite mínimo de 20% da área de cada propriedade com cobertura arbórea localizada, a critério da autoridade competente;

b) nas regiões citadas na letra anterior, nas áreas já desbravadas e previamente delimitadas pela autoridade competente, ficam proibidas as derrubadas de florestas primitivas, quando feitas para ocupação do solo com cultura e pastagens, permitindo-se, nesses casos, apenas a extração de árvores para produção de madeira. Nas áreas ainda incultas, sujeitas a formas de desbravamento, as derrubadas de florestas primitivas, nos trabalhos de instalação de novas propriedades agrícolas, só serão toleradas até o máximo de 50% da área da propriedade;

c) na região Sul, as áreas atualmente revestidas de formações florestais em que ocorre o pinheiro brasileiro *Araucaria angustifolia (Bert)* — O. Ktze não poderão ser desflorestadas de forma a provocar a eliminação permanente das florestas, tolerando-se somente a exploração racional destas, observadas as prescrições ditadas pela técnica, com a garantia de permanência dos maciços em boas condições de desenvolvimento e produção;

d) nas regiões Nordeste e Leste Setentrional, inclusive nos Estados do Maranhão e Piauí, o corte de árvores e a exploração de florestas só serão permitidos em observância de normas técnicas a serem estabelecidas por ato do Poder Público, na forma do art. 15.

Art. 19⁰ — A exploração de florestas e de formações sucessoras, tanto de domínio público como de domínio privado, dependerá de aprovação prévia do Instituto Brasileiro do Meio Ambiente e dos Recursos Naturais Renováveis — IBAMA, bem como da adoção de técnicas de condução, exploração, reposição florestal e manejo compatíveis com os variados ecossistemas que a cobertura arbórea forme.

Art. 45⁰ — Ficam obrigados ao registro no Instituto Brasileiro do Meio Ambiente e dos Recursos Naturais Renováveis — IBAMA os estabelecimentos comerciais responsáveis pela comercialização de motosserras, bem como aqueles que adquirem este equipamento.

Parágrafo 1⁰ — A licença para o porte e uso de motosserra será renovada a cada 2 (dois) anos perante o Instituto Brasileiro do Meio Ambiente e dos Recursos Naturais Renováveis — IBAMA.

EROSÃO DOS SOLOS

Os artigo 15 e 19 da Lei nº 4.771 de 15 de setembro de 1965 foram regulamentados pelo decreto nº 1.282 de 19 de outubro de 1994, que trata da exploração das florestas primitivas e demais formas de vegetação arbórea na Amazônia. Por tratar-se de documento extenso, contendo vários artigos, parágrafos e alíneas, todos de grande importância, não foi possível transcrevê-lo neste capítulo, razão pela qual, recomenda-se a leitura deste decreto na íntegra.

5. Conclusões

A erosão no Brasil possui várias formas de expressão na paisagem e inúmeros fatores controladores, entre eles o próprio homem.

Tendo em vista que diferentes tipos de solo apresentam comportamento diferenciando em relação aos processos neles atuantes, discutiu-se a suscetibilidade à erosão das principais classes de solos brasileiros (quanto à expressão espacial) em seus domínios de ocorrência, permitindo ao leitor distinguir quais aquelas consideradas mais suscetíveis, resguardada a influência dos demais fatores. Ao considerar outros fatores que não apenas a erodibilidade da cobertura pedológica (e não só do solo, pois inclui também a visão tridimensional e, portanto, as descontinuidades que podem existir entre os materiais do solo), percebe-se que algumas classes consideradas de alta suscetibilidade podem, em seu ambiente de ocorrência, não apresentar problemas de erosão; ao passo que classes de solo tidas como de baixa suscetibilidade podem apresentar elevada incidência de processos erosivos, em função da atuação de outros fatores (clima, morfologia, seres vivos, etc.).

Dessa forma, esse capítulo procurou abordar os processos erosivos no Brasil, levando em conta não apenas os fatores controladores desses processos, mas também que medidas podem ser tomadas para evitá-los, ou pelo menos para reduzir seus efeitos.

Quanto às áreas críticas de ocorrência da erosão dos solos no Brasil, foram selecionadas algumas, onde esses processos ocorrem de maneira mais significativa. No entanto, através de outros itens, como as principais classes de solos brasileiros e sua suscetibilidade à erosão, espera-se que o leitor possa avaliar de maneira crítica a importância do seu estudo, para que seja possível, não só compreender esse problema, como também para que possam ser tomadas medidas de conservação dos solos brasileiros. Para isso, ao final do capítulo, são apresentadas algumas tecnologias de prevenção e controle de erosão no Brasil, bem como a evolução dos conhecimentos das técnicas no estudo da erosão. Tudo isso poderá convergir para um manejo adequado de bacias hidrográficas, onde, em última análise, deverá ser respeitado o Código Florestal Brasileiro.

6. Questões de Discussão e Revisão

a) Procure comparar algumas características quanto à erosão dos solos, do Planalto Central, Campanha Gaúcha e Triângulo Mineiro. Quais os pontos em comum? No que se diferencia uma área da outra?

b) Que importância a evolução dos conhecimentos técnicos pode ter para conter o problema da erosão dos solos no Brasil? Que medidas poderiam ser tomadas para evitar ou, pelo menos, minimizar esse problema?

c) A partir de suas características intrínsecas, destaque quatro classes de solo consideradas mais suscetíveis à erosão no Brasil. Aponte as razões.

d) Tendo em vista a forte incidência de processos erosivos nas regiões Noroeste do Paraná, Oeste Paulista e Vale do Paraíba do Sul, destaque os fatores que contribuem para a caracterização desse quadro em cada uma delas, considerando suas especificidades e pontos em comum.

e) Que práticas de manejo e conservação estão sendo mais utilizadas para atingir as metas e estratégias do Programa Nacional de Microbacias no Brasil? Discuta suas vantagens e as estratégias traçadas pelo Programa.

7. Bibliografia

AB'SABER, A.N. (1969). Participação das superfícies aplainadas nas paisagens do Rio Grande do Sul. Instituto de Geografia, São Paulo, 1-15.

AB'SABER, A.N. (1971). Contribuição à Geomorfologia da área dos Cerrados. Anais do Simpósio sobre o Cerrado. EDUSP, São Paulo, 97-103.

ALMEIDA, F.G. e GUERRA, A.J.T. (1994). Erosão dos solos e impacto ambiental na microbacia do rio Lira — MT. Anais do I Encontro Brasileiro de Ciências Ambientais. COPPE — UFRJ, Rio de Janeiro, 1.010-1.021.

EROSÃO DOS SOLOS

ARAUJO, D.E. (1995). Considerações sobre as obras de controle de erosão do solo urbano no estado de São Paulo. Anais do 5º Simpósio Nacional de Controle de Erosão, Bauru-SP, 63-68.

ARAUJO, D.E., RIEKSTIN, M.F., PRANDI, E.C. e VILAR, O.N. (1995). Análise dos custos e da eficiência de obras de controle de erosões lineares na cidade de Quintana/SP. Anais do 5º Simpósio Nacional de Controle de Erosão, Bauru-SP, 299-300.

BACCARO, C.A.D. (1989). Estudos Geomorfológicos do Município de Uberlândia. *Revista Sociedade e Natureza*, EDUFU, Uberlândia, 1, 4.

BACCARO, C.A.D. (1990). Estudos dos processos geomorfológicos de escoamento pluvial em área de cerrado — Uberlândia (MG). Tese de Doutorado, USP, 164.

BACCARO, C.A.D. (1994). As unidades geomorfológicas e a erosão nos chapadões do município de Uberlândia. *Revista Sociedade e Natureza*, EDUFU, Uberlândia, 6, 11 e 12, 19-33.

BERTONI, J. e LOMBARDI NETO, F. (1990). Conservação dos solos. Ícone, São Paulo, 355 p.

BIGARELLA, J.J. (1964). Variações climáticas no Quaternário e suas implicações no revestimento florístico do Paraná. Boletim Paranaense de Geografia, Curitiba, 10, 211-231.

BOARDMAN, J. (1983). Soil erosion at Albourne, West Sussex, Inglaterra. Applied Geography, 3, 317-329.

BOARDMAN, J. (1990). Soil erosion on the South Downs: A review. *In: Soil erosion on agricultural land.* Editores: J. Boardman, I.D.L. Foster e J. Dearing, 87-105.

BOARDMAN, J., BURT, T.P., EVANS, R., SLATTERY, M.C., e SHUTTLEWORTH, H. (1996). Soil erosion and flooding as a result of a summer thunderstorm in Oxfordshire and Berkshire, May 1993. Applied Geography, 16, 1, 21-34.

BOTELHO, R G.M. Identificação de Unidades Ambientais na bacia do rio Cuiabá (Petrópolis — RJ) visando o planejamento do uso do solo. Dissertação de Mestrado. IGEO/UFRJ. 112 p.

BOTELHO, R G.M. e SILVA, A.S. (1995). Levantamento detalhado de solos: uma ferramenta para o planejamento de uso na Bacia do Rio Cuiabá — Petrópolis/RJ. Anais do VI Simpósio de Geografia Física Aplicada, Goiânia-GO, vol.I, 478-480.

BRAGAGNOLO, N. (1994). Uso dos solos altamente suscetíveis à erosão. *In:* Solos altamente suscetíveis à erosão. Editores: V.P. Pereira, M.E. Ferreira e M.C.P. Cruz. Sociedade Brasileira de Ciência do Solo, Jaboticabal-SP, 3-16.

BRASIL, A.E. e ALVARENGA, S.M. (1989). Relevo. *In:* Geografia do Brasil — Região Centro-Oeste, Fundação IBGE, Rio de Janeiro, vol. I, 53-72.

CAMARGO, M.N., KLAMT, E. e KAUFFMAN, J.H. (1987). Classificação de solos usada em levantamentos pedológicos no Brasil. Separata do B. Inf., Soc. Bras. Ci. Solo, Campinas, 12:11-33.

CANIL, K., IWASA, O.Y., SILVA, W.S. e ALMEIDA, L.E.G. (1995). Mapa de feições erosovas lineares do estado de São Paulo: uma análise qualitativa e quantitativa. Anais do 5º Simpósio Nacional de Controle de Erosão, Bauru-SP, 249-251.

CARVALHO, A.P. (1994). Solos do Arenito Caiuá. *In: Solos altamente suscetíveis à erosão.* Editores: V.P. Pereira, M.E. Ferreira e M.C.P. Cruz. Sociedade Brasileira de Ciência do Solo, Jaboticabal-SP, 39-50.

CATARINO, J.A.P. (1995). Atuação do Movimento S.O.S. rio Santo Anastácio no controle de erosão. Anais do 5º Simpósio Nacional de Controle de Erosão, Bauru-SP, 115-118.

CAVAGUTI, N. (1995). Análise global da erosão linear na área urbana de Bauru-SP. Anais do 5º Simpósio Nacional de Controle de Erosão, Bauru-SP, 301-304.

CARVALHO, W.A., ACHÁ, L., FREIRE, O., NINELO, E.R. de F., MORAES, M.H. e CAETANO, A. (1995). Solos do Oeste do Estado de São Paulo. XXV Congresso Brasileiro de Ciência do Solo, Viçosa-MG, vol.III, 1712-1714.

CHAVES, H.M.L. (1994). Novidades sobre o Water Erosion Prediction Project-WEPP. *In: Solos altamente suscetíveis à erosão.* Editores: V.P. Pereira, M.E. Ferreira e M.C.P. Cruz. Sociedade Brasileira de Ciência do Solo, Jaboticabal-SP, 207-212.

COELHO NETTO, A.L. (1995). Hidrologia de encosta na interface com a Geomorfologia. . *In: Geomorfologia — uma atualização de bases e conceitos.* Orgs. A.J.T. Guerra e S.B. Cunha, 2ª edição, Editora Bertrand Brasil, Rio de Janeiro, 93-148.

COELHO NETTO, A.L. (1995). Mudanças Ambientais recentes, mecanismos e variáveis-controle do voçorocamento atual na bacia do rio Bananal, SP-RJ: bases metodológicas para previsão e controle de erosão. Anais do 5º Simpósio Nacional de Controle de Erosão, Bauru-SP, 377-379.

COELHO NETTO, A.L. e FERNANDES, N.F. (1990). Hillslope erosion sedimentation and relief inversion in SE Brazil, *in* Res. Needs and Applications to Reduce Erosion in Tropical Steeplands. Proceed. Fuji Symp, IAHS Publ. nº 192.

COELHO NETTO, A.L., FERNANDES, N.F. e DEUS, C.E. (1990). Gullying processes in the Southeastern Brazilian Plateau, Bananal, SP *in* Higgins, G.

EROSÃO DOS SOLOS

and Coates, D.R., eds., Ground-water Geomorphology. Geological Society of America. Special Paper, 252:1-28.

COSTA, A.C.S. (1990). Efeito do manejo do solo em Latossolo Vermelho Escuro textura média no município de Paranavaí (PR). I Características físicas. Resumos do III Congresso Brasileiro e Encontro Nacional de Pesquisa sobre Conservação do Solo. Londrina-PR, 59.

COSTA, A.C.S. e ROSA COELHO, S.M. (1990). Efeito do manejo do solo em Latossolo Vermelho Escuro textura média no município de Paranavaí (PR). II Estabilidade dos agregados em água. Resumos do VIII Congresso Brasileiro e Encontro Nacional de Pesquisa sobre Conservação do Solo. Londrina-PR, p. 60.

CUNHA, J.E., CASTRO, S.S. e AGENA, S.S. (1995). Estudo físico hírico de uma vertente com problemas erosivos em Umuarama (PR): subsídios para o controle da erosão. Anais do 5º Simpósio Nacional de Controle de Erosão, Bauru-SP, 443-445.

CUNHA, S.B. e GUERRA, A.J.T. (1996). Degradação Ambiental. *In: Geomorfologia e Meio Ambiente.* Orgs. A.J.T. Guerra e S.B. Cunha, Editora Bertrand Brasil, Rio de Janeiro, 337-379.

DANIELS, R. B. e HAMMER, R.D. (1992). Soil Geomorphology. John Wiley and sons, Inc. Nova York, 236p.

EMBRAPA. Serviço Nacional de Pesquisas Agronômicas. (1958). Levantamento de Reconhecimento dos Solos do Estado do Rio de Janeiro e Distrito Federal. Boletim nº 11. Rio de Janeiro.

EMBRAPA (1981). Mapa de Solos do Brasil — escala 1:5.000.000. Serviço Nacional de Levantamento e Conservação de Solos, Rio de Janeiro.

EVANS, R. (1990). Water erosion in British farmer's fields — some causes, impacts, predictions. Progress in Physical Geography, 14, 2, 199-219.

FERNANDES, N.F. (1990). Hidrologia Subsuperficial e Propriedades Físico-Mecânicas dos Complexos de Rampa, Bananal (SP). Dissertação de Mestrado. IGEO/UFRJ, 120p.

FIDALSKI, J., SOARES Jr., D., LUGÃO, S.M.B. e VIEIRA, K.G. (1995). Diagnóstico e ações integradas para o controle da erosão hídrica através de terraceamento em sistemas de produção no arenito Caiuá do Paraná. Anais do 5º Simpósio Nacional de Controle de Erosão, Bauru-SP, 337-339.

FIGUEIREDO, M e GUERRA, A.J.T. (1995). Geomorfologia da Gleba Facão (Cáceres/MT): uma análise preliminar. Anais do VI Simpósio de Geografia Física Aplicada, Goiânia-GO, vol.I, 362-366.

GALERANI, C.A. (1995). Descrições das ações de controle da erosão urbana no noroeste do estado do Paraná. Anais do 5º Simpósio Nacional de Controle de Erosão, Bauru-SP, 69-71.

GASPARETTO, N.V., NAKASHIMA, P., NÓBREGA, M. T., NAKASHIMA, M.S.R., QUEIROZ, D.R.E., CUNHA, J. E., SAGUTI, L.Y., SILVEIRA, H., DIAS, E. S. e RICHTER, L.M. (1995). Definição e Hierarquização das zonas de risco em Cianorte-PR. Anais do 5º Simpósio Nacional de Controle de Erosão, Bauru-SP, 187-189.

GUERRA, A.J.T. (1991a). Soil characteristics and erosion, with particular reference to organic matter content. Tese de Doutorado, Universidade de Londres, 441p.

GUERRA, A.J.T. (1991b). Avaliação da influência das propriedades do solo na erosão, com base em experimentos utilizando um simulador de chuvas. Anais do IV Simpósio de Geografia Física Aplicada, 260-266, Porto Alegre, RS.

GUERRA, A.J.T. (1994). The effect of organic matter content on soil erosion in simulated rainfall experiments in W. Sussex, U.K. *Soil Use and Management*, Harpenden, Inglaterra, 10, 60-64.

GUERRA, A.J.T. (1995a). Processos erosivos nas encostas. *In: Geomorfologia — uma atualização de bases e conceitos*. Orgs. A.J.T. Guerra e S.B. Cunha, 2ª edição, Editora Bertrand Brasil, Rio de Janeiro, 149-209.

GUERRA, A.J.T. (1995b). The catastrophic events in Petrópolis City (Rio de Janeiro), between 1940 and 1990. *GeoJournal*, Alemanha, 37, 3, 349-354.

GUERRA, A.J.T. (1996). Processos erosivos nas encostas. *In: Geomorfologia — exercícios, técnicas e aplicações*. Orgs. S.B. Cunha e A.J.T. Guerra, Editora Bertrand Brasil, Rio de Janeiro, 139-155.

GUERRA, A.J.T. e ALMEIDA, F.G. (1993). Propriedades dos solos e análise dos processos erosivos no município de Sorriso-MT. Anais do IV Encontro Nacional de Estudos sobre o Meio Ambiente, Cuiabá, MT, vol.1, 185-193.

GUERRA, A.J.T., MARÇAL, M., ALENCAR, A. e SILVA, E. (1995). Monitoramento de voçorocas em Açailândia — Maranhão. Anais do V Simpósio Nacional de Controle de Erosão, Bauru — SP, 373-376.

IMESON, A.C. e KWAAD, F.J.P.M. (1990). The response of tilled soils to wetting by rainfall and the dynamic character of soil erodibility. *In:* Soil erosion on agricultural land. Editores: J. Boardman, I.D.L. Foster e J.A. Dearing, 3-14.

IWASA, O.Y., RIDENTE Jr., J.L., GOMES, F.C.C., SALVIANO A. FILHO, G. e CANIL, K. (1992). Proposições técnicas para a recuperação da bacia do rio Santo Anastácio-SP. 9º Encontro Nacional de Geógrafos, Presidente Prudente-SP, p. 53.

KERTZMAN, F.F., RIBEIRO, F.C., CANIL, K. e ALMEIDA, L.E.G. (1995). Erosão no Estado de São Paulo: bacias hidrográficas críticas. Anais do 5º Simpósio Nacional de Controle de Erosão, Bauru-SP, 221-224.

EROSÃO DOS SOLOS

KLAMT, E. (1994). Solos Arenosos da Região de Campanha no Rio Grande do Sul. *In:* Solos altamente suscetíveis à erosão. Editores: V.P. Pereira, M.E. Cruz e M.C.P. Cruz. Sociedade Brasileira de Ciência do Solo, Jaboticabal, SP, 19-37.

LOMBARDI NETO, F. (1994). Práticas de Manejo e Conservação do Solo. X Reunião Brasileira de Manejo e Conservação do Solo e da Água, Florianópolis-SC, 111-119.

MACEDO, J. (1994). Solos dos Cerrados. *In:* Solos altamente suscetíveis à erosão. Editores: V.P. Pereira, M.E. Ferreira e M.C.P. Cruz. Sociedade Brasileira de Ciência do Solo, Jaboticabal-SP, 69-76.

MACEDO, J. e BRYANT, R.B. (1987). Morphology, mineralogy and genesis of a hydrosequence of Oxisols in Brasil. *Soil Science Society of America Journal,* Madison, Estados Unidos, vol. 51, 690-698.

MAFRA, N.M.C. (1985). Análise das Limitações do Uso do Solo por Suscetibilidade à Erosão, no Município Engenheiro Paulo de Frontin (RJ), uma abordagem sob o ponto de vista pedológico. Dissertação de Mestrado. Rio de Janeiro: UFRJ/PPGG.CCMN. 266p.

MAFRA, N.M.C. e BOTELHO, R.G.M. (1991). Relação entre uso do solo e degradação das terras em Vassouras-RJ. 3º Encontro Nacional de Estudos Sobre o Meio Ambiente, Londrina-PR, 485-496.

MEIS, M.R.M., COELHO NETTO, A.L. e MOURA, J.R.S. (1985). As descontinuidades nas formações coluviais condicionantes dos processos hidrológicos da erosão linear acelerada. Anais do III Simpósio Nacional de Controle de Erosão, Maringá, ABGE, 179-189.

MORGAN, R.P.C. (1984). Soil degradation and erosion as a result of agricultural practice. *In:* Geomorphology and soils. Editores: K.S. Richards, R.R. Arnett e S. Ellis. Londres, 370-395.

MORGAN, R.P.C. (1986). Soil erosion and conservation. Longman Group, Inglaterra, 298p.

MOURA, J.S. (1995). Geomorfologia do Quaternário. *In: Geomorfologia — uma atualização de bases e conceitos.* Orgs. A.J.T. Guerra e S.B. Cunha, 2ª edição, Editora Bertrand Brasil, Rio de Janeiro, 335-364.

MOURA, J.S., MELLO, C.L., SILVA, T.M. e PEIXOTO, M.N.O. (1992a)."Desequilíbrios ambientais" na evolução da paisagem: o Quaternário tardio no médio vale do rio Paraíba do Sul. Boletim de Resumos Expandidos do 37º Congresso Brasileiro de Geologia, São Paulo, SBG, v.2, 309-310.

MOURA, J.S., PEIXOTO, M.N.O., SILVA, T.M. e MELLO, C.L. (1992b). Mapas de feições geomorfológicas e coberturas sedimentares quaternárias

— abordagem para o planejamento ambiental em compartimentos de colinas no Planalto Sudeste do Brasil. Boletim de Resumos Expandidos do 37° Congresso Brasileiro de Geologia, São Paulo, SBG, v.1, 60-62.

NIMER, E. (1979). Climatologia do Brasil. Rio de Janeiro. Instituto Brasileiro de Geografia e Estatística, 421 p.

NOGUEIRA, A.A. e CAMELIER, C. (1977). Relevo. *In: Geografia do Brasil — Região Sudeste.* Fundação IBGE, Rio de Janeiro, vol. 3, 1-50.

NOGUEIRA, A.A. e LIMA, G.R. (1977). Relevo. *In: Geografia do Brasil — Região Sul.* Fundação IBGE, Rio de Janeiro, vol. 5, 1-34.

OLIVEIRA, J.B., JACOMINE, P.K.T. e CAMARGO, M.N. (1992). Classes gerais de solos do Brasil: guia auxiliar para seu reconhecimento. Jaboticabal, 201p.

OLIVEIRA, M.A.T., SBRUZZI, G.J. e PAULINO, L.A. (1995). Taxas de erosão por voçorocas no Médio Vale do Rio Paraíba do Sul. Anais do VI Simpósio de Geografia Física Aplicada, Goiânia-GO, 647-651.

PALMIERI, F. e LARACH, J.O.I. (1996). Pedologia e Geomorfologia. *In: Geomorfologia e Meio Ambiente.* Orgs. A.J.T. Guerra e S.B.Cunha. Editora Bertrand Brasil, Rio de Janeiro, 59-122.

POESEN, J. (1984). The influence of slope angle on infiltration rate and Hortonian overland flow volume. Zeitschrift fur Geomorphologie N.F., 49, 117-131.

PORTA, J., LÓPEZ-ACEVEDO, M. e ROQUERO, C. (1994). Edafología para la agricultura y el medio ambiente. Ediciones Mundi-Prensa, Madrid. 807p.

PRADO, H. (1996). Solos Tropicais — Potencialidades, limitações, manejo e capacidade de uso. Piracicaba, 2ª ed. 166p.

QUEIROZ NETO, J.P., FERNANDES BARROS, O.N., MANFREDINI, S., PELLERIN, J. e SANTANA, M.A.(1995). Comportamento hídrico dos solos e erosão no Plateau de Marília. Anais do 5° Simpósio Nacional de Controle de Erosão, Bauru-SP, 169-173.

RESENDE, M., CURI, N., REZENDE, S. B. e CORRÊA, G. F. (1995). Pedologia: base para distinção de ambientes. Viçosa. NEPUT, 304 p.

SALOMÃO, F.X.T. (1994). Solos do Arenito Bauru. *In: Solos altamente suscetíveis à erosão.* Editores: V.P. Pereira, M.E. Cruz e M.C.P. Cruz. Sociedade Brasileira de Ciência do Solo, Jaboticabal, SP, 51-68.

SANTA CATARINA (1994). Secretaria de Estado da Agricultura e Abastecimento. Manual de uso, manejo e conservação do solo e da água: projeto de recuperação, conservação e manejo dos recursos naturais em microbacias hidrográficas. 2ª ed. rev., atual., e ampl. Florianópolis: EPAGRI, 384 p.

SILVA, A.S. e MAFRA, N.M.C. (1991). Considerações a respeito da erosão em

EROSÃO DOS SOLOS

terraços do rio Itabapoana (RJ). Resumos do XXIII Congresso Brasileiro de Ciência do Solo. Porto Alegre-RS. p.139.

SILVA, T.M. E MOURA, J.R.S.(1995). Degradação ambiental no Médio Vale do Paraíba do Sul fluminense: uma avaliação de condicionantes geomorfológicos, geológicos e hidrológicos. Anais do VI Simpósio de Geografia Física Aplicada, Goiânia-GO, 262-267.

SILVA,W.S., KERTZMAN. F.F., CANIL, K. e IWASA, O. (1995). Mapa de Erosões Lineares do Estado de São Paulo. XXV Congresso Brasileiro de Ciência do Solo, Viçosa-MG, vol.III, 1764-1766.

STEIN, D.P., PONÇANO, W.L., IWASA, O.Y. e CANIL, K. (1995). Bases técnicas para a recuperação da bacia hidrográfica do rio Santo Anastácio, oeste paulista. Anais do 5º Simpósio Nacional de Controle de Erosão, Bauru-SP, 311-313.

STEIN, J.S. (1961). Grandeza e decadência do café no Vale do Paraíba. Brasiliense, São Paulo. (extraído da Tese de Mestrado: A Brazilian Coffee Country, 1850-1900, Harward).

SUERTEGARAY, D.M.A. (1987). A Trajetória da Natureza — Um estudo geomorfológico sobre os areais de Quaraí/RS. Tese de Doutorado, USP, São Paulo, 243p.

SUERTEGARAY, D.M.A. (1992). *Deserto Rio Grande do Sul. Controvérsia.* Editora da Universidade, Porto Alegre, 71p.

SUERTEGARAY, D.M.A. (1996). Desertificação — Recuperação e Desenvolvimento Sustentável. *In: Geomorfologia e Meio Ambiente.* Orgs. A.J.T. Guerra e S.B. Cunha. Editora Bertrand Brasil, Rio de Janeiro, 249-289.

VALÉRIO FILHO, M. (1994). Técnicas de geoprocessamento e sensoriamento remoto aplicadas ao estudo integrado de bacias hidrográficas. *In: Solos altamente suscetíveis à erosão.* Sociedade Brasileira de Ciência do Solo, Jaboticabal-SP, 223-242.

VIEIRA, L.S. (1988). *Manual de Ciência do Solo: com ênfase aos solos tropicais.* Agronômica Ceres, São Paulo, 464 p.

WILD, A. (1993). *Soils and the environment: an introduction.* Cambridge University Press, Grã-Bretanha, 287p.

ZIMBACK, C.R.L., CARVALHO, A.M. e LIMA, S.L. (1995). Caracterização da erosão subterrânea em solos de três bacias hidrográficas provenientes de arenitos do Grupo Bauru em Marília-SP. *XXV Congresso Brasileiro de Ciência do Solo,* Viçosa-MG, vol.VI, 1884-1886.

CAPÍTULO 6

BACIAS HIDROGRÁFICAS

Sandra Baptista da Cunha

1. INTRODUÇÃO

As águas superficiais constituem parte da riqueza dos recursos hídricos de um país. No caso brasileiro, país de extensão continental, a rede fluvial é importante recurso natural, contando em seu território com a maior bacia fluvial do mundo em extensão e em volume de água. A riqueza dos recursos hídricos deve-se à distribuição da pluviosidade no território nacional, onde registram-se valores elevados, superiores a 1.500 mm anuais e em 1/3 da área total esse valor atinge mais de 2.000 mm. Apenas uma parte do país, situada a Nordeste, recebe menos de 1.000 mm anuais e até em algumas regiões menos de 500 mm anuais de precipitação.

Os principais rios brasileiros procedem de três grandes centros dispersores de água: planalto das Guianas, cordilheira dos Andes e planalto brasileiro. Dessas três áreas drenam rios para a bacia Amazônica. As demais redes de drenagem têm sua origem no planalto Brasileiro.

Com diferentes regimes, muitos dos rios são barrados para, em especial, produzir energia, abastecer de água as populações e irrigar terras. As sucessivas quedas d'água, características dos planaltos, associadas ao volume de água dos rios oferece ao país um elevado potencial hidráulico (213.000 MW) situando-o entre os cinco países de mais elevado potencial hidráulico instalado (133.977 MW).

O capítulo apresenta as características naturais de cada bacia hidrográfica, o regime de suas águas e a produção de sedimentos. Dentro do possível é avaliada a participação antrópica nessas bacias discutindo as questões das barragens, canalizações, hidrovias, exploração de alúvios e questões relacionadas às enchentes nos grandes centros urbanos como o Rio de Janeiro, São Paulo, Florianópolis e Belo Horizonte. A rede hidrográfica brasileira é relativamente conhecida e estudada em diferentes escalas. Em escala nacional, são conhecidos os trabalhos produzidos por Simões e Santos (1968) e Soares (1977 e 1991) para compor as obras conhecidas como Novo Paisagens do Brasil e Geografia do Brasil. Outros autores como Steffan (1977), Innocencio (1989), Justus (1990) e Soares (1991) participaram das edições dos diferentes volumes das Regiões do Brasil. Portanto, este capítulo não esgota o tema uma vez que é vasta a bibliografia de detalhe. Ao final, são apresentadas as questões de discussão e revisão.

2. Bacias Hidrográficas

As bacias hidrográficas brasileiras refletem o complexo quadro natural que engloba o país que possui uma variedade de aspectos. Por essa razão, a reunião das bacias fluviais passou por modificações, ao longo do tempo, formando diferentes grupamentos.

A primeira classificação das bacias hidrográficas baseou-se na navegabilidade dos rios e na situação geográfica, data de 1867 e foi realizada por Morais (1894). A mais difundida dividia o país em 4 bacias hidrográficas sendo 3 de grande porte: Amazonas, São Francisco, Platina (Paraná, Paraguai e Uruguai) e um grupo de bacias menores denominado bacias orientais.

Ab'Saber (1956), levando em conta as linhas mestras do relevo, considerou 5 grandes bacias hidrográficas autônomas (Amazonas, São Francisco, Paraná, Paraguai e Uruguai). O fator posição geográfica foi levado também em consideração para reunir as bacias de menor porte, resultando no agrupamento de 3 bacias isoladas (Nordeste, Leste, Sudeste). Essa classificação foi adotada, na década de 60, pelo Instituto Brasileiro de Geografia e Estatística (IBGE). Ainda, Azevedo (1964) inclui a bacia do Amapá no grupo das bacias isoladas, denominando-as de bacias secundárias.

BACIAS HIDROGRÁFICAS

No momento, o Departamento Nacional de Águas e Energia Elétrica (DNAEE) adota uma classificação em 8 bacias hidrográficas: Amazônica; Tocantins; Atlântico Sul, trecho Norte/Nordeste; São Francisco; Atlântico Sul, trecho Leste; Paraguai/Paraná; Uruguai e Atlântico Sul, trecho Sudeste (Figura 6.1).

Este capítulo individualiza as bacias do Paraguai e do Paraná por apresentarem, em território nacional, características próprias, apesar de constituírem em conjunto com a bacia do rio Uruguai e dos afluentes internacionais a bacia do Prata. Ainda, apesar de toda a rede de drenagem brasileira ter como ponto terminal a confluência com o oceano Atlântico, apenas o conjunto de drenagem de menor hierarquia recebeu o nome do referido oceano, acrescido da palavra indicadora da sua posição geográfica (Atlântico Norte, Atlântico Nordeste, Atlântico Leste e Atlântico Sudeste). Idêntico comportamento foi adotado, portanto, para a bacia do Atlântico Sul, trecho de Norte/Nordeste (Figura 6.2) por apresentarem peculiaridades regionais e características próprias quanto à disponibilidade hídrica e ao regime.

Com apoio nas características das redes de drenagem e levando em conta as linhas de dissecação do planalto Brasileiro adotou-se, nesse capítulo, a divisão do Brasil em 10 bacias hidrográficas que serão analisadas por ordem de importância em relação as suas áreas: Amazônica, Atlântico Nordeste, Paraná, Tocantins, São Francisco, Atlântico Leste, Paraguai, Atlântico Sudeste, Uruguai e Atlântico Norte.

A extensão do território, associada a uma rede de coleta de dados hidrológicos/sedimentométricos ainda insuficiente, tem dificultado conhecer o comportamento das bacias hidrográficas. A sistematização da coleta de dados fluviométricos é relativamente recente, datando de 1933, com a criação da Divisão de Águas, subordinada ao Ministério da Agricultura. Por essa razão, existem, ainda, regiões onde não há postos de coleta de dados e a carga de sedimentos dos rios é totalmente desconhecida como os exemplos das áreas pertencentes à bacia do rio Javari, na Amazônia, limite com Peru; o alto rio Tocantins e o alto rio Paranaíba, ao sul de Goiás; a drenagem a leste da cidade de Belém, antes de chegar ao golfo do Maranhão; toda a bacia do Parnaíba e Jaguaribe nos Estados do Piauí e Ceará; as bacias dos rios Itapecuru, Paraguaçu, Contas e Pardo, na Bahía; a bacia do Itabapoana, no Espírito Santo; a drenagem do rio Apa e

FIGURA 6.1. Classificação do Brasil em 8 bacias hidrográficas adotada pelo Departamento Nacional de Águas e Energia Elétrica.

FIGURA 6.2. Divisão do Brasil em 10 compartimentos de bacias hidrográficas.

BACIAS HIDROGRÁFICAS

rios próximos que vertem suas águas para o rio Paraguai, no lado brasileiro, na fronteira com o Paraguai.

As informações sobre a carga de sedimentos, utilizadas neste trabalho, foram obtidas na publicação da ELETROBRÁS/IPH (1992) onde consta os dados coletados pelos diferentes órgãos responsáveis pela rede sedimentométrica distribuída pelo território brasileiro (DNAEE, ELETRONORTE, CODEVASF, CEMIG, DNOS, SEREHMA, FEEMA/RJ, SERLA/RJ, FURNAS e DAEE/SP) até setembro de 1986. Totalizam 472 postos de coleta, embora apenas 270 estivessem em operação. Os demais postos estavam desativados.

Ainda, a distribuição espacial desses postos é irregular, ao longo do território, atendendo as necessidades locais, não havendo condições nem preocupação na montagem de uma cobertura mais uniforme na distribuição desses postos. A região norte conta com apenas 83 postos, a região leste 138, enquanto a região sul dispõe de 251. Esses totais incluem os postos desativados. Neste capítulo, considerou-se apenas os postos com valores de concentração média anual de sedimentos em suspensão iguais ou superiores a 100mg/l. A produção específica dos sedimentos em suspensão leva em consideração a área da bacia (t/km²/ano).

Os fatores que influenciam o regime das águas e a produção de sedimentos nas bacias hidrográficas brasileiras dependem da atuação conjunta das condições naturais e das atividades humanas. As características naturais que contribuem para a alta erosão potencial incluem a topografia, geologia, solo e clima da bacia hidrográfica enquanto que as atividades humanas referem-se a forma de ocupação. As informações a respeito da ocupação das bacias hidrográficas foram obtidas na publicação do Ministério do Meio Ambiente, dos Recursos Hídricos e da Amazônia Legal (1995). A Tabela 6.1 apresenta os principais valores hidrológicos para as distintas bacias hidrográficas, reflexo da interação do ambiente de cada uma delas. A Tabela 6.2 situa os principais rios com relação a sua extensão.

234 GEOMORFOLOGIA DO BRASIL

TABELA 6.1 — Principais dados hidrológicos das bacias hidrográficas brasileiras, período de 1961 a 1990 (DNAEE, 1994).

BACIAS HIDROGRÁFICAS	ÁREA km²	CHUVA MÉDIA mm/ano	VAZÃO MÉDIA m³/s	VAZÃO MÉDIA ESPECÍFICA l/s/km²	EVAPOT. REAL mm/ano	PROD. HÍDRICA mm³/s
Amazônica	6.112.000	2.460	209.000	34,2	1.382	120.000
Atlântico Nordeste	953.000	1.328	5.390	5,7	1.150	9.050
Paraná	877.000	1.385	1.290	12,5	989	12.290
Tocantins	757.000	1.660	11.800	15,6	1.168	11.800
São Francisco	634.000	916	2.850	4,5	774	2.850
Atlântico Leste	551.000	1.062	2.175	7,5	827	4.350
Paraguai	368.000	1.370	11.000	3,5	1.259	12.290
Atlântico Sudeste	224.000	1.394	4.300	19,2	789	4.300
Uruguai	178.000	1.567	4.150	23,3	832	4.150
Atlântico Norte	76.000	2.950	3.360	48,2	1.431	9.050
Brasil	8.512.000	1.954	257.790	24,0	1.195	168.770

TABELA 6.2 — Comprimento dos principais rios brasileiros.

RIOS	EXTENSÃO (km)	BACIA HIDROGRÁFICA
Amazonas*	6.275	Amazônica
Paraná*	4.000	Paraná
Juruá*	3.283	Amazônica
Madeira	3.240	Amazônica
Purus*	3.210	Amazônica
São Francisco	3.161	São Francisco
Tocantins	2.640	Tocantins
Japurá*	2.200	Amazônica
Paraguai*	2.070	Paraguai
Uruguai	2.200	Uruguai
Tapajós	2.000	Amazônica

* rios internacionais

2.1. BACIA AMAZÔNICA

Com 6.112.000 km² a bacia Amazônica ocupa mais da metade do território com divisores topográficos constituídos pelo Planalto das Guianas, Cordilheira dos Andes e Planalto Brasileiro. Administrativamente esse espaço é ocupado pelos estados do Amazonas, Rondônia, Acre, Roraima e parte dos estados do Pará, Mato Grosso e Amapá (Figura 6.3).

A contribuição dos afluentes é diferenciada pelos comprimentos dos rios e áreas das bacias hidrográficas recebendo, a margem esquerda (Içá, Japurá, Trombetas e Jari), menores redes de drenagens, quando comparadas com os afluentes da margem direita (Purus, Madeira, Tapajós e Xingu).

Ainda, a bacia hidrográfica constitui-se, predominantemente, de topografia plana de rochas cristalinas do pré-cambriano e baixos platôs de sedimentos quaternários. A planície do rio Amazonas apresenta no seu

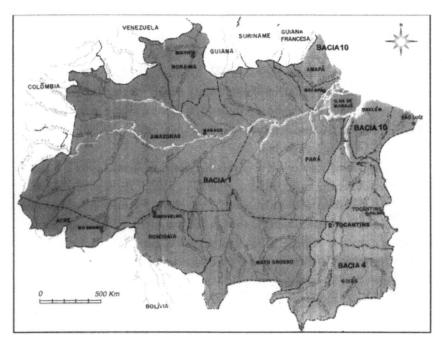

FIGURA 6.3. Bacias Amazônica, do Tocantins e do Atlântico Norte com a divisão administrativa e a rede e drenagem principal.

curso inferior uma declividade média de 0,02 cm/km. O fraco declive do rio proporciona a redução da velocidade das águas originando um padrão de drenagem meândrico, com lagoas marginais e campos de inundação alimentados pelo extravasamento dos rios no período das cheias. Pelas mesmas razões o escoamento das águas e a propagação das cheias fazem-se lentamente. São típicos os igarapés, termo indígena que corresponde a caminhos de canoa ou rios de pequeno porte.

Apesar da maior parte da bacia hidrográfica consistir de uma topografia relativamente plana, com fracos declives, o rio Solimões (denominação do rio Amazonas até a cidade de Manaus) percorre, no seu trecho de nascente, uma área de topografia e de declives acidentados da Cordilheira dos Andes. Também, os formadores do rio Negro nascem em áreas acidentadas do território nacional (Planalto das Guianas), a 2.100 m de altitude. Pela margem direita, apenas os formadores do rio Madeira nascem nas áreas acidentadas dos Andes bolivianos. Os restantes afluentes nascem em áreas rebaixadas do Planalto Central (Serra dos Pacaás Novos, Chapada dos Parecis e Serra do Roncador), em altitudes que não ultrapassam 800 m.

As isoietas médias anuais, para a série histórica de 1931-1988, mostram uma variação da precipitação entre 1.800 a 3.400 mm para a bacia Amazônica, com valores elevados nas proximidades do rio Amazonas, entre os rios Purus e Madeira (2.800 mm) e entre os rios Japurá e Negro, na fronteira com a Colômbia (3.000 a 3.400 mm). Parte dessa precipitação é devolvida à atmosfera pela evapotranspiração real que atinge, na área, 1.382 mm/ano (Tabela 6.1).

Os elevados valores de precipitação nos dois hemisférios e o degelo dos Andes oferecem uma pequena estação de déficit de chuvas ocasionando amplitudes reduzidas entre o nível máximo das enchentes e o nível mínimo das vazantes, classificando a maior parte da rede dos rios da Amazônia em um regime equatorial perene. Com uma vazão média de 209.000m^3/s (34,2l/s/km^2) as enchentes ocorrem principalmente no outono ou no verão. As vazantes ocorrem na primavera, no hemisfério norte, e no inverno, no hemisfério sul. Essa faixa de ocorrência do regime equatorial perene domina na bacia Amazônica, de oeste a leste, até a desembocadura, incluindo a ilha de Marajó. Ao norte e ao sul, suas águas passam ao domínio do regime tropical após percorrer uma zona de regime de transição pouco definido. No regime tropical boreal as enchentes ocorrem no

BACIAS HIDROGRÁFICAS

verão boreal (inverno austral) e a vazante no inverno boreal (verão austral). No regime tropical austral as enchentes ocorrem no verão e a vazante na primavera principalmente, ou no inverno (Simões, 1968).

A Cordilheira Andina, nascente dos rios Solimões e Madeira, constitui a principal fonte natural de sedimentos para o rio Amazonas, em função da acentuada topografia e da natureza das rochas ígneas, de fácil fragmentação em virtude do tectonismo local. A concentração média anual de sedimentos em suspensão é bastante elevada (Tabela 6.3) atingindo valores de 454mg/l no rio Acre (Rio Branco); 358,mg/l no rio Solimões (em São Paulo de Olivença) e 388mg/l no rio Madeira (em Porto Velho). Quando os sedimentos em suspensão são relacionados com a área da bacia (produção específica mínima) os valores mais elevados são para os rios Solimões (510t/km²/ano, em São Paulo de Olivença), rio Solimões em Teresina (470t/km²/ano) e rio Juruá (415t/km²/ano). O mapa da produção específica mínima de sedimentos em suspensão (1:5.000.000, Eletrobrás, 1992) atribui a área do estado de Rondônia, que verte para o rio Madeira, um valor maior que 600t/km²/ano.

TABELA 6.3 — Sedimentos em suspensão (concentração e produção específica) para os rios da bacia Amazônica até outubro de 1986 (Fonte: Eletrobrás/IPH,1992).

Rio	Nome do Posto	Área drenada km²	Concentração Média Anual mg/l	Produção Específica Mínima t/km²/ano
Solimões	Teresina	983.157	272,0	470,0
Solimões	São Paulo de Olivença	990.781	358,0	510,0
Juruá	Cruzeiro do Sul	38.537	562,0	415,0
Juruá	Gavião	162.000	221,0	168,0
Japurá	Acanaul	242.259	96,0	162,0
Acre	Rio Branco	22.670	454,0	112,0
Solimões	Manacapuru	2.147.736	175,0	-
Mamoré	Guajará-Mirim	589.497	101,0	43,5
Madeira	Abunã	899.761	249,0	15,8
Madeira	Porto Velho	954.285	388,0	190,0
Amazonas	Óbidos	4.618.746	124,0	106,0

Depois do trabalho precursor de Gibbs (1967), que atribuiu 82% dos sedimentos em suspensão encontrados no rio Amazonas à Cordilheira dos Andes (12% da área da bacia hidrográfica), Meade (1985), Meade *et al.* (1985) e Meade (1994), utilizando maior rede de pontos de coleta e a diferentes profundidades, concluíram que, além dos sedimentos não se distribuírem de maneira uniforme, sendo mais concentrados nas proximidades do fundo do que na superfície, inclusive a fração de silte, devido à contribuição dos tributários e à hidráulica do transporte dos sedimentos (Meade *et al,* 1979), os Andes Peruanos (rio Solimões) e os Andes Bolivianos (rio Madeira) são responsáveis por 90-95% dos sedimentos em suspensão. Dados compilados pela ELETROBRÁS (1992) e apresentados na tabela 6.3 mostram para o Solimões (São Paulo de Olivença) uma concentração média anual de 358mg/l e para o rio Madeira valores iguais a 249,mg/l (em Abunã) e 388mg/l em Porto Velho.

Ainda, o autor (Meade,1994) considera que a fonte dos sedimentos em suspensão para o rio Amazonas difere da fonte de descarga líquida, atribuindo para esta última o escoamento superficial das áreas a jusante da bacia (70%) e para as nascentes peruanas e bolivianas um valor de 10-20%. A produção de sedimentos (total de 150-200 ton/km²/ano) não é homogênea, refletindo as distintas taxas de erosão em diferentes partes da bacia hidrográfica.

Com base na quantidade de sedimentos em suspensão, no grau de acidez e volume de matéria orgânica dissolvida, as águas dos rios amazônicos pertencem à categoria de águas brancas, pretas e claras. Afluentes com nascentes andinas transportam grandes quantidades de sedimentos (rio Madeira especialmente) e são conhecidos como rios de águas brancas (Tabela 6.3). Tributários com grandes volumes de descarga líquida e reduzida carga de sedimentos como o rio Negro, onde as taxas de erosão do maciço das Guianas são diminutas (1m/milhão de anos), são chamados de rios de águas pretas. A concentração anual de sedimentos em suspensão para o rio Negro é de 21mg/l, em Cucuí e 12mg/l no posto Serrinha (ELETROBRÁS,1992). A coloração escura dos rios, provenientes do Escudo das Guianas, deve-se aos ácidos húmicos dissolvidos dos solos. O rio Tapajós pertence à categoria dos rios de águas límpidas.

Os sedimentos em suspensão dos rios amazônicos podem ser produzidos por outras fontes devido, em especial, a forma de ocupação da bacia

BACIAS HIDROGRÁFICAS

239

hidrográfica e a alteração da dinâmica das águas produzida pelo barramento dos rios, com a finalidade especial, entre outras, de produção de energia e abastecimento. De 1970 a 1985 a Amazônia Legal passou por diferentes políticas de ocupação que permitiu o avanço sobre a floresta, com a criação de eixos (1970), pólos de desenvolvimento (1974) e a criação do Projeto Calha Norte, em 1985 (Ministério do Meio Ambiente, dos Recursos Hídricos e da Amazônia Legal, 1995). O programa de ocupação e vigilância da região fronteira do Brasil na Amazônia (Projeto Calha Norte) está sendo revitalizado pelo governo que prevê a criação dos territórios Alto Solimões e Rio Negro, para garantir a segurança da fronteira do Brasil na Amazônia e dos recursos naturais através do desenvolvimento e ocupação da região.

Entre 1970 e 1979 foram construídas usinas hidrelétricas de pequena capacidade (10 a 49MW) como Curuá-Una (rio Curuá), Itaituba (rio Tapajós), ambas a jusante de Manaus e Ji-Paraná, no rio do mesmo nome, afluente do rio Madeira, estado de Rondônia. A construção de algumas barragens, ainda fora de operação, como Balbina, em construção no rio Jatumã, afluente da margem esquerda do rio Amazonas (a jusante de Manaus); Porteira (projetada para o rio Trombetas, afluente da margem esquerda do rio Amazonas); Samuel (em construção no rio Jamari, afluente do rio Madeira, nas proximidades de Porto Velho, Rondônia); Ji-Paraná I e Ávila, ainda projetadas, ambas no rio Ji-Paraná, afluente do rio Madeira, nas proximidades dos limites entre os estados de Rondônia e Mato Grosso, podem ser consideradas como fontes potenciais das mudanças dos teores de carga sólida nos rios amazônicos, nessa última década do milênio.

Ainda, nos altos cursos dos rios Teles Pires (Pereira Filho, 1995), Tapajós (Rodrigues *et al.*, 1994), Madeira (Malm *et al,* 1990; Pfeiffer *el al.*, 1989 e 1991) e Peixoto Azevedo (Borges e Cunha, 1996), entre outros, onde vem se realizando a exploração garimpeira, registra-se acelerado processo de erosão nas margens e assoreamento no canal (Figura 6.4). A atividade garimpeira ocorre com maior freqüência na estação seca, quando o nível mais baixo das águas torna as frentes de lavras mais acessíveis. A maior acidez da água, nessa época do ano, encontrada por Pereira Filho (1995) nas drenagens dos garimpos de Alta Floresta (rio Teles Pires) deve-se ao carreamento das substâncias húmicas dos solos, devido ao retrabalhamento dos horizontes superficiais dos mesmos (Figura 6.5).

240　　　　　　　　　　　　　　　　　　　　GEOMORFOLOGIA DO BRASIL

FIGURA 6.4. Erosão das margens provocada pelas balsas que garimpam ouro no rio Peixoto de Azevedo (bacia Amazônica, janeiro de 1998).

FIGURA 6.5. Rio Teles Pires, a montante da zona garimpeira, próximo à localidade de Itaúba (300m de largura e 6,5m de profundidade no talvegue, janeiro de 1998). Observar o transporte de madeira proveniente da floresta Amazônica.

BACIAS HIDROGRÁFICAS

Ainda, decorrente dessa atividade, o emprego da técnica de amalgamação com mercúrio para a extração do ouro, uma quantidade significativa de mercúrio atinge o rio poluindo as águas (Lacerda e Salomons, 1992). A forma química em metil-mercúrio é altamente tóxica acumulando-se nos organismos, podendo atingir níveis elevados nos peixes, contaminando populações que se alimentam do pescado (Lacerda e Salomons, 1992). Nos rios Madeira e Tapajós os sedimentos em suspensão contaminados são transportados a longas distâncias podendo alcançar de centenas a milhares de quilômetros a jusante da fonte poluidora, atingindo ambientes não ligados à atividade garimpeira (Lacerda e Meneses, 1995).

2.2. BACIA DO ATLÂNTICO NORDESTE

A bacia do Atlântico Nordeste ($953.000km^2$) é formada por um conjunto de drenagem modesta, com deficiência em alimentação e que se dirige para o oceano Atlântico (Figura 6.6). Drena, administrativamente, parte dos Estados do Amapá, Pará, Pernambuco e Alagoas e toda a área dos estados do Maranhão, Piauí, Ceará, Rio Grande do Norte, Paraíba. A drenagem principal é representada pelos rios Pindaré, Grajaú, Mearim e Itapecuru, que deságuam no golfo do Maranhão, e o rio Parnaíba, divisa entre os estados do Maranhão e Piauí. São rios periódicos e seus leitos têm sido barrados para a construção de açudes.

As isoietas médias anuais, para a série histórica de 1931-1988, mostraram valores de precipitação de 600 mm, na área central, aumentando esses valores na direção dos extremos. A chuva média da bacia hidrográfica é de 1.328 mm/ano (Tabela 6.1). Pelas razões da precipitação o regime fluvial é semi-árido (temporário e intermitente). Durante o longo período de estiagem os cursos dos rios permenecem total ou parcialmente secos. As enchentes ocorrem no outono, principalmente, ou no verão e as vazantes na primavera. Na faixa litorânea os rios passam para o regime tropical modificado com enchentes, principalmente, no inverno ou no outono e vazante na primavera ou no verão. No Maranhão o regime fluvial passa para tropical austral (perene), com enchentes principalmente no outono e vazante na primavera. A vazão média específica é de 5,7 $l/s/km^2$ (Tabela 6.1).

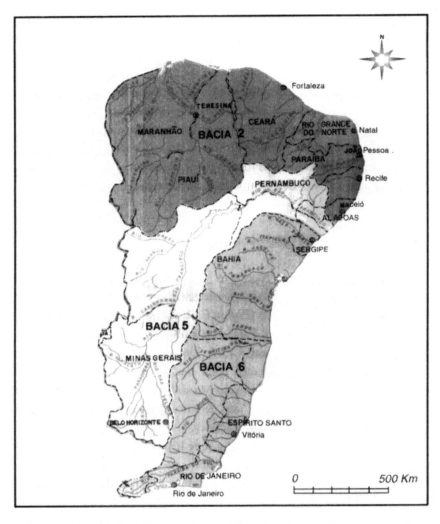

FIGURA 6.6. Bacias do Atlântico Nordeste, São Francisco e Atlântico Leste com a divisão administrativa e a rede de drenagem principal.

A serra da Mangabeira, chapada do Araripe, planalto da Borborema e a serra de Ibiapaba, com solos de erodibilidade média a elevada, constituem os principais divisores pediplanados e fontes naturais de sedimentos. A maior concentração média anual de sedimentos em suspensão registra-se na drenagem de Pernambuco para os rios Capibaribe, na estação

BACIAS HIDROGRÁFICAS

Limoeiro (431mg/l, Tabela 6.4), Ipojuca, em Tabocas-Engenho (278mg/l) e Ipojuca, em Caruaru (249mg/l). No rio Apodi (RGN), em Pedras da Abelha, registra-se 263mg/l.

A produção específica mínima em suspensão, que relaciona os sedimentos em suspensão com a área da bacia, mais elevada pertence ao rio Capibaribe (125t/km²/ano). O mapa de produção específica mínima de sedimentos em suspensão (1:5.000.000, Eletrobrás/IPH,1992) atribui para a área da drenagem próxima ao litoral de Pernmbuco, um valor entre 100 e 200 t/km²/ano.

TABELA 6.4 — Sedimentos em suspensão (concentração e produção específica) para os rios da bacia do Atlântico Nordeste até outubro de 1986 (Fonte: Eletrobrás/IPH, 1992)

Rio	Nome do Posto	Área de Drenagem km²	Concentração Média Anual do Sedimento em Suspensão mg/l	Produção Específica Mínima em Suspensão t/km²/ano
Itapecuru	Caxias	32.700	149,0	5,3
Itapecuru	Codó	39.200	159,0	6,0
Itapecuru	Coroatá	43.800	124,0	5,3
Apodi	Pau dos Ferros	2.050	114,0	-
Apodi	Pedra das Abelhas	6.450	263,0	-
Paraíba	Bodocongo	13.772	116,5	4,4
Paraíba	Ponte da Batalha	19.244	110,0	22,0
Tracunhaém	Nazaré da Mata	650	134,0	-
Tracunhaém	Itapissirica-Engenho	1.250	170,0	34,3
Capibaribe	Toritama	2.750	229,0	31,0
Capibaribe	Limoeiro	5.650	431,0	125,0
Capibaribe	Tiuma	7.350	110,0	-
Ipojuca	Caruaru	2.100	249,0	41,0
Ipojuca	Tabocas-Engenho	3.020	278,0	16,0
Una	Capivara	2.607	200,0	58,0
Paraíba	Atalaia	2.517	108,0	25,0

2.3. Bacia do Paraná

A bacia hidrográfica do Paraná (877.000 km²) drena parte das terras dos estados de Goiás, Minas Gerais, São Paulo, Paraná e Mato Grosso do Sul (Figura 6.7). O rio Paraná (4.000 km) é típico de planalto (sedimentos antigos, primários, secundários e rochas eruptivas básicas) que, juntamente com seus formadores e afluentes, desce os degraus escalonados de basalto do planalto Meridional. São conhecidas as cachoeiras de Dourada, no rio Paranaíba; Marimbondo, no rio Grande; Iguaçu, no rio homônimo e Urubupungá no próprio rio Paraná. Essa fisionomia permitiu a instalação do maior sistema elétrico do país, com um potencial hidrelétrico gigantesco com aproveitamento, hoje, superior a 61,7% (Oliveira, 1993).

Para a série histórica de precipitação (1931-1988) as isoietas médias anuais mostraram uma amplitude de 1.400 a 1.800 mm. Apenas na parte central da bacia, entre os estados de Mato Grosso do Sul e São Paulo, as precipitações passam para 1.200 mm. A chuva média da bacia é de 1.385 mm/ano (Tabela 6.1).

Do rio Paranapanema (divisa entre São Paulo e Paraná) para o norte, o regime fluvial é tropical austral (perene), com enchentes no verão e vazante na primavera, principalmente, ou no inverno. Para o sul do rio Paranapanema o regime passa para temperado (perene), onde a época das enchentes e vazantes é pouco definida, com pequena amplitude entre os níveis máximos das enchentes e das vazantes; entretanto, há tendência de enchentes no verão e de vazantes no inverno. A vazão média específica é de 1.290m³/s.

A bacia do rio Paraná é a que possui, junto com a bacia hidrográfica do rio São Francisco, o maior número de informações sobre a carga de sedimentos dos seus rios. Para ela as maiores concentrações médias anuais dos sedimentos em suspensão estão localizados nos rios Ivaí (PR), em Novo Porto Taquara (584mg/l), Grande (formador do rio Paraná, junto com o rio Paranaíba), em Macaia (420mg/l). Ainda, conforme mostra a Tabela 6.5, várias estações apresentam valores superiores a 100mg/l. Os maiores valores da produção específica mínima de sedimentos em suspensão é atribuído para o rio Grande 243t/km²/ano (Tabela 6.5).

BACIAS HIDROGRÁFICAS

TABELA 6.5 — Sedimentos em suspensão (concentração e produção específica) para os rios da bacia do Paraná até outubro de 1986 (Fonte: Eletrobrás/IPH, 1992).

Rio	Nome do Posto	Área de Drenagem km^2	Concentração Média Anual do Sedimento em Suspensão mg/l	Produção Específica Mínima em Suspensão t/km^2/ano
Paranaíba	Porto dos Pereiras	10.160	202,0	166,0
Paranaíba	Cachoeira do Sertão	22.700	177,0	127,0
Araguari	Capim Branco	18.700	237,0	203,0
Corumbá	Ponte São Bento	26.200	319,0	80,0
Paranaíba	Cachoeira Dourada	99.700	132,0	118,0
das Mortes		1.030	117,0	57,0
Grande	Macaia	14.854	420,0	243,0
Sapucaí	Itajubá	869	181,0	86,0
Mogi-Guaçu	Mogi-Guaçu	3.834	155,0	40,0
Mogi-Guaçu	Pto. Cunha Bueno	12.291	107,0	36,0
Aguapeí	Faz. Bom Retiro	3.670	136,0	33,0
Aguapeí	Valparaíso/Adamantina	8.643	213,0	62,0
das Cinzas	Granja Garota	3.976	262,0	145,0
Tibaji	Porto Londrina	18.768	195,0	101,0
Tibaji	Jataizinho	21.955	147,0	76,0
Pirapó	Vila Silva Jardim	4.627	290,0	110,0
do Diabo	Clube Campestre	445	105,0	33,0
Suruguá	Paraíso do Norte	201	136,5	68,0
Ribeirão do Rato	Poço Artesiano	27	249,0	135,0
Ribeirão do Rato	Faz.Luso-Brasileira	61	107,0	40,0
Ribeirão Água do Meio	Faz. S. Jorge	29	122,8	39,0
Ribeirão das Antas	Sítio Santo Antônio	331	134,0	58,0
Piava	Sítio São Lucas	196	130,0	58,0
Ribeirão das Antas	Águas do Jacu	980	301,0	204,0
Ivaí	Novo Porto Taquara	34.432	584,0	150,0
Goio-Erê	Faz. Uberaba	2.941	108,0	88,0

Fernandez (1990, 1992, 1993a, 1993b, 1995a, 1995b), estudando as mudanças no canal fluvial do rio Paraná, através dos processos de erosão das margens, como elemento contribuidor da carga sólida na região de Porto Rico (PR) próximo ao rio Paranapanema, durante 27 anos (1953-1980), concluiu que o deslocamento espacial das áreas erosivas e deposicionais (pequenas ilhas e barras arenosas) decorreram das permanentes alterações das principais linhas de fluxo ao longo do tempo e que a corrasão, o desmoronamento e o escorregamento rotacional foram os processos dominantes de erosão das margens. No mesmo local, comparando quatro diferentes segmentos de canais, quanto a erosão marginal, os processos erosivos e suas relações com as variáveis hidrodinâmicas e mecânicas, Rocha (1990) concluiu que o segmento de maior instabilidade das margens foi o rio Paraná, a velocidade do fluxo foi determinante na quantificação da erosão e a corrosão foi o principal processo.

No lago de Itaipu, Fernandez (1995) estudou a erosão pré-atual (1984, etapa final do enchimento do lago e 1993) e atual (1993 a 1995). Identificou que a ação erosiva das ondas foi o principal agente erosivo e que o recuo mínimo e máximo pré-atual obteve valores entre 2,5 e 5,0m/ano. Os mesmos valores extremos, avaliados para a erosão atual, foram 1,08 e 8,41m/ano. Esse estudo é importante não só para o controle do assoreamento do resevatório de Itaipu como, também, para a manutenção da cota das águas.

Outra questão a analisar trata-se da drenagem urbana. Tucci (1994 e 1995) tem demonstrado que a enchente urbana é um problema muito freqüente na realidade brasileira, uma vez que o gerenciamento do desenvolvimento urbano não tem considerado essa variável. Matos (1987) realiza estudo experimental sobre a drenagem pluvial.

Na bacia do rio Paraná, o afluente Tietê atravessa a cidade de São Paulo, maior metrópole da América Latina, cujas áreas de riscos fluviais ainda não foram preservadas. Desde 1992 a bacia do rio Tietê tem um projeto de recuperação, despoluição e preservação, com financiamento do Banco Interamericano de Desenvolvimento (BID) e do Banco Mundial (BIRD), desde 1995 (Revista Bio, 1996).

BACIAS HIDROGRÁFICAS

2.4. BACIA DO TOCANTINS

A bacia do Tocantins (757.000km^2) engloba os estados de Goiás e Tocantins (Figura 6.3). Com uma chuva média de 1.660mm/ano (Tabela 6.1) apresentou isoietas médias anuais, para o período de 1931 a 1988, entre 1.600 e 1.800 mm.

Predominam dois regimes fluviais: o tropical austral (perene), com enchentes no verão e vazante, principalmente na primavera ou no inverno. Em grande parte da área sul da bacia hidrográfica e ao norte registra-se o regime perene equatorial, a semelhança da bacia Amazônica. A vazão média específica é de 15,6 l/s/km^2 e a vazão média é de 11.800 m^2/s (Tabela 6.1).

As maiores concentrações médias anuais em suspensão tiveram valores de 359mg/l, no rio Araguaia (em Araguaiana), 314mg/l, no rio Tocantins (na estação Peixe) e 303mg/l, ainda no rio Araguaia (em Barra do Peixe). As maiores produções específicas mínimas em suspensão ocorreram no rio Tocantins, na estação Peixe (141t/km^2/ano). No rio Araguaia, em Barra do Peixe e Cachoeira Grande, ambas as estações registraram valores de 126t/km^2/ano (Tabela 6.6).

TABELA 6.6 — Sedimentos em suspensão (concentração e produção específica) para os rios da bacia do Tocantins até outubro de 1986 (Fonte: Eletrobrás/IPH, 1992).

Rio	Nome do Posto	Área de Drenagem km^2	Concentração Média Anual do Sedimento em Suspensão mg/l	Produção Específica Mínima em Suspensão t/km^2/ano
Tocantins	São Felix	58.047	171,0	43,0
Tocantins	Peixe	130.052	314,0	141,0
Araguaia	Cach. Grande	5.170	146,0	126,0
Araguaia	Barra do Peixe	17.307	303,0	126,0
Araguaia	Torixoréu	19.100	153,0	85,0
Araguaia	Araguaiana	50.930	359,0	-

Na bacia do Tocantins foi construída a barragem de Tucuruí, cujos impactos no ambiente, em especial os relacionados com a degradação do canal, foram debatidos e criticados por mais de 10 anos (Petrere Junior, 1994). A experiência de Tucuruí, entretanto, teve uma contribuição positiva ao colaborar para a rápida evolução das técnicas de gestão do ambiente adotadas, recentemente, pelo setor elétrico brasileiro (Monosowski,1983 e 1990). O mapa da produção específica mínima de sedimentos em suspensão (1:5000 000, Eletrobrás/IPT, 1992) mostrou que, a montante do reservatório de Tucuruí, ocorrem sucessivos trechos de erosão (até 400t/km²/ano) e deposição (superior a 200t/km²/ano). Nas nascentes do Tocantins e na bacia do afluente Araguaia a erosão atinge entre 100 e 200t/km²/ano. Mota (1996), estudando a evolução de feições de navegabilidade do rio Tocantins, no trecho entre as cidades de Estreito (MA) e Sampaio (TO), verificou trechos de acreção e erosão na calha fluvial.

Por outro lado, o reservatório de Tucuruí vem sofrendo contaminação pelo lançamento de mercúrio pela atividade garimpeira. Estudos mostraram que do maior estoque do metal presente no reservatório encontra-se na superfície do sedimento de fundo e na camada superficial do solo inundado. As maiores concentrações de mercúrio, calculadas na Amazônia, foram encontradas nos peixes carnívoros de Tucuruí e na carne e fígado dos jacarés que se alimentam desses peixes (Lacerda e Meneses, 1995; Brito, 1995).

2.5. BACIA DO SÃO FRANCISCO

A bacia do rio São Francisco (3161km) atravessa os estados de Minas Gerais e Bahia (634.000km², Figura 6.6 e Tabela 6.1). No início do período Terciário, o curso geral do São Francisco percorreu a depressão talhada entre o Espinhaço e os chapadões do Urucuia. Sua posição atual, desviada para leste, a partir do cotovelo de Joazeiro-Petrolina, deve-se às deformações do macrodomo cristalino da Borborema.

São inúmeros os estudos sobre as características ambientais do rio São Francisco, datando de 1936 as primeiras sínteses. Quanto às precipitações, apenas as nascentes apresentam isoietas médias anuais (1931-1988) entre 1.000 e 1.400 mm. Para todo o restante da bacia esses valores ficam entre 100 e 600 mm. A chuva média fica em torno de 916 mm/ano.

BACIAS HIDROGRÁFICAS

Ocorrem dois regimes fluviais: na nascente, nos afluentes da margem esquerda registra-se o regime tropical austral perene, semelhante ao regime registrado nas bacias do Tocantins e Paraná. Pela margem direita verifica-se o regime semi-árido (temporário e intermitente), a semelhança do que ocorre na bacia do Atlântico do Nordeste. A vazão média é de 2.850m³/s enquanto a vazão média específica é de 4,5l/s/km².

A bacia do Paraná é a bacia hidrográfica do Brasil de maior produção de sedimentos de que se tem conhecimento. As maiores concentrações médias anuais ocorreram nos afluentes formadores do rio São Francisco, em especial, no rio das Velhas, que banha a cidade de Belo Horizonte, em Ponte Raul Soares (1.184mg/l) e Honório Bicalho Montante (872mg/l); e no rio Paraopeba, em Belo Vale (872mg/l). As seis estações de coleta localizadas no rio das Velhas apresentaram valores de concentração anual de sedimentos em suspensão superiores a 240mg/l (Tabela 6.7).

A produção específica mínima em suspensão atingiu valores de 760t/km²/ano no rio Indaiá (em Porto Indaiá), de 622 e 621t/km²/ano para os rios Indaiá (Fazenda Bom Jardim) e Borrachudo (em Fazenda da Matinha), respectivamente. O valor de 580t/km²/ano foi obtido para os rios das Velhas (em Ponte Raul Soares) e Paraopeba (em Belo Vale). Os elevados valores obtidos para a concentração e produção de sedimentos na região do alto São Francisco deve-se à intensa atuação antrópica sobre as características do relevo acentuado e da vegetação atualmente pouco densa (Ramos *et al.*, 1984), sendo conhecidas as enchentes do alto rio São Francisco (Ramos, 1984).

Ainda, estudos sobre a erosão na bacia (OEA, Carvalho, 1986 e Carvalho, 1987 e 1997), mostraram um crescente aumento da carga sólida dos rios entretanto, como pode ser avaliado na Tabela 6.7, verifica-se uma redução na concentração anual de sedimentos em suspensão, em direção a foz. Esse fato pode estar relacionado à retenção dos sedimentos nos reservatórios existentes ao longo do seu curso.

TABELA 6.7 — Sedimentos em suspensão (concentração e produção específica) para os rios da bacia do São Francisco até outubro de 1986 (Fonte: Eletrobrás/IPH, 1992).

Rio	Nome do Posto	Área de Drenagem km²	Concentração Média Anual do Sedimento em Suspensão mg/l	Produção Específica Mínima em Suspensão t/km²/ano
S. Francisco	Porto das Andorinhas	13.300	241,0	175,0
Itapecerica	Pari	1.849	306,0	134,0
Pará	Velho da Taipa	7.109	106,0	50,0
Pará	Porto Pará	11.330	110,0	70,0
Paraopeba	Belo Vale	2.690	872,0	580,0
Paraopeba	Pte. Nova do Paraopeba	5.567	523,0	365,0
Paraopeba	Pte. da Taquara	7.980	293,0	172,0
Paraopeba	Porto Mesquita	10.300	468,5	400,0
Indaiá	Faz. Bom Jardim	1.920	465,5	622,0
Indaiá	Porto Indaiá	2.260	601,0	760,0
Borrachudo	Faz. da Matinha	500	586,0	621,0
S. Francisco	Pirapora-Barreiro	61.880	226,0	113,5
das Velhas	Honório Bicalho-Montante	1.642	872,0	470,0
das Velhas	Ponte Raul Soares	4.780	1.184,0	580,0
das Velhas	Jequitibá	6.292	644,0	498,0
das Velhas	Ponte do Licínio	10.980	419,0	108,0
das Velhas	Santo Hipólito	16.428	244,0	141,0
das Velhas	Várzea da Palma	26.225	306,0	170,0
Paracatu	Santa Rosa	12.915	201,0	147,0
Paracatu	Faz. Porto Alegre	42.120	353,0	120,0
S. Francisco	São Romão	154.870	303,0	105,0
Urucuia	Arinos	11.856	104,0	51,0
Urucuia	Barra do Escuro	24.658	319,0	120,0
S. Francisco	Pedras de Maria da Cruz	191.063	240,0	100,0

BACIAS HIDROGRÁFICAS

Rio	Nome do Posto	Área de Drenagem km²	Concentração Média Anual do Sedimento em Suspensão mg/l	Produção Específica Mínima em Suspensão t/km²/ano
S.Francisco	Manga	200.789	208,0	62,0
Verde Grande	Boca da Caatinga	30.180	127,5	3,0
Carinhanha	Juvenília-Caio Martins	16.130	113,0	32,0
S. Francisco	Carinhanha	255.700	231,0	65,0
S. Francisco	Gameleira	309.540	247,0	64,0
S. Francisco	Morpará	344.800	173,0	45,0
S. Francisco	Pilão Arcado	443.100	173,0	34,0
S. Francisco	Faz. São José	494.700	327,0	58,0
S. Francisco	Sobradinho L.E1	498.425	124,0	21,0
S. Francisco	Juazeiro	510.800	139,0	26,0
S. Francisco	São Miguel	553.745	118,0	17,0
Pajeú	Jazigo	6.170	562,0	81,0
S. Francisco	Petrolândia	590.790	115,0	19,0
S. Francisco	Traipu	622.520	156,0	26,0

2.6. BACIA DO ATLÂNTICO LESTE

Estende-se da bacia do rio Japaratuba (SE) à bacia do rio Pardo (BA) drenando terras (551.000km²) dos estados do Rio de Janeiro e Espírito Santo e parte dos estados de Minas Gerais e Bahia (Figura 6.6). Seus rios principais apresentam perfis longitudinais de rios de planalto (Pardo, Jequitinhonha, Doce e Paraíba do Sul) com registro de três tipos de regime fluvial: semi-árido temporário, intermitente, para norte do rio Pardo e regime tropical austral (perene), para sul, ambos com enchentes no verão e vazantes principalmente na primavera, ou no inverno. No faixa litoral entre os rios Doce e Pardo verifica-se a ocorrência do regime tropical modificado, perene, com enchentes principalmente no outono, ou no inverno, e vazante na primavera ou no verão. A vazão média atinge 2.175 m³/s e a vazão média específica 7,5l/s/km² (Tabela 6.1).

O relevo, a presença da mata e o litoral exercem papel importante na distribuição das chuvas na bacia. No estado do Rio de Janeiro (serra do Mar) e nas proximidades de Salvador, as isoietas médias anuais de chuva (1931-1988) acusam 2.000mm. Em direção ao interior há redução dos valores para até 600 mm. A chuva média atinge 1.062mm/ano.

A concentração média anual de sedimentos em suspensão, para a bacia (Tabela 6.8), é bastante elevada para os rios Jequitinhonha (638mg/l, em Itapebi, e 551mg/l em Porto Itapoã) e Doce (568mg/l, em Colatina). Preocupados com esses valores e reconhecendo os problemas de assoreamento em pequenos reservatórios, Almeida e Carvalho (1993) e Hrasko (1996) estudaram os efeitos do assoreamento de reservatórios da UHE Mascarenhas localizado no rio Doce. A maior produção específica mínima de sedimentos em suspensão na bacia hidrográfica do Atlântico leste encontra-se no canal Macaé (562t/km^2/ano, em Severina) e no rio Jequitinhonha (240t/km^2/ano, em Itapebi). Estudos sobre o transporte de sedimentos sólidos em suspensão foram realizados por Garcia (1991) concluindo um significativo aumento a partir de 1979, relacionado ao crescimento das atividades de exploração mineral nos aluviões.

A bacia do rio Paraíba do Sul sofreu fortes impactos gerados pelo cultivo do café. Mais recentemente, com o crescimento da população e da indústria, a bacia hidrográfica teve a qualidade de suas águas alterada. As usinas de Pombos, Santa Cecília e Funil e os reservatórios de Santa Branca, Piratinga e Paraibuna, construídos ao longo do seu percurso até a foz, gerou retenção de sedimentos nesses compartimentos ocasionando, na foz, problemas de erosão (Costa, 1994). Semelhante estudo foi realizado por Addad (1997) considerando as alterações fluviais e os efeitos na erosão costeira, para os rios entre Caravelas e Porto Seguro.

Ainda, o assoreamento da drenagem que verte para a baía de Guanabara foi bem estudado por Amador (1996), onde situa-se a cidade do Rio de Janeiro, conhecida pelos problemas das enchentes e inundações decorrentes, em especial, de uma drenagem urbana mal dimensionada (Lopes *et al.*, 1996, Ferreira e Cunha, 1996, Moreira, 1997, Kelman e Magalhães, 1997, Kelman *et al.*, 1997, Abreu, 1997, Brandão, 1997).

BACIAS HIDROGRÁFICAS

TABELA 6.8 — Sedimentos em suspensão (concentração e produção específica) para os rios da bacia do Atlântico Leste até outubro de 1986 (Fonte: Eletrobrás/IPH, 1992).

Rio	Nome do Posto	Área de Drenagem km²	Concentração Média Anual do Sedimento em Suspensão mg/l	Produção Específica Mínima em Suspensão t/km²/ano
Jequitinhonha	Mendanha-montante	1.392	374,0	190,0
Araçuaí	Araçuaí	14.621	419,0	90,4
Jequitinhonha	Jacinto	62.365	333,0	76,0
Jequitinhonha	Porto Itapoã	67.550	551,0	214,0
Jequitinhonha	Itapebi	67.769	638,0	240,0
Mucuru	Mucuri	2.053	192,0	66,0
Mucuri	Carlos Chagas	9.607	129,0	37,0
S.Mateus	S. João da Cach.			
Braço Norte	Grande	6.732	109,0	38,0
Piracicaba	Acesita	5.060	356,0	197,0
Santo Antônio	Fza. Ouro Fino	6.260	114,0	188,0
Santo Antônio	Naque Velho	9.920	224,0	125,0
Suaçuí Grande	Vila Matias-montante	10.189	348,0	102,0
Doce	Tumiritinga	55.425	202,0	59,0
Manhuaçu	S. Sebastião da Encruzilhada	8.454	181,0	115,0
Doce	Colatina	72.765	568,0	159,0
Paraíba do Sul	Várzea do Paraíba	9.733	114,0	59,0
Paraíba do Sul	Cach. Paulista	11.411	131,0	67,0
Paraibuna	Juiz de Fora-Jusante	971	199,0	126,0
Pomba	Cataguazes	6.244	223,0	49,0
Canal Macaé	Severina	896	379,0	562,0
São João	BR-101	572	205,0	233,0
Bacaxá	Sítio Suzana	272	238,0	76,0
Capivari	Silva Jardim	118	311,0	333,0

2.7. BACIA DO PARAGUAI

O rio Paraguai (2.070 km) nasce no planalto central e após curto percurso penetra no pantanal. Em certos trechos separa o Brasil da Bolívia e Paraguai (bacia com 368.000 km^2) e drena terrenos dos estados de Mato Grosso e Mato Grosso do Sul (Figura 6.7). São seus principais afluentes pela margem esquerda: São Lourenço, Taquari, Miranda e Apa. Pela direita o Jauru e Manso.

FIGURA 6.7. Bacias do Paraná, Paraguai, Atlântico Sudeste e Uruguai com a divisão administrativa e a rede de drenagem principal.

BACIAS HIDROGRÁFICAS

As isoietas médias anuais (1931-1988) mostram que os valores de precipitação aumentam de oeste para leste, atingindo a área dos formadores, no planalto central, com amplitude entre 1.000 e 1.800 mm. A chuva média da bacia é de 1.370mm/ano (Tabela 6.1). O regime fluvial (perene, tropical austral) segue o comportamento das enchentes e vazantes descrito nas bacias dos rios Paraná, Tocantins e alto São Francisco. A vazão média anual é de 11.000m³/s (1961 a 1990, DNAEE) e a vazão média específica é de 3,5 l/s/km² (Tabela 6.1). O primeiro estudo detalhado sobre o regime do rio Paraguai e as possibilidades de melhoramentos nas condições de navegabilidade do rio foram realizadas de 1966 a 1972 (DNOS/UNESCO/PNUD, 1974).

A concentração média anual de sedimentos em suspensão atinge 491mg/l no rio Aquidauana (em Aquidauana), 486,mg/l no rio São Lourenço e 410mg/l no rio Taquari (em Coxim). A produção específica mínima de sedimentos em suspensão registra-se no rio São Lourenço (695t/km²/ano), no rio Taquari, em Coxim (273t/km²/ano) e no rio Manso, em Porto de Cima (272t/km²/ano, Tabela 6.9). Apesar dos valores elevados para o rio Manso, Carvalho (1990), demonstrando as possibilidades do reservatório, relacionadas aos problemas de sedimentação, avaliou a vida útil do reservatório do rio Manso concluindo que a sedimentação na base do reservatório levará cerca de 1.000 anos.

A produção de sedimentos (t/km²/ano) e o aumento da concentração média anual de sedimentos em suspensão (mg/l), na bacia do rio Paraguai, relacionam-se com o tipo de ocupação da terra, altamente relacionada aos planos de desenvolvimento da região. A exemplo, cita-se o plantio da soja no planalto, região divisora topográfica das águas e a atividade garimpeira de Poconé (Pereira Filho, 1995).

Estudos têm relacionado as condições hidrológicas dos rios com o pantanal (Alvarenga, 1984; Ferreira *et al.*, 1994; Coutinho *et al.*, 1994; Bordas, 1996; Guilhermo *et al.*, 1996, Borges, 1996). Mais recentemente, o rio Paraguai ampliou sua importância econômica como futuro corredor de exportação da produção. A idéia da construção da hidrovia Paraná-Paraguai mobilizou pesquisadores e instituições internacionais no sentido de embargar a realização da obra ou torná-la menos impactante (Bucher *et al.*, 1994; Ponce, 1995; Cunha,1996 e 1998, Figura 6.8).

FIGURA 6.8. Rio Paraguai a jusante da cidade de Cáceres, possível corredor de exportação da produção grãos (soja e milho). Observar a presença da draga de exploração de areia e a retirada da mata ciliar.

TABELA 6.9 — Sedimentos em suspensão (concentração e produção específica) para os rios da bacia do Paraguai até outubro de 1986 (Fonte: Eletrobrás/IPH, 1992).

Rio	Nome do Posto	Área de drenagem km²	Concentração Média Anual do Sedimento em Suspensão mg/l	Produção Específica Mínima em Suspensão t/km²/ano
Paraguai	Cáceres	33.890	127,0	68,0
Cuiabá	Marzagão	2.260	153,0	246,0
Manso	Porto de Cima	8.940	97,0	272,0
Cuiabá	Cuiabá	21.730	185,0	141,5
Jorique	Pedra Preta	2.400	394,0	238,0
S. Lourenço	Acima do Córrego Grande	21.800	486,0	695,0

BACIAS HIDROGRÁFICAS

Rio	Nome do Posto	Área de Drenagem km²	Concentração Média Anual do Sedimento em Suspensão mg/l	Produção Específica Mínima em Suspensão t/km²/ano
Piquiri	Estrada Br-163	3.240	265,0	115,0
Itiquira	Montante BR-163	5.210	149,0	84,0
Cuiabá	Porto Alegre	102.750	194,0	44,0
Taquari	Coxim	27.040	410,0	273,0
Miranda	Estrada MT-738	11.820	345,0	71,0
Aquidauana	Ponte do Grego	6.830	282,0	110,0
Aquidauana	Aquidauana	15.200	491,0	148,0
Paraguai	Porto Esperança	363.500	161,0	42,0

2.8. BACIA DO ATLÂNTICO SUDESTE

Essa bacia hidrográfica (224.000km²) estende-se do estado de São Paulo até o arroio Chuí, Rio Grande do Sul, e os rios a exemplo das bacias do Atlântico Norte e Atlântico Leste formam pequenas redes de drenagem que lançam suas águas diretamente no oceano Atlântico (Figura 6.7). As isoietas médias anuais (1931-1988) mostram valores crescentes de sul para norte entre 1.200 e 1.600 mm e a precipitação média (1961-1990, DNAEE) é de 1.394mm/ano (Tabela 6.1). O regime fluvial dominante é temperado, perene, com tendência de enchentes no inverno e vazantes no verão. A vazão média anual é de 4.300m³/s e a vazão média específica atinge o valor de 19,2 l/s/km² (Tabela 6.1).

A maior concentração média anual de sedimentos em suspensão registrou-se no arroio Basílio, na estação Contrato (121mg/l), e a produção específica mínima de sedimentos ocorreu no rio Vacaria, em Passo do Verde (296t/km²/ano), e no rio Itajaí-Mirim, na estação Brusque (295t/km²/ano, Tabela 6.10). Anomalias fluviais e a forte inclinação da serra Geral para o oceano têm permitido a ocorrência de desastrosas enchentes nessa bacia hidrográfica, com grande contribuição de sedimentos para as calhas fluviais (Herrmann, *et al.*, 1993; Fendrich, 1993).

258 GEOMORFOLOGIA DO BRASIL

TABELA 6.10 — Sedimentos em suspensão (concentração e produção específica) para os rios da bacia do Atlântico Sudeste até outubro de 1986 (Fonte: Eletrobrás/IPH, 1992).

Rio	Nome do Posto	Área de Drenagem km²	Concentração Média Anual do Sedimento em Suspensão mg/l	Produção Específica Mínima em Suspensão t/km²/ano
Itajaí Mirim	Brusque	1.240	61,0	295,0
Vacacaí	Passo do Verde	5.343	62,0	296,0
Arroio Basílio	Contrato	1.975	121,0	-

2.9. BACIA DO URUGUAI

A bacia do rio Uruguai (2200km) drena uma área de 178.000km² (Tabela 6.1) que se dirige para o oeste dos estados de Santa Catarina e Rio Grande do Sul (Figura 6.7). As isoietas médias anuais (1931-1988) indicaram valores entre 1.400 e 1.800 mm de chuva com pequena ocorrência no médio curso do rio Uruguai, centro de Santa Catarina, de precipitações entre 1.800 e 2.200 mm. A precipitação média anual atinge 1.567mm/-ano (1961-1990. DNAEE, Tabela 6.1). O regime fluvial é semelhante ao descrito para a bacia do Atlântico Sudeste (temperado perene), com vazão média anual de 4.150m³/s e vazão média específica de 23,3 l/s/km² (dados de 1961-1990, DNAEE, Tabela 6.1).

A bacia do rio Uruguai é a mais bem equipada em número de postos de coletas de dados sedimentológicos, em relação a sua área. Os formadores do rio Uruguai (Pelotas e Canoas) assim como os afluentes Iraní e Chapecó não apresentam considerável volume de sedimentos em suspensão. Na bacia do rio Pelotas e Canoas, por exemplo, os valores disponíveis de concentração média anual do sedimento em suspensão são inferiores a 100 mg/litro, entretanto são controladas por 8 postos de medição. Os afluentes do baixo curso do Uruguai, como o Ijuí (124 mg/l), Potiribu (201 mg/l) e rio da Várzea (158 mg/l) atingem significativos valores. As maiores produções específicas mínimas de sedimentos em suspensão

BACIAS HIDROGRÁFICAS

foram registradas no rio da Várzea, em Passo Rio da Várzea (379t/km²/ano) e no rio Santo Cristo, em Linha Cascata (290t/km²/ano).

TABELA 6.11 — Sedimentos em suspensão (concentração e produção específica) para os rios da bacia do Uruguai até outubro de 1986 (Fonte: Eletrobrás/IPH, 1992).

Rio	Nome do Posto	Área de Drenagem km²	Concentração Média Anual do Sedimento em Suspensão mg/l	Produção Específica Mínima em Suspensão t/km²/ano
da Várzea	Passo Rio da Várzea	5.356	158,0	379,0
Turvo	Três Passos	1.543	117,0	67,0
Santo Cristo	Linha Cascata	337	52,0	290,0
Uruguai	Porto Lucena	95.200	87,0	108,0
Ijuí	Passo Faxinal	2.040	124,0	90,0
Potiribu	Ponte Nova do Pitiribu	628	201,0	182,0

2.10. BACIA DO ATLÂNTICO NORTE

A bacia do Atlântico Norte constitui-se da drenagem de parte dos estados do Amapá e Pará (76.000 km²). Sua drenagem poderia pertencer à bacia amazônica por apresentar características idênticas quanto ao regime fluvial (equatorial) e de precipitação (isoietas de 1.800 a 3.400 mm, chuva média anual de 2.950 mm/ano). A vazão média é de 3.360m³/s e a vazão específica 48,2 l/s/km² (Tabela 6.1).

As pequenas bacias do Atlântico Norte (drenagem que ocupa parte do Estado do Amapá e leste da cidade de Belém) possuem 5 postos de medição de sedimentos, porém todos apresentaram valores de concentração média anual do sedimento em suspensão inferiores a 39 mg/l.

3. Gestão

A gestão de bacias hidrográficas relaciona-se diretamente à gestão dos recursos hídricos. Atualmente, no Brasil, importantes esforços estão sendo realizados para a organização e gestão do setor, visando o desenvolvimento de uma política de recursos hídricos auto-sustentável. Esse gerenciamento deve levar em conta os usos múltiplos da água e a desigual distribuição dos recursos hídricos no espaço brasileiro e no tempo.

A gestão de bacias hidrográficas é realizada através da criação de comitês de bacias, peça chave do sistema de gestão de recursos hídricos que tem como objetivo integrar institucionalmente os diferentes interesses existentes na bacia, servindo como órgão mediador de conflitos, arbitrando em primeira instância e gerando acordos que permitam explorar os recursos hídricos de forma harmônica. Nesse sentido, alguns trabalhos vêm sendo publicados (Mendes, 1991; Molinas,1996), preocupados com a política de recursos hídricos tanto nos aspectos técnicos como nos sociais e econômicos.

A exemplo, o Plano Estadual de Recursos Hídricos para o Estado de São Paulo (1990) atribui a divisão em bacias hidrográficas a base física territorial para a gestão dos recursos hídricos considerando, entre outros, o controle de inundações e de erosão das mesmas (Cunha e Guerra, 1996). Locais críticos de inundações como a bacia do alto Tietê, a bacia do rio Ribeira do Iguape e as inundações a jusante de reservatórios são priorizados no Plano.

As bacias dos rios Piracicaba, Doce e Paraíba do Sul têm realizado uma forma de gestão de bacias por municípios com a criação de Comitês Especiais de Estudos Integrados de Bacias Hidrográficas (CEEIBH) cujos objetivos são coordenar as diversas instituições envolvidas, monitorar o uso da água, classificar seus cursos e realizar estudos integrados de bacias hidrográficas (DAEE, 1988, Conejo, 1991). Nesses comitês o monitoramento é fundamental. Outro exemplo, refere-se a bacia do rio Sapucaí, a montante da represa de Furnas (MG), onde foi realizado um Plano Integrado dos Recursos Hídricos (DNOS/DGTZ, 1985), um dos trabalhos pioneiros de gestão. Resta ainda lembrar que um diagnóstico do ambiente da bacia (Beltrame, 1994) tendo em vista a preservação e conservação dos recursos hídricos (Mota,1995) é de fundamental importância para a gestão deste setor.

BACIAS HIDROGRÁFICAS

3.1. LEGISLAÇÃO

O Código das Águas (1934) legisla sobre as águas em geral e suas propriedades, sobre o aproveitamento das águas públicas, comuns e particulares, sobre as forças hidráulicas e o regulamento da indústria hidroelétrica. Em 1997 foi sancionada a lei sobre a Política Nacional de Recursos Hídricos representando um avanço no setor.

A seguir será descrita a Lei Federal n.º 9.433, sancionada em 8 de janeiro de 1997 que institui a Política Nacional de Recursos Hídricos, cria o Sistema Nacional de Gerenciamento de Recursos Hídricos, regulamenta o inciso XIX do art. 21 da Constituição Federal e altera o art. 1º da Lei n.º 8.001, de 13 de março de 1990. Relacionado a este capítulo será transcrito, apenas, o capítulo III da referida Lei.

CAPÍTULO III
Dos Comitês de Bacia Hidrográfica

Art. 37. Os Comitês de Bacia Hidrográfica terão como área de atuação:

I — a totalidade de uma bacia hidrográfica;

II — sub-bacia hidrográfica de tributário do curso de água principal da bacia, ou de tributário desse tributário; ou

III — grupo de bacias ou sub-bacias hidrográficas contíguas;

Parágrafo único. A instituição de Comitês de Bacia Hidrográfica em rios de domínio da União será efetivada por ato do Presidente da República.

Art. 38. Compete aos Comitês de Bacia Hidrográfica, no âmbito de sua área de atuação:

I — promover o debate das questões relacionadas a recursos hídricos e articular a atuação das entidades intervenientes;

II — arbitrar, em primeira instância administrativa, os conflitos relacionados aos recursos hídricos;

III — aprovar o Plano de Recursos Hídricos da bacia;

IV — acompanhar a execução do Plano de Recursos Hídricos da bacia e sugerir as providências necessárias ao cumprimento de suas metas;

V — propor ao Conselho Nacional e aos Conselhos Estaduais de Recursos Hídricos as acumulações, derivações, captações e lançamentos de pouca expressão, para efeito de isenção da obrigatoriedade de outorga de direitos de uso de recursos hídricos, de acordo com os domínios destes;

VI — estabelecer os mecanismos de cobrança pelo uso de recursos hídricos e sugerir os valores a serem cobrados;

VII — vetado;

VIII — vetado;

IX — estabelecer critérios e promover o rateio de custo das obras de uso múltiplo, de interesse comum ou coletivo;

Parágrafo único. Das decisões dos Comitês de Bacia Hidrográfica caberá recurso ao Conselho Nacional ou aos Conselhos Estaduais de Recursos Hídricos, de acordo com sua esfera de competência.

Art. 39. Os Comitês de Bacia Hidrográfica são compostos por representantes:

I — da União;

II — dos Estados e do Distrito Federal, cujos territórios se situem, ainda que parcialmente, em suas respectivas áreas de atuação;

III — dos Municípios situados, no todo ou em parte, em sua área de atuação;

IV — dos usuários das águas de sua área de atuação;

V — das entidades civis de recursos hídricos com atuação comprovada na bacia;

1.º O número de representantes de cada setor mencionado neste artigo, bem como os critérios para sua indicação, serão estabelecidos nos regimentos dos comitês, limitada a representação dos Poderes Executivos da União, Estados, Distrito Federal e Municípios à metade do total de membros.

2.º Nos Comitês de Bacia Hidrográfica de bacias de rios fronteiriços e transfronteiriços de gestão compartilhada, a representação da União deverá incluir um representante do Ministério das Relações Exteriores.

3.º Nos Comitês de Bacia cujos territórios abranjam terras indígenas devem ser incluídos representantes:

I — da Fundação Nacional do Índio — FUNAI, como parte da representação da União;

BACIAS HIDROGRÁFICAS 263

II — das comunidades indígenas ali residentes ou com interesses na bacia.

4.º A participação da União nos Comitês de Bacia Hidrográfica com área de atuação restrita a bacias de rios sob domínio estadual, dar-se-á na forma estabelecida nos respectivos regimentos.

Art. 40. Os Comitês de Bacia Hidrográfica serão dirigidos por um Presidente e um Secretário, eleitos dentre seus membros.

4. CONCLUSÕES

As bacias hidrográficas brasileiras possuem particularidades em função das características ambientais dominantes, em especial, a distribuição das precipitações no espaço e no tempo, o tipo de geologia e solo de seus terrenos e a forma de ocupação que atua de forma intensa no fornecimento de sedimentos para os rios.

Os dados de sedimentos em suspensão utilizados (concentração média anual e produção específica mínima) permitiram efetuar comparações entre as grandes redes de drenagem, entretanto, como constituem médias globais não podem ser utilizados para resolver problemas específicos de cada trecho de drenagem. Dessa forma, o capítulo conclui, a nível nacional, que as nascentes do rio São Francisco (rio das Velhas e Paraopeba) correspondem à zona mais predisposta aos problemas sedimentológicos, seguida da drenagem da bacia do Atlântico Leste (rios Jequitinhonha e Doce). A atualização dos dados com ampliação e melhor distribuição da rede sedimentométrica brasileira poderá, no futuro, permitir considerações mais precisas a nível local e temporal.

As bacias do Atlântico Nordeste, Leste e Sudeste drenam as áreas mais populosas com problemas de enchentes urbanas (cidades de Recife, Rio de Janeiro e Florianópolis). Algumas exceções são registradas como o vale do Tietê (cidade de São Paulo) e o rio das Velhas (cidade de Belo Horizonte).

De modo geral, a distribuição das chuvas direciona a classificação dos regimes fluviais classificados em perenes (equatorial; tropical austral, boreal e modificado; temperado) e temporários e intermitentes (semi-árido). No limiar espacial de cada regime verifica-se a ocorrência de regimes de transição pouco definidos.

Ainda, áreas do Planalto Brasileiro, como as serras de Planalto Central e da Mantigueira, devem ser preservadas por englobarem as cabeceiras dos rios Tocantins, Paraná e São Francisco, principais drenagens que envolvem 1/4 do território nacional e correspondem à área de erosividade pronunciada, com cobertura de cerrado.

A revisão do Código de Águas, que data de 1934, e acompanhamento pela sociedade e dirigentes na implantação da nova Política Nacional de Recursos Hídricos (1997), em especial no que se refere aos Comitês de Bacia Hidrográfica quanto a área de atuação, competência, composição e direção, é de fundamental importância no momento de entrada no Terceiro Milênio quando a água, considerada como recurso renovável através do ciclo hidrológico, é vista como em fase de escassez.

5. Questões de Discussão e Revisão

a) Utilizando o texto e as tabelas, construa um quadro com a área das 10 grandes unidades de drenagem brasileira, os maiores valores de concentração média anual de sedimentos em suspensão e de produção específica mínima de sedimentos em suspensão de cada compartimento de drenagem. Analise o quadro considerando a ocupação do solo e o tipo de terreno (consultar o Capítulo 5).

b) Partindo da leitura do capítulo, pesquise, para cada bacia hidrográfica, o papel e a participação do homem na degradação da bacia e o conseqüente aumento da carga de sedimentos.

c) Tendo em vista o aproveitamento das águas fluviais, recuperação e melhorias na rede de drenagem, discuta a importância do regime de precipitação e fluvial.

d) Faça um comentário sobre a gestão descentralizada dos recursos hídricos, proposta pela Lei Federal nº 9.433, que prevê a participação do poder público, dos usuários e das comunidades (artigo 39 do Capítulo III, Dos Comitês da Bacia Hidrográfica).

BACIAS HIDROGRÁFICAS

6. BIBLIOGRAFIA

AB'SABER (1956) Relevo, estrutura e rede hidrográfica do Brasil. Boletim Geográfico. Ano XIV, n.º 132. CNG, IBGE. Rio de Janeiro. 28p.

ABREU, M. A. (1997) A cidade e os temporais: uma relação antiga. *In* Tormentas Cariocas Coordenação de Rosa, L. P. e Lacerda W. A. Seminário Prevenção e Controle dos Efeitos dos Temporais no Rio de Janeiro: 15-20.

ADDAD, J. (1997) Alterações Fluviais e Erosão Costeira. *A Água em Revista.* Ano V. no. 8: 58-63.

ALMEIDA, S.B.; CARVALHO, N.O. (1993) Efeitos do Assoreamento de Reservatórios na Geração de Energia Elétrica: Análise da UHE Mascarenhas, ES. ABRH. X Simpósio Brasileiro de Recursos Hídricos: 1-11.

ALVARENGA, S.M.; BRASIL, A.E.; Pinheiro, R.; Kux, H.J.H. Estudo Geomorfológico aplicado à bacia do alto rio Paraguai e Pantanais Mato-grossense. Projeto Radambrasil. Boletim Técnico. Série Geomorfologia no. 1P 187:45-70.

AMADOR, E.S. (1996) Baía de Guanabara e Ecossistemas Periféricos: Homem e Natureza. Tese de Doutorado. Programa de Pós-Graduação em Geografia.UFRJ: 756p.

AZEVEDO, A. (1964) Brasil a Terra e o Homem. Volume I. As Bases Físicas. Companhia Editora Nacional, São Paulo, 571p.

BELTRAME, A. V. (1994) Diagnóstico do Meio Físico de Bacias Hidrográficas: Modelos e Aplicações, Florianópolis; Ed. da UFSC: 112p.

BORDAS, M.P. (1996) Áreas Ambientais Naturais da Bacia do Alto Paraguai sob o Enfoque da Hidrossedimentologia. I — Estrutura Física. II Encontro Nacional de Engenharia de Sedimentos ABRH: 39-46.

BORGES, A.L.O. (1996) Contribuição à análise da carga sólida na bacia do Alto Paraguai. II Encontro Nacional de Engenharia de Sedimentos. ABRH: 219-227.

BORGES, C.A.; CUNHA, S.B. (1996) Considerações a respeito do garimpo de ouro na subprovíncia aurífera de Peixoto Azevedo-MT. Sociedade e Natureza vol.8 n.15. Uberlândia. Universidade Federal de Uberlândia.

BRANDÃO, A.M.P. (1997) As chuvas e a ação humana: uma infeliz coincidência. *In:* Tormentas Cariocas Coordenação de Rosa, L. P. e Lacerda W.A. Seminário Prevenção e Controle dos Efeitos dos Temporais no Rio de Janeiro: 15-20.

BRITO, M.S. (1995) Amazônia Legal: Espaço Aberto à Exploração Mineral. Cadernos de Geociências, Rio de Janeiro, no. 14: 69-72.

BUCHER, E.H.; BONETTO, A.; BOYLE,T.; CANEVARI, P.; CASTRO, G.; HUSZAR, P.; STONE, T. (1994) Hidrovia: Uma Análise Ambiental Inicial da Via Fluvial Paraguai-Paraná. Wetlands for the Americas. 73p.

CARVALHO, N.O. (1987) Estudo Sedimentológico na Bacia do São Francisco. VII Simpósio Brasileiro de Hidrologia e Recursos Hídricos. ABRH:1-12.

CARVALHO, N.O.; LOU, W.C.(1990) Evaluation of the useful life of a reservoir on the River Manso, Mato Grosso State, Brazil: a case study. Beijing Symposium. IAHS Publ. no.197: 439-451.

CARVALHO, N.O. (1995) Erosão Crescente na Bacia do São Francisco.

CARVALHO, N.O. (1997) Hidrossedimentologia Prática. Eletrobrás, CPRM: 372p.

CARVALHO, N.O.; CUNHA, S.B. (1997) Contribuição de Sedimentos do Amazonas para o Oceano. XII Simpósio Brasileiro de Recursos Hídricos: 93-99.

COSTA, G. (1994) Caracterização Histórica, Geomorfologia e Hidráulica do Estuário do Rio Paraíba do Sul. Tese de Mestrado. Programa de Pós-Graduação de Engenharia. 98p.

COUTINHO, M.E.; MOURÃO, G.M.; SILVA, M.P.; CAMPOS, Z. (1994) The Sustainable Use of Natural Resources and the Conservation of the Pantanal Wetland, Brazil. Acta Limnologica Brasiliensia. Volume V:165-176.

CUNHA, S.B. (1996) Waterway Paraguai: Potencial Changes in Pantanal (Brasil). 28th International Geographical Congress. Abstract Book:103.

CUNHA, S.B. (1998) O Custo Ambiental da Hidrovia Paraguai-Paraná. *Revista Ciência Hoje,* volume 23, número 135:74-78

CUNHA,S.B.; SOARES, J.A. (1997) Monitoramento da Magnitude de Erosão nas Margens do Rio Paraguai. VII Simpósio Brasileiro de Geografia Física Aplicada: 63.

CUNHA, S.B.; GUERRA, A.J.T. (1996) Degradação Ambiental. *In: Geomorfologia e Meio Ambiente.* Bertrand Brasil: 337-379.

DAEE (1988) Plano Estadual de Recursos Hídricos. Sistema Estadual de Gestão de Recursos Hídricos. *Revista Águas e Energia Elétrica.* Ano 5, número 14:23-26.

DAEE (1990) Plano Estadual de Recursos Hídricos: Primeiro Plano do Estado de São Paulo-Síntese. São Paulo 97p.

DEPARTAMENTO NACIONAL DE OBRAS DE SANEAMENTO (1974) Estudos Hidrológicos da Bacia do Alto Paraguai. 4 volumes.

DEPARTAMENTO NACIONAL DE OBRAS DE SANEAMENTO (1985) Planejamento Integrado dos Recursos Hídricos da Bacia do Rio Sapucaí. 4 volumes.

BACIAS HIDROGRÁFICAS

DNAEE (1994) Mapa da Disponibilidade Hídrica do Brasil. Departamento Nacional de Águas e Energia Elétrica. Rio de Janeiro.

ELETROBRÁS/IPH (1992) Diagnóstico das Condições Sedimentológicas dos Principais Rios Brasileiros. Eletrobrás Centrais Elétricas S.A./UFRGS/-IPH. 99p.

FENDRICH, R. (1996) Enchentes na Primavera de 1993 na bacia hidrográfica do Alto Rio Iguaçu. *A Água em Revista,* ano IV, no. 7: 4-8.

FERNANDEZ, O.V.Q. (1990) Mudanças no Canal Fluvial do Rio Paraná e Processos de Erosão nas margens: Região de Porto Rico, PR. Dissertação de Mestrado Programa de Pós-Graduação UNESP, Campus Rio Claro. 86p.

FERNANDEZ, O.V.Q. (1995) Erosão Marginal no Lago da UHE Itaipu (PR). Tese de Doutorado Programa de Pós-Graduação em Geociências UNESP, Campus Rio Claro. 94p.

FERNANDEZ, O.V.Q. (1995) Distinção de Depósitos de Canal no Rio Paraná pela Análise Discriminante. Boletim Paranaense de Geociências, no. 43:151-159.

FERNANDEZ, O.V.Q.; FULFARO,V.J. (1993) Magnitudes e Processos da Erosão Marginal no Rio Paraná, Trecho de Porto Rico, PR. Geografia. Rio Claro. Ano 18 no. 1:97-114

FERNANDEZ, O.V.Q.; SANTOS, M.L.; STEVAUX, J.C. (1993) Evolução e Características Faciológicas de um Conjunto de Ilhas no Rio Paraná, Região de Porto Rico (PR). Boletim de Geografia UEM, Ano 11, no. 1: 5-15.

FERNANDEZ, O.V.Q.; SOUZA FILHO, E.E. (1995) Efeitos do Regime Hidrológico sobre a Evolução de um Conjunto de Ilhas no Rio Paraná, PR. Boletim Paeanaense de Geociências, no. 43:161-171.

FERREIRA C. J. A.; SORIANO, B. M. A.; GALDINO, S.; HAMILTON, S. K. (1994) Anthropogenic Factors Affecting Waters of the Pantanal Wetland and Associated Rivers in the Upper Paraguay River Basin of Brasil. Acta Limnologica Brasiliensia. Volume V; 135-148.

FERREIRA, F.P.; CUNHA, S.B. (1996) Hidrologia Urbana: Enchentes no Rio de Janeiro-Jacarepaguá. *Revista Sociedade e Natureza,* ano 3, no. 15: 384-387.

FUNDAÇÃO IBGE (1994) Atlas Nacional do Brasil, p. 330.

GARCIA, E.P. (1991) Considerações sobre o Transporte Sólido em Suspensão no Rio Jequitinhonha/MG. V Simpósio Luso-Brasileiro de Hidráulica e Recursos Hídricos. APRH. Volume 3:475-484.

GIBBS, J.P. (1967) The Geochemistry of the Amazon River System: Part I. The factors that control the salinity and the composition and concentration of the suspended solids. Geological Society of America Bulletin, 78: 1203-1212.

GUILHERMO O.E.P.; BORGES, A.L.O. (1996) Determinação da Erosividade das chuvas na região da bacia do rio Alto Paraguai. II Encontro Nacional de Engenharia de Sedimentos. ABRH:57-65.

HERRMANN, M.L.P. MENDONÇA, M.; CAMPOS, N.J. (1993) São José-SC: Avaliação das Enchentes e Deslizamentos ocorridos em novembro de 1991 e fevereiro de 1994. Geosul no. 16, ano VIII: 46-78.

HRASKO, F. (1996) Assoreamento do Reservatório da Usina Mascarenhas, ES: Reflexos na Manutenção. II Encontro Nacional de Engenharia de Sedimentos. ABRH: 345-353.

INNOCENCIO, N. R. (1989) Hidroografia. *In:* Geografia do Brasil. Região Centro-Oeste. IBGE. Volume 1: 73-90.

JUSTUS, J.O. (1990) Hidrografia. *In* Geografia do Brasil. Região Sul. IBGE.Volume 2: 189-218.

KELMAN, J. e MAGALHÃES, P.C. (1997) Controle de Enchentes Urbanas na Região Metropolitana do Rio de Janeiro. XII Simpósio Brasileiro de Recursos Hídricos. ABRH: 203-211.

KELMAN, J. MOREIRA, J.C.; CAMPOS, J.D. (1997) O Plano de Macro-Drenagem para a Bacia do Rio Iguaçu-Sarapuí. XII Simpósio Brasileiro de Recursos Hídricos. ABRH:189-197.

LACERDA, L.D.; MENESES, C.F. (1996) O Mercúrio e a Contaminação de Reservatórios no Brasil . Revista Ciência Hoje. SBPC. Volume 19, no. 110: 34-39.

LACERDA, L.D.; SALOMONS, W. (1992) Mercúrio na Amazônia: uma bomba relógio química? CETEM/CNPQ. Tecnologia Ambiental 3:

LOPES, G.N.; NOGUEIRA, L.S.; COSTA, A.J.T. (1996) A influência do Uso do Solo no Comportamento Hidrológico e na Produção de Sedimentos na Bacia do Rio Maracanã-Rio de Janeiro (RJ). *Revista Sociedade e Natureza,* Ano 3, no. 15: 421-425.

MALM, O.; PFEIFFER, W.C.; SOUZA, C.M.M.; REUTHER, R. (1990) Mercury pollution from gold mining in the Madeira river basin. Ambio 19: 11-15.

MATOS, M. R. S. (1987) Métodos de Análise e de Cálculo de Caudais Pluviais em Sistemas de Drenagem Urbana. Laboratório Nacional de Engenharia Civil. 2 Volumes.

MEADE, R.H. (1985) Suspended sediment in the Amazon River and its tributaries in Brazil during 1982-84. U.S. Geological Survey Open-File Report 85-492:39 pp.

MEADE, R.H. (1994) Suspended sediments of the modern Amazon and Orinico Rivers. Quaternary International, INQUA/Elsevier Science Ltda., vol. 21: 29-39

MEADE, R.H.; DUNNE, L.; RICHEV, J.E.; SANTOS, U.M.; SALATI, E. (1985) Storage and remobilization of suspended sediment in the lower Amazon River of Brasil. Science, 228:488-490

MEADE, R.H.; NORDIN, C.F. Jr.; CURTIS, W.F.; MAHONEY, H.A.; DELANEY, B.M. (1979) Suspended sediment and velocity data. Amazon river and its tributaries, June-July 1976 and May-June 1977. U.S. Geological Survey Open-File Report 79-515: 40pp.

MENDES, C.A.B. (1991) Gestão de Recursos Hídricos: Bacias dos Rios Mundaú e Paraíba. Sociedade e Natureza, Ano 3, no.5 e 6: 53-58.

MINISTÉRIO DO MEIO AMBIENTE, DOS RECURSOS HÍDRICOS E DA AMAZÔNIA LEGAL (1995) Os Ecossistemas Brasileiros e os Principais Macrovetores de Desenvolvimento. Programa Nacional do Meio Ambiente, 108p.

MOLINAS, P.A. (1996) A gestão dos recursos hídricos no semi-árido nordestino: a experiência cearense. *Revista Brasileira de Recursos Hídricos.* Volume 1, número 1: 67-88.

MONOSOWSKI, E. (1983) The Tucurui Experience. Water Power and Dam Construction: 62-66.

MONOSOWSKI, E. (1990) Lessons from the Tucurui experience. Water Power and Dams Construction. Vol. 42, no. 2: 29-34.

MORAIS, E.J. de (1894) Navegação interior do Brasil. Rio de Janeiro.

MOREIRA, J.C. (1997) Controle de inundações urbanas. Revista CREA-RJ, no. 9:8-9.

MOTA, S. (1995) Preservação e Conservação de Recursos Hídricos. ABES: 200p.

MOTA, I.S.A. (1996) Avaliação Multitemporal da Evolução de Feições de Navegabilidade e sua Inter-relação com Mudanças nas características do uso do Solo. Monografia. Universidade de Brasília. Instituto de Ciências Humanas. Departamento de Geografia 61p.

PEREIRA FILHO, S.R. (1995) Metais Pesados nas Sub-bacias Hidrográficas de Poconé e Alta Floresta. Tecnologia Ambiental no. 10. CETEM: 92p.

PETRERE JR. M; RIBEIRO, M.C.L.B. (1994) The Impact of a Large Tropical Hydroelectric Dam: the Case of Tucuruí in the Middle River Tocantins. Acta Limnologica Brasiliensia. Volume V:123-133.

PONCE, V. M. (1995) Impacto Hidrológico e Ambiental da Hidrovia Paraná-Paraguai no Pantanal Mato-grossense. Um Estudo de Referência. San Diego State University, San Diego, California. 132p.

RAMOS, V.L.S.; NUNES, B.T.A.; NATALI FILHO, T.; (1984) Análise das Características Geoambientais da Bacia do Alto São Francisco e seus Reflexos nas Enchentes do Rio São Francisco. XXXIII Congresso Brasileiro de Geologia, Rio de Janeiro: 191-203.

RAMOS, V.L.S.; NUNES, B.T.A.; FILHO, T.N. (1984) Análise das Classes Geoambientais da Bacia do Alto São Francisco e seus Reflexos nas Enchentes do Rio São Francisco. Projeto Radambrasil. Boletim Técnico. Série Geomorfologia no. 1P 187:45-70.

REGO, L.F.M. (1936) O Valle no São Francisco. Ensaio de Monographia Geographica. Sociedade Capistrano de Abreu: 218p.

REVISTA BIO (1996) Ecossistemas: Degradação Ameaça as Metrópoles Brasileiras. ABES. Ano VIII. no. 4:20-26.

ROCHA, P.C. (1990) Erosão Marginal em Canais Associados ao Rio Paraná na Região de Porto Rico-PR. Dissertação de Mestrado em Ecologia de Ambientes Aquáticos Continentais, UEM-PR: 29p.

RODRIGUES, R.M.; MASCARENHAS, A.S.F.; ICHIHARA, A.H.; SOU-ZA,T.M.C.; BIDONE, E.D.; BELLIA, V.; HACON, S.; SILVA, A.R.B.; BRAGA, J.B.P.; STILIANIDI FILHO, B. (1994) Estudo dos impactos ambientais decorrentes do extrativismo mercurial no Tapajós-Pré-Diagnóstico. CETEM/CNPQ. Tecnologia Ambiental 4; 72p.

SANTANA R.F. (1991) Bacia do Piracicaba, Desafio Paulista. Boletim ABRH, no.45:5-9.

SANTOS, M. S.; FERNANDEZ, O.V.Q. (1992) Aspectos Morfogenéticos das Barras de Canal do Rio Paraná, Trecho de Porto Rico, PR. Boletim de Geografia UEM, Ano 10, no. 1:11-24.

SENADO FEDERAL (1997) Legislação Estadual de Recursos Hídricos. Volumes I e II.

SIMÕES, R. (1957) O regime dos rios brasileiros. *Revista Brasileira de Geografia.* Rio de Janeiro. IBGE 19(2):225-244

SIMÕES, R.; SANTOS,B. (1968) Hidrologia. Novas Paisagens do Brasil. Fundação IBGE. Instituto Brasileiro de Geografia: 69-77

SOARES, L.C. (1991) Hidrografia. Geografia do Brasil. Região Norte. Fundação IBGE vol.3:73-121

SOARES, L.C. (1977) Hidrografia. Geografia do Brasil. Região Norte. Fundação IBGE. vol.1:73-121.

STEFFAN, E. R. (1977) Hidrografia. *In:* Geografia do Brasil. Região Nordeste. IBGE: 111-133.

STEVAUX, J.C.; FERNANDEZ,O.V.Q. (1995) Avaliação Preliminar do Potencial Mineral da Região Noroeste do Estado do Paraná. Boletim Paranaense de Geociências, no. 43:119-133.

TUCCI, C.E.M. (1994) Enchentes Urbanas no Brasil. Cadernos de Recursos Hídricos R.B.E. volume 12, no. 1: 117-136.

BACIAS HIDROGRÁFICAS

TUCCI, C.E.M.; PORTO, R.L.; BARROS, M.T. (1995) Drenagem Urbana. ABRH Editora da Universidade RGS: 428p.Oliveira, P.T.T.M. (1993) Recursos Hídricos. *In:* Recursos Naturais e Meio Ambiente. Uma visão do Brasil. IBGE: 89-94.

CAPÍTULO 7

O LITORAL BRASILEIRO E SUA COMPARTIMENTAÇÃO

Dieter Muehe

1. INTRODUÇÃO

A crescente ocupação do espaço costeiro e sua utilização econômica com impactos, cuja somatória tende a provocar alterações levando à degradação da paisagem e dos ecossistemas, podendo chegar à própria inviabilização das atividades econômicas, vêm despertando na sociedade a convicção da necessidade de, através da pesquisa científica e de ações de gerenciamento, monitoramento e educação ambiental, encontrar uma situação de equilíbrio entre uso e preservação do meio ambiente.

Um impulso importante no desenvolvimento de pesquisas visando a caracterização ambiental se deu, no Brasil, com a obrigatoriedade da realização de Estudos de Impacto Ambiental (EIA), pré-requisito para a aprovação de obras pelas autoridades ambientais. Como resultado, importantes investimentos vêm sendo feitos, não apenas para a realização dos estudos de impacto ambiental, mas, também, de monitoramento ambiental. Neste sentido, dois grandes projetos implementados pela Petrobrás em contato estreito com a comunidade acadêmica tiveram profunda repercussão, não apenas no sentido de efetuar uma recuperação de dados já existentes, valorizando e tornando aplicável numerosos estudos realizados nas universidades e órgãos de pesquisa, mas, também, realizando novas pesquisas oceanográficas, equipando para tal laboratórios universitários para a realização das análises necessárias. Trata-se dos diagnósticos ambientais das bacias de Campos e Santos, que em conjunto abarcam a área oceânica e costeira do Rio de Janeiro ao Rio Grande do Sul.

Novos impulsos, que favoreçem enormemente as pesquisas multidisciplinares na área costeira e oceânica, resultam de projetos nacionais e internacionais, como o Gerenciamento Costeiro (GERCO) e o Levantamento dos Recursos Vivos da Zona Econômica Exclusiva (REVIZEE), coordenados pelo Ministério do Meio Ambiente, dos Recursos Hídricos e da Amazônia Legal, (SMA/MMA), assim como a participação do Brasil no Sistema Global de Observação dos Oceanos (GOOS), cujo objetivo é o de monitorar aspectos climáticos, oceanográficos, de poluição marinha, de pesca e modificações ambientais e da ocupação humana da zona costeira.

Nos aspectos concernentes ao gerenciamento costeiro foi realizado, por solicitação do Departamento de Gestão Ambiental da Secretaria dos Assuntos do Meio Ambiente do Ministério do Meio Ambiente (MMA), um diagnóstico preliminar da zona costeira, na forma de um Atlas, trabalho este coordenado pelo Laboratório de Gestão do Território (LAGET), do Departamento de Geografia da Universidade Federal do Rio de Janeiro (UFRJ). Neste macrodiagnóstico foram abordados e mapeados, na escala de 1:1.000.000, os seguintes temas: caracterização físico-ambiental, tendências de ocupação, áreas de potencial risco ambiental, unidades de conservação e legislação incidente e classificação segundo níveis de criticidade para a gestão.

Os aspectos abordados no presente capítulo se apóiam na caracterização físico-ambiental da franja costeira, incluindo a plataforma continental interna. O acompanhamento do texto pode ser facilitado com a utilização de cartas náuticas da Diretoria de Hidrografia e Navegação da Marinha do Brasil (DHN/MM) e o Guia de Praias, editado pela revista *Quatro Rodas*. Além disso, estão disponíveis, na Secretaria de Coordenação dos Assuntos do Meio Ambiente do MMA, o Atlas (nas formas de CD-Rom, e impressa) e os resultados do macrodiagnóstico na escala da União, publicado por esta Secretaria.

O LITORAL BRASILEIRO E SUA COMPARTIMENTAÇÃO 275

2. Variáveis Indutoras da Compartimentação

Serão considerados variáveis indutoras da compartimentação do litoral os condicionantes geológicos/geomorfológicos e os condicionantes oceanográficos.

2.1. Condicionantes geológicos e geomorfológicos

a) Lineamentos Estruturais e Orientação da Linha de Costa

Os lineamentos estruturais, como falhas e fraturas, resultantes das diversas fases de dobramento de fundo e atividade tectônica (Ruellan, 1952), não apenas condicionaram a fragmentação do bloco gondwânico e posterior separação dos continentes sul-americano e africano, resultando na formação do Atlântico Sul, mas se mantêm impressos no relevo pelo condicionamento da disposição da rede de drenagem e da direção da linha de costa.

As direções mais comuns, nordeste-sudoeste ou nor-nordeste-su-sudoeste, denominadas direção brasiliana e a direção noroeste-sudeste, denominada direção caraíba, condicionaram em conjunto os grandes alinhamentos da linha de costa, ora predominando a direção caraíba, como no litoral norte e parte do nordeste, até o cabo Calcanhar (RN), ora predominando a direção brasiliana, do cabo Calcanhar ao Rio Grande do Sul.

Afastamentos significativos dessas direções principais são geralmente o resultado de progradações sedimentares, como no cone do Amazonas, construções vulcânicas, como na plataforma de Abrolhos e ainda influência de atividade tectônica terciária, como na extensão de zonas de fratura oceânica, por exemplo a zona de fratura do Rio de Janeiro, responsável pelo alinhamento leste-oeste do litoral entre o cabo Frio e a baía da Ilha Grande.

b) Plataforma Continental Interna e Antepraia como Partes Integrantes da Zona Costeira

O efeito das ondas sobre o fundo marinho, no sentido de mobilização dos sedimentos pela velocidade orbital, depende do comprimento e altura das mesmas e da granulometria, peso específico e forma dos sedimentos. Em locais sem aporte significativo de sedimentos lamosos pelo sistema fluvial a ação das ondas sobre o fundo é caracterizada pelo predomínio de sedimentos arenosos, sendo as lamas depositadas nas profundidades em que as ondas já não mais exercem sua ação de selecionamento sedimentar. Esta profundidade, que é o limite entre a plataforma continental interna, mais rasa, e a plataforma continental intermediária, é pois definida pelo clima de ondas. Para efeitos de comparação, foi considerada por Hayes (1964) a profundidade de 200 pés (60 m) como limite externo da plataforma continental interna. No Brasil, apesar da falta de consenso quanto ao limite distal da plataforma continental interna, o mesmo tende, em trabalhos recentes, a ser fixado em 50 m, considerando a profundidade representada em muitas cartas náuticas, que mais se aproxima do citado limite. Aliás não deve ter sido outra a razão que, ao lado dos aspectos hidrodinâmicos, levou Hayes (1964) a fixar o limite em 200 pés. Esta profundidade, entretanto, quando aplicada na região Nordeste do Brasil, onde as ondas se apresentam com menor altura e principalmente menor período que nas regiões Sudeste e Sul, ultrapassa em muito o limite externo da plataforma continental interna, que ali se situa entre 20 e 30 m.

Entre a linha de costa e a plataforma continental interna propriamente dita se estende uma zona de transição, cujo gradiente batimétrico aumenta em direção à costa, caracterizada pela intensificação dos processos morfodinâmicos, dissipação da energia das ondas e intensa troca de sedimentos entre a praia e a zona submarina. Sua profundidade limite também varia em função do clima de ondas, situando-se mais comumente entre 10 e 20 m. Engloba a faixa de variação topográfica do perfil de praia submarino, até a profundidade de fechamento deste perfil que, em termos práticos, geralmente não ultrapassa a profundidade de 10 m, a zona de arrebentação e a zona de surfe. Na literatura norte-americana moderna esta feição vem sendo denominada de *shoreface* (Swift, 1976; Swift *et al.*, 1985; Stive e De Vriend, 1995; Thieler *et al.*, 1995, entre outros). Em trabalhos mais antigos alguns autores restringem este termo à face praial (Shepard, 1963) ou à zona de arrebentação (Emery, 1960; Walker, 1983), o que ainda cria confusão. No Brasil não há consenso quanto ao termo adequado para *shoreface*. Suguio (1992) traduz o termo *shoreface* como face praial, usando, portanto, a concepção de Shepard (1963), enquanto Muehe (1995) utiliza o termo *antepraia* para designar a

O LITORAL BRASILEIRO E SUA COMPARTIMENTAÇÃO

shoreface na concepção mais moderna. Uma discussão sobre este assunto foi encaminhada por Tessler & Mahiques do Instituto Oceanográfico da USP, a ser publicada em livro, em fase de preparação.

Apesar de a plataforma continental interna representar parte integrante da zona costeira, na medida em que ela condiciona a direção de propagação das ondas, podendo ainda constituir uma fonte de sedimentos para a manutenção das praias, sua total incorporação às atribuições do gerenciamento costeiro ainda é assunto em discussão, sendo que, para efeitos administrativos, é provável que um limite menos amplo venha a ser adotado para evitar o conflito com outras esferas de atuação. Entre as diversas possibilidades talvez o limite de 12 milhas náuticas (22,2 km), do Mar Territorial, possa ser uma boa alternativa por incorporar justamente as feições mais dinâmicas da plataforma continental interna. Posteriormente à redação deste capítulo esta proposição foi apresentada e aceita no *Workshop* para Atualização do Plano Nacional de Gerenciamento Costeiro (PNGC), realizado em Itaipava (RJ), no período de 25 a 29 de outubro de 1996.

2.2. Condicionantes oceanográficos

a) Clima de Ondas

A principal variável indutora dos processos costeiros de curto e médio prazos é o clima de ondas, responsável pelo transporte de sedimentos nos sentidos longitudinal e transversal à linha de costa. Em analogia aos processos morfo-climáticos, cuja intensidade e ciclicidade comandam a esculturação do relevo emerso, é a energia das ondas e a intensidade e recorrência das tempestades que comandam a dinâmica dos processos de erosão e acumulação na interface continente — oceano e fundo marinho. A morfologia resultante depende de fatores adicionais como tipo e disponibilidade de sedimentos, geologia, variação do nível relativo do mar, modificações geoidais, mas a identificação da abrangência espacial de diferentes climas de ondas constitui um primeiro e importante passo para a identificação de compartimentos costeiros.

Dados sobre ondas na costa brasileira, baseados em medições de altura e direção são raros, restringindo-se praticamente à localização de portos. Assim sendo, não se tem um recobrimento razoavelmente homogêneo ao longo do litoral, mas sim dados isolados ou agrupados regionalmente. Uma análise estatística destes dados, incluindo direção, período, altura máxima e média das ondas, foi apresentada por Homsi (1978).

Uma alternativa para estudos do transporte litorâneo tem sido a utilização de observações visuais de ondas distantes da costa, feitas a bordo de navios, realizadas sistematicamente e publicadas na Inglaterra em forma de tabelas, abrangendo regiões distintas. A transformação destas ondas não afetadas pelo fundo, para ondas em águas rasas, é feita por meio de análise de refração, o que exige dados batimétricos precisos, nem sempre existentes, estando sujeita a erros em áreas de batimetria complicada e nem sempre representa o clima de ondas correto para a área pesquisada. Sofre ainda as restrições da avaliação subjetiva de altura e período.

Melo (1993) formou um grupo de observadores, surfistas, ao longo do litoral brasileiro, que vem fornecendo informações diárias sobre o clima de ondas na zona de surfe, cujos resultados permitiram a identificação preliminar de três grandes compartimentos com clima de ondas distintos, cujos limites são formados pelo cabo Frio e cabo Calcanhar.

Uma compartimentação, em seis regiões, foi proposta por ocasião da Reunião da Associação Brasileira de Recursos Hídricos (ABRH), em outubro de 1993, segundo informação verbal do Dr. Claudio F. Neves, do Programa de Engenharia Oceânica da COPPE/UFRJ. Segundo estas compartimentações, do sul do Brasil até o cabo Frio, predominam as freqüentes modificações das condições de vento, associadas à passagem de frentes frias, e à constante presença de marulho (*swell*), gerado por tempestades nas altas latitudes do Atlântico Sul e dissociadas do vento local. Melo (1993) cita como exemplo de casos extremos, para o Rio de Janeiro, períodos de marulhos provenientes do quadrante sul de 10 a 16 s com alturas significativas de 1 a 4 m. Na citada reunião da ABRH a região Sul foi dividida em duas áreas, tendo Iguape como limite.

Na costa leste, segundo Melo (1993), do cabo Frio até Pernambuco, o vento de origem mais local varia menos que na costa sul, soprando geralmente do quadrante leste (entre sudeste e nordeste) com maior persistência, porém com menor velocidade. O período das ondas é curto e a altura

O LITORAL BRASILEIRO E SUA COMPARTIMENTAÇÃO

é menor que na região Sul. O marulho proveniente do sul, tão comum na costa sul, é raro na costa leste. Ondas de elevada energia são provenientes da passagem de frentes frias, de ocorrência mais freqüente entre julho e agosto. Para esta região, a divisão definida na reunião da ABRH vai do cabo Frio ou, mais precisamente, do cabo São Tomé a Abrolhos e de Abrolhos ao cabo Calcanhar.

Na costa norte, a oeste do cabo Calcanhar, o vento, ou seja o alísio de sudeste, é extremamente persistente, sendo o clima de ondas caracterizado por ondas de período curto, provenientes de sudeste. Conforme ressaltado por Melo (1993), tudo se move de leste para oeste: vento, correntes oceânicas, ondas e sedimentos. Ainda, segundo este autor, entre os meses de janeiro a março, ondas do tipo marulho, com períodos de até 18 s, provavelmente geradas por tempestades subtropicais do hemisfério norte, são responsáveis pelas condições mais severas da ondulação na zona de surfe. Esta compartimentação também coincide com a regionalização proposta na reunião da ABRH, que ainda identificou um sexto compartimento, de Salinópolis à costa do Amapá, onde a presença de uma plataforma continental larga e recoberta de lama exerce efeito significativo no sentido de atenuação das ondas.

b) Transporte Litorâneo

Uma das causas mais freqüentes da erosão ou progradação costeira é a alteração no volume de sedimentos transportados paralelamente à linha de costa. Este transporte, efetuado pela corrente longitudinal (*longshore current*), gerada entre a zona de arrebentação e a linha de praia, em decorrência da obliqüidade de incidência das ondas, tem sua intensidade e sentido definidos pela altura e direção das ondas incidentes e pela orientação da linha de costa.

O termo deriva litorânea é freqüentemente empregado na literatura para designar o transporte induzido pela corrente longitudinal. Esta designação causa uma certa confusão pois o termo deriva é empregado para designar as correntes geradas pelo vento, ao passo que a corrente longitudinal resulta da direção de incidência das ondas.

Silvester (1968), numa avaliação em nível macrorregional e baseado em dados de clima de ondas, na orientação da linha de costa e em critérios geomorfológicos, inferiu para o litoral brasileiro as principais direções resultantes de transporte litorâneo. Para um observador, olhando da terra para o mar, este transporte seria para a esquerda no litoral que vai do Amapá ao cabo Calcanhar, no Rio Grande do Norte e de São Paulo ao Rio Grande do Sul. Para a direita, no litoral de Alagoas até o norte do Estado do Rio de Janeiro. Nos trechos ao sul do cabo Calcanhar talvez até a Paraíba e no Rio de Janeiro, entre o cabo Frio e a ilha da Marambaia, o transporte residual seria quase nulo.

Informações mais detalhadas e mais localizadas são apresentadas ao descrever as características dos macrocompartimentos.

c) Amplitude da Maré

A amplitude da maré, isto é, a diferença de altura entre a preamar e a baixa-mar, representa um importante elemento na definição da intensidade dos processos costeiros em função da velocidade das correntes associadas. Estas, denominadas correntes de maré, podem ter capacidade de moldar a morfologia da plataforma continental interna, gerando bancos de grande mobilidade, como no litoral do Maranhão, ou condicionar a morfologia dos cordões litorâneos e a manutenção ou não de canais de maré, em função do predomínio entre as forças geradas pela altura das ondas (tendência ao fechamento de canais) ou pela amplitude da maré (tendência à abertura de canais).

A maior parte do litoral brasileiro, do estado de Alagoas ao Rio Grande do Sul, apresenta amplitudes inferiores a 2 m, caracterizando-se como de micromaré. Amplitudes superiores a 4 m (macromaré) ocorrem no estado do Maranhão, em parte do Pará (Salinópolis) e no litoral ao sul do cabo Norte, no Amapá. O restante do litoral e alguns trechos do litoral da Bahia (interior da Baía de Todos os Santos) e Sergipe (Terminal Portuário) é do tipo mesomaré, com amplitudes entre 2 e 4 m.

3. Identificação de Macrocompartimentos Costeiros

A configuração de um litoral representa o resultado de longa interação entre processos tectônicos, geomorfológicos, climáticos e oceanográficos. Para efeitos de gerenciamento, a identificação de compartimentos,

O LITORAL BRASILEIRO E SUA COMPARTIMENTAÇÃO

com características morfológicas e de processos atuantes, mais ou menos homogêneos, constitui o passo inicial para a sistematização dos conhecimentos existentes e a serem gerados, assim como para a integração de informações em nível multidisciplinar.

Dependendo da escala de mapeamento a dimensão dos compartimentos varia, podendo abranger desde segmentos de uma praia a grandes células de circulação costeira.

A identificação de compartimentos pode ser feita indutivamente, a partir da análise, interpretação e integração das informações existentes, o que normalmente exige uma demanda de tempo apreciável, se bem que a utilização de Sistemas Geográficos de Informação tende a contornar este problema, passando sua aplicabilidade a depender, fundamentalmente, da existência de dados. Como alternativa, a compartimentação pode ser feita de modo dedutivo, superpondo-se os limites de aplicação de uma série de critérios preestabelecidos, implicando em significativa diminuição no tempo de execução do trabalho.

No presente trabalho a identificação de compartimentos foi efetuada, utilizando-se o método dedutivo, a partir de variáveis oceanográficas responsáveis pela intensidade e direção dos processos de erosão, transporte e deposição, em associação com aspectos morfométricos, fluviográficos, climáticos e de feições geomorfológicas e sedimentológicas da zona costeira, incluindo a plataforma continental interna, a partir dos resultados de estudos temáticos e compartimentações já efetuadas que, em conjunto, representam convergência na definição de macro e mesocompartimentos costeiros.

Uma das divisões mais aceitas do litoral brasileiro foi elaborada por Silveira (1964) que identificou cinco grandes regiões geográficas: Norte, Nordeste, Leste ou Oriental, Sudeste e Sul. Estas, por sua vez, são subdivididas em macrocompartimentos. É na subdivisão que as opiniões nem sempre coincidem, mas no geral há um razoável consenso com relação aos limites adotados. Por essa razão, a definição dos diferentes macrocompartimentos foi feita tendo como base a classificação de Silveira (1964), efetuando-se as modificações de acordo com trabalhos e informações mais atualizadas. Deve ser observado que a divisão geográfica regional não coincide exatamente com a adotada oficialmente, mas é aqui preservada por melhor se adequar às características diferenciadoras da zona costeira em macroescala (Figura 7.1).

GEOMORFOLOGIA DO BRASIL

FIGURA 7.1. Macrocompartimentos costeiros.

3.1. REGIÃO NORTE

A região Norte é caracterizada por uma plataforma continental extremamente larga, em grande parte recoberta por sedimentos lamosos, fortemente influenciada pela descarga do Amazonas e, portanto, com significativo aporte de água doce. A extensão desta região, segundo Silveira (1964), vai desde o extremo norte do Amapá até o golfão Maranhense.

Silveira (1964), Xavier da Silva (1973), Schaeffer-Novelli *et al.* (1990) e Villwock (1994), entre outros, identificam três macrocompartimentos nesta região (Figura 7.2), cujos limites são praticamente coincidentes entre os diferentes autores:

Litoral	Macrocompartimento	Limites	Coordenadas
Norte	Litoral do Amapá	Cabo Orange ao flanco sul do Cabo Norte	51°05'W a 50°W
	Golfão Amazônico	Flanco sul do Cabo Norte à Ponta Taipu	50°W a 48°03'W
	Litoral das Reentrâncias Pará-Maranhão	Ponta Taipu à Ponta dos Mangues Secos	48°03'W a 43°29'W

a) Macrocompartimento Amapá

A plataforma continental e o litoral do Amapá são diretamente influenciados pelo enorme aporte de sedimentos finos trazidos pelo Amazonas, parcialmente redirecionado para o norte pela circulação oceânica. Depositados na plataforma continental interna, estes sedimentos são remobilizados pelas ondas, aumentando significativamente a concentração de sedimentos em suspensão. Apesar desta disponibilidade de sedimentos, trechos significativos do litoral se apresentam sob erosão acelerada (Dias *et al.*, 1990; Nittrouer *et al.*, 1995), ao passo que outros, em parte devido ao aporte localizado de sedimentos fluviais da rede hidrográfica local, apresentam progradação.

O clima é quente, megatérmico, com temperaturas médias anuais oscilando entre 26° e 28°. A precipitação é elevada com totais anuais entre 1.500 e 3.500 mm. A estação chuvosa vai de janeiro a julho, quando ocor-

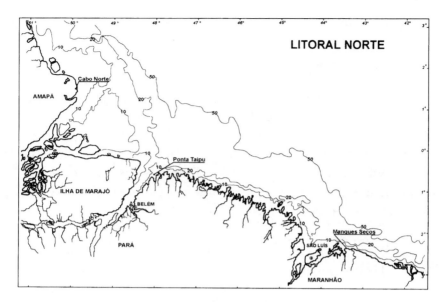

FIGURA 7.2. Configuração do litoral da região Norte. (Fonte: DHN — Miniaturas de cartas náuticas.)

re cerca de 70% da precipitação anual, apresentando excedentes hídricos entre 900 e 1.700 mm, associados a intenso escoamento superficial, cheia dos rios e inundação. De agosto a dezembro chove menos, ocorrendo déficits hídricos entre 100 e 500 mm (IBGE 1990, *in* Mendes, 1993). Os ventos predominantes são de nordeste no verão e outono e de leste no inverno e na primavera (DHN, 1973).

A região costeira emersa é formada por uma planície holocênica, de baixa altitude e largura variando entre 10 e 100 km, e que passa, para o interior, para depósitos de planície mais antigos e rochas do escudo Pré-cambriano das Guianas, de altitude inferior a 500 m, constituindo as áreas fonte de parte da rede hidrográfica costeira (Boaventura e Narita, 1974; Nittrouer *et al.*, 1995).

A cobertura vegetal na franja costeira é caracterizada por uma vegetação pioneira, em fase de sucessão, estabelecida sobre substrato sedimentar recente. Predominantemente formada por vegetação de mangue, nas áreas de influência marítima (Leite *et al.*, 1974; Schaeffer-Novelli *et al.*, 1990; Herz, 1991), é seguida para o interior por uma vegetação de campo

O LITORAL BRASILEIRO E SUA COMPARTIMENTAÇÃO

de gramíneas, em áreas de solos aluviais hidromórficos, submetidos a inundações periódicas. Ainda mais para o interior, já sobre sedimentos terciários, ocorre a vegetação do cerrado, seguida de uma faixa de transição cerrado/floresta e floresta densa (Leite *et al.*, 1974).

A plataforma continental interna se alarga progressivamente do cabo Orange ao cabo Norte, passando a isóbata de 50 m, de uma distância de 28 km para 140 km. É curioso observar que, enquanto a isóbata de 50 m mantém uma orientação quase constante de noroeste para sudeste, as isóbatas de 20 m, 10 m e 5 m reproduzem, de forma cada vez mais nítida, os contornos do cabo Norte, representando assim testemunhos da paleolinha de costa.

A circulação oceânica na plataforma continental interna e nas proximidades do litoral é predominantemente dirigida para noroeste, em função da corrente das Guianas, cuja velocidade de fluxo é superior a 100 cm/s, e da ação do transporte induzido pelas ondas. Estas, apresentam altura média de 1,5 m com períodos entre 6 e 7 s (Mendes, 1993). Os ventos alísios de sudeste, paralelos ao litoral, mudam de direção durante os meses de janeiro a março, quando passam a soprar com maior intensidade de nordeste, portanto perpendicularmente ao litoral. As ondas geradas por estes ventos são maiores que as geradas pelos alísios de sudeste e, em vez de estimular a erosão, trazem sedimentos finos da plataforma em direção à costa, na forma de lamas fluidas (Kineke e Sternberg, 1995 *in* Nittrouer *et al.*, 1995). A amplitude da maré ao sul do cabo Norte é elevada, do tipo macromaré, superior a 4 m, chegando localmente a 12 m. Ao norte, a amplitude decresce para valores inferiores a 4 m, passando para o tipo mesomaré. Os esforços de cisalhamento provocados pela elevada velocidade de fluxo das correntes de maré, dirigidas predominantemente no sentido perpendicular à linha de costa, parecem ser os principais responsáveis pela erosão costeira (Nittrouer *et al.*, 1995). Sua influência se faz sentir, com especial intensidade, nos baixos cursos fluviais, onde a penetração da maré gera o efeito da pororoca, como ocorre nos estuários dos rios Araguari e Flechal, e exerce significativa influência sobre a navegação costeira, fortemente dependente das fases de maré (Mendes, 1993).

Dias *et al.* (1992), considerando a dinâmica sedimentar, dividiram o litoral em três compartimentos: do cabo Orange ao cabo Cassiporé, da foz do rio Cunani à foz do rio Flechal, e deste ao cabo Norte. Nittrouer *et al.*

(1995), a partir de características de acumulação e erosão da linha de costa, reconheceram uma zona de acumulação, compreendida pelos cabos Orange e Cassiporé, que durante os últimos 1.000 anos foi submetida a um processo de rápida acresção de sedimentos lamosos, e um litoral que nos últimos 500 anos vem sofrendo erosão, compreendido pelo segmento cabo Cassiporé a cabo Norte. Neste trecho ocorrem acumulações apenas nas proximidades das desembocaduras fluviais, por efeito do transporte litorâneo dirigido para o norte. Não obstante a atual tendência erosiva do litoral sul, a característica geral dos processos costeiros holocênicos tem sido de acumulação sedimentar, com flutuações entre períodos de erosão e deposição sedimentar em escalas de tempo que variam entre 100 e 1.000 anos. No litoral sul, ocorreram, segundo Nittrouer *et al.* (1995), períodos de acumulação entre 500 e 900 anos a.P. (Antes do Presente) e entre 2.400 a 2.900 A.P.

Uma feição costeira destacada é o cabo Norte, formado por uma larga planície costeira holocênica, relacionada ao sistema fluvial do Amazonas (Figura 7.3). Esta planície se desenvolveu à frente dos depósitos terciários do Grupo Barreiras, formando uma feição deltáica lobada, com largura que chega a pouco mais de 80 km. Uma seqüência de lagos, estendendo-se da porção distal do delta (lago Piratubo) para o interior da planície (lagos Comprido e Mutuco), tem sua origem associada à posição de meandros abandonados do rio Araguari em seu deslocamento para o sul, acompanhando semelhante deslocamento do canal norte do rio Amazonas (Ackermann, 1966; Boaventura e Narita, 1974). A planície flúvio-marinha, entre o lago Piratubo e a linha de costa, apresenta áreas permanentemente alagadas, recobertas por vegetação de mangue que se torna mais densa na área de ocorrência das restingas a norte e sul da foz do rio Sucuriju (Boaventura e Narita, 1974). Estas restingas, ou melhor, cristas de praia ou pontais arenosos, são orientados para su-sudoeste por efeito do transporte litorâneo induzido pelas fortes correntes de maré (Dias *et al.*, 1990).

b) Macrocompartimento Golfão Amazônico

A foz do Amazonas é formada pelos estuários do Amazonas e do Pará — Tocantins, separados pela ilha de Marajó. Inúmeras ilhas se localizam entre esta ilha e o litoral do Amapá e imbricados canais (os furos e igara-

O LITORAL BRASILEIRO E SUA COMPARTIMENTAÇÃO

pés) caracterizam toda a faixa a oeste da ilha de Marajó e área continental adjacente. A plataforma continental interna é muito ampla, sendo sua largura, ordem de 160 km.

O rio Amazonas se caracteriza pelo enorme volume de descarga e pela variabilidade sazonal deste volume, refletindo o período de chuvas e o degelo na cordilheira dos Andes. Quanto ao volume, cerca de 200.000 m³/s, algo em torno de 18 a 20% da descarga total de rios em todo o mundo, sendo cinco vezes maior que o do rio Congo e doze vezes maior que o do rio Mississipi, tem significativa influência sobre as propriedades físico-químicas dos ecossistemas marinhos (Diégues, 1972). Quanto à variabilidade do volume de descarga, a mesma exerce efeitos em termos de erosão das margens e provoca a inundação de extensas áreas. Diégues (1972) relata, para este século, a ocorrência de dezesseis enchentes com cotas entre 28 e pouco mais de 29 m acima do nível do mar, sendo que a maior, ocorrida em 1953, atingiu a altura de 29,69 m.

A ilha de Marajó, junto com outras ilhas aluviais do estuário, apresenta relevo plano e muito baixo. Franzinelli (1990) descreve o litoral norte da ilha de Marajó como plano, apenas interrompido por cordões litorâneos localizados junto à linha de costa ou um pouco para o interior, com alturas máximas de 4 m, em cuja retaguarda se estende a planície pantanosa da ilha. Inúmeros paleocanais testemunham a evolução da planície flúvio-lacustre e indicam, na margem leste do lago Arari, uma paleodrenagem dirigida para o oceano, sendo esse lago apenas o remanescente de um lago de muito maior expressão (Vital e Faria Jr., 1990).

A onda de maré penetra profundamente nos estuários chegando, em maré de sizígia, a gerar correntes de pouco mais de 200 cm/s no rio Guamá, em Belém (Pinheiro, 1988). A morfologia do fundo é caracterizada por bancos, alto-fundos, dunas hidráulicas e canais. Uma comparação da batimetria, desde os primeiros dados de 1843 e após a construção do porto em 1906, com dados mais recentes da década de 80, indica o desaparecimento de canais, outrora longos e profundos, e o aparecimento de zonas de acumulação sedimentar (Silveira e Faria Jr., 1990).

O desenvolvimento de manguezais é reduzido devido à forte influência da água doce do rio Amazonas (Schaeffer-Novelli *et al.*, 1990).

c) Macrocompartimento Litoral das Reentrâncias Pará-Maranhão

Esta macrounidade, que se estende da baía de Marajó ao golfão Maranhense, compreendendo parte do estado do Pará e parte do Maranhão, é caracterizada por um clima quente, com temperaturas médias mensais em torno de 25ºC, com estação seca bem marcada na primavera. O período de maior pluviosidade (média mensal de 440 mm), com chuvas torrenciais, ocorre em março, portanto no fim do verão (Góes Filho *et al.*, 1973). O vento predominante é de leste, com exceção do verão, quando predomina o nordeste (DHN, 1993).

O mapa do recobrimento vegetal (Góes Filho *et al.*, 1973) mostra que a cobertura da franja costeira, isto é, da faixa das reentrâncias, é predominantemente de mangues, que forma um cinturão de até 30 km de largura e que, ao longo das margens de alguns rios maiores, penetra algumas dezenas de quilômetros para o interior. Segundo mapeamento por imagens de satélite, efetuado por Herz (1991), a área de manguezais deste compartimento representa cerca de 53% (5.417 km²) do total da área de manguezais do país. Quando somada às áreas de manguezais dos outros dois macrocompartimentos do litoral norte, passa ao expressivo valor de 76% (7.700 km²). Esta faixa, que coincide com a dos sedimentos quaternários, se limita com a região dos baixos platôs, cuja cobertura nos tabuleiros do Grupo Barreiras é predominantemente de floresta secundária latifoliada, menos a leste da baía de São José, onde a vegetação é de restinga. Na área do embasamento Pré-cambriano, que se estende das proximidades do rio Periá ao rio Turiaçu, o recobrimento é de floresta densa.

Ao contrário do litoral do Amapá, o aporte de sedimentos do Amazonas não foi suficiente para criar um litoral retilinizado, apesar da ocorrência de uma progradação lamosa, digitiforme, que ressalta a irregularidade desta linha de costa. O aspecto é de um litoral afogado pela transgressão marinha, caracterizado por uma sucessão de pequenos estuários e acreções sedimentares que, em conjunto, dão um aspecto de rias, razão da denominação de "*reentrâncias*" dada no Maranhão. Muitas dessas reentrâncias resultaram da progradação de depósitos lamosos (*schorre*), formando feições alongadas de orientação mais ou menos perpendicular à costa. A ausência nítida de interflúvios e a própria evolução dessas pontas

O LITORAL BRASILEIRO E SUA COMPARTIMENTAÇÃO

lamosas levaram Barbosa e Pinto (1973) a chamar atenção sobre a inadequação do termo ria, para a maior parte das feições com este aspecto. O menor aporte de sedimentos finos se traduz na cobertura sedimentar da plataforma continental interna que é predominantemente de areia quartzosa média a fina (Kowsmann e Costa, 1979).

A plataforma continental interna é larga, em torno de 180 km, reduzindo-se para cerca de 60 km, defronte e a leste da baía de São Marcos. Uma acentuada reentrância do paleolitoral é registrada pela isóbata de 50 m, que, na altura do rio Gurupi e ao longo de 185 km, inflexiona cerca de 20 km em direção à linha de costa. El-Robrini e Souza Filho (1994) interpretam esta feição como sendo o paleogolfo do rio Gurupi, presumindo para o mesmo uma idade de 12.000 anos a.P., em analogia à datação do paleolitoral da Guiana Francesa. A ocorrência de um depósito de areias fluviais relíquias, ao longo do paleocanal, em profundidades superiores a 40 m, mapeado por Kowsmann e Costa (1979), atesta a posição do paleocanal do Gurupi. A isobatimétrica de 20 m, de configuração muito semelhante à linha de costa atual, marca, segundo El-Robrini e Souza Filho (1994), o litoral há cerca de 9.000-10.000 anos a.P.

Palma (1979) descreve a ocorrência de acumulações arenosas, alongadas, perpendiculares à costa e paralelas às correntes de maré, entre os vales dos rios Pará e Turiaçu. A partir do Turiaçu as feições se apresentam bem desenvolvidas, tendo sido identificados dezenove grandes bancos, formando o campo de bancos de Cururupu, a oeste, e a região do golfão, entre os vales do Cumã e de São Marcos, a leste. A evolução destes bancos, especialmente as do golfão, parece ser típica à encontrada num litoral estuarino em retrogradação, que deixa na plataforma, depósitos residuais na forma de altos topográficos. Freire (1979) e Andrade e Morais (1984) ressaltam, para a área dos bancos do Cururupu, a importância das correntes de maré de direção nordeste-sudoeste, cuja velocidade, de 25 a 93 cm/s em superfície e 34 a 94 cm/s junto ao fundo, tem capacidade para transportar sedimentos de até 10 mm de diâmetro.

Ainda na plataforma continental interna, entre os paleovales do Turiaçu e do Cururupu, elevando-se sobre um fundo de 25 a 30 m, localiza-se o recife Manoel Luís. Ocupando uma área de aproximadamente 130 km^2 se caracteriza pela presença de corais vivos que, em forma de cabeços, emergem na meia maré (Palma, 1979).

Na extremidade oeste deste macrocompartimento se localizam as baías de Cumã, São José e Tubarão. As duas primeiras ocorrem à retaguarda de uma ampla depressão alongada, que se estende da plataforma continental interna para o interior, ao longo dos rios Pindaré e Mearim. Estes se encaixaram na superfície rebaixada, dissecada em colinas, da Formação Itapecuru, formando vales largos e baixos, ao longo dos quais penetrou profundamente a planície flúvio-marinha quaternária. Separando as baías de São Marcos e São José, formadas pelo afogamento dos baixos cursos do Mearim e do Itapecuru, se localiza a ilha de São Luís com a capital do estado.

Manguezais se desenvolvem ao longo das margens dos rios e recobrem as ilhas mais baixas, sendo substituídos lateralmente, por uma vegetação campestre, que ocupa a maior parte da planície aluvial e, nas áreas mais elevadas, pela floresta de babaçu ou, nos terrenos elevados da ilha de São Luís e entre as baías de Cumã e de São Marcos, pela floresta secundária, latifoliada. A leste da baía de São José, as áreas mais elevadas voltam a ser representadas pela superfície do Grupo Barreiras, ali recoberta por uma vegetação de restinga.

A leste da baía de São José, passando pelas baías do Tubarão e Sarnambi, defronte ao rio Periá, a planície quaternária flúvio-marinha é estreita, fragmentada pelo afogamento que deu origem à baía do Tubarão. Recoberta por vegetação de mangue, que penetra nos baixos cursos fluviais, passa para a superfície rebaixada do Grupo Barreiras, localmente coberta por dunas fixas e vegetação de restinga.

3.2. Região Nordeste

O litoral Nordeste se estende, segundo Silveira (1964), das proximidades da baía de São Marcos até a baía de Todos os Santos (Figura 7.3), dividida em dois macrocompartimentos: a costa semi-árida, a noroeste do cabo Calcanhar, e a costa nordeste oriental, ou das Barreiras, do cabo Calcanhar até a baía de Todos os Santos. Como a denominação Barreiras se refere aos depósitos terciários, em forma de tabuleiros, do Grupo Barreiras, a denominação aqui usada passará a ser costa dos Tabuleiros.

A partir da associação entre clima de ondas e morfometria da linha de costa foram individualizados por Xavier da Silva (1973), para a costa semi-árida, dois compartimentos, cujos limites vão da ponta dos Mangues

O LITORAL BRASILEIRO E SUA COMPARTIMENTAÇÃO

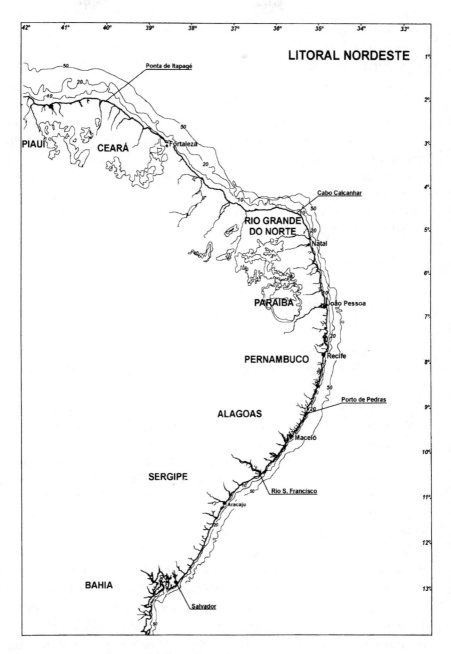

FIGURA 7.3. Configuração do litoral Nordeste.

Secos à ponta de Itapagé e da ponta de Itapagé ao cabo Calcanhar. Praticamente os mesmos limites de compartimentos foram estabelecidos por Palma (1979), ao estudar a geomorfologia da plataforma continental norte brasileira. A mesma subdivisão foi adotada por Schaeffer-Novelli *et al.* (1990) para a descrição das ocorrências de manguesais na costa brasileira.

A plataforma continental, defronte à costa dos Tabuleiros, foi dividida por França (1979) em quatro compartimentos, sem que fossem identificadas diferenças morfológicas significativas, conforme ressaltado pelo próprio autor. A característica geral da plataforma continental deste trecho é o reduzido aporte de sedimentos terrígenos, devido à incipiente drenagem hidrográfica, e o predomínio de ocorrências bioconstrucionais, principalmente na plataforma continental média e externa. Os limites estabelecidos por França (1979) para os compartimentos são os seguintes:

cabo Calcanhar a Natal,
Natal ao Porto de Pedras,
Porto de Pedras a foz do São Francisco,
Foz do São Francisco a Salvador.

Na compartimentação de Xavier da Silva (1973), a costa dos Tabuleiros é dividida em dois segmentos: o do cabo Calcanhar a Recife e de Recife a Salvador.

Sob o ponto de vista de processos costeiros, no litoral entre o cabo Calcanhar e até algum ponto do sul de Pernambuco a Alagoas, o transporte longitudinal residual, segundo esquema simplificado apresentado por Silvester (1968), seria muito reduzido, se bem que observações de feições geomorfológicas realizadas no trecho entre o cabo Santo Agostinho e a ilha de Itamaracá, em Pernambuco, indicaram transporte residual na direção norte. Para o sul desta faixa o transporte seria predominantemente orientado para o sul. Por estas considerações, o limite de Porto de Pedras (Alagoas), utilizado por França (1979), também parece corresponder ao ponto de mudança de direção de transporte litorâneo, o que se confirma pela orientação, para o sul, dos pontais nas desembocaduras fluviais.

A escolha da foz do rio São Francisco, como limite de compartimento, parece adequada tanto sob o ponto de vista da estabilidade costeira quanto sob o ponto de vista oceanográfico. Dominguez (1995), no que tange à estabilidade da linha de costa para o Nordeste brasileiro, conside-

O LITORAL BRASILEIRO E SUA COMPARTIMENTAÇÃO

ra o São Francisco como limite entre o predomínio da tendência erosiva, ao norte, com falésias vivas do Barreiras, quase ausência de planícies quaternárias e terraços pleistocênicos, presença freqüente de alinhamentos de arenitos de praia, caracterizando a retrogradação do litoral e ocorrência de extensos campos de dunas, cujos sedimentos, oriundos da plataforma continental interna, deixam de estar disponíveis para a progradação costeira. Ao sul do São Francisco predomina a progradação, com extensas planícies litorâneas. Sob o ponto de vista oceanográfico, a redução da transparência das águas pela pluma de sedimentos em suspensão, oriunda do rio e dirigida para o sul pelas correntes costeiras, inibe o desenvolvimento de construções recifais (Silveira, 1964; Villwock, 1994) e constitui um vetor de potencial introdução de poluentes na plataforma continental.

Assim, pelas considerações apresentadas, podemos distinguir os seguintes macrocompartimentos:

Litoral	Macrocompartimento	Limites	Coordenadas
Nordeste	Costa Semi-árida Norte	Ponta dos Mangues Secos à Ponta de Itapagé	43°29'W a 40°W
	Costa Semi-árida Sul	Ponta de Itapagé ao Cabo Calcanhar	40°W a 35°27W'
	Costa dos Tabul. Norte	Cabo Calcanhar ao Porto de Pedras	35°27'W a 9°10'S
	Costa dos Tabul. Centro	Porto de Pedras à foz do São Francisco	9°10'S a 10°30'S
	Costa dos Tabul. Sul	Foz do São Francisco a Salvador	10°30'S a 13°S

a) Macrocompartimento Costa Semi-árida Norte

A costa semi-árida norte se estende da Ponta dos Mangues Secos, a leste da baía do Tubarão, até a Ponta de Itapagé, um pouco a leste da desembocadura do rio Acaraú, ponto em que a plataforma continental e a linha do litoral mudam, bruscamente, da direção geral oeste-leste para nordeste-sudoeste. Compreende parte do estado do Maranhão, Piauí, e parte do estado do Ceará.

294 GEOMORFOLOGIA DO BRASIL

No litoral voltam a dominar os depósitos sedimentares do grupo Barreiras, à frente dos quais se desenvolveram numerosos campos de dunas, alimentados pelos sedimentos oriundos da plataforma continental interna. Feições morfológicas destacadas são representadas pelo enorme campo de dunas dos Lençóis Maranhenses, na extremidade oeste do macrocompartimento, e pelo delta do rio Parnaíba.

A plataforma continental interna, como a própria plataforma continental, é estreita e rasa. Sua largura, até a isóbata de 50 m, é da ordem de 70 km, não muito distante da quebra da plataforma, que ocorre a uma distância da ordem de 80 km, em profundidades de apenas 70 a 80 m (Palma, 1979). O recobrimento da plataforma continental interna é predominantemente de areias, chegando a formar ondas ou dunas subaquáticas que se deslocam para oeste, conforme sugere a disposição de suas frentes voltadas para sotavento (Palma, 1979). A presença desse abundante estoque de areias, que transborda por sobre o litoral, formando, sob ação dos ventos alísios, os extensos campos de dunas denominados Lençóis Maranhenses e de outros, de menor expressão, a leste do delta do Parnaíba, deve, apenas em parte, estar associado ao aporte de sedimentos fluviais. A estes deve-se somar o resultado do selecionamento dos sedimentos oriundos da retrogradação dos depósitos sedimentares do Barreiras e concomitante alargamento da plataforma continental, em consonância com as sucessivas transgressões marinhas ocorridas desde o Pleistoceno. A leste do delta do Parnaíba, em profundidades geralmente superiores a 20 m, a areia terrígena é substituída por um recobrimento de areias e cascalhos de algas coralíneas (Kowsmann e Costa, 1979).

O clima da região, segundo Lins (1978 *in* Bittencourt *et al.*, 1990), é quente com chuvas de verão e outono, totalizando 1.000 a 1.250 mm anuais, associadas ao deslocamento sazonal da Zona de Convergência Intertropical (ZCIT). O resto do ano fica praticamente sem chuva (Rebouças e Marinho, 1972 *apud* Bittencourt *et al.*, 1990). Predominam os ventos alísios de nordeste e leste e ondas de direção leste e nordeste.

Um exemplo da interação entre clima, disponibilidade de sedimentos e formação de campos de dunas é apresentado por Bittencourt *et al.* (1990), para a praia da Atalaia, no Piauí. Ali, o suprimento de sedimentos para o campo de dunas, a partir da praia, está totalmente condicionado às variações sazonais na precipitação atmosférica. Um bloqueio do desloca-

O LITORAL BRASILEIRO E SUA COMPARTIMENTAÇÃO

mento da ZCIT para o sul, durante o verão e outono, resulta em significativo decréscimo da precipitação e concomitante aumento do transporte de sedimentos da praia para o campo de dunas, favorecendo a expansão do mesmo.

A influência fluvial, provavelmente mais pretérita do que atual, na morfologia da plataforma continental interna, é bem evidenciada pela configuração da isóbata de 20 m que se afasta da linha de costa na altura de desembocaduras fluviais como as dos rios das Preguiças, Parnaíba, Timonha e Acaraú. Inseridas nestas feições progradacionais, identificáveis por acentuadas indentações da isóbata de 20 m, ocorrem dois paleovales associáveis às atuais desembocaduras do rio das Preguiças e ao atual distributário do Parnaíba, o rio das Canárias, no flanco leste do delta do Parnaíba. Mais para leste ocorrem duas inflexões, cuja associação às atuais desembocaduras fluviais é mais difícil. Uma, de menor amplitude, parcialmente interrompida pelo banco do Mergulho, com profundidades de 7 m sobre um fundo de 15 m, se dirige em direção à atual desembocadura do rio Igaraçu, distributário mais oriental do delta do Parnaíba. A outra inflexão, também identificada por Palma (1979), de configuração estreita e muito alongada, se dirige para as desembocaduras dos rios Ubatuba e dos Remédios.

b) Macrocompartimento Costa Semi-árida Sul

A costa semi-árida sul se estende da ponta de Itapagé, a leste do rio Acaraú, no estado do Ceará, até ao cabo Calcanhar, no estado do Rio Grande do Norte. A linha de costa, neste macrocompartimento, apresenta direção geral noroeste-sudeste, até a altura de Macau. Dali passa a assumir direção oeste-leste até o cabo Calcanhar, quando, então, inflete para nor-nordeste-su-sudoeste.

As planícies costeiras são estreitas, quase inexistentes, devido à presença dos tabuleiros terciários do Grupo Barreiras. Arenitos de praia (*beach rocks*) ocorrem próximos ao litoral, funcionando como quebramares naturais. Campos de dunas ocorrem com freqüência (Figura 7.4), atingindo o seu mais amplo desenvolvimento, em termos de continuidade e largura, no trecho compreendido entre a ponta dos Patos e a ponta Pecém, nas proximidades de Fortaleza. O desenvolvimento de manguezais

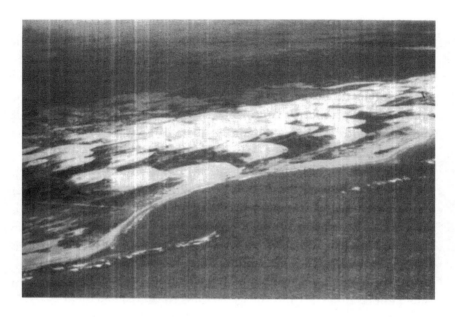

Figura 7.4. Dunas parabólicas no litoral do Rio Grande do Norte. Alinhamentos de arenitos de praia funcionam como quebra-mares, cuja interrupção leva a um recuo localizado da linha de costa (Foto Dr. Gilberto T.M. Dias).

é limitado às desembocaduras fluviais devido à reduzida precipitação e elevada salinidade (Schaeffer-Novelli *et al.*, 1990).

Em média, a largura da plataforma continental interna, considerando como limite a isóbata de 50 m, é em torno de 47 km, abrangendo a quase totalidade da plataforma continental, cuja largura até a quebra do talude continental é de aproximadamente 53 km. A análise da carta náutica nº 700 (Diretoria de Hidrografia e Navegação) mostra a presença de apenas dois paleocanais em todo o macrocompartimento, próximos um do outro, evidenciados pela inflexão da isóbata de 10 m, defronte a Areia Branca (rio Apodi) e de 20 m, defronte ao delta do rio Açu, em Macau, também registrados por Palma (1979). O relevo da plataforma, segundo Palma (1979), é constituído de superfícies relativamente planas, alternadas com fundos ondulados, campos de ondas de areia e feições irregulares de recifes de algas. O desenvolvimento destes últimos é resultado da quase inexistência de aporte de sedimentos terrígenos, devido ao clima semi-

O LITORAL BRASILEIRO E SUA COMPARTIMENTAÇÃO

árido que se traduz no regime intermitente das descargas fluviais e favorece a sedimentação carbonática.

A análise do mapa faciológico da margem continental norte (Kowsmann e Costa, 1979) mostra que o recobrimento sedimentar da plataforma continental interna, em profundidades inferiores a 20 m, é predominantemente de areia terrígena. Na extremidade leste da área, a partir de Macau, os sedimentos carbonáticos se aproximam da isóbata de 10 m. Gorini *et al.* (1982), em estudo realizado nas proximidades da desembocadura do Guamaré, encontraram areia quartzosa até profundidades em torno de 7 m, associada à ocorrência de bancos dispostos paralelamente ao litoral. Para além deste domínio, o fundo se apresentou atapetado por sedimentos carbonáticos (areias e cascalhos) e elevações semicirculares formadas por arenitos de praia (*beach rocks*), ou recifes de corais com algas calcáreas, estes últimos instalados sobre substrato formado por arenitos de praia.

Entre 20 e 40 m, este predomínio é, em largos trechos, substituído pelo cascalho e pela areia carbonática, principalmente halimeda e algas coralíneas. Em profundidades maiores o predomínio é o de cascalho e areia carbonática.

Vianna *et al.* (1991), identificaram através de imagem de satélite, ao largo do cabo Calcanhar, entre o litoral e a isóbata de 40 m, um zoneamento paralelo ao litoral, composto por três faixas morfológica e hidrodinamicamente distintas: (a) uma zona interna, dominada pela ressuspensão de sedimentos por ação das ondas e correntes de maré; (b) uma zona intermediária dominada por bancos e feixes arenosos alongados (*sand ribbons*), paralelos ao litoral; e (c) uma zona externa, dominada por dunas subaquáticas de 3 a 7 m de altura e comprimentos variando entre 200 e 1.200 m.

No litoral de Fortaleza, a direção dos ventos é predominantemente de sudeste e nordeste, com velocidades da ordem de 5 m/s. O regime de ondas apresenta classes de maior ocorrência nos períodos de 5 a 6 segundos, alturas de 1,0 a 1,1 m e direções de proveniência de 75° e 105° (Pitombeira, 1995). Castro e Coutinho (1995) enfatizam o efeito de ondulações longínquas, de longo período (11 a 13 s), de direção norte-nordeste, provenientes do hemisfério norte. Estas ondas, cujo período de recorrência é muito baixo, apresentam, entretanto, elevado poder de erosão.

Segundo Bandeira (1993), o transporte litorâneo é orientado para oeste, em decorrência da direção do vento e das ondas, o que também se traduz na direção dos pontais. A interrupção deste fluxo de sedimentos, por obras de engenharia, estimado em torno de 600.000 m³/ano para a área de Fortalez, (Valentini e Rosman, 1992), tem como resposta um significativo desequilíbrio no balanço sedimentar, com engordamento a montante e erosão a jusante dos obstáculos. O exemplo mais eloqüente de desequilíbrio no balanço sedimentar, por obras de engenharia, é a erosão resultante nas praias da enseada de Mucuripe, após a construção do molhe do porto do Mucuripe, em Fortaleza (Pitombeira, 1976; Morais, 1981; Meireles *et al.*, 1990).

c) Macrocompartimento Costa dos Tabuleiros Norte

Este macrocompartimento, que se estende do cabo Calcanhar ao Porto de Pedras, abarcando grande parte do estado do Rio Grande do Norte, Paraíba, Pernambuco e parte de Alagoas, é caracterizado por um litoral cuja orientação, inicialmente nor-noroeste a su-sudeste, passa, após um curto trecho de direção norte-sul, na altura do cabo Branco, a infletir gradativamente para uma direção nor-nordeste a su-sudoeste.

O clima na faixa costeira é mais úmido que no macrocompartimento mais ao norte, não mais se enquadrando nas características de semi-aridez. Perrin e Passos (1982) exemplificam que, enquanto o litoral norte recebe, em períodos de extensão da seca até o litoral, entre 500 e 700 mm de chuva, o litoral sul recebe entre 1.400 e 1.600 mm.

O relevo de tabuleiros continua expressivo até atingir a costa quando termina em forma de falésias. Campos de dunas ativas são muito desenvolvidos em toda a costa do Rio Grande do Norte, formando uma faixa delgada de 1 a 2 km de largura, com alturas chegando a 100 m (Perrin e Passos, 1982). Os mesmos autores chamam a atenção para o fato de a distância da base das dunas à linha de costa estar aumentando lentamente, sem que isto implique em migração das dunas, provando que a deflação é mais importante que o aporte de areia. No restante do macrocompartimento as dunas costeiras praticamente desaparecem.

Uma geração mais antiga de dunas, com alturas de 15 a 20 m, penetra para o interior, na forma de lençóis, de direção aproximadamente noroeste-sudeste. Como a orientação dos cursos fluviais é aproximada-

O LITORAL BRASILEIRO E SUA COMPARTIMENTAÇÃO

mente perpendicular a esta direção, o campo de dunas, ao avançar por sobre os vales durante fases de clima seco, passou a funcionar como barragem. Na fase de clima mais úmido, muitos rios voltaram a ter escoamento suficiente para contornar a barragem, infletindo para sudeste (rios Pitimbum, Pium, Taborda, Doce, entre outros). Todos estes rios têm drenagem deficiente e vales pantanosos (Perrin e Passos, 1982).

A partir da Paraíba, como reflexo da maior precipitação, começa a aumentar a ocorrência de estuários e manguezais associados, como o do Mamanguape, Paraíba, Goiana, Jaguaribe, Capibaribe, Beberibe e Manguaba, este último no limite sul do macrocompartimento, em Porto de Pedras. Coutinho (1994) chama a atenção para a completa ausência de deltas no litoral de Pernambuco, refletindo o reduzido aporte de sedimentos fluviais, característica extensiva ao restante do macrocompartimento. Com isto fica claro que a principal fonte de sedimentos, na formação das praias, cordões litorâneos e pontais, é a própria plataforma continental interna. Esta é estreita, com largura em torno de 50 km, e abarca a quase totalidade da plataforma continental. A diferença entre a isobatimétrica de 50 m e a quebra da plataforma continental é, freqüentemente, de apenas alguns quilômetros, sendo quase sempre inferior a 10 km. Sua porção mais estreita ocorre entre o cabo Calcanhar e o cabo Bacopari, no extremo sul do Rio Grande do Norte, com larguras variando entre 30 e 45 km. Deste ponto em direção ao sul, a largura vai se alargando até um máximo de 66 km em Porto de Pedras.

Pela análise da carta náutica 800, da DHN, não há indicações claras da presença de paleocanais na plataforma continental interna. Entretanto, França (1979) associa as inflexões das isóbatas de 20 e 40 m, defronte ao rio Maxaranguape, a norte de Natal, a um paleocanal do referido rio. Zembuscki *et al.* (1972) identificaram um outro paleocanal, denominado canal de Cabedelo, defronte ao rio Paraíba, em Cabedelo, e França (1979), a partir da ampla inflexão da isobatimétrica de 40 m, detectou um terceiro paleocanal, 30 km a norte de Porto de Pedras, sem conexão com a drenagem atual.

O recobrimento sedimentar, apesar da maior contribuição terrígena, ao sul de Natal, onde é maior o número de cursos fluviais, é predominantemente de areias e cascalhos carbonáticos biogênicos, principalmente areias e cascalhos de halimeda e algas coralíneas (França *et al.*, 1976;

Kowsmann e Costa, 1979; Coutinho, 1981). Na plataforma continental interna, entre a linha de costa e a isóbata de 20 m, predominam areias terrígenas (Kowsmann e Costa, 1979; Coutinho, 1981).

Afloramentos de arenitos de praia, em forma de alinhamentos paralelos à linha de costa, se tornam mais constantes a partir de João Pessoa para o sul. Na zona submarina, esses arenitos servem de substrato para a instalação de colônias de corais, que crescem em forma de cogumelos denominados de chapeirões (Dominguez *et al.*, 1990).

A erosão intensa que afetou, em especial, o litoral de Olinda, levando à construção de uma série de espigões, além de quebra-mares, parece estar originalmente ligado ao déficit de aporte sedimentar devido à dragagens no porto de Recife. A posterior construção de quebra-mares possivelmente contribuiu para exacerbar, localmente, o déficit sedimentar. Além disso, a presença de uma série de alinhamentos de recifes, na plataforma continental interna, atua como barragem ao transporte de sedimentos da plataforma para a praia e vice-versa, funcionando como um obstáculo adicional ao equilíbrio do balanço sedimentar.

d) Macrocompartimento Costa dos Tabuleiros Centro

Este macrocompartimento se estende do Porto de Pedras à foz do rio São Francisco. O alinhamento do litoral deste trecho é nordeste-sudoeste. As praias, como nos demais compartimentos dominados pelo Barreiras, são estreitas e limitadas por falésias altas (Figura 7.5). A largura da plataforma continental interna, da mesma forma que nos macrocompartimentos da costa semi-árida e dos tabuleiros norte, praticamente se confunde com a da própria plataforma continental. Entre Porto de Pedras e Maceió, a isobatimétrica de 50 m dista em torno de 60 km da linha de costa, quando passa a se estreitar para cerca de 25 km até o rio São Francisco.

Numerosos bancos e dois grandes paleocanais ocorrem entre Maceió e a desembocadura do rio São Francisco, respectivamente o canal de Maceió e o canal do São Francisco que, ao chegar no talude continental, passa a formar o cânion do São Francisco (França, 1979). Um terceiro paleocanal, o de Coruripe, ocorre defronte ao rio do mesmo nome (França, 1979).

O LITORAL BRASILEIRO E SUA COMPARTIMENTAÇÃO

FIGURA 7.5. Litoral de Alagoas a sul de Maceió. Falésias altas do Barreiras e praias estreitas caracterizam grandes trechos do litoral (Foto Dr. Gilberto T.M. Dias).

Segundo Kowsmann e Costa (1979) e Coutinho (1981), o recobrimento sedimentar da plataforma continental interna é predominantemente de areias terrígenas. Apenas ao norte da desembocadura do rio Coruripe, em Alagoas, predominam areias e cascalhos biodetríticos de algas coralíneas para além da isobatimétrica de 20 m e, em águas mais profundas, areias e cascalhos de algas recifais. Defronte à desembocadura do São Francisco ocorrem lamas que se estendem por sobre toda a largura da plataforma continental.

Na região costeira as chuvas ocorrem quase que exclusivamente entre abril e junho, com ventos soprando de sudeste. No restante do ano, os ventos sopram de leste-nordeste, gerando correntes dirigidas para su-sudoeste e ondas cuja incidência, sobre a linha de costa, induz um transporte residual de sedimentos para o sul (Bittencourt *et al.*, 1982).

A feição morfológica mais destacada do litoral é o delta do São Francisco. De resto, predominam os depósitos do Grupo Barreiras, balizando os limites internos das planícies costeiras.

O aporte de água doce pelo São Francisco é em média 2.756m³/s com variação entre 609 e 12.724 m³/s (Bittencourt *et al.*, 1982). A concentração de material em suspensão é relativamente baixa, devido à aridez de grande parte da bacia drenada pelo rio (Milliman, 1975, *in* Bittencourt *et al.*, 1982).

Segundo mapa faciológico apresentado por Bittencourt *et al.* (1982), o flanco norte do delta do São Francisco é recoberto, na faixa junto ao mar, por um cinturão de dunas recentes de 2 km de largura, antecedendo uma segunda faixa de dunas subatuais, com cerca de 3 km de largura. A altura destas dunas varia entre 20 e 30 m, e sua constituição é de areia fina a muito fina. À retaguarda destas dunas se estende uma larga planície de cristas de praia, com cerca de 9 km de largura. Uma estreita zona pantanosa separa este conjunto progradacional de restos de terraços pleistocênicos e das falésias do Barreiras.

Afloramentos de arenitos de praia, formando longos alinhamentos, ainda são expressivos, porém mais espaçados que no macrocompartimento precedente.

e) Macrocompartimento Costa dos Tabuleiros Sul

Este macrocompartimento se estende da foz do rio São Francisco a Salvador, incluindo todo o estado de Sergipe e parte do estado da Bahia.

Grande parte deste compartimento, do São Francisco até a planície do Caravelas, é submetido, desde o Pleistoceno, à acumulação de sedimentos, apresentando uma tendência geral de progradação da linha de costa. Nos trechos em que predomina a erosão, o Barreiras alcança a linha de praia formando falésias ativas (Dominguez, 1995).

Uma série de estuários caracterizam este macrocompartimento, com condições ideais para o desenvolvimento de manguezais. Muitos dos estuários têm seus paleovales preservados na plataforma continental. Do norte para o sul ocorrem o São Francisco, limite com o macrocompartimento ao norte, o Sergipe, Vaza Barris, Piauí, Real e Itapicuru, para citar apenas os principais. A baía de Todos os Santos, por sua baixa salinidade, não tem característica de estuário. Esta característica ocorre predominantemente no seu principal afluente, o rio Paraguaçu (Wolgemuth *et al.*, 1981).

Planícies costeiras, arqueadas em direção ao mar e resultantes, principalmente, de depósitos de sedimentos marinhos na forma de planícies de

O LITORAL BRASILEIRO E SUA COMPARTIMENTAÇÃO

cristas de praias e cordões litorâneos, se desenvolvem associados aos estuários. A mais conspícua é a que ocorre em ambos os lados da foz do rio São Francisco, cujo flanco norte já foi descrito. O flanco sul, segundo mapa geológico de Bittencourt *et al.* (1982), apresenta um amplo desenvolvimento de mangues à frente de um campo de dunas subatual. À medida que se distancia da foz, a área de mangue vai se estreitando, sendo substituída por dunas atuais. Segue uma faixa de terraços holocênicos e zonas de inundação. Para o interior a planície é limitada pelos depósitos do Barreiras, enquanto que, para o sul, as planícies costeiras são mais estreitas, ainda condicionadas pela presença do Barreiras (Fontes 1990; Fontes, e Mendonça Filho, 1992).

Dunas são também encontradas no litoral norte da Bahia. Ao norte de Itapoã as mesmas ocorrem em duas faixas: uma interna, formada por dunas altas fixadas por densa vegetação, e uma externa, mais próxima do mar, formada por dunas pequenas fixadas por uma vegetação mais baixa e mais esparsa (Guimarães e Martin, 1978).

Nas proximidades de Salvador, o Barreiras é substituído por afloramentos do embasamento cristalino Pré-cambriano e do Cretáceo. O clima é quente e o balanço hídrico tende a ser positivo.

As condições oceanográficas favorecem o transporte residual de sedimentos, de nordeste para sudoeste. Segundo Fontes (1990), baseado em relatórios dos Institutos de Pesquisas Hidráulicas da Universidade do Rio Grande do Sul e de Pesquisas Hidroviárias, para a costa de Aracaju, as ondas têm duas direções predominantes: nordeste e sudeste. As primeiras constituem vagas originadas pelos ventos do quadrante nordeste (70° a 110°), predominando no período de outubro a março. As segundas, de maior altura, vêm de sudeste. São ondulações (*swell*) geradas por tempestades distantes do litoral, e ocorrem de maio a julho. A maioria das ondas (71%) vem do quadrante nordeste, com alturas variando entre 0,5 e 1,4 m. Ondas com mais de 2 m, e excepcionalmente um pouco acima de 4 m, ocorrem em julho e agosto. O volume de transporte litorâneo determinado na altura da embocadura do rio Sergipe forneceu os seguintes valores: 680.000 m³/ano em direção a sudoeste e 132.000 m³/ano no sentido inverso (Bandeira, 1972).

A plataforma continental interna, no trecho entre os rios São Francisco e Real, apresenta grandes variações de largura devido à presença de cinco cânions (França, 1979), cujas cabeceiras se encontram na plataforma continental interna, além da ocorrência de um paleocanal associado à desembocadura do rio Itapicuru.

Em decorrência deste conjunto de feições erosivas, a plataforma continental interna varia sua largura entre 12 e 35 km. A partir do rio Vaza Barris, até a proximidade de Salvador, a largura se mantém em torno de 20 km, quando se estreita para apenas 13 km. Da mesma forma que para os outros macrocompartimentos nordestinos, a isóbata de 50 m se aproxima muito da quebra da plataforma, fazendo com que praticamente toda a plataforma continental se enquadre no conceito batimétrico de plataforma continental interna.

O recobrimento sedimentar da plataforma continental interna, segundo mapa compilado por Kowsmann e Costa (1979), é predominantemente de areia quartzosa. Ocorrem lamas para além da isóbata de 20 m, associadas aos paleovales, ou cabeças de cânions dos rios São Francisco e Japaratuba. Recobrimento bioclástico, por areias e cascalhos de algas coralíneas, a partir da isóbata de 25 m, só é registrado a partir do rio Pojuca, na Bahia, até Salvador. Em profundidades superiores a 35 m o recobrimento é de lamas (Dominguez *et al.*, 1994).

Na baía de Todos os Santos a cobertura sedimentar, segundo Bittencourt *et al.* (1976), é de areias quartzosas relíquias na entrada da baía, em ambos os lados da ilha de Itaparica. É onde a velocidade de fluxo das correntes de maré, associada às ondas, é maior. A parte norte da baía, até cerca da metade da área, é recoberta de lamas recentes. Entre as duas fácies, a arenosa da desembocadura e a lamosa do interior da baía, ocorrem misturas de areia quartzosa, lama e biodetritos que se estendem até a foz do rio Paraguaçu. O material em suspensão na baía de Todos os Santos é muito reduzido, sendo da ordem de 0,5 a 2,0 mg/l (Wolgemuth *et al.*, 1981).

3.3. Região Oriental ou Leste

A costa Oriental ou Leste se estende, segundo Silveira (1964), de Salvador ao cabo Frio (Figura 7.6), limites também adotados por Schaeffer-Novelli *et al.* (1990). Ainda, segundo Silveira (1964), o litoral apresenta muitas das características geomorfológicas da costa Nordeste,

O LITORAL BRASILEIRO E SUA COMPARTIMENTAÇÃO

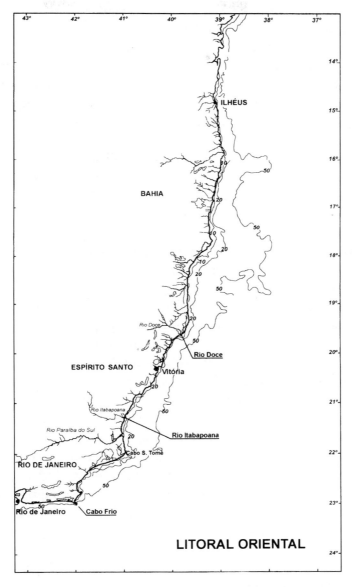

FIGURA 7.6. Configuração do litoral Leste ou Oriental. (Fonte: DHN Miniaturas de cartas náuticas.)

principalmente a presença do relevo tabuliforme do Grupo Barreiras. Este, entretanto, se apresenta descontínuo, praticamente desaparecendo no trecho entre o recôncavo baiano e Ilhéus, quando é substituído por afloramentos do escudo Pré-cambriano e de rochas cretácicas. Seu máximo desenvolvimento ocorre entre os rios Jequitinhonha e Doce coincidindo, grosso modo, com o grande alargamento da plataforma continental interna, devido aos bancos Royal Charlotte e Abrolhos. Para o sul do rio Doce, o Barreiras ainda predomina no litoral, porém com menor largura e com ocasionais afloramentos do embasamento cristalino. O aporte fluvial é significativo, com presença de planícies costeiras em forma de delta, como as planícies dos rios Jequitinhonha e Caravelas, na Bahia; Doce, no Espírito Santo e Paraíba do Sul, no Rio de Janeiro. Quanto ao cabo Frio, o mesmo representa um dos mais significativos limites sob o aspecto de processos oceanográficos (clima de ondas), geológicos (limite entre as bacias de Campos e de Santos) e biológicos (limite sul de ocorrência de construções carbonáticas).

Sem apresentar limites formais de compartimentação da costa, Silveira (1964) distingue três segmentos considerando, principalmente, a presença de importantes desembocaduras fluviais, como as dos rios de Contas, Pardo e Jequitinhonha; o relevo submarino do sul da Bahia, com o banco de Abrolhos, a costa baixa do norte do Espírito Santo e a aproximação dos contrafortes do Planalto Atlântico, a partir de Vitória. Nessa seqüência se desenham os seguintes limites: Salvador a Ilhéus; Ilhéus ao rio Doce; rio Doce a Vitória; Vitória ao rio Itabapoana; rio Itabapoana ao cabo Frio.

A comparação desta compartimentação com a segmentação proposta por Xavier da Silva (1973) coincide no sentido de considerar a plataforma de Abrolhos como limite entre um segmento norte e outro sul. Entretanto, as diferentes nuances do relevo costeiro, emerso e submerso, delineadas acima, ultrapassam a simples consideração morfométrica da linha de costa, para justificar uma compartimentação maior. A segmentação adotada por França (1979), para a plataforma continental, praticamente corresponde à compartimentação acima proposta para o litoral entre Salvador e Vitória. Apenas deslocou-se o limite, constituído pelo rio Jequitinhonha, um pouco para o norte, respeitando-se o contato entre o escudo cristalino Pré-cambriano e os depósitos terciários do Barreiras. Contudo, a análise do autor, não se estendeu até o Rio de Janeiro.

O LITORAL BRASILEIRO E SUA COMPARTIMENTAÇÃO

Formalizando a segmentação acima são propostos os seguintes limites:

Litoral	Macrocompartimento	Limites	Coordenadas
Oriental	Litoral de Estuários	Salvador a Ilhéus	3ºS a 14º46'S
	Banco Royal Charlotte e Abrolhos	Ilhéus ao rio Doce	14º46'S a 19º40'S
	Embaiamento de Tubarão	Rio Doce ao rio Itabapoana	19º40'S a 21º18'S
	Bacia de Campos	Rio Itabapoana ao cabo Frio	21º18'S a 23ºS

a) Macrocompartimento Litoral de Estuários

Este macrocompartimento, que se estende de Salvador a Ilhéus, no Estado da Bahia, apresentando os reflexos da profunda perturbação provocada pela formação do gráben de Salvador, cuja expressão topográfica e geológica se traduz, no compartimento considerado, por uma escarpa dissecada de bloco de falha, a falha de Maragogipe, à frente da qual afloram rochas cretácicas e depósitos sedimentares quaternários das planícies costeiras, formando uma estreita faixa de não mais que 30 km, entre a escarpa e o mar, que se estende do litoral ocidental da baía de Todos os Santos até Ilhéus, quando reaparecem os depósitos do Grupo Barreiras.

Uma série de canais fluviais afogados, logo ao sul da ilha de Itaparica, formados principalmente pelo rio Jaguaribe, canal de Taperoá e pelos rios Cairu, Serinhaém e Maraú, os dois últimos convergindo para a baía de Camamu, formam um conjunto de estuários com amplas formações de manguezais. Muitas destas reentrâncias apresentam profundidades adequadas à instalação de portos, como a baía de Camamu. Mas a erosão acelerada, dos espessos mantos de decomposição dos tabuleiros dissecados, adjacentes à planície litorânea, induzida por interferências antrópicas, provoca intenso entulhamento (Nunes *et al.*, 1981).

O litoral nas proximidades de Ilhéus se caracteriza ao norte, até a Lagoa Encantada, por um progressivo alargamento da planície costeira por depósitos arenosos de restinga e fluviais. Afloramentos de rochas précambrianas, no fundo marinho e em forma de ilhas, defronte à cidade, representam testemunhos da retrogradação da linha de costa em consonância com a elevação pós-glacial do nível do mar. Formando um alinhamento de aproximadamente 3,5 km de comprimento e 300 m de largura, a uma distância de 2 km da costa, esses afloramentos constituem um habitat ideal para peixes de toca, principalmente o mero que ali desova durante os meses de verão. Esse conjunto de ilhotas emprestam a um litoral geralmente desprovido de ilhas um toque especial à paisagem. Ao sul a planície é estreita, condicionada pela presença dos tabuleiros costeiros.

O litoral, em direção a Olivença é formado por estreita planície costeira, coberta de coqueirais, que passa rapidamente para as elevações do Grupo Barreiras.

A estreita plataforma continental interna, com largura variando entre 15 e 20 km, é entalhada pelo cânion de Salvador, cuja cabeceira se aproxima tanto do litoral que chega a afetar a direção da linha de costa.

De acordo com o mapa compilado por Kowsmann e Costa (1979), o recobrimento sedimentar da plataforma continental interna, defronte dos estuários, a partir do lado sul do cânion, até a baía de Camamu, é de lama fluvial moderna, estendendo-se a profundidades que variam de 20 a 40 m. No restante da área, a faixa próxima à costa, até profundidades em torno de 20 m, é recoberta por areia terrígena e, em profundidades maiores, por cascalhos e areias de algas calcáreas recifais.

b) Macrocompartimento Bancos Royal Charlotte e Abrolhos

Neste macrocompartimento, que se estende de Ilhéus, na Bahia, à desembocadura do rio Doce, no Espírito Santo, o litoral é amplamente dominado pelo relevo de tabuleiros dos depósitos do Grupo Barreiras que, da linha de costa, chega a se estender por até 110 km para o interior (Figura 7.7). Três importantes planícies costeiras, em forma de delta, associadas aos rios Jequitinhonha, Caravelas e Doce, formam as principais progradações da linha de costa à frente das falésias fósseis do Barreiras.

Uma área de dunas móveis, ponto de atração turística, ocorre na foz do Itaúnas, no Espírito Santo, onde parte do antigo povoado ali existente foi soterrado pelas mesmas (Mendes *et al.*, 1987).

A planície costeira do Jequitinhonha apresenta, na sua porção frontal, uma seqüência de cristas de praia, que se estende para ambos os lados da foz, à retaguarda das quais se encontram zonas pantanosas e terraços

FIGURA 7.7. Litoral de falésias do Grupo Barreiras, Prado (BA). (Foto do autor.)

fluviais. Durante a evolução da planície de cristas de praia, a foz do Jequitinhonha, que até cerca de 3.800 anos a.P. desaguava próximo à foz do rio Pardo, se deslocou para o sul (Dominguez *et al.*, 1981), o que explica o não alinhamento com o eixo do cânion do Jequitinhonha e que ainda tem expressão na isóbata de 20 m.

A partir da planície do Jequitinhonha para o sul, a linha de costa é freqüentemente precedida por construções recifais, cujo desenvolvimento máximo ocorre na plataforma de Abrolhos. O Barreiras atinge o litoral até a altura de Prado, quando passa a dar lugar à ampla planície de progradação do rio Caravelas, entre Alcobaça e Nova Viçosa. O conjunto de construções recifais, à frente deste trecho, como os Recifes das Timbebas, Parcel das Paredes, Parcel dos Abrolhos e os Recifes Sebastião Gomes, Coroa Vermelha e Viçosa, exercem importante controle sobre a propagação das ondas e, conseqüentemente, na direção do transporte de sedimentos e na própria progradação da planície costeira, cuja existência e configuração se deve, possivelmente, ao efeito tômbolo das referidas construções recifais (Dominguez *et al.*, 1987; Addad, 1995).

A planície costeira de Caravelas, segundo mapa geológico de Dominguez *et al.* (1987), apresenta o maior desenvolvimento de depósitos arenosos, em forma de cristas de praia holocênicas, no seu flanco norte, com extensão até o rio Pardo, em Alcobaça. À retaguarda, terraços pleistocênicos, de expressiva distribuição espacial, se mantêm preservados. Amplos manguezais ocorrem no flanco sul, ao longo da linha de costa e ao longo do rio Peruípe, entre Caravelas e Nova Viçosa, separados por uma faixa arenosa de cristas de praia holocênicas. Mais à retaguarda, contornados por uma zona pantanosa, ocorrem os terraços pleistocênicos.

O clima é quente e úmido. Os ventos mais freqüentes são de nordeste, responsáveis pela geração das ondas de maior ocorrência que, por sua vez, induzem o transporte longitudinal para o sul. Ventos de sudeste e sul ocorrem associados à penetrações de frentes frias, com ondas do quadrante sudeste e inversão do transporte litorâneo (Addad, 1995).

Uma intensa dinâmica praial foi registrada por Addad (1995) num trecho, com tendência erosiva, de quase 10 km de extensão, a partir da barra norte do Alcobaça. Com transporte litorâneo predominante em direção ao sul, a erosão parece estar associada à interrupção do aporte de sedimentos, no sentido inverso da deriva residual, por ocasião da entrada de ondas do quadrante sul, devido à construção de um banco defronte à foz do rio. Este acúmulo de sedimentos em forma de banco, por sua vez, pode estar associado ao aumento significativo da carga sedimentar por efeito do intenso escoamento superficial, induzido pelo quase total desaparecimento da mata atlântica.

A terceira grande planície, a do rio Doce, com área superior a 2.500 km^2 é, entre as feições deltáicas do litoral brasileiro, a de maior expressão espacial (Bacoccoli, 1971). Com o curso do rio Doce infletindo bruscamente para o sul, logo após deixar o domínio dos depósitos do Barreiras, o flanco norte da planície se apresenta com maior extensão que o flanco sul. De acordo com esquema faciológico apresentado por Dominguez *et al.* (1981), a faixa de cristas de praia da borda oceânica da planície, de largura não superior a 5 km, antecede larga zona pantanosa que se estende em direção ao interior até os alinhamentos remanescentes de terraços pleistocênicos, dispostos com algumas interrupções defronte das falésias fósseis do Barreiras. No flanco sul, a seqüência de cristas de praia holocênicas é mais desenvolvida junto à foz, onde chega a uma largura de 9 km. Sua extensão, porém, é menor pois, ao assumir um alinhamento nordeste-sudoeste, aca-

O LITORAL BRASILEIRO E SUA COMPARTIMENTAÇÃO

ba rapidamente atingindo o Barreiras. Uma larga área é ocupada por terraços fluviais, ao longo de ambos os lados do eixo do canal fluvial.

Dominguez (1987) e Dominguez *et al.* (1992) interpretaram o truncamento entre feixes de restinga como inversões da direção residual do transporte longitudinal de sedimentos, o que coloca a posição da planície do rio Doce numa área limite, especialmente sensível à alterações entre o predomínio de ondas do quadrante nordeste e do quadrante sul.

Na plataforma continental interna dois largos terraços, denominados de banco Royal Charlotte, localizados defronte ao trecho que vai da foz do Jequitinhonha a Porto Seguro e o banco de Abrolhos, com o arquipélago do mesmo nome, defronte à planície costeira do rio Caravelas, projetam, por efeito de vulcanismo, a isóbata de 50m, que defronte a Canavieiras se distanciava apenas 30 km da linha de costa, para 100 e 200 km, respectivamente. Abre-se, por conseguinte, uma larga plataforma continental interna, tendo à sua retaguarda um litoral de estuários com amplo desenvolvimento de manguezais.

Medições de material em suspensão, na plataforma continental interna (Summerhayes *et al.*, 1976), mostram duas áreas fontes: o rio Jequitinhonha, com concentrações máximas de 2 mg/l, nas proximidades da desembocadura, decrescendo rapidamente para 1,0 e 0,5 mg/l em direção ao sul, direção de propagação da pluma, e o rio Doce, com concentrações de 4 mg/l nas proximidades da foz, se dirigindo para nordeste, com as concentrações diminuindo rapidamente para 2 e 1 mg/l.

Tanto o litoral quanto a plataforma apresentam recursos pesqueiros e um potencial de turismo ecológico ainda pouco explorado. Este último tem como atrativo, além das belezas do litoral, as águas relativamente claras do Parque Nacional Marinho de Abrolhos, com os recifes de corais em forma de chapeirões e abundante fauna marinha.

A cobertura sedimentar da plataforma continental é muito heterogênea, conforme se depreende do mapa compilado por Kowsmann e Costa (1979). Predominam, em profundidades superiores a 20 m, cascalhos e areias de algas coralíneas, de algas recifais e de moluscos e foraminíferos bentônicos. Amplas áreas são recobertas de recifes de algas. Areias terrígenas predominantemente quartzosas ocorrem até a isobatimétrica de 20 m, entre Ilhéus e um pouco a sul do Jequitinhonha. A partir do rio Pardo para o sul, essas areias são de origem fluvial, oriundas do Pardo e do Jequitinhonha. Areias fluviais voltam a ocorrer a partir do rio Mucuri, em direção ao sul, quando passam a se estender localmente até a isóbata de 40 m. Na altura do rio Doce as areias fluviais são recobertas por lamas até a isóbata de 20 a 25 m. Uma segunda área, com recobrimento de lama, junto à costa e com profundidades geralmente inferiores a 7 m, se estendendo do rio Mucuri em direção a Caravelas, foi mapeada por Dias e Muehe (1994), que consideraram como fonte dessas lamas os estuários do Itanhém, Caravelas, Nova Viçosa e Mucuri.

c) Macrocompartimento Embaiamento de Tubarão

Compreendendo, segundo Barreto e Milliman (1969), a área de maior estreitamento da margem continental entre a plataforma de Abrolhos e a bacia de Campos, cujo limite a rigor corresponde ao da cordilheira Vitória Trindade, representado pelo banco Vitória. Este limite foi, para os objetivos do presente trabalho, estendido um pouco mais para o sul, até a foz do Itabapoana, limite entre os estados do Espírito Santo e Rio de Janeiro.

A linha de costa é ainda, em grande parte, caracterizada pela presença do relevo associado ao Grupo Barreiras. Este, entretanto, se apresenta descontínuo, sendo em algumas áreas substituído por afloramentos do embasamento cristalino, como em Vitória e em Setiba-Guarapari. Em Anchieta, a linha de costa recua bruscamente em cerca de 4,5 km, fazendo desaparecer o Barreiras e expondo as rochas do embasamento. A extensão do Barreiras para o interior também se reduz, não ultrapassando 10 km quando, no macrocompartimento a norte, esta extensão chega a ultrapassar 100 km.

Manguezais se desenvolveram ao longo dos diversos estuários, sendo os de maior expressão, de acordo com mapeamento feito por Herz (1991), os encontrados em Santa Cruz, ao longo do estuário do Piraquê-Açu; em Vitória, com expressivo desenvolvimento ao longo dos rios Santa Maria e da Passagem; em Guarapari; em Anchieta e no Itapemirim.

Segundo Melo e Gonzalez (1995), as condições meteorológicas e oceanográficas se caracterizam por predomínio de ventos do quadrante leste, principalmente de nordeste, e ventos de sul associados às penetrações de frentes frias, predominantemente no inverno. As direções das ondas

O LITORAL BRASILEIRO E SUA COMPARTIMENTAÇÃO   313

variam entre leste-nordeste e su-sudeste, sendo em média leste-sudeste. As alturas significativas variam entre 0,3 a um máximo de 2,62 m, com média em 1,0 m. Os períodos variam entre 6 e 11,5 s.

A plataforma continental interna, formando um suave arco de curvatura, do norte para o sul, em concordância com a tendência da plataforma continental, se estreita lentamente, atingindo a menor largura de 27 km, até a isóbata de 50m, ao largo de Vitória. Deste ponto, para o sul, vai se alargando em direção à bacia de Campos. A isóbata de 20 m, que vinha acompanhando a configuração da linha de costa a uma distância entre 3 e 5 km, passa a se afastar bruscamente, a partir da localidade de Ubu, para 30 a 40 km, apresentando bruscas inflexões, devido à presença de paleo-vales e bancos isolados. Essas anomalias não são registradas pela disposição da isóbata de 50 m. A mesma, entretanto, mostra a presença de uma fissura estrutural muito estreita, com 30 km de comprimento, 1 km de largura e profundidade média de 20 m, que avançou para dentro da plataforma continental interna, em direção a Guarapari, sendo por esta razão denominada por Zembruscki *et al.* (1972) de canal de Guarapari.

O recobrimento sedimentar da plataforma continental interna, segundo Kowsmann e Costa (1979), é de areia terrígena até a isóbata de 20 m e de cascalhos e areias de briozoários recifais, em profundidades maiores. A exploração de algas calcáreas foi realizada, em nível experimental, numa pequena área a sudeste da barra do Itapemirim, em profundidades em torno de 15 m (Dias, 1989).

d) Macrocompartimento Bacia de Campos

Este macrocompartimento se estende do rio Itabapoana ao cabo Frio, no estado do Rio de Janeiro. Sua principal feição é a planície costeira, de feição deltáica do rio Paraíba do Sul (Figura 7.8), associada a um novo alargamento da plataforma continental interna.

O Barreiras volta a se alargar, a partir do Itabapoana, em direção ao sul, quando passa a se interiorizar à medida que se amplia a largura da planície de cristas de praia do rio Paraíba do Sul, e desaparece de vez, a partir da extremidade sul desta planície, sendo substituído pelas rochas do embasamento cristalino Pré-cambriano. A segunda maior planície de cristas de praia se desenvolveu a jusante da foz do rio São João. Rochas intrusivas

FIGURA 7.8. Planície de cristas de praia do rio Paraíba do Sul. (Foto Dr. Gilberto T.M. Dias.)

alcalinas de idade cretácica formam, na margem esquerda do rio, o Morro do São João, uma elevação que se destaca na paisagem por seu isolamento, e a ilha de Cabo Frio, defronte a Arraial do Cabo, limite sul do macrocompartimento.

Na extremidade norte do compartimento o Barreiras ocorre junto ao litoral formando falésias ativas. Mais para o sul, se inicia a planície costeira do rio Paraíba do Sul. A mesma, de acordo com mapa geológico de Domínguez *et al.* (1981), é constituída na face oceânica por dois conjuntos de cristas de praia. O do flanco norte é formado por uma seqüência de cristas de praia de idade holocênica, associada à posição da atual desembocadura. O outro, no flanco sul, é de idade pleistocênica, se estende até as proximidades de Macaé, e é precedido por um estreito cordão litorâneo

O LITORAL BRASILEIRO E SUA COMPARTIMENTAÇÃO

holocênico. Entre estes dois conjuntos de cristas de praia, se estende à retaguarda uma ampla área de terraços fluviais e zonas pantanosas. Estas últimas se localizam na porção proximal da planície e no entorno da Lagoa Feia, remanescente, segundo Silva (1987), da fase transgressiva, cujo máximo ocorreu há 5.100 anos a.P. Um conjunto de pequenas lagunas se localiza à retaguarda do cordão litorâneo atual, cuja migração em direção à planície pleistocênica é evidenciada pelo aspecto truncado das margens lagunares, em contato com o reverso do cordão litorâneo (Dias e Silva, 1984). Esta tendência de retrogradação, de características transgressivas, também se espelha na plataforma continental interna, na forma de um banco submarino, defronte ao cabo São Tomé (banco de São Tomé), e em outro banco oblíquo à costa, orientado de sudeste para noroeste em direção à Barra do Furado (Silva, 1987).

O vento é persistente, com direção predominante de nordeste (Barbiére, 1984). Associado à redução das precipitações em direção ao cabo Frio, que apresenta um clima quente, semi-árido, desenvolve-se entre a cidade de Cabo Frio e Arraial do Cabo extenso campo de dunas, com areias provenientes da plataforma continental interna.

Ventos do quadrante sul ocorrem por ocasião das entradas de frentes frias. Não obstante a maior freqüência dos ventos de nordeste e, conseqüentemente das ondas, o transporte litorâneo, no flanco sul da planície do Paraíba do Sul, é orientado para o norte (Gusmão, 1990; Cassar e Neves, 1993), em adaptação às ondas de sudeste, geradas pelas frentes frias ou as que chegam na forma de marulho, oriundas das latitudes mais elevadas do sul. Isto se torna bem visível na acumulação de sedimentos a sul dos guia-correntes construídos para manter aberto o canal do Furado, e a conseqüente erosão, a norte, por efeito da retenção destes sedimentos.

A descarga do Paraíba do Sul varia sazonalmente entre 500 e 2.000 m³/s. (Valentini e Neves, 1989). Material em suspensão, medido a quase 30 km ao largo da desembocadura, indica concentrações de 0,5 mg/l, como parte de uma faixa de idênticas concentrações, que se estende do rio Doce ao cabo Frio e se prolonga até as proximidades da baía de Guanabara (Summerhayes et al., 1976).

A largura da plataforma continental interna é em torno de 35 km, sendo o recobrimento sedimentar, de acordo com a compilação de Kowsmann e Costa (1979), predominantemente de areias fluviais. Uma estreita faixa de lama se estende nas proximidades da isóbata de 20 m, entre Macaé e o embaiamento Búzios-Cabo Frio. Garrafas de deriva, lançadas de plataformas de petróleo, apresentaram tendência de convergir em direção ao embaiamento Búzios-Cabo Frio, o que levou Saavedra e Muehe (1993) a relacionar a origem destas lamas ao rio Paraíba do Sul. Esta direção preferencial de transporte também explica a freqüente contaminação com óleo nas praias do embaiamento considerado. É importante assinalar que os lançamentos efetuados no inverno mostraram transporte residual para norte, quando a maior parte das garrafas de deriva foram recolhidas a norte dos pontos de lançamento.

3.4. Região Sudeste

O litoral do Sudeste ou das escarpas cristalinas, definido por Silveira (1964) como se estendendo do sul do Espírito Santo ao cabo Santa Marta (SC), foi posteriormente interpretado por Villwock (1994) como o compartimento compreendido entre o cabo Frio e o cabo Santa Marta (Figura 7.9). Sua principal característica é a proximidade da encosta da Serra do Mar que, em muitos pontos, chega diretamente até o oceano. A brusca inflexão para oeste, na altura do cabo Frio, da orientação do litoral e das isobatimétricas, por efeito da zona de fratura do Rio de Janeiro, fez com que os alinhamentos estruturais do embasamento cristalino, de direção nordeste-sudoeste, fossem truncados pela orientação aproximadamente leste-oeste do litoral, entre o cabo Frio e a ilha da Marambaia (RJ).

Xavier da Silva (1973) distingue dois compartimentos entre o cabo Frio e o cabo Santa Marta, com limite na barra de Cananéia, extremidade sudoeste da ilha Comprida (SP).

A observação de cartas geológicas, geomorfológicas e náuticas mostra que um maior número de compartimentos pode ser identificado, sem excesso de detalhamento. Primeiramente, o litoral de cordões litorâneos e lagunas associadas, entre Arraial do Cabo e a extremidade oeste da restinga da Marambaia, com a plataforma continental interna, muito estreita se alargando lentamente em direção a oeste, pode ser considerado como um compartimento distinto. Nele, o aporte de água doce, nutrientes e poluentes, através das descargas das baías de Guanabara e Sepetiba, representam

O LITORAL BRASILEIRO E SUA COMPARTIMENTAÇÃO

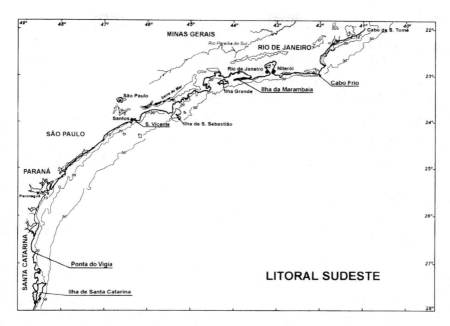

FIGURA 7.9. Configuração do litoral Sudeste (Fonte: DHN — Miniaturas de cartas náuticas).

um impacto significativo sobre a plataforma continental, ao mesmo tempo em que essas baías ou estuários desempenham uma importante função no ciclo biológico de espécies marinhas. A partir da Marambaia (RJ) até São Vicente (SP), o litoral é recortado apresentando pequenas enseadas, vertentes do complexo cristalino, reduzidas planícies costeiras e ilhas. De São Vicente à barra de Cananéia, conforme limite proposto por Xavier da Silva (1973), ou melhor, até a Ponta do Vigia, em Santa Catarina, conforme análise do material cartográfico, a linha de costa se apresenta retilinizada, com longos arcos de praia à frente de planícies costeiras e importantes estuários como o de Santos, Cananéia, Paranaguá, Guaratuba e São Francisco do Sul. O limite da plataforma continental interna também segue uma trajetória retilínea, sem indentações, formando a corda de um arco de grande raio de curvatura, parte do chamado embaiamento de São Paulo. Da ponta do Vigia até o cabo de Santa Marta, limite sul do litoral das escarpas cristalinas, e praticamente o limite sul de ocorrência de manguezais, a linha de costa volta a se apresentar irregular, com afloramentos do embasamento cristalino, até a ilha de Santa Catarina, a partir da qual a plataforma continental interna passa a se estreitar significativamente até o cabo de Santa Marta. Do sul da ilha de Santa Catarina ao cabo de Santa Marta a alternância entre afloramentos do embasamento e importantes sistemas deposicionais, marinhos e eólicos, sugere também a individualização deste trecho. Em resumo, são propostos os seguintes limites de compartimentos para o litoral das escarpas cristalinas:

Litoral	Macrocompartimento	Limites	Coordenadas
Sudeste	Litoral dos Cordões Litorâneos	Cabo Frio à ilha da Marambaia	23ºS a 44ºW
	Litoral das Escarpas Norte	Ilha da Marambaia a São Vicente	44ºW a 46º23'W
	Litoral das Planícies Costeiras e Estuários	São Vicente à ponta do Vigia	46º23W a 26º47'S
	Litoral das Escarpas Cristalinas Sul	Ponta do Vigia à ilha de Santa Catarina	26º47'S a 27º50'S
	Litoral das Planícies Litorâneas de Santa Catarina	Ilha de Santa Catarina ao cabo de Santa Marta	27º50'S a 28º36'S

a) Macrocompartimento dos Cordões Litorâneos

A brusca inflexão para oeste, na altura do cabo Frio, da orientação do litoral e das isobatimétricas, por efeito da zona de fratura do Rio de Janeiro, fez com que os alinhamentos estruturais do embasamento cristalino, de direção nordeste-sudoeste, fossem truncados pela orientação aproximadamente leste-oeste do litoral, entre o cabo Frio e a baía de Angra dos Reis. Com isto as rochas do embasamento praticamente chegam à linha de costa inibindo o desenvolvimento de planícies costeiras que, quando presentes, se desenvolveram a partir do entulhamento sedimentar dos baixos vales fluviais, atingindo expressão nas periferias das baías da Guanabara e Sepetiba. O que, de fato, marcou a fisionomia da paisagem costeira foi o desenvolvimento de cordões litorâneos, freqüentemente ocorrendo em forma de duplos cordões, dispostos paralelamente entre si e separados por uma depressão estreita. Estes cordões, em cuja retaguarda se desenvolveu

O LITORAL BRASILEIRO E SUA COMPARTIMENTAÇÃO

um conjunto de lagunas, motivo da designação de Região dos Lagos para a metade leste do compartimento considerado, imprimiram o aspecto retificado de todo este litoral (Figura 7.10). Destas lagunas, a maior é a de Araruama, com cerca de 200 km^2, uma das maiores lagunas mesohalinas conhecidas, cuja elevada concentração de sal resulta do reduzido aporte fluvial, do progressivo aumento de aridez em direção ao cabo Frio e da intensidade dos ventos que favorece a evaporação.

Ao contrário do modelo de evolução dos cordões litorâneos, inicialmente assumido como sendo por crescimento, de oeste para leste, na forma de um pontal (Lamego, 1940 e 1945), a interpretação feita por Muehe e Corrêa (1989) foi a de migração desses cordões em direção ao continente, até sua posição atual, em consonância com a elevação do nível do mar, estando o cordão mais interiorizado associado à última transgressão pleistocência (Martin e Suguio, 1989; Muehe, 1994), e o cordão frontal à transgressão pós-glacial. Este processo de retrogradação parece ainda afetar os cordões litorâneos frontais que, em muitos pontos são ultrapassados pelas ondas de tempestade (*overwash*). Arenitos de praia submersos, defronte às praias da Massambaba (observação do autor), Jaconé e Itaipuaçu (Muehe e Ignarra, 1984) e Jacarepaguá (Gorini e Muehe, 1971; Macedo, 1971), de idade ainda não determinada, comprovam o processo de retrogradação e sugerem, para os casos em que os mesmos afloram na base da face da praia, como em Jaconé e Jacarepaguá, a continuidade deste processo, implicando em instabilidade potencial da linha de costa.

A plataforma continental interna, muito estreita no setor leste do macrocompartimento, se assemelhando com uma largura de apenas 4 km, à largura modal de plataformas continentais ativas (Muehe e Carvalho, 1993), vai se alargando gradativamente em direção a oeste, chegando, na altura da Marambaia, a cerca de 25km.

De acordo com a compilação feita por Kowsmann e Costa (1979) e resultados obtidos por Ponzi (1978), Muehe (1989) e Muehe e Carvalho (1993), o recobrimento sedimentar da plataforma continental interna é predominantemente de areia quartzosa. Estas areias, pela quase inexistência de aporte terrígeno atual, são essencialmente reliquiares, isto é, resultam de remobilização de sedimentos fluviais e coluviais depositados em condições diferentes das atualmente existentes (Muehe, 1989; Muehe e Carvalho 1993). As baías de Guanabara e Sepetiba são quase que total-

FIGURA 7.10. O cabo Frio como marco limite de compartimentos: a norte o cabo Búzios e a planície costeira do rio São João; a oeste o sistema de cordões litorâneos-lagunas, com a lagoa de Araruama se destacando pela dimensão. A baía de Guanabara aparece no canto esquerdo inferior. (Foto Landsat.)

mente atapetadas por lamas, ocorrendo fundos arenosos apenas nos locais de maior atividade hidrodinâmica por efeito de ondas e correntes de maré (Ponçano *et al.*, 1979; Amador, 1992).

A baía de Sepetiba, localizada à retaguarda da restinga da Marambaia, na extremidade ocidental do macrocompartimento, é de águas rasas, com a quase totalidade de sua área com profundidades inferiores a 8 m conforme mostra o mapa batimétrico de detalhe elaborado por Borges e Figueiredo (Borges, 1990). As maiores profundidades se concentram ao longo de três canais, dois localizados na extremidade oeste da baía e um terceiro na borda norte, entre a ilha de Itacuruçá e o continente (Borges, 1990). O contato com o oceano se faz principalmente pelos dois primeiros canais, cujas profundidades máximas variam entre 24 e 31m. Um dos canais, o que passa entre as ilhas de Itacuruçá e Jaguanum, é utilizado como acesso ao porto de Sepetiba. Ponçano *et al.* (1976) descrevem este canal como seguindo em direção à Ilha Grande e passando entre esta e o continente,

O LITORAL BRASILEIRO E SUA COMPARTIMENTAÇÃO

em direção à baía da Ilha Grande, para então se dirigir para o oceano aberto. Ainda, segundo Ponçano *et al.* (1976), ocorre além dos canais principais uma série de ramificações, sendo toda esta morfologia resultado de entalhamento fluvial durante o período glacial, quando o mar se encontrava bem abaixo do seu nível atual. Com o posterior afogamento desta rede de drenagem, as depressões esculpidas passaram a condicionar a circulação.

Nas áreas mais rasas, na extremidade leste da baía, desenvolveu-se extenso manguezal, à retaguarda de um canal de maré, fazendo parte da reserva biológica e arqueológica de Guaratiba.

b) Macrocompartimento Litoral das Escarpas Cristalinas Norte

Este macrocompartimento se estende da Ilha de Marambaia, incluindo a ilha Grande e a baía do mesmo nome, no estado do Rio de Janeiro (Figura 7.11), a São Vicente, no estado de São Paulo. É caracterizado pelo desaparecimento dos cordões litorâneos, substituídos por um litoral de aspecto afogado, com inúmeras ilhas e com as escarpas da Serra do Mar formando a linha de costa, que se apresenta com uma sucessão de pequenas enseadas e planícies costeiras, a maioria das quais de pequena expressão. Fulfaro e Coimbra (1972), ao estudarem as praias do litoral paulista, identificaram duas áreas morfologicamente distintas, separadas por pequena zona de transição. A área norte situa-se na divisa do estado do Rio de Janeiro e a ponta da Boracéia, esta última localizada no centro do embaiamento entre a ilha Grande e a ilha de São Sebastião. Esta área é caracterizada por pequenas praias de enseada, do tipo *pocket beach*, com comprimentos entre 2 a 4 km, separadas por pontões do embasamento cristalino. A maior extensão de praia contínua encontra-se na enseada de Caraguatatuba, com mais de 10 km de extensão, tendo à sua retaguarda a única planície costeira de expressão. Ao sul da ponta da Boracéia as planícies costeiras se tornam mais contínuas, com tendência à retilinização da linha de costa, tendência esta apenas interrompida pela ilha de Santo Amaro, representando o trecho de transição para a área sul, esta pertencente ao macrocompartimento adjacente. Para Suguio e Martin, (1978); Martin e Suguio (1978), Martin *et al.* (1979), todo este compartimento é caracterizado por uma gradual redução dos depósitos sedimentares costei-

FIGURA 7.11. A Ilha Grande com a baía do mesmo nome, caracterizando o litoral das escarpas cristalinas. Mais acima, a leste, a baía de Sepetiba e o cordão litorâneo da Marambaia, limite oeste do compartimento adjacente. (Foto Landsat.)

ros representando a região da ilha Grande, a unidade de mínimo desenvolvimento desses depósitos. Tal efeito resultaria de uma hipotética flexura continental cujo eixo, por se localizar obliquamente ao litoral, teve como efeito a subsidência, ou afogamento, do lado leste da área afetada, e emersão do lado oeste, esta última com efeitos mais visíveis entre Cananéia-Iguape e a baixada santista, ambas unidades localizadas no macrocompartimento adjacente.

A proximidade do relevo elevado favorece às precipitações orográficas, tornando o clima superúmido, provocando intenso escoamento superficial, aumento repentino das descargas fluviais, movimentos de massa e escorregamentos nas encostas íngremes com conseqüências ocasionalmente catastróficas.

Unidade fisiográfica de expressão, a baía da ilha Grande foi dividida por Mahiques (1987) em dois corpos distintos, respectivamente a leste e a oeste da ilha, interligados por uma canal estreito, o canal Central, localizado à retaguarda da ilha Grande. Tanto o corpo leste quanto o oeste têm a

O LITORAL BRASILEIRO E SUA COMPARTIMENTAÇÃO 323

batimetria controlada por canais, provavelmente remanescentes do período interglacial, dos quais o do lado oeste é o mais pronunciado, com profundidades de aproximadamente 40 m, infletindo em direção ao canal Central (Mahiques, 1987). Este último apresenta duas profundas depressões isoladas, cerca de 25 m abaixo da topografia circundante e profundidade total de 55 m (Mahiques, 1987). A origem destas depressões foi relacionada por Mahiques (1987) e Mahiques *et al.* (1989) à ação de correntes de maré, por ocasião da transgressão holocênica, quando o nível do mar se encontrava a cerca de 25 m abaixo do nível atual e o escoamento se fazia de oeste para leste, aprofundando o canal Central, previamante escavado por ocasião da regressão pleistocênica.

O recobrimento sedimentar é predominantemente arenoso, com lamas ocorrendo nas áreas protegidas da extremidade oeste da baía, como na baía de Parati, enseada de Parati-Mirim e saco de Mamanguá (Mahiques 1987; Dias *et al.* 1990).

A plataforma continental interna se alarga progressivamente em direção a sudoeste, distando a isobatimétrica de 50 m cerca de 15 km da ilha Grande e 44 km da ilha de Santo Amaro. Apenas uma inflexão, imediatamente ao sul da ilha de São Sebastião, interrompe a continuidade do traçado da isóbata de 50 m, enquanto que a de 20 m segue as reentrâncias do litoral.

A cobertura da plataforma continental interna, entre 20 e 50 m de profundidade, é predominantemente arenosa, com lamas ocorrendo numa área limitada, na porção distal da plataforma continental interna, entre Ubatuba e a ilha de São Sebastião (Kowsmann e Costa, 1979). Coimbra *et al.* (1980) ao estudarem a distribuição dos sedimentos da plataforma continental entre Santos e ilha Grande, identificaram dois centros de dispersão. Um, considerado o principal, se localiza a sudeste da ilha Grande, e é caracterizado por sedimentos de granulometria grossa, elevado teor de carbonatos biodetríticos pouco fragmentados e baixo teor de lama. A partir deste núcleo, os sedimentos são transportados para noroeste, seguindo a direção de propagação das ondas de sudeste (135º), as de maior ocorrência. O segundo centro de dispersão se localiza a oeste da área de estudo, também apresentando sedimentos de granulação grossa, porém baixo teor de carbonatos. Os sedimentos deste centro de dispersão são transportados para leste. Nas proximidades do litoral aumenta a ocorrência de areias muito finas e de lamas, depositadas nos ambientes de baixa energia dos embaiamentos, como na região de Ubatuba (Mahiques, 1989) e parte da enseada de Caraguatatuba, com exceção da faixa defronte ao canal de São Sebastião, onde ocorrem areias grossas a muito grossas (Souza, 1992).

c) Macrocompartimento Litoral das Planícies Costeiras e Estuários

Este trecho, localizado entre São Vicente, no estado de São Paulo e a ponta do Vigia, no estado de Santa Catarina, incluindo, portanto, todo o litoral do Paraná, compreende um largo embaiamento e um litoral retificado de longos arcos de praia, largas planícies costeiras e importantes estuários como os de Santos e Cananéia, em São Paulo, Paranaguá e Guaratuba, no Paraná e São Francisco do Sul, em Santa Catarina. Entre as planícies costeiras de São Paulo, duas, a de Cubatão, ao norte, com mais de 132 km de largura máxima e a de Juréia e Iguape, com 22 km de largura, perfazem mais de 70% do litoral paulista (Fulfaro e Coimbra, 1972). Destas, o conjunto Cananéia-Iguape e a área de proteção ambiental da Juréia, representam duas das maiores áreas do país, onde se processa parte do ciclo de reprodução de um grande número de espécies animais (Tessler, 1994). Um canal, à retaguarda da ilha do Cardoso, liga o estuário de Cananéia ao canal de Superagui, no Paraná, parte do Parque Nacional do mesmo nome. Este canal, por sua vez, tem ligação com a baía das Laranjeiras e esta com a baía de Paranaguá.

O transporte litorâneo residual de sedimentos, de parte deste macrocompartimento, foi inferido por Fulfaro e Coimba (1972), a partir de dados granulométricos de sedimentos de praia. Assim, entre São Vicente e Peruíbe, isto é, ao longo da praia Grande, o transporte é dirigido para sudeste, ao passo que de Peruíbe para o sul, até a ilha do Cardoso, o transporte é dirigido para nordeste.

A planície de Santos, com a baía e o estuário santista, onde está localizado o porto de Santos, é, segundo Tessler (1994), formada predominantemente por areias marinhas, depósitos argilo-arenosos, flúvio-lagunares e sedimentos de fundo de baía com desenvolvimento pronunciado de manguezais. Os sedimentos de fundo do estuário são, predominantemente, constituídos por silte fino gradacionando até areia muito fina, não se regis-

O LITORAL BRASILEIRO E SUA COMPARTIMENTAÇÃO   325

trando, em geral, tendência de assoreamento rápido (Fúlfaro e Ponçano, 1976). Já na baía de Santos predominam areias no setor oeste, devido à ação das correntes de maré, e sedimentos finos, no setor leste, por efeito de aporte fluvial (Fúlfaro e Ponçano, 1976).

No Paraná, a baía de Paranaguá e a baía das Laranjeiras representam os baixos cursos afogados de dois sistemas fluviais que convergem, nas proximidades da desembocadura, formando um só corpo de água. Pequenas baías se desenvolvem a montante desses corpos, nos limites internos da área afogada, e canais se comunicam dando origem a ilhas, algumas de significativa expressão espacial como as ilhas das Peças e do Mel, esta última na entrada da baía. Nesta área, onde é mais intenso o fluxo das correntes, ocorrem areias finas a muito finas. Na baía de Paranaguá estas areias recobrem o fundo até o limite oeste da ilha da Cotinga, quando passam a lamas (Bigarella *et al.*, 1970; Angulo, 1994). Na baía das Laranjeiras predominam areias finas substituídas, na baía de Guaraqueçada, a montante do estuário, por lamas (Soares, 1990 *in* Angulo, 1994). Manguezais ocorrem em todas as áreas de menor energia, ao longo dos canais e nos fundos das pequenas enseadas.

A baía de Guaratuba, no extremo sul do estado do Paraná, representa outro importante estuário. Com uma foz estreita, limitada entre dois pontais rochosos, a baía se estende perpendicularmente à linha de costa, cerca de 15 km para oeste (Angulo, 1994), sendo as suas margens, norte e sul, ocupadas por extensos manguezais, conforme mapeamento efetuado por Herz (1991).

O mais meridional dos estuários, deste macrocompartimento, é o da baía de São Francisco, no estado de Santa Catarina. A baía é formada na confluência de dois braços, em forma de Y. Um braço fluvial, de direção noroeste-sudeste, em cuja margem direita ocorre o maior desenvolvimento dos manguezais e cujo alongamento, para além da baía, se transforma no canal do Linguado, que deságua no oceano ao sul da ilha de São Francisco. O outro, um canal largo, de direção sudoeste-nordeste, desemboca a norte da ilha de São Francisco.

A morfologia da plataforma continental interna, na sua porção distal, é monótona, seguindo a isóbata de 50 m, uma trajetória sem grandes indentações e formando a corda de um arco de suave curvatura, constituído pelo embaiamento de São Paulo. Sua largura média é de 65 km.

Afloramentos do embasamento, na forma de ilhas e alto-fundos, ocorrem ao largo da praia Grande em profundidades variando entre 15 e 40 m. Junto à costa, defronte à desembocadura do rio Ribeira do Iguape, formou-se um delta composto por dois depósitos coalescentes, o do flanco norte, correspondendo ao delta do próprio Ribeira do Iguape e o do flanco sul, correspondendo à saída da região lagunar situado entre a ilha Comprida e o continente (Ponçano, 1976). Dali para o sul a isóbata de 20 m apresenta duas grandes indentações. A primeira, defronte à ilha do Cardoso, talvez represente um paleocanal de maré numa situação em que o cordão litorâneo, da atual ilha Comprida, ainda não tinha recuado até sua posição atual. A outra, defronte à barra do Ararapira, na ilha de Superagui, também testemunhando a paleoposição de um canal de maré. Ambas as indentações estão um pouco defasadas, para o sul das atuais desembocaduras, o que sugere o predomínio de transporte litorâneo de sul para norte. Mas para o sul, uma inflexão da isóbata de 20 m sugere a ocorrência de um banco disposto obliquamente ao litoral e associável à atual desembocadura da Baía de Paranaguá. Também ali o banco está deslocado para o sul em relação à desembocadura atual, sugerindo transporte litorâneo para norte.

Em termos gerais, o recobrimento sedimentar da plataforma continental interna é arenoso (Kowsmann e Costa, 1979). Uma análise mais detalhada, ao longo de um perfil defronte à praia Grande, mostrou que ali a plataforma continental interna apresenta a ocorrência de areias nas profundidades de 15 a 24 m, seguido de uma faixa biodetrítica a partir de 33 m de profundidade (Faleiro e Figueiredo, 1989).

d) Macrocompartimento Litoral das Escarpas Cristalinas Sul

Da ponta do Vigia à extremidade sul da ilha de Santa Catarina, no estado de Santa Catarina, o litoral volta a se apresentar recortado, com afloramentos de rochas cristalinas pré-cambrianas interrompendo a continuidade da planície costeira quaternária (Gré, 1994). Uma série de enseadas pouco confinadas se abrem para o oceano. Inicialmente para nordeste, como as enseadas de Camboriú e Porto Belo; para leste, como a baía das Tijucas e para leste-sudeste, no litoral da ilha de Santa Catarina, constituem a unidade mais marcante deste macrocompartimento. O Itajaí forma o único estuário de alguma expressão neste litoral, tendo o porto de

O LITORAL BRASILEIRO E SUA COMPARTIMENTAÇÃO 327

Itajaí como importante escoadouro da produção do estado.

A ilha de Santa Catarina constitui feição alongada, com cerca de 52 km de comprimento e largura média em torno de 10 km. Deslocado para leste, em relação ao alinhamento do litoral ao norte da ilha, e tendo como conseqüência uma plataforma continental interna muito estreita, o litoral oceânico da ilha se alinha com o litoral do macrocompartimento ao sul. Entre a ilha e o continente se formaram duas baías, a Norte e a Sul, conectadas por um estreito canal, passagem entre dois promontórios, sobre os quais está localizada a cidade de Florianópolis. Caruso Jr. e Awdziej (1993) publicaram um mapa geológico mostrando a predominância de rochas pré-cambrianas na constituição do arcabouço da ilha. Feições quaternárias, pleistocênicas e holocênicas, na forma de praias, cordões litorâneos e depósitos lagunares, formam uma estreita faixa no litoral norte e leste. Campos de dunas, ativos e inativos, ocorrem apenas no litoral leste. Ainda, no litoral leste, a exposição de turfas, na praia do Moçambique, indica a migração do cordão litorâneo por cima de depósitos lagunares (Muehe e Caruso Jr., 1989). A lagoa da Conceição, também localizada no litoral leste da ilha, se estende no sentido norte-sul ao longo de 13,5 km. Sua margem oeste, por estar em contato com as encostas elevadas do Pré-cambriano, é íngreme, suavizando-se em direção à margem oposta que no setor norte é formada por um cordão litorâneo de idade presumivelmente pleistocênica. No centro, a margem leste da laguna é formada por rochas cristalinas e na extremidade sul pela frente e flanco de um campo de dunas que se deslocou, em direção a norte, a partir da praia da Joaquina. A única ligação da laguna com o mar é através de um estreito canal de maré, a norte da ponta da Galheta.

A plataforma continental interna se estreita ao norte da ilha de Santa Catarina, distando a isóbata de 50 m não mais que 5 km da linha de costa. Deste ponto, volta a se alargar, em direção ao sul, chegando a 13 km, à medida que a linha de costa segue uma direção ligeiramente oblíqua à direção da isóbata de 50 m. Uma série de ilhas e altos-fundos, formados por rochas do embasamento, dão um aspecto movimentado a morfologia do fundo marinho. O recobrimento sedimentar da plataforma continental interna, a partir da isóbata de 40 m, em direção a maiores profundidades, que no macrocompartimento ao norte é de areia, passa a ser de lamas de origem fluvial e de plataforma, conforme Kowsmann e Costa (1979), voltando a areia a predominar defronte a metade leste da ilha de Santa Catarina para o sul.

O clima é subtropical úmido, tipo Cfa de Köppen, sem estação seca com inverno frio e verão quente. A precipitação anual é da ordem de 1.250 a 1.400 mm. Predominam ventos de nordeste substituídos por ventos do quadrante sudoeste, associados à penetração de frentes frias.

e) Macrocompartimento das Planícies Litorâneas de Santa Catarina

A partir da ilha de Santa Catarina até o cabo de Santa Marta, no estado de Santa Catarina, a linha de costa se apresenta numa sucessão de arcos praiais, separados por promontórios rochosos defronte a extensas planícies costeiras, algumas das quais contendo expressivos sistemas lagunares. O transporte litorâneo neste trecho, induzido pelo predomínio de ondas de sudeste, é dirigido para nordeste (Caruso Jr., 1995).

Caruso Jr. (1995) identificou dois compartimentos do litoral: a planície de Paulo Lopes, a norte, e a planície de Tubarão, a sul. De acordo com este autor a parte central da planície de Paulo Lopes é constituída por terras baixas, que recebem a drenagem proveniente dos altos do embasamento cristalino, localizado a oeste, através de vales profundamente entalhados. Na borda distal da planície ocorrem depósitos lagunares e marinhos. Remanescentes do embasamento cristalino constituem ilhas e pontas rochosas que se destacam ao longo da linha de costa, ancorando esporões arenosos, tômbolos e pequenas praias de enseada. A norte, na enseada da Pinheira, uma planície de cristas de praia, parcialmente recoberta por um campo de dunas, se desenvolveu defronte a uma antiga falésia em forma de arco.

O segundo grande compartimento, a planície de Tubarão, se estende, de acordo com Caruso Jr. (1995), da ponta da Gamboa em direção ao sul. Na realidade trata-se da confluência de três sistemas de drenagem distintos, convergindo para um sistema lagunar barrado por larga faixa de cordões litorâneos. Dissociadas deste conjunto de lagunas, mas ainda como parte da Planície de Tubarão, se encontram as lagunas de Santa Marta e Camacho, esta última com ligação para o mar através de um estreito canal de maré que atravessa o cordão litorâneo holocênico da praia Grande do Sul, imediatamente a sul do cabo Santa Marta, no macrocompartimento adjacente.

O LITORAL BRASILEIRO E SUA COMPARTIMENTAÇÃO

Campos de dunas ativas se encontram bem desenvolvidos sobre os cordões litorâneos pleistocênicos e holocênicos (sistemas laguna barreira III e IV) defronte à lagoa Mirim, sendo as dunas impulsionadas em direção a sudoeste por ação do vento nordeste (Caruso Jr., 1995).

A plataforma continental interna é estreita, distando a isóbata de 50 m, nas áreas de maior reentrância do litoral, não mais que 17 km da linha de costa, estreitando-se para apenas 6 km defronte ao cabo de Santa Marta. Idêntico à morfologia do macrocompartimento a norte, a plataforma continental interna apresenta afloramentos rochosos, formando altos-fundos, que em vários locais alcançam a superfície do mar, formando pequenas ilhas.

O recobrimento sedimentar da plataforma continental interna foi classificado como sendo de areia terrígena, conforme Kowsmann e Costa (1979).

3.5. REGIÃO SUL

O litoral Sul, que se estende do cabo de Santa Marta até o Chuí (Figura 7.12), é caracterizado por uma linha de costa retilinizada, monótona, à frente de sucessões de cordões litorâneos, em muitos pontos recobertos por extensos campos de dunas e inúmeras lagunas, com destaque para a lagoa dos Patos e lagoa Mirim. Silveira (1964), seguido por Schaeffer-Novelli *et al.* (1990) e Villwock (1994), considera Torres como limite de compartimentos, por ser ali o único promontório rochoso de todo o litoral, formado por rochas vulcânicas da borda leste da Bacia do Paraná. Ao norte de Torres a planície costeira é mais estreita, justamente devido à presença da escarpa da Serra Geral, ao passo que ao sul, a planície se alarga até 120 km, tendo seu limite interno nas terras elevadas do Escudo Rio-Grandense e Uruguaio (Villwock, 1994). O limite externo da plataforma continental interna mantém, a partir de Torres, o mesmo alinhamento NNE-SSW, sendo sua largura controlada pela sinuosidade da linha de costa. Como reflexo desta sinuosidade, a largura mínima da linha de costa até a isobatimétrica de 50 m se estabelece ao largo de Mostardas com cerca de 20 km, e sua maior largura é encontrada defronte às inflexões máximas da linha de costa: 85 km imediatamente ao sul da desembo-

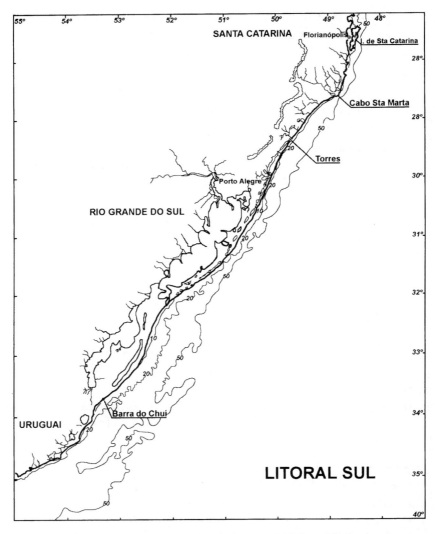

FIGURA 7.12. Configuração do litoral Sul. (Fonte: DHN — Miniaturas de cartas náuticas.)

cadura da Lagoa dos Patos, 110 km na altura do barra do Chuí. O relevo monótono da plataforma continental interna é interrompido, ao sul de Mostardas, pela presença de pequenas elevações e depressões, circulares a alongadas, posicionadas obliquamente em relação à costa (Figueiredo Jr.,

O LITORAL BRASILEIRO E SUA COMPARTIMENTAÇÃO

1975). Considerando esta diferenciação morfológica, poder-se-ia considerar Mostardas como mais um divisor entre compartimentos. No entanto, a morfologia da zona costeira emersa não apresenta na escala adotada modificações que justifiquem esta compartimentação. A tabela abaixo lista os limites dos diversos compartimentos identificados.

Litoral	Macrocompartimento	Limites	Coordenadas
Sul	Litoral Retificado do Norte	Cabo de Santa Marta a Torres	28°36'S a 29°20'S
	Litoral dos Sistemas Laguna-Barreira do Rio Grande do Sul	Torres a barra do Chuí	29°20'S a 33°44'S

a) Macrocompartimento Litoral Retificado do Norte

Este macrocompartimento se estende do cabo de Santa Marta, no estado de Santa Catarina, até Torres, no estado do Rio Grande do Sul.

A linha de costa é formada por um único arco praial, de pouco mais de 117 km de extensão, interrompido apenas por canais de maré como a barra do Uruçanga e a barra do Araranguá. O desenvolvimento de pontais, dirigidos para nordeste, na desembocadura dos canais de maré, indica o predomínio do transporte litorâneo nesta direção. Uma seqüência de pequenas lagunas se localiza à retaguarda do cordão litorâneo, das quais a maior é a lagoa do Sombrio, nas proximidades de Torres, utilizada para pesca e esportes náuticos. A proximidade da Serra Geral condicionou a largura da planície costeira deste macrocompartimento, o que o diferencia das planícies costeiras ao sul de Torres. Os afloramentos, formados por rochas vulcânicas da borda leste da bacia do Paraná, cujo formato deu o nome à localidade de Torres, constituem o único promontório rochoso de todo o litoral.

A plataforma continental interna se alarga progressivamente à medida que a linha de costa se arqueia para o interior, passando a isóbata de 50 m, de uma distância de 6 km ao largo do cabo de Santa Marta, para 40 km, ao largo de Torres. O recobrimento sedimentar é de areia terrígena (Kowsmann e Costa, 1979).

b) Macrocompartimento dos Sistemas Laguna-Barreira do Rio Grande do Sul.

Este macrocompartimento engloba todo o litoral do Rio Grande do Sul, cuja característica mais evidente é sua linha de costa retilinizada, à frente de sucessivos cordões litorâneos, regionalmente denominados de barreiras, recobertos em muitos pontos por extensos campos de dunas, e retendo, à sua retaguarda, marismas e um conjunto de lagunas entre as quais se destacam, pela sua enorme extensão, a lagoa dos Patos (Figura 7.13) e a lagoa Mirim.

FIGURA 7.13. Litoral do Rio Grande do Sul com a lagoa dos Patos e os cordões litorâneos ou barreiras. (Foto Landsat.)

O LITORAL BRASILEIRO E SUA COMPARTIMENTAÇÃO

Tomazelli e Villwock (1992) consideram a praia oceânica da planície costeira do Rio Grande do Sul, com mais de 600 km de comprimento, uma das mais extensas e contínuas praias arenosas conhecidas. Inserida num ambiente de micromaré, a hidrodinâmica costeira é dominada pela ação das ondas, cuja direção de incidência se alterna entre vagas de nordeste e leste com ondulações de sudeste e ondas de tempestade de leste e sudeste. Neste clima de ondas, segundo Tomazelli e Villwock (1992), o transporte litorâneo residual é dirigido para nordeste, provocando a migração, para nordeste, das desembocaduras não estabilizadas de rios, arroios e lagunas, como no arroio Chuí, rio Mampituba e da desembocadura da lagoa do Peixe, próximo a Mostardas. Nas embocaduras estabilizadas por molhes ou guia-correntes, como nas desembocaduras da lagoa dos Patos, em Rio Grande, e da lagoa de Tramandaí, ocorre deposição de areia a montante e erosão a jusante dos obstáculos artificiais.

As areias das praias do Rio Grande do Sul são dominantemente quartzosas finas, com teores de minerais pesados que podem atingir concentrações elevadas no pós-praia e na planície arenosa e campo de dunas (Martins, *et al.*, 1967; Silva, 1976 e 1979; Villwock *et al.*, 1978). Conseqüentemente o estado morfológico típico é o dissipativo, caracterizado por baixo gradiente da praia e zona de surfe, múltiplas linhas de arrebentação e elevado estoque de areia na zona submarina (Tomazelli e Villwock, 1992). Tais características são um pouco modificadas ao sul da barra do Rio Grande, onde as praias tendem a apresentar características intermediárias entre dissipativas e refletivas, e entre intermediárias e refletivas na localidade conhecida como Concheiros do Albardão (Calliari e Klein, 1992). Ali, a granulometria é influenciada pela presença de areia e cascalho biodetrítico, responsável pela maior declividade da praia. A ocorrência de depósitos de lama na praia, nos balneários de Cassino e Querência, localizados imediatamente a sul da desembocadura da lagoa dos Patos, foi descrita por Villwock e Martins (1972) e associada aos sedimentos finos da plataforma continental interna adjacente, trazidos para a praia por ação de ondas de tempestade. Calliari (1992) mostrou que estas lamas são provenientes da região estuarina da lagoa dos Patos.

Fazendo paralelo com a enorme extensão da linha de costa e da lagoa dos Patos e Mirim, também o *campo de dunas* holocênicas do Rio Grande do Sul, com largura média variando entre 5 e 8 km e mais de 600 km de extensão (Tomazelli, 1994), corresponde a um dos mais expressivos sistemas eólicos ativos do Brasil, cuja idade foi estimada como sendo inferior a 1.500 anos, e interpretado como possível resultado de uma elevação do nível relativo do mar, associada a uma tendência de erosão costeira, colocando em disponibilidade sedimentos antes retidos pelas dunas embrionárias e frontais (Tomazelli e Villwock, 1989; Tomazelli, 1990). O campo eólico, de acordo com Tomazelli (1990 e 1994), é controlado por um sistema de ventos de alta energia, cuja direção dominante, nordeste-sudoeste, impulsiona as dunas livres para o interior, a uma taxa de 10 a 38 m/ano, transgredindo por sobre lagunas, lagos e outras feições costeiras. Ventos de oeste ocorrem de modo significativo durante o outono e inverno.

O sistema lagunar da lagoa dos Patos foi bem caracterizado em termos de configuração batimétrica, processos geomorfológicos e sedimentação por Toldo Jr. (1994) e Toldo Jr. *et al.* (1995). Apresenta uma área de 9.800 km² e profundidade média de 6 m. A distribuição dos sedimentos de fundo é predominantemente lamosa, constituindo uma superfície plana em profundidades superiores a 5 m, e espessura média das lamas de 6 m. Nas profundidades inferiores a 5 m os sedimentos são arenosos, formando a margem lagunar (Toldo Jr., 1994). Toldo Jr. *et al.* (1995) determinaram taxas de sedimentação de longo período, de 0,21 a 1,13 mm/ano, a partir de datação por ^{14}C, ao passo que datações de curto período, realizadas pelo método do isótopo de chumbo (^{210}Pb) forneceram taxas entre 3,5 e 8,3 mm/ano (Martins *et al.*, 1989 *in* Toldo Jr. *et al.*, 1995). Esta aceleração da taxa de sedimentação é interpretada por Toldo Jr. *et al.* (1995), como decorrente da ação do homem, especialmente das atividades agrícolas, nas bacias hidrográficas do sudeste do Rio Grande do Sul.

A plataforma continental interna mantém, no seu limite distal, um alinhamento nordeste-sudoeste, quase que contínuo e monótono até a extremidade sul do país quando, defronte ao Uruguai, passa a apresentar acentuadas inflexões da isóbata de 50 m. Em função da sinuosidade da linha de costa do Rio Grande do Sul, a largura da plataforma continental interna passa a ser controlada pelas inflexões do litoral, apresentando sua menor largura ao largo de Mostardas, com cerca de 20 km, e sua maior largura nas inflexões máximas da linha de costa (85 km imediatamente a sul da desembocadura da lagoa dos Patos e 110 km na altura do barra do Chuí). O relevo monótono da plataforma continental interna é interrom-

O LITORAL BRASILEIRO E SUA COMPARTIMENTAÇÃO 335

pido ao sul de Mostardas pela presença de pequenas elevações e depressões, de forma circular a alongada, posicionadas obliquamente em relação à costa (Figueiredo Jr., 1975). Figueiredo Jr. (1980) descreve essas elevações como sendo bancos formados por areia quartzosa média a fina, com alturas variando entre 4 e 10 m e distância entre cristas de 2 a 6 km. Sua área de ocorrência se localiza em profundidades de 8 a 24 m, ao largo de Rio Grande até um pouco além do farol de Conceição, a norte, e na faixa defronte aos faróis de Verga e Albardão, a sul. Sua origem foi relacionada por Figueiredo Jr. (1980) a processos hidrodinâmicos de transporte e deposição induzidos pela geração de ondas e correntes associadas à penetração de frentes frias.

O recobrimento sedimentar da plataforma continental interna é predominantemente de areia terrígena (Martins *et al.*, 1967; Martins *et al.*, 1972). Lamas de plataforma ocorrem na porção distal da plataforma continental interna defronte à faixa entre Tramandaí e Solidão (Martins *et al.*, 1972; Kowsmann e Costa, 1979). Uma outra faixa de lama, formada por lama fluvial moderna, de reduzida expressão espacial, se localiza defronte à desembocadura da lagoa dos Patos (Kowsmann e Costa, 1979), cuja associação com a ocorrência de lamas nas praias de Cassino e Querência já foi relatada acima (Villwock & Martins, 1972; Calliari, 1992).

4. CONCLUSÕES

O expressivo aumento do nosso conhecimento, nos últimos vinte anos, sobre a geologia, geomorfologia, cobertura sedimentar e sobre a oceanografia física da nossa margem continental e, em particular, da zona costeira, permitiram estabelecer subdivisões nos grandes compartimentos geomorfológicos costeiros previamente identificados, por outros autores, a partir de uma base de informações bastante reduzida, sem que modificações substanciais, nesses grandes compartimentos, tivessem que ser feitas. As subdivisões aqui sugeridas certamente sofrerão modificações, inclusive na denominação, e maior número de divisões serão estabelecidas à medida que se aumente a escala de análise do macro, ao meso e ao microdiagnóstico. Considerando que compartimentações completamente diferentes serão definidas em função de objetivos específicos, ou em função de ponderaçōes diferentes das variáveis consideradas como diagnósticas, talvez o maior valor da compartimentação aqui apresentada é o de estabelecer um arcabouço dentro do qual se procurou traçar um quadro compreensivo das principais feições morfológicas e processos associados, ancorado numa extensa pesquisa bibliográfica que, por si só, já representa uma substancial ajuda para quem necessita se atualizar sobre a fisiografia costeira do Brasil.

5. Questões de Discussão e Revisão

a) Considerando o limite batimétrico de 50 m como critério para definição da plataforma continental interna, em que macrocompartimentos este limite não está de acordo com a capacidade de mobilização dos sedimentos de fundo por ação das ondas?

b) Que outros critérios poderiam ser utilizados para o limite oceânico da zona costeira para efeitos de gerenciamento?

c) Quais seriam os efeitos de uma elevação do nível relativo do mar em compartimentos morfologicamente tão diferentes, como o litoral do Amapá e a costa dos Tabuleiros?

d) Por que o litoral das Reentrâncias não podem ser considerado um litoral de rías?

e) Identifique os compartimentos que apresentam riscos como enchentes, escorregamentos e erosão costeira.

f) Qual a origem dos sedimentos que formam os extensos campos de dunas na região Nordeste?

g) Por que grande parte do litoral do Nordeste apresenta uma tendência para a erosão?

h) Que efeitos sobre o balanço sedimentar pode resultar em decorrência da ocupação de dunas costeiras?

i) Qual a diferença fundamental no clima de ondas nas regiões Sudeste e Nordeste?

j) Por que a plataforma continental interna apresenta grandes variações de largura e de recobrimento sedimentar?

O LITORAL BRASILEIRO E SUA COMPARTIMENTAÇÃO

Agradecimentos

Conforme ressaltado na introdução, a definição dos macrocompartimentos e a descrição de suas principais características da franja costeira emersa e zona submarina adjacente são o resultado de um trabalho elaborado, pelo autor, para o Programa Nacional de Gerenciamento Costeiro, do Departamento de Gestão Ambiental, da Secretaria de Coordenação dos Assuntos do Meio Ambiente do Ministério do Meio Ambiente, dos Recursos Hídricos e da Amazônia Legal. A autorização recebida desse órgão governamental para utilização dos dados levantados na preparação do presente capítulo foi decisiva para que o mesmo fosse elaborado, para o que registro meus agradecimentos.

6. Bibliografia

ACKERMANN, F.L. (1966). Notas sobre a geologia e formação da costa do extremo norte do Brasil. *Revista Brasileira de Geografia*, 28(2):99-111.

ADDAD, J. (1995). Erosão nas praias de Alcobaça. Dissertação de mestrado. Instituto de Geociências, UFMG. 137p, mais anexos.

AMADOR, E. (1992). Sedimentos de fundo da Baía de Guanabara. Uma síntese. 3º Congresso da ABEQUA, Belo Horizonte. Anais. p. 199-224.

ANDRADE, E. & MORAIS, J.O. (1984). Estudo dos minerais pesados da plataforma continental do Maranhão — Banco de Cururupu. *In*: Simpósio de Geologia do Nordeste, 11. Atas. Natal, Sociedade Brasileira de Geologia. 9:208-220.

ANGULO, R.J.(1994). Diagnóstico ambiental oceânico e costeiro das regiões sul e sudeste do Brasil. V. 2. Petrobrás, Rio de Janeiro.

BACOCCOLI, G. (1971). Os deltas marinhos holocênicos brasileiros; uma tentativa de classificação. Boletim Técnico da PETROBRÁS, Rio de Janeiro, 14(1/2):5-38.

BANDEIRA, J.V. (1972). Estimativa do transporte litorâneo em torno da embocadura do rio Sergipe. Dissertação de Mestrado. Instituto de Pesquisas Radioativas, UFMG. 191p.

BANDEIRA, J.V. (1993). A influência do transporte litorâneo em instalações e obras costeiras relacionadas com a produção de petróleo e gás no Estado do Rio Grande do Norte — Brasil. Simpósio Brasileiro de Recursos Hídricos.

338 GEOMORFOLOGIA DO BRASIL

10. Anais. Gramado. v.5:335-344.

BARBIÉRE, E.B. (1984). Cabo Frio e Iguaba Grande, dois microclimas distintos a um curto intervalo espacial. *In*: Restingas: Origem, Estrutura, Processos. (org.) LACERDA, L.D. de, ARAÚJO, D.S.D. de, CERQUEIRA, R. & TURCQ, B. CEUFF, Niterói. p. 3-12.

BARBOSA, G.V. & PINTO, M.N. (1973). Geomorfologia da Folha SA.23 São Luiz e parte da Folha SA.24 Fortaleza. *In*: Levantamento de Recursos Naturais. PROJETO RADAM, capítulo II:1-17. Ministério das Minas e Energia, Departamento da Produção Mineral. Rio de Janeiro.

BARRETO, H.T. & MILLLIMAN, J.D. (1969). Esboço fisiográfico da margem continental brasileira. *In:* TOFFOLI, L.C. ed. Margem Continental Brasileira. Coletânea de Trabalhos, Rio de Janeiro, PETROBRAS. DEX-PRO. DIVEX. p. 11-30.

BIGARELLA, J.J., ALESSI, A.H., BECKER, R.D. & DUARTE, G.K. (1970). Natureza dos sedimentos de fundo das baías de Paranaguá e Antonina. *Revista do Instituto de Biologia e Pesquisas Tecnológicas*. Curitiba. 15:30-33.

BITTENCOURT, A.C. da S.P., DOMINGUEZ, J.M.L. & MOTTA FILHO, O. (1990). Variações texturais induzidas pelo vento nos sedimentos da face da praia (praia de Atalaia Piauí). *Revista Brasileira de Geociências*, 20(1-4):201-207.

BITTENCOURT, A.C. da S.P., DOMINGUEZ, J.M.L., MARTIN, L. & FERREIRA, Y. de A. (1982). Dados preliminares sobre a evolução do delta do Rio São Francisco (Se/Al) durante o Quaternário. Influência das variações do nível do mar. IV Simpósio do Quaternário no Brasil, Atas. pp. 49-68.

BITTENCOURT, A.C.S.P., FERREIRA, Y. & DI NAPOLI, E. (1976). Alguns aspectos da sedimentação na Baía de Todos os Santos, Bahia. *Revista Brasileira de Geociências* 6:246-262.

BOAVENTURA, F.M.C. & NARITA, C. (1974). Geomorfologia. In: Levantamento de Recursos Naturais. PROJETO RADAM, Folha NA/NB.22 — Macapá. v.6, capítulo II:1-27. Ministério das Minas e Energia, Departamento da Produção Mineral. Rio de Janeiro.

BORGES, H.V.(1990). Dinâmica sedimentar da restinga da Marambaia e baía de Sepetiba. Dissertação de mestrado. Programa de Pós-graduação em Geologia, Instituto de Geociências, UFRJ. 79p.

CALLIARI, L.J. (1992). Lagoa dos Patos: inter-relação estuário-plataforma na deposição costeira. 37º Congresso Brasileiro de Geologia. São Paulo. SBG. Boletim de Resumos Expandidos. V.1:199-200.

CALLIARI, L.J. & KLEIN, A.H. da F. (1992). Características morfodinâmicas e

O LITORAL BRASILEIRO E SUA COMPARTIMENTAÇÃO

sedimentológicas das praias oceânicas entre Rio Grande e Chuí, RS. 37º Congresso Brasileiro de Geologia. São Paulo. SBG. Boletim de Resumos Expandidos. V.1:77.

CARUSO JR. (1995). Geologia e recursos minerais da região costeira do sudeste de Santa Catarina. Tese de doutorado. Curso de Pós-graduação em Geociências. Universidade Federal do Rio Grande do Sul. 178p.

CARUSO JR., F. & AWDZIEJ, J. (1993). Mapa geológico da Ilha de Santa Catarina. Escala 1:100.000. Universidade Federal do Rio Grande do Sul, Instituto de Geociências, Centro de Estudos de Geologia Costeira e Oceânica (CECO).

CASSAR, J.C.M. & NEVES, C.F. (1993). Aplicação das rosas de transporte litorâneo à costa norte fluminense. Caderno de Recursos Hídricos. RBE 11(1):81-106.

CASTRO, J.W. de A. & COUTINHO, P.N., (1995). A ação de ondas, ventos e transporte de sedimentos entre as praias de Goiabeiras e Paracambuco, região metropolitana de Fortaleza. 1º Simpósio sobre Processos Sedimentares e Problemas Ambientais na Zona Costeira Nordeste Brasileira. Anais. Recife. 24 a 28 de outubro. p. 123 a 125.

COIMBRA, A.M., FURTADO, V.V., TESSLER, M.G., YAMAMOTO, M.F. & TODESCHINI, E. (1980). Dispersão dos sedimentos de superfície de fundo na plataforma continental interna do Estado de São Paulo — Santos à Ilha Grande. 31º Congresso Brasileiro de Geologia. Anais. 1:557-568.

COUTINHO, P.N. (1981). Sedimentação na plataforma continental Alagoas-Sergipe. Arquivos de Ciências do Mar, Fortaleza, 21:1-28.

COUTINHO, P.N. (1994). Controle da morfologia quaternária da costa de Pernambuco. Inédito.

DHN, (1993). Atlas de Cartas Piloto — Oceano Atlântico de Trinidad ao Rio da Prata. Ed. Diretoria de Hidrografia e Navegação — Marinha do Brasil, 2ª Edição. Rio de Janeiro.

DIAS, G.T.M. (1989). Depósitos de algas calcáreas na plataforma continental do Espírito Santo. 1º Simpósio de Geologia do Sudeste. Boletim de Resumos. SBG. p. 55-56.

DIAS, G.T.M. & MUEHE, D. (1994). Avaliação do transporte de sedimentos terrígenos na plataforma continental interna entre os rios Mucuri e Caravelas (BA). Relatório Técnico (não publicado).

DIAS, G.T.M., PEREIRA, M.A.A. & DIAS, I. (1990). Mapa geológico-geomorfológico da Baía da Ilha Grande e zona costeira adjacente. Escala 1:80.000. Laboratório de Geologia Marinha (LAGEMAR-UFF), (não publicado).

DIAS, G.T.M., RINE, J., NITTROUER, C.A., ALLISON, M. KUEHL, S.A.,

SUCASAS da COSTA Jr., P. & FIGUEIREDO, A.G. (1992). Géomorphologie côtière de l'Amapá — Brésil. Considerations sur la dynamique sedimentaire actuelle. *In*: PROST, M.-T. (ed.). Évolution des littoraux de Guyane et de la zone Caraïbe méridionale pedant le Quaternaire. Simpósio PICG 274/ORSTOM. Caiena (Guiana), 9-14 novembro de 1992, pp. 151-158.

DIAS, G.T.M. & SILVA, C.G. (1984). Geologia dos depósitos arenosos costeiros emersos — exemplos ao longo do litoral fluminense. *In*: Restingas: Origem, Estrutura, Processos. (org.) LACERDA, L.D. de, ARAÚJO, D.S.D. de, CERQUEIRA, R. & TIRCQ, B. CEUFF, Niterói. pp. 47-60.

DIÉGUES, F.M.F. (1972). Introdução à oceanografia do estuário amazônico. *In*: XXVI Congresso Brasileiro de Geologia, Belém. São Paulo, SBG. 2:301-317.

DOMINGUEZ, J.M.L. (1987). Quaternary sea-level changes and the depositional architecture of beach-ridge strandplains along the coast of Brazil. Tese de doutorado. Universidade de Miami, EUA. 288p.

DOMINGUEZ, J.M.L. (1995). Regional assessment of short and long term trends of coastal erosion in northeastern Brazil. *In*: 1995 LOICZ (Land-Ocean Interactions in the Coastal Zone). São Paulo. pp. 8-10.

DOMINGUEZ J.M.L., BITTENCOURT, A.C.S.P. & MARTIN, L. (1981). Esquema evolutivo da sedimentação quaternária nas feições deltaicas dos rios São Francisco (SE/AL), Jequitinhonha (BA), Doce (ES), e Paraíba do Sul (RJ), *Revista Brasileira de Geociências*, 11(4):227-237.

DOMINGUEZ J.M.L., BITTENCOURT, A.C.S.P. & MARTIN, L. (1992). Controls on Quaternary coastal evolution of the east-northeastern coast of Brazil: roles of sea-level history, trade winds and climate. Sedimentary Geology, 80:213-232.

DOMINGUEZ J.M.L., BITTENCOURT, A.C. da S. P., LEÃO, Z.M. de A.N. & AZEVEDO, A.E.G. de. (1990). Geologia do Quaternário costeiro do Estado de Pernambuco. *Revista Brasileira de Geociências*, 20(1-4):208-215.

DOMINGUEZ, J.M.L. & LEÃO, Z.M.A.N. (1994). Contribution of sedimentary geology to coastal environmental management of the Arembepe region, State of Bahia, Brazil. 14th International Sedimentological Congress. Abstracts. Recife.

DOMINGUEZ, J.M.L., MARTIN, L. & BITTENCOURT, A.C.S.P. (1987). Sea level history and quaternary evolution of river-mouth associated beach-ridge plains along the east-southeast Brazilian coast: a summary. In: NUMMEDAL, D., PILKEY, O.H. & HOWARD. J.D., (ed.), Sea level fluctuation and coastal evolution, SEPM, Sp. Publ. 41.

EL-ROBRINI, M. & SOUZA FILHO, P.W.M. (1994). A plataforma continen-

O LITORAL BRASILEIRO E SUA COMPARTIMENTAÇÃO

tal do Amazonas e as evidências das oscilações do nível do mar durante o Quaternário superior terminal. *In*: Congresso Brasileiro de Geologia. Anais. Balneário Camburiú — SC. 38:417-419.

EMERY, K.O. (1960). The sea of southern California. John Wiley, Nova York. 366p.

FALEIRO, J.C.M. & FIGUEIREDO JR., A.G. (1989). Estudo da sedimentação recente ao longo de uma geotransversal na plataforma continental de São Paulo, Praia Grande (Santos) ao Campo de Merluza. I Simpósio de Geologia do Sudeste. Resumos. SBG. Rio de Janeiro. p.62-63.

FIGUEIREDO JR., A.G. (1975). Geologia dos depósitos calcários biodetríticos da plataforma continental do Rio Grande do Sul. Porto Alegre, UFRGS, Dissertação de Mestrado. 72p.

FIGUEIREDO JR., A.G. (1980). Response of water column to strong wind forcing, southern Brazilian inner shelf: implications for sand ridge formation. Marine Geology, 35:367-376.

FONTES, A.L. (1990). Aspectos geológicos e geomorfológicos da planície costeira entre os estuários dos rios Sergipe e Japaratuba — Sergipe. 36° Congresso Brasileiro de Geologia. Anais. v2:700-708.

FONTES, A.L. & MENDONÇA FILHO, C.J.M. (1992). Aspectos geológicos e geomorfológicos da planície costeira entre os estuários dos rios Sergipe e Vaza Barris (Se). Anais III Congresso ABEQUA. Belo Horizonte. pp. 241-248.

FRANÇA, A.M.C. (1979). Geomorfologia da margem continental leste brasileira e da bacia oceânica adjacente. *In*: Geomorfologia da margem continental brasileira e das áreas oceânicas adjacentes. Rio de Janeiro, PETROBRÁS. CENPES. DINTEP, 1979. 177p. (Série Projeto REMAC, n.7) p. 89-127.

FRANÇA, A.M.C.; COUTINHO, P.N.; & SUMMERHAYES, C.P. (1976). Sedimentos superficiais da margem continental nordeste brasileira. *Revista Brasileira de Geociências*, 6(2):71-88.

FRANZINELLI, E. (1990). Evolution of the geomorphology of the coast of the state of Pará, Brazil. In: PROST, M.-T. (ed.). Évolution des littoraux de Guyane et de la zone Caraïbe méridionale pedant le Quaternaire. Simpósio PICG 274/ORSTOM. Caiena (Guiana), 9-14 novembro de 1992. pp. 203-230.

FREIRE, G.S.S (1979). Estudo sedimentológico dos bancos do Cururupu (Estado do Maranhão — Brasil). *In*: Simpósio de Geologia do Nordeste, 9. Atas. Natal, Sociedade Brasileira de Geologia. 7:166-181.

FÚLFARO, V.J. & COIMBA, A.M. (1972). As praias do litoral paulista. XXVI Congresso Brasileiro de Geologia. Resumos. SBG. pp. 253-255.

FÚLFARO, V.J. & PONÇANO, W.L. (1976). Sedimentação atual do estuário e Baía de Santos: um modelo geológico aplicado a projetos de expansão de zona portuária. I Congresso Brasileiro de Geologia de Engenharia. Anais. V. 2. Rio de Janeiro. p. 57-90.

GÓES FILHO, L., VELOSO, H.P., JAPIASSU, A.M.S. & LEITE, P.F. (1973). Estudo fitogeográfico da Folha SA.23 São Luís e parte da Folha SA.24 Fortaleza. *In*: Levantamento de Recursos Naturais. PROJETO RADAM, capítulo IV:1-90. Ministério das Minas e Energia, Departamento da Produção Mineral. Rio de Janeiro.

GORINI, M.A., DIAS, G.T.M., MELLO, S.M., ESPÍNDOLA, C.R.S., GAL-LEA, C.G., DELLAPIAZZA, H. & CASTRO, J.R.J.C. (1982). Estudos ambientais para a implantação de gasoduto submarino na área de Guamaré (RN). XXXII Congresso Brasileiro de Geologia. Salvador. Anais. SBG. Salvador, Bahia. 4:1531-1539.

GORINI, M.A. & MUEHE, D. (1971). Academia Brasileira de Ciências. 43:831. (Comunicação)

GRÉ. J.C. (1994). Diagnóstico ambiental oceânico e costeiro das regiões sul e sudeste do Brasil. V. 2. Petrobrás, Rio de Janeiro.

GUIMARÃES, M.M.M. & MARTIN, L. (1978). Diferenciação morfoscópica das areias da região nordeste de Salvador — cronologia da deposição. XXX Congresso Brasileiro de Geologia. Anais. V.2:897-904.

GUSMÃO, L.A.B. (1990). Transpasse de sedimentos na praia da Barra do Furado. Monografia de graduação. Departamento de Hidráulica e Saneamento, Escola de Engenharia. Universidade Federal do Rio de Janeiro. 210p.

HAYES, M.O. (1964). Lognormal distribution of inner continental shelf widths and slopes. Deep-Sea Research, 11(1):53-78.

HERZ, R. (1991). Manguezais do Brasil. Laboratório de Sensoriamento Remoto, Departamento de Oceanografia Física, Instituto Oceanográfico da Universidade de São Paulo.

HOMSI, A. (1978). Wave climate in some zones off the Brazilian coast. 16th Coastal Engineering Conference. Proceedings. ASCE. Hamburgo, Alemanha. 28 de agosto a 1 de setembro.

IBGE, (1990). Projeto zoneamento das potencialidades dos recursos naturais da Amazônia Legal. Rio de Janeiro, 212p.

KOWSMANN, R.O. & COSTA, M.A. (1979). Sedimentação quaternária da margem continental brasileira e das áreas oceânicas adjacentes. Rio de Janeiro, PETROBRÁS. CENPES. DINTEP, 1979. 55p. (Série Projeto REMAC, n.8).

LAMEGO, A.R. (1940). Restingas na costa do Brasil. Rio e Janeiro. Boletim da Divisão de Geologia e Mineralogia. 96. 66p.

O LITORAL BRASILEIRO E SUA COMPARTIMENTAÇÃO 343

LAMEGO, A.R. (1945). Ciclo evolutivo das lagunas fluminenses. Rio de Janeiro. DNPM. Boletim 118.

LEITE, P.F., VELOSO, H.P. & GÓES FILHO, L. (1974). Vegetação. *In*: Levantamento de Recursos Naturais. PROJETO RADAM, Folha NA/NB.22 — Macapá. v.6, capítulo IV:1-84. Ministério das Minas e Energia, Departamento da Produção Mineral. Rio de Janeiro.

LINS, R.C. (1978). Bacia do Parnaíba: aspectos fisiográficos. Recife, Instituto Joaquim Nabuco de Pesquisas Sociais. 65p.

MACEDO, A.C.M. (1971). Testemunhos geológicos da evolução do litoral no Estado da Guanabara. Anais da Academia Brasileira de Ciências. 43 (3/4):832.

MAHIQUES, M.M. (1987). Considerações sobre os sedimentos de superfície de fundo da Baía da Ilha Grande, Estado do Rio de Janeiro. Dissertação de Mestrado. Instituto Oceanográfico, USP. São Paulo. 2 vol.

MAHIQUES, M.M. (1989). Características texturais dos sedimentos superficiais da região costeira de Ubatuba (SP). *In*: Simpósio sobre oceanografia — IOUSP. São Paulo, Instituto Oceanográfico da USP. Resumos. p. 54.

MAHIQUES, M.M., FURTADO, V.V. & TESSLER, M.G. (1989). Origin and evolution of isolated depressions on the costal region of São Paulo and Rio de Janeiro states. International Symposium on Global Changes in South America during the Quaternary. p.285-287. São Paulo, 8 a 12 de maio.

MARTIN, L. & SUGUIO, K. (1978). Excursion route along the coastline between the town of Cananéia (State of São Paulo) and Guaratiba outlet (State of Rio de Janeiro). 1978 International Symposium on Coastal Evolution in the Quaternary. Special publication nº 2. São Paulo 11 a 18 de setembro. 98p.

MARTIN, L. & SUGUIO, K. (1989). Excursion route along the Brazilian coast between Santos (State of São Paulo) and Campos (North of State of Rio de Janeiro). International Symposium on Global Changes in South America during the Quaternary. Special publication nº 2. 136p.

MARTIN, L., SUGUIO, K. & FLEXOR, J.-M. (1979). Le Quaternaire marin du litoral brésilien entre Cananéia (SP) et Barra de Guaratiba (RJ). 1978 International Symposium on Coatal Evolution in the Quaternary. Proceedings. São Paulo. pp. 296-331.

MARTINS, L.R., URIEN., C.M. & EICHLER, B.B. (1967). Distribuição dos sedimentos modernos na plataforma continental sul-brasileira e uruguaia. XXI Congresso Brasileiro de Geologia. Anais. SBG. pp.29-43.

MARTINS, L.R., VILLWOCK, J.A. & MARTINS, I.R. (1972). Estudo preli-

344   GEOMORFOLOGIA DO BRASIL

minar sobre a distribuição faciológica da plataforma continental brasileira. Pesquisas. Porto Alegre. 1:51-56.

MEIRELES, A.J. de A., CASTRO, J.W. de A., BARBOSA, S.S.C. & ARAÚJO, A.L.A. (1990). Dinâmica sedimentar entre as praias do Futuro e Iparana. Fortaleza — Ceará. XXXVI Congresso Brasileiro de Geologia. Anais. v2:796-806.

MELO, E. (1993). The sea sentinel project: watching waves in Brazil. Coastal Zone 93.

MELO, E, & GONZALEZ, J. de A. (1995). Costal erosion at Camburi beach (Vitória, Brazil) and its possible relation to port works. 4th International Conference on Coastal and Port Engineering in Developing Countries. Rio de Janeiro. Proceedings of the COPEDEC IV. V. 1:397-411.

MENDES, A.C. (1993). Estudo sedimentológico e estratigráfico dos sedimentos holocênicos da costa do Amapá — setor compreendido entre o cabo Orange e a ilha de Itamaracá. Dissertação de Mestrado em Geologia, Curso de Pós-Graduação em Geociências, Universidade Federal do Pará. 276p.

MENDES, I.A., DANTAS, M. & BEZERRA, L.M. de M. (1987). Geomorfologia. In: Levantamento de Recursos Naturais. PROJETO RADAM-BRASIL, V.34,Folha SE.24 Rio Doce, capítulo 2:173-228. Ministério das Minas e Energia, Departamento da Produção Mineral. Rio de Janeiro.

MILLIMANN, J.D. (1975). Upper continental margin sedimentation of Brazil — Part IV. A synthesis. Contr. Sedimentology, 4:151-175.

MORAIS, J.O. de, (1981). Evolução sedimentológica da enseada de Mucuripe (Fotaleza — Ceará — Brasil). Arquivo de Ciências do Mar, 21(1/2):19-46.

MUEHE, D. (1989). Distribuição e caracterização dos sedimentos arenosos da plataforma continental interna entre Niterói e Ponta Negra, RJ. *Revista Brasileira de Geociências*, 19(1):25-36.

MUEHE, D. (1994). Lagoa de Araruama: geomorfologia e sedimentação. Caderno de Geociências, 10:53-62. Rio de Janeiro, IBGE.

MUEHE, D. (1995). Geomorfologia Costeira. In: Guerra, A.J.T. & Cunha, S.B. (org.). *Geomorfologia: uma atualização de bases e conceitos*. Editora Bertrand Brasil S.A. pp.253-308. 2ª edição.

MUEHE, D. & CARUSO JR., F. (1989). Batimetria e algumas considerações sobre a evolução geológica da Lagoa da Conceição — Ilha de Santa Catarina. Geosul, 7:32-44.47

MUEHE D. & CARVALHO, V.G. (1993). Geomorfologia, cobertura sedimentar e transporte de sedimentos na plataforma continental interna entre a Ponta de Saquarema e o Cabo Frio (RJ). Boletim do Instituto Oceanográfico, 41(1/2):1-12. São Paulo.

O LITORAL BRASILEIRO E SUA COMPARTIMENTAÇÃO

MUEHE, D. & CORRÊA, C.H.T., (1989). The coastline between Rio de Janeiro and Cabo Frio. *In*: Neves, C. & Magoon, O.T. (ed.). Coastlines of Brazil. Publish.: American Society of Civil Engineers, New York. p. 110-123.

MUEHE, D. & IGNARRA, S., (1984). Arenito de praia submerso em frente à praia de Itaipuaçu — RJ. XXXIII Congresso. Brasileiro de Geologia., Rio de Janeiro, SBG. pp. 341-348.

NUNES, B.T de A., RAMOS, V.L. de S. & DILLINGER, A.M.S. (1981). Geomorfologia. *In*: Levantamento de Recursos Naturais. PROJETO RADAMBRASIL, V.24, capítulo 2:193-276. Ministério das Minas e Energia, Departamento da Produção Mineral. Rio de Janeiro.

NITTROUER, C.A., KUEHL, S.A., FIGUEIREDO, A.G., ALLISON, M.A., SOMMERFIELD, C.K., RINE, J.M., FARIA, L.E.C. & SILVEIRA, O.M. (1995). The geological record preserved in Amazon shelf and shoreline sedimentation. Marine Geology (submetido para publicação).

PALMA, J.J.C. (1979). Geomorfologia da plataforma continental norte brasileira. *In*: Geomorfologia da margem continental brasileira e das áreas oceânicas adjacentes. Rio de Janeiro, PETROBRÁS. CENPES. DINTEP, 1979. 177p. (Série Projeto REMAC, n.7) p. 25-51.

PERRIN, P. & PASSOS, C.M.I. (1982). As dunas litorâneas da região de Natal, RN. In: SUGUIO, K., MEIS, M.R.M. & TESSLER, M.G. (ed.). Simpósio do Quaternário no Brasil, IV. Rio de Janeiro, Sociedade Brasileira de Geologia, Atas. p.291-304.

PINHEIRO, R.V.L. (1988). Estudo hidrodinâmico e sedimentológico do estuário do rio Guajará-Belém (PA). Dissertação de Mestrado. UFPA/NCGG. Belém. 146p.

PITOMBEIRA, E. da S. (1976). Deformação das ondas por difração no molhe do porto do Mucuripe (Fortaleza — Ceará — Brasil). Arquivo de Ciências do Mar, 16(1):55-58.

PITOMBEIRA, E. da S. (1995). Litoral de Fortaleza — Ceará — Brasil. Um exemplo de degradação. I Simpósio sobre Processos Sedimentares e Problemas Ambientais na Zona Costeira Nordeste Brasileira. Anais. Recife. 24 a 28 de outubro. pp. 59 a 62.

PONÇANO, W.L. (1976). Características gerais da sedimentação e correntes costeiras entre Santos e Cananéia. Notícia Geomorfológica, 16(31):107-111.

PONÇANO, W.L., FÚLFARO, V.J. & GIMENEZ, A.F. (1979). Sobre a origem da Baía de Sepetiba e da Restinga da Marambaia, RJ. II Simpósio Regional de Geologia. Rio Claro. Atas. 1:291-304.

PONÇANO, W.L., GIMENEZ, A.F. & FÚLFARO, V.J. (1976). Sedimentação atual na baía de Sepetiba, Estado do Rio de Janeiro: contribuição à avaliação de viabilidade geotécnica da implantação de um porto. I Congresso Brasileiro de Geologia de Engenharia. Anais. v.2:111-139.

PONZI, V.R.A. (1978). Aspectos sedimentares da plataforma continental interna do Rio de Janeiro entre Saquarema e Ponta Negra. Dissertação de Mestrado. UFRGS. 89p.

REBOUÇAS, A.C. & MARINHO, M.E. (1972). Hidrologia das secas — Nordeste do Brasil. SUDENE, n° 41, 126p. (Série Hidrologia).

RUELLAN, F. (1952). O escudo brasileiro e os dobramentos de fundo. Curso de especialização em geografia. Universidade do Brasil, Faculdade Nacional de Filosofia, Departamento de Geografia. 59p.

SAAVEDRA, L. & MUEHE, D. (1993). Innershelf morphology and sediment distribution in front of Cape-Frio — Cape Buzios embayment. JOPS-I Workshop. (Brazilian German Victor Hensen) Programme Joint Oceanographic Projects, Niterói. p. 29.

SCHAEFFER-NOVELLI, Y., CINTRÓN-MOLERO, G., ADAIME, R.R. & CAMARGO, T.M. (1990). Variability of mangrove ecosystems along the Brazilian coast. Estuaries, 13(2):204-218.

SHEPARD, F.P. (1963). *Submarine Geology*. HARPER & ROW (edit.) 557p.

SILVA, C.G. (1987). Estudo da evolução geológica e geomorfologia da região da Lagoa Feia, RJ. Dissertação de Mestrado. Instituto de Geociências, Universidade Federal do Rio de Janeiro.

SILVA, M.A.M. (1976). Mineralogia das areias de praia entre Rio Grande e Chuí — Rio Grande do Sul. XXIX Congresso Brasileiro de Geologia. Resumos. p.61.

SILVA, M.A.M. (1979). Provenance of heavy minerals in beach sands, southeastern Brazil: from Rio Grande to Chuí (Rio Grande do Sul State) Sedimentary Geology, 24:133:148.

SILVEIRA, J.D. (1964). Morfologia do litoral. In: *Brasil, a terra e o homem*. (Ed.) A. de Azevedo, São Paulo, pp. 253-305.

SILVEIRA, O.F.M. da, & FARIA JR. (1990). Morphologie des fonds de l'éstuaire de Guamá — Belém (Brésil). In: PROST, M.-T. (ed.). Évolution des littoraux de Guyane et de la zone Caraïbe méridionale pendant le Quaternaire. Simpósio PICG 274/ORSTOM. Caiena (Guiana), 9-14 novembro de 1992. pp. 507-530.

SILVESTER, R. (1968). Sediment transport — long-term net movement. *In*: The Encyclopedia of Geomorphology (ed.) R.W. Fairbridge. Reinhold Book Corp. p.985-989.

SOUZA, C.R.G. (1992). Processos sedimentares na enseada de Caraguatatuba, litoral norte de São Paulo. III Congresso da ABEQUA. Anais. p. 123-140.

O LITORAL BRASILEIRO E SUA COMPARTIMENTAÇÃO 347

STIVE, M.J.F. & De VRIEND, H.J. (1995). Modelling shoreface profile evolution. Marine Geology, 126:235-248.

SUGUIO, K. & MARTIN, L. (1978). Formações quaternárias marinhas do litoral paulista e sul fluminense. 1978 International Symposium on Coastal Evolution in the Quaternary. Special publication nº 1. São Paulo. 55p.

SUGUIO, K. (1992). Dicionário de Geologia Marinha. T.A. Queiroz (Ed.) São Paulo. 171p.

SUMMERHAYES, C.P., MELO, U. de & BARRETO, H.T. (1976). The influence of upwelling on suspended matter and shelf sediments off southeastern Brazil. *Journal of Sedimentary Petrology*, 6(4):819-828.

SWIFT, D.J.P. (1976). Coastal sedimentation. *In*: Stanley, D.J. & Swift, D.J.P., Marine Sediment transport and environmental management. John Wliley & Sons, pp. 255-310.

SWIFT, D.J.P., NIEDERODA, A.W., VINCENT,C.E. & HOPKINS, T.S. (1985). Barrier island evolution, Middle Atlantic shelf, U.S.A.. Part I: shoreface dynamics. Marine Geology. 53:331-361.

TESSLER, M.G. (1994). Geologia da plataforma continental e costeira. *In*: Tessler (coord.). Diagnóstico ambiental oceânico e costeiro das regiões sul e sudeste do Brasil. V. 2. Petrobrás, Rio de Janeiro.

THIELER, E.R., BRILL, A.L., CLEARY, W.J., HOBBS III, C.H. & GAMMISCH, R.A. (1995). Geology of the Wrightsville beach, North Carolina shoreface: implications for the concept of shoreface profile equilibrium. Marine Geology, 126:271-287.

TOLDO Jr., E.E. (1994). Sedimentação, predição do padrão de ondas e dinâmica sedimentar da antepraia e zona de surfe do sistema lagunar, da Lagoa dos Patos, RS. Tese de doutorado. CPGG, Universidade Federal do Rio Grande do Sul. 183p.

TOLDO Jr., E.E., ALMEIDA, L.E.B., CORRÊA, I.C.S. & MARTINS, L.R. (1995). Sedimentação holocênica no sistema lagunar da Lagoa dos Patos. VI Simpósio Sul-Brasileiro de Geologia. SBG. Porto Alegre, RS.

TOMAZELLI, L.J. (1990). Contribuição ao estudo dos sistemas deposicionais holocênicos do nordeste da Província Costeira do Rio Grande do Sul — com ênfase no sistema eólico. Curso de Pós-Graduação em Geociências, Universidade Federal do Rio Grande do Sul. Tese de Doutorado. 270p.

TOMAZELLI, L.J. (1994). Morfologia, organização e evolução do campo eólico costeiro do litoral norte do Rio Grande do Sul, Brasil. Pesquisas, 21(1):64-71. Instituto de Geociências, UFRGS.

TOMAZELLI, L.J. & VILLWOCK, J.A. (1989). Processos erosivos atuais na costa do Rio Grande do Sul, Brasil: evidências de uma provável tendência contemporânea de elevação do nível relativo do mar. II Congresso da Associação Brasileira de Estudos do Quaternário. Anais. Rio de Janeiro. ABEQUA, (no prelo).

TOMAZELLI, L.J. & VILLWOCK, J.A. (1992). Considerações sobre o ambiente praial e a deriva litorânea de sedimentos ao longo do litoral norte do Rio Grande do Sul, Brasil. Pesquisas, 19(1):3-12. Instituto de Geociências, UFRGS.

VALENTINI, E. & NEVES, C.F. (1989). The coastline of Rio de Janeiro from a coastal engineering point of view. In: NEVES, C. & MAGOON, O.T. (ed.). Coastlines of Brazil. ASCE. pp. 30-44.

VALENTINI, E. & ROSMAN, P.C. (1992). Erosão costeira em Fortaleza — CE. *Revista Brasileira de Engenharia,* Caderno Recursos Hídricos, 10(1).

VALENTINI, E. & ROSMAN, P.C. (1993). Subsídios técnicos para o gerenciamento costeiro no Ceará. X Simpósio Brasileiro de Recursos Hídricos. Anais. 2:51-60.

VIANNA, M.L., SOLEWICZ, R., CABRAL, A.P. & TESTA, V. (1991). Sandstream on the Brazilian shelf. Continental Shelf Research, 11(6):509-524.

VILLWOCK, J.A. (1994). A costa brasileira: geologia e evolução. Notas Técnicas, 7:38-49, CECO/IG/UFRGS, Porto Alegre, RS.

VILLWOCK, J.A. & MARTINS, L.R. (1972). Depósitos lamíticos de pós-praia, Cassino — RS. Pesquisas, 1:69-85.

VILLWOCK, J.A., TOMAZELLI, L.J., HOFMEISTER, T., JUCHEM, P.L., DEHNHART, E.A. & LOSS, E.L. (1978). Análise textural e mineralógica das areias negras da costa do Rio Grande do Sul. XXX Congresso Brasileiro de Geologia. Anais. Recife. V. 2:913-926.

VITAL, H. & FARIA JR., L.E. do C. (1990). Arari, étude de un lac tropical. Ile de Marajó (Brésil). In: PROST, M.-T. (ed.). Évolution des littoraux de Guyane et de la zone Caraïbe méridionale pendant le Quaternaire. Simpósio PICG 274/ORSTOM. Caiena (Guiana), 9-14 novembro de 1992. pp. 541-558.

WALKER, R.G. (1983). Facies models. Geoscience. Canada Reprint Series 1. 5th ed. 211p.

WOLGEMUTH, K.M., BURNETT, W.C. & MOURA, P.L. de. (1981). Oceanography and suspended material in Todos os Santos Bay. *Revista Brasileira de Geociências,* 11(3):172-178.

XAVIER da SILVA, J. (1973). Processes and landforms in the South American coast. Tese de doutorado (PhD). Louisiana State University and Agricultural and Mechanical College. 103p.

O LITORAL BRASILEIRO E SUA COMPARTIMENTAÇÃO

ZEMBRUSCKI, S.G. (1979). Geomorfologia da margem continental sul brasileira e das bacias oceânicas adjacentes. *In*: Geomorfologia da margem continental brasileira e das áreas oceânicas adjacentes. Rio de Janeiro, PETROBRÁS. CENPES. DINTEP, 1979. 177p. (Série Projeto REMAC, n.7), pp. 129-177.

ZEMBRUSCKI, S.G., BARRETO,, H.T., PALMA, J.J.C. & MILLIMAN, J.D. (1972). Estudo preliminar das províncias geomorfológicas da margem continental brasileira. XXVI Congresso Brasileiro de Geologia, Belém. *Anais*. SBG. v.2:187-209.

CAPÍTULO 8

GEOMORFOLOGIA AMBIENTAL

Jurandyr Luciano Sanches Ross

1. INTRODUÇÃO

Os estudos ambientais na geomorfologia são muito recentes. Na geografia, entretanto, sempre estudou-se as relações homem x meio, as que hoje denominam-se estudos da natureza e da sociedade, evidentemente com enfoques e metodologias diferentes das atuais. Os estudos do homem e do meio, da geografia agrária, da indústria, dos climas, do relevo, dos solos, da energia, das populações, do turismo, da biogeografia, nada mais são do que os temas hoje tratados nos estudos integrados da natureza e da sociedade, denominados Estudos ou Análises Ambientais.

Deste modo, as Análises Ambientais visam atender as relações das sociedades humanas de um determinado território (espaço físico) com o meio natural, ou seja, com a natureza deste território. A natureza neste caso é vista como recurso, ou seja, como suporte para a sobrevivência humana. Assim sendo, são pressupostos da pesquisa ambiental, ter como objeto de análise as sociedades humanas com seus modos de produção, consumo, padrões sócio-culturais e o modo como se apropriam dos recursos naturais e como tratam a natureza. Dentro desta perspectiva os estudos ambientais, de abordagem geográfica, têm sempre como referencial uma determinada sociedade (comunidade) que vive em um determinado território (município, estado, país, região, lugarejo, bacia hidrográfica etc.), onde desenvolvem suas atividades, com maior ou menor grau de complexidade, em função da intensidade dos vínculos internos e externos que mantêm no plano cultural, social e econômico. Deste modo, o entendimento holístico, no plano sócio-econômico e ambiental de uma sociedade que vive em um determinado lugar, necessita um profundo conhecimento de sua história, seus padrões culturais, dinâmica sócio-econômica atual, seus vínculos com o "mundo externo", seus recursos naturais/ambientais disponíveis e do modo como trata estes recursos (o ambiente).

Assim sendo, quando se fala em Diagnóstico Ambiental é necessário pensar no todo (o natural e o social) e de que modo esse todo se manifesta na realidade. Entendimentos parciais dessa realidade, sem se obter uma visão global, ou de conjunto ou holística, fatalmente induzem às decisões no futuro, erradas ou pelo menos insatisfatórias. A pesquisa do ambiente é fundamental para atingir adequados diagnósticos, a partir dos quais torna-se possível elaborar prognósticos aplicáveis no Planejamento.

A pesquisa ambiental tem como objeto entender as relações das sociedades humanas com a natureza, dentro de uma perspectiva absolutamente dinâmica nos aspectos culturais, sociais, econômicos e naturais. Por essa razão, a pesquisa ambiental só pode atingir a visão holística da realidade da sociedade objeto de análise, dentro da perspectiva do seu passado (história), do seu presente (situação atual) e de sua tendência para o futuro. O entendimento do passado permite uma adequada "radiografia" do presente, que por sua vez possibilita antever o futuro pelo quadro tendencial. Assim sendo, é possível ter-se, na linguagem cinematográfica, os cenários do passado, presente e futuro, dentro de uma perspectiva inercial ou espontânea ou ainda os cenários futuros projetados, desde que haja intenção de interferir e redirecionar as tendências percebidas. Os cenários futuros espontâneos se definem pelo quadro de tendência inercial, ou seja, não intervencionista. Os cenários futuros projetados estão sempre vinculados às ações intervencionistas das forças interagentes que se definem por políticas atreladas a um processo de planejamento estratégico, que contemple o desenvolvimento econômico e social dentro de uma perspectiva conservacionista dos recursos naturais e de preservação dos bens naturais e culturais. Nessa direção é importante ressaltar que as análises ambientais, na abordagem geográfica, são excelentes suportes técnico-científicos para elaboração dos Zoneamentos Ambientais e Sócio-econômicos, que por sua vez dão suporte às políticas de planejamento estratégico, em qualquer nível de

GEOMORFOLOGIA AMBIENTAL

gerenciamento ou governo, em qualquer território político-administrativo como nação, estado, município, fazendas, núcleos de colonização, bacias hidrográficas, áreas metropolitanas, pólos industriais entre outros.

A abordagem geográfica na pesquisa ambiental é representada através de mapas, cartogramas, gráficos, tabelas que, produzidos a partir da utilização e interpretação de dados numéricos (estatísticos), fornecem informações sócio-econômicas, bem como dados obtidos por sensores e levantamentos de campo, de onde se extraem informações da natureza e também da sociedade. Essas informações podem ser trabalhadas tanto pelos processos informatizados (Geoprocessamento e Sistemas de Informações Geográficas-SIG), ou pelos processos convencionais da cartografia temática e da estatística de dados geográficos.

Neste trabalho o objetivo é apresentar a importância e o papel da geomorfologia no planejamento ambiental brasileiro, tomando-se um trecho da bacia do Alto-Paraguai (BAP) como exemplo. Deste modo, foram tratados os itens sobre a geomorfologia no planejamento ambiental na BAP e sua concepção metodológica, conceitual e analítica definindo-se nas conclusões o significado do relevo no processo de desenvolvimento sustentado.

2. GEOMORFOLOGIA NO PLANEJAMENTO AMBIENTAL NA BACIA DO ALTO PARAGUAI E CUIABÁ

A Geomorfologia, sendo um ramo do conhecimento ou das geociências, desenvolve métodos de análise genética próprios e tendo como objeto de estudo as formas do relevo, a coloca em posição privilegiada para a aplicação de interesse ambiental. Neste sentido apresentam-se metodologias específicas para elaboração das análises.

2.1. CONCEPÇÃO METODOLÓGICA E OBJETIVOS DA ANÁLISE

Há dois procedimentos metodológicos operacionais básicos para gerar produtos com dados geo-referenciados, quer sejam eles representados através da cartografia informatizada, ou da cartografia convencional. Um dos procedimentos metodológico-operacionais, conhecido na literatura especializada como *Land Systems*, tem como característica gerar produtos temáticos analítico-sintéticos, quer seja gerado por geoprocessamento, através de interpretação automática, ou executado a partir de interpretação visual. O outro procedimento metodológico-operacional é multitemático, caracterizando-se por gerar produtos analíticos em uma primeira fase e de síntese posteriormente.

As pesquisas geradas a partir dos *Land systems* toma como referencial padrões de fisionomias do terreno, ou padrões de paisagens ou Unidades de Paisagens que, individualizadas e cartografadas, são o referencial básico para o início das pesquisas. Assim, o pesquisador procura informações referentes à natureza e à sociedade, que estão representadas em cada uma das manchas ou unidades previamente identificadas. Neste processo, a vantagem está em gerar um único produto cartográfico, seccionado em várias unidades de paisagem, que concentram as características do relevo, solo, geologia, vegetação, uso da terra e sócio-economia, que são apresentadas em uma abordagem de análise integrada, com informações sintetizadas. Não há obrigatoriedade de verticalização no tratamento das informações, bem como não há necessidade do tratamento setorizado por temas disciplinares. Este procedimento é bastante vantajoso quando aplicado em regiões ou territórios que dispõem de razoável volume de informações de pesquisas. Assim, os dados secundários manipulados adequadamente, poderão enriquecer a pesquisa-síntese pretendida.

Dentro da perspectiva do Planejamento Ambiental trabalhou-se a geomorfologia aplicada aos Estudos da Bacia do Alto-Paraguai, onde o relevo participa como um dos componentes que serve como indicador das potencialidades dos recursos naturais e, ao mesmo tempo, das fragilidades dos ambientes naturais. Ressalta-se, entretanto, que embora a rugosidade topográfica, ou o fator relevo, tenha sido tomado como variável de alta significância, a análise desenvolveu-se com postura teórico-metodológica dentro da concepção sistêmica. Assim sendo, todas as demais componentes da natureza (solo, rocha, água, fauna, flora e ar), bem como as variáveis sócioeconômicas, foram contempladas através de equipe multidisciplinar, procurando estabelecer correlações entre as diferentes informações temáticas.

O objetivo da pesquisa desenvolvida na Bacia do Alto Paraguai-Cuiabá é definir diretrizes de desenvolvimento sustentado. Esta perspectiva pressupõe que pretende-se a promoção do desenvolvimento, definindo-se diretrizes gerais e específicas para cada zona ambiental identificada, com ênfase em três linhas de ação:

GEOMORFOLOGIA AMBIENTAL

— Desenvolvimento econômico e social, com base na valorização das potencialidades dos recursos naturais, sócio-culturais, considerando, também, as fragilidades potenciais dos diferentes ambientes naturais;

— Valorização de ambientes naturais, que sejam de interesse ecológico no âmbito da reprodução da fauna e endemismo da flora, que mereçam grau de proteção máximo, definindo-se, assim, como áreas de preservação permanente;

— Identificação das áreas fortemente impactadas pelas atividades humanas que necessitam de recuperação ambiental, destacando-se os solos degradados pela erosão, os desmatamentos de margens fluviais e encostas, a poluição das águas pela agricultura, mineração, indústria e pelas populações urbanas.

2.2. CONTEXTO DA ABORDAGEM GEOGRÁFICA NA ANÁLISE DO RELEVO

O primeiro fato de suma importância é ter claro que o relevo é apenas um dos componentes da litosfera e que está intrinsecamente relacionado com as rochas que o sustenta, com o clima que o esculpe e com os solos que o recobre. As formas diferenciadas do relevo decorrem, portanto, da atuação simultânea, porém, desigual das atividades climáticas, de um lado, e da estrutura da litosfera de outro, bem como a clareza de que tanto o clima quanto a estrutura não se comportam sempre iguais, ou seja, ao longo do tempo e no espaço ambos se modificam continuamente. Estes elementos nos permitem em considerar que o relevo, como os demais componentes da natureza, são dinâmicos e portanto em constante estado de evolução.

Essa concepção da interação de forças entre componentes da litosfera e da atmosfera foi trabalhada por Penck (1953), quando definiu que as formas do relevo terrestre são produtos da ação de processos endogenéticos e exogenéticos e, portanto, respectivamente do interior da Terra e da atmosfera (Ross, 1996). As forças endogenéticas se manifestam na estrutura superficial da litosfera através das forças ativas e passivas. Enquanto as forças ativas decorrem das atividades geotectônicas, hoje claramente identificadas com a mobilização constante das placas (Teoria da Tectônica de Placas), manifestando-se na superfície terrestre através dos abalos sísmicos, dos falhamentos, dos soerguimentos, dos dobramentos, das intrusões e do vulcanismo. As forças passivas se manifestam de modo desigual, face aos diferentes tipos de rochas e seus arranjos estruturais, oferecendo maior ou menor resistência ao desgaste. A ação exógena é de atuação constante porém diferencial de lugar para lugar, tanto no espaço quanto no tempo, face às características climáticas locais, regionais e zonais atuais e pretéritas. Os processos de meteorização, erosão e o transporte de material se manifestam pela ação mecânica e química da água, dos ventos, variação térmica, que progressiva e permanentemente, esculpem e dinamizam as formas do relevo e os tipos de solos através da energia emanada pelo sol e que age através da baixa atmosfera.

A partir dos pressupostos de Penck (1953), Mecerjakov (1968) desenvolve os conceitos de morfoestrutura e morfoescultura. Conforme Ross (1990) *"... esses pesquisadores, apoiados na concepção de Walter Penck, fornecem uma nova direção teórico-metodológica para os estudos de geomorfologia".* Propôs uma classificação do relevo terrestre em três categorias genéticas a saber: elementos da geotextura, da morfoestrutura e da morfoescultura. A geotextura corresponde às grandes feições da crosta terrestre (emersa e submersa), estando sempre associadas às manifestações amplas da crosta, como a deriva dos continentes por movimentação das placas tectônicas. As morfoestruturas constituem-se em extensões menores, estando representadas por determinadas características estruturais, litológicas e geotectônicas que estão associadas às suas gêneses. Assim sendo, pode-se citar como exemplos de grandes morfoestruturas as bacias sedimentares, os cinturões orogênicos, as plataformas ou crátons. Essas grandes unidades estruturais, face suas características macromorfológicas que estão relacionadas com suas gêneses e com suas idades, definem padrões de relevo que lhes são inerentes. Deste modo, fica caracterizado, na superfície da Terra, que nas áreas cratônicas ou, de plataformas expostas, há uma forte dominância de relevos marcados por vastas superfícies aplainadas, quase sempre com altimetrias modestas, caracterizadas por grande estabilidade tectônica e fruto de prolongados processos erosivos. Neste sentido, as grandes morfoestruturas, do tipo plataforma ou cráton do território brasileiro, estão representadas pela Plataforma Amazônica (escudos das Guianas e Sul Amazônico) e do São Francisco (norte de Minas Gerais e Bahia), cujas litologias e arranjos estruturais, datados do pré-cambriano inferior, encontram-se extremamente arrasados por processos erosivos antigos e recentes. Tam-

GEOMORFOLOGIA AMBIENTAL 357

bém, no território brasileiro, encontram-se as morfoestruturas representadas por Cinturões Orogênicos, que estão representadas pelas faixas dos dobramentos ocorridos no pré-cambriano médio e superior e que são as responsáveis pelas suturas das Plataformas ou Crátons. Estas morfoestruturas são dotadas de características estruturais, genéticas, idades e macromorfologias específicas, destacando-se grandes variações altimétricas, paralelismo de serras e vales, intrusões ígneas associadas aos processos de dobramentos que apesar das longas fases erosivas, ainda guardam características de cadeias orogênicas. São exemplos os Cinturões Orogênicos do Atlântico (faixa atlântica de leste e sudeste), de Brasília (Goiás-Minas Gerais) e do Paraguai-Araguaia (Mato Grosso-Goiás). A terceira categoria de morfoestrutura são as Bacias Sedimentares, que também guardam características genéticas, de idade e de macromorfologia que lhes são específicas. Face às influências geotectônicas (soerguimento dos continentes por mobilidade das placas) e as atividades dos longos e diversificados processos erosivos comandados, ora por fases climáticas mais secas, ora por fases mais quentes e úmidas, conforme Ab'Saber (1965) e Ross e Moroz (1996), que durante e após a epirogenia encontram-se em diversos níveis altimétricos e em diferentes estados de desgaste. São os grandes exemplos de morfoestruturas em bacias sedimentares as Bacias do Paraná, Piauí-Maranhão ou do Parnaíba, Parecis, Amazonas (oriental) e Acre.

O conceito de morfoescultura associa-se aos produtos morfológicos de influência climática atual e pretérita. As morfoesculturas são representadas pelo modelado ou morfologias ou tipologias de formas, geradas sobre diferentes morfoestruturas, através do desgaste erosivo promovido por ambientes climáticos diferenciados, tanto no tempo quanto no espaço. Neste sentido, cabe enfatizar, conforme explicita Ross (1992), que não se pode confundir o conceito de morfoclimática com o de morfoescultura, pois enquanto o primeiro refere-se aos domínios, ou zonas morfoclimáticas, determinadas pelas condições climáticas atuais (é um conceito totalmente associado ao clima atual), a morfoescultura caracteriza-se pelo estado atual de um determinado ambiente ou unidade geomorfológica, onde as características de similitude de formas, altimetrias, idade e gênese a individualiza no cenário paisagístico. Assim, a morfoescultura é marcada por padrões de fisionomias de relevo, desenvolvidas ao longo de muito tempo, através das atividades climáticas que se sucederam no tempo e no espaço, que imprimiram e continuam a imprimir no relevo suas marcas. É, portanto, a morfoescultura decorrente de um contínuo processo natural de esculturação por climas quentes e úmidos, climas secos e quentes, frios, temperados, entre outros, e por sucessões alternadas destes, dependendo de cada região do globo terrestre.

Apesar de Mecerjakov (1968) considerar que tanto as morfoestruturas quanto as morfoesculturas apresentam diferentes tamanhos ou categorias taxonômicas e que, portanto, ter-se-iam morfoestruturas e morfoesculturas de diferentes dimensões, Ross (1992) considera de forma diferente, propondo uma taxonomia do relevo partindo do entendimento de que cada unidade geomorfológica de grande dimensão, que se distingue no cenário paisagístico pelas suas dominâncias de características fisionômicas (morfologias que guardam semelhanças entre si), aspectos de natureza genética e idade, constitue-se em uma unidade morfoescultural, fruto da atuação ao longo do tempo de condições climáticas diversas, desgastando uma determinada estrutura. Assim sendo, a morfoescultura é produto climático de longa duração, agindo em determinada estrutura (litologia e seu arranjo estrutural).

Enquanto a morfoestrutura é caracterizada na escala temporal, como algo mais antigo, a morfoescultura tende a ser de idade menos antiga, pois estas só podem ser esculpidas sobre as primeiras, ou seja, não se pode ter unidades morfoesculturais, sem que se tenha primeiro as unidades morfoestruturais. Daí serem estas de categorias taxonômicas e de idades diferentes. Embora ambas sejam de grandes dimensões, as morfoesculturas são obrigatoriamente de extensões menores, pois sobre uma determinada morfoestrutura pode-se esculpir diversas morfoesculturas, como se a partir de um mesmo bloco de um determinado tipo de rocha (exemplo granito) faz-se, por esculturação humana, diferentes objetos ornamentais. O bloco de granito representa a morfoestrutura original e as estatuetas de granito representam as morfoesculturas.

Cabe enfatizar que a influência da estrutura bem como das atividades climáticas deixam suas marcas nos mais diversos tamanhos de formas do relevo. Isto significa dizer que, embora as morfoestruturas e morfoesculturas sejam grandes dimensões do relevo (grandes unidades), tanto os processos esculturais como os condicionamentos estruturais aparecem desde as grandes formas continentais às microformas do relevo terrestre,

GEOMORFOLOGIA AMBIENTAL

do mesmo modo que as características de um determinado ser vivo pode ser identificado por uma de suas células, através do exame do DNA. As marcas no relevo de uma morfoestrutura de cinturão orogênico aparecem nas grandes formas esculturais (morfoesculturas), como nos tipos de relevos, nas formas individualizadas, nas vertentes e até nas microformas produzidas por uma recente erosão pluvial. Nos ambientes tropicais úmidos, o espessamento do manto de alteração e o processo de pedogenização tendem a camuflar as imposições estruturais, mas mesmo assim estas são identificáveis ao se desenvolver pesquisa sistemática.

A proposição de Ross (1992), estabelecendo uma outra ordem taxonômica para o relevo terrestre, está calcada nessas considerações de natureza conceitual, ressaltando-se que o estrutural e o escultural estão presentes em qualquer tamanho de forma, embora suas categorias de tamanho, idade, gênese e forma, são identificadas e cartografadas separadamente e, portanto, em categorias distintas. A ordem taxonômica de Ross (1992), que norteou os trabalhos do mapeamento geomorfológico das bacias do alto Paraguai e Cuiabá, considera seis táxons distintos, a saber:

1º Táxon — Unidades Morfoestruturais — representadas pelo Cinturão Orogênico do Paraguai-Araguaia e pelas Bacias Sedimentares do Paraná, do Parecis e pela Bacia Sedimentar Cenozóica do Pantanal;

2º Táxon — Unidades Morfoesculturais — representadas por planaltos, serras e depressões contidas em cada uma das morfoestruturas, como exemplo a Unidade Morfoescultural da Depressão Cuiabana, contida na morfoestrutura dos Metassedimentos do Grupo Cuiabá; a Depressão do Alto Paraguai, contida na morfoestrutura dos sedimentos do grupo Alto Paraguai, entre outras;

3º Táxon — Unidades Morfológicas ou dos Padrões de Formas Semelhantes ou ainda Tipos de Relevo representados por diferentes padrões de formas que, face às suas características de rugosidade topográfica, são extremamente semelhantes entre si, quanto as altimetrias dos topos, dominância de declividades das vertentes, morfologias dos topos e vertentes, dimensões interfluviais e entalhamento dos canais de drenagem. Estas Unidades de Padrões de Formas Semelhantes são identificáveis em cada uma das Unidades Morfoestruturais e Morfoesculturais;

4º Táxon — Corresponde a cada uma das formas de relevo encontradas nas Unidades dos Padrões de Formas Semelhantes. Assim, se um determinado padrão de rugosidade topográfica se distingue por um conjunto de colinas, onde prevalecem determinadas características morfológicas, morfométricas, genéticas, cronológicas, cada uma das colinas, desse conjunto, corresponde a uma dimensão individualizada do todo (Ross e Moroz,1996);

5º Táxon — Corresponde aos setores ou elementos ou partes de cada uma das formas de relevo identificadas e individualizadas em cada conjunto de padrões de formas. Assim, o 5º táxon representa os tipos de vertentes como as convexas, côncavas, retilíneas e planas. Esses tipos de vertentes são muito diversificados entre si pelas diferenças de declividade. Assim sendo, não basta identificar a vertente pela sua morfologia, mas, também, é preciso classificá-la pela declividade dominante;

6º Táxon — Corresponde às formas menores produzidas pelos processos atuais, ou ainda as formas geradas pela ação antrópica. Tratam-se daquelas formas que são produzidas ao longo das vertentes, destacando-se os sulcos, ravinas, voçorocas, cicatrizes de deslizamentos, depósitos coluviais ou de movimentos de massa, depósitos fluviais, como bancos de areia, assoreamentos, cortes e aterros executados por máquinas pesadas entre outros.

A concepção metodológica de Ross (1992) foi aplicada neste mapeamento de forma parcial, pois face à escala de trabalho não se pode representar individualmente os táxons 4º, 5º e 6º, que exigem escalas de representação de maior detalhe. Embora apareçam descritas no texto, o mapa ressalta os três táxons maiores, quais sejam as morfoestruturas, morfoesculturas e padrões de formas semelhantes (modelado).

Os três táxons que indicam as macroformas do relevo das bacias dos rios Paraguai e Cuiabá, ou seja o 1º Táxon das Morfoestruturas, o 2º Táxon das Morfoesculturas e o 3º Táxon dos Tipos de Relevo ou Padrões de Formas Semelhantes, seguem a representação cartográfica desenvolvida por Ross (1990), que estabeleceu uma sistemática de representação da legenda para os mapas geomorfológicos de média e pequena escalas, aplicados em diversos ensaios de cartografia geomorfológica, destacando-se o da Folha Cuiabá — SD-21 ZA, ZC,YB e YD para a escala 1:250.000.

Nessa representação as Unidades Morfoestruturais foram representadas por famílias de cores, e as Unidades Morfoesculturais por uma cor de cada uma das famílias, ou seja, a morfoestrutura da Bacia do Paraná recebe a família da cor verde e cada uma de suas morfoesculturas passa a ser

GEOMORFOLOGIA AMBIENTAL

identificada por um tom do verde. O 3º Taxon — o dos Padrões de Formas Semelhantes, foi codificado pelos conjuntos de letras símbolos e números arábicos adaptados por Ross (1992), a partir da matriz desenvolvida pelo Projeto Radambrasil para os mapeamentos da Região Centro-Oeste. Assim, as formas Denudacionais (D) são acompanhadas da informação do tipo de modelado dominante como convexo (c), tabular (t), aguçado (a), plano (p), compondo-se os conjuntos Da, Dc, Dt, Dp, e as formas de Acumulação (A) seguidas do tipo de gênese que as gerou, como fluvial (pf), marinha (pm), lacustre (pl), compondo-se conjuntos como Apf, Apm, Apl. As formas lineares e pontuais receberam símbolos convencionais lineares e pontuais como escarpas, pontões rochosos, cristas monoclinais, entre outros. Neste mapeamento, os procedimentos de representação foram praticamente os mesmos, apenas modificando-se os dígitos arábicos que acompanham os códigos de letras símbolos dos Padrões de Formas Semelhantes. Para isto apoiou-se em Ross (1992), que desenvolveu uma nova matriz para os Padrões de Dissecação Horizontal e Vertical do Relevo, aplicáveis para as escalas médias como 1:500.000, 1:250.000 e 1:100.000, onde o primeiro dígito indica o entalhamento dos vales e o segundo dígito a dimensão interfluvial média ou então a densidade de drenagem. Deste modo os Padrões de Formas Semelhantes passam a receber codificações por exemplo do tipo Dc_{11}, Dc_{32}, Da_{34}, Dt_{22}, Apf, Apm, entre outros (Tabela 8.1, Ross, 1996).

TABELA 8.1 — Padrões de Formas de Relevo.

FORMAS DE DENUDAÇÃO	FORMAS DE ACUMULAÇÃO
D – Denudação (erosão)	A – Acumulação (deposição)
Da – Formas com topos aguçados	Apf – Formas de planície fluvial
Dc – Formas com topos convexos	Apm – Formas de planície marinha
Dt – Formas com topos tabulares	Apl – Formas de planície lacustre
Dp – Formas de Superfícies planas	Api – Formas de planície intertidal (mangue)
De – Formas de escarpas	Ad – Formas de campos de dunas
Dv – Formas de vertentes	Atf – Formas de terraços fluviais
	Atm – Formas de terraços marinhos

Fonte: Modificado do tema Geomorfologia do projeto Radambrasil — MME — DNPM — 1982.

A matriz utilizada para indicar dados da morfometria (conjuntos de dígitos arábicos) do relevo é a que se segue (Tabela 8.2):

TABELA 8.2 — Matriz dos Índices de Dissecação do Relevo.

ESCALA 1:250.000

Dimensão Interfluvial Média (classes)	MUITO GRANDE (1) > 3.750m	GRANDE (2) 1.750 a 3.750m	MÉDIA (3) 750 a 1.750m	PEQUENA (4) 250 a 750m	MUITO PEQUENA (5) < 250m
Entalhamento médio dos Vales (classes					
Muito Fraco (1) (< de 20m)	11	12	13	14	15
Fraco (2) (20 a 40m)	21	22	23	24	25
Médio (3) (40 a 80 m)	31	32	33	34	35
Forte (4) (80 a 160m)	41	42	43	44	45
Muito Forte (5) (> 160m)	51	52	53	54	55

Fonte: Modificado a partir do Tema Geomorfologia do Projeto Radambrasil — MME/DNPM — 1982.

2.3. ANÁLISE DESCRITIVA DO RELEVO

A descrição analítica desenvolvida neste capítulo foi apoiada nas imagens de radar, nas cartas topográficas, nos levantamentos de campo, no texto e na carta geomorfológica produzida por Ross (1987) e no material cartográfico do Projeto Radambrasil (1982). Pretendeu-se, cruzando-se essas informações, obter um quadro descritivo minucioso, possibilitando um melhor conhecimento da dinâmica geomorfológica da bacia do Alto Rio Paraguai-Cuiabá. Diante da impossibilidade de se executar um levan-

GEOMORFOLOGIA AMBIENTAL   363

tamento sistemático completo de todas as componentes da natureza tais como, tipos de solos, litologia e cobertura vegetal, optou-se pela utilização das informações e nomenclatura do Projeto Radambrasil (1982). Deste modo, o nome de um determinado tipo de solo, de formação rochosa ou de formação vegetal, foi extraído dos trabalhos do referido projeto.

A área objeto da pesquisa insere-se no quadro geomorfológico regional de forma muito própria. Na parte central está um conjunto de serras conhecido por Província Serrana que é uma extensa área estreita e alongada, dominantemente esculpida em forma de cristas sustentadas por estruturas dobradas antigas, associadas à morfoestrutura do Cinturão Orogênico Paraguai-Araguaia (Tabela 8.3). No seu entorno mostra-se marcado, de um lado, por relevos em forma de planaltos esculpidos em bordas de bacias sedimentares e, por outro, em amplas depressões, que se abrem para o sul e se conectam com o vasto Pantanal Mato-grossense (Figura 8.1).

A Província Serrana, esculpida em rochas do Grupo Alto Paraguai, caracteriza-se por ser uma extensa faixa representada por relevos residuais elevados. Este relevo elevado faz parte da extensa bacia geossinclinal, que se estende desde a foz do rio Amazonas até a extremidade sul do Pantanal Mato-grossense, sendo conhecido na literatura geológica como Cinturão Orogênico Paraguai-Araguaia. Na área objeto deste estudo, o conjunto serrano mostra-se em forma de um amplo arco de concavidade voltada para sudeste, apresenta uma morfologia extremamente vinculada à disposição estrutural e litológica, constituindo-se basicamente por um conjunto de serras alinhadas grosseiramente na direção NE-SW. Estas serras guardam um certo paralelismo decorrente da sua natureza estrutural. Tratamse de resíduos erosivos, de uma extensa faixa de dobramentos datados do pré-cambriano superior, e posicionados na zona marginal da Plataforma Amazônica. Estas serras, que se expressam através de formas em alongadas cristas assimétricas, são sustentadas principalmente por arenitos ortoquartzíticos e feldspáticos do Grupo Alto Paraguai. Entretanto, a área apresenta uma litologia muito variada, todas pertencentes ao Grupo Alto Paraguai, classificadas na seqüência de idade da mais antiga para a mais recente nas formações: Bauxi (arenitos quartzosos); Moenda (paraconglomerados e arenitos finos); Araras (calcários e dolomitos); Raizama (arenitos ortoquartzíticos e feldspáticos); Sepotuba (folhelhos e siltitos); Diamantino (siltitos e arcóseos). Essas diferentes formações do Grupo Alto Paraguai

TABELA 8.3 — Unidades Geomorfológicas da Bacia do Alto-Paraguai.

MORFOESTRUTURA 1º TAXON	MORFOESCULTURA 2º TÁXON	PADRÕES FISIONÔMICOS 3º TÁXON FORMAS DE RELEVO
1. Sedimentos Aluviais	1. Planície do Rio Paraguai	Apf – Planície Fluvial
	2. Planície do Rio Cuiabá	Apf – Planície Fluvial
2. Bacia Sedimentar do Parecis	1. Depressão Periférica do Arinos	Colinas: Dt12, Dc24 e Dc23
	2. Planalto de Tapirapuã	Colinas Amplas: dt12
	3. Chapada dos Parecis	Superfície Plana Dp e Colinas Dt12 e Dc23
3. Bacia Sedimentar do Paraná	1. Planalto do Rio Casca	Colinas Amplas: Dc11, Dc12 e Dt11
	2. Chapada dos Guimarães	Superfície plana: Dp
4. Cinturão Orogênico Paraguai-Araguaia Metassedimentos do Grupo Cuiabá	1. Depressão Cuiabana	Colinas de Topos Planos Dt11, Dt12 e Dt13 Colinas de Topos Convexos Dc13 e Dc25 Morros Pequenos: Da15
	2. Planalto do Arruda – Mutum Escarpa da Chapada	Morros Medianos: Da33 Escarpa e Morros Altos: Da54
5. Intrusão de São Vicente	1. Planalto e Serra de São Vicente	Morros e Colinas de Topos Convexos: Da24 e Dc23
6. Cinturão Orogênico Paraguai-Araguaia Sedimentos do Grupo Alto-Paraguai	1. Serras da Província Serrana	Colinas de Topos Convexos Amplos: Dc11 Morros Altos: Da51 e Da52
	2. Depressões Intermontanas	Colinas Amplas: Dc11 e Colinas de Topos Convexos: Dc22

estão em contato a leste com as rochas do Grupo Cuiabá, a norte com as litologias do Grupo Parecis e formação Tapirapuã e a oeste com o Complexo Xingu, com recobrimento parcial pelos sedimentos da Formação Pantanal.

GEOMORFOLOGIA AMBIENTAL

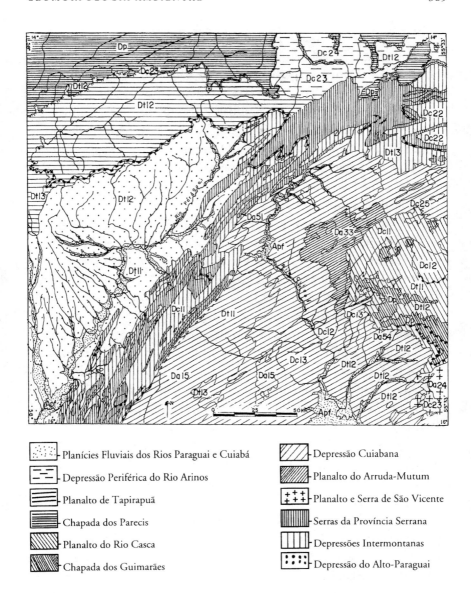

FIGURA 8.1. Carta Geomorfológica das Bacias do Rio Paraguai – Cuiabá – MT.

A Província Serrana corresponde a um pequeno segmento mais preservado de uma extensa estrutura, cujos limites extremos estão separados por aproximadamente 2.500km. É um relevo residual com 400 km de extensão, que tem gênese complexa e estreita relação com o arcabouço estrutural que o sustenta. Está inserida em um contexto geotectônico, que faz parte dos cinturões orogenéticos do Ciclo Brasiliano (550 a 990 m.a.), onde se inclui o chamado Cinturão Orogênico Paraguai-Araguaia. Dessa forma, sua origem data da fase final de consolidação da Plataforma Brasileira, quando esta passa do estágio de Paraplataforma para o de Ortoplataforma (Almeida, 1967).

A bacia geossinclinal ao sofrer pressões de direção SE-NW, na região da atual Província Serrana, permitiu o aparecimento da estrutura dobrada. Conforme Almeida (1967), o estilo das dobras holomórficas é marcadamente linear, com disposição paralela às bordas da Plataforma Amazônica. Os flancos das dobras são verticais ou inversos e, juntamente com os planos axiais e de xistosidade, exibem vergência para E e SE, isto é, para a plataforma contra a qual se processou o transporte tectônico de grandes placas de falhas de empurrão, algumas com mais de 100km de extensão. São também reconhecidas falhas transcorrentes de grande envergadura, assinaladas nos mapas geológicos. Essa estrutura é mantida por um espesso pacote de rochas sedimentares do pré-cambriano superior (Barros *et al.*, 1982).

A seqüência sedimentar, das mais antigas para as mais recentes, está representada por arenitos finos a médios, siltitos e argilitos da Formação Bauxi; paraconglomerados com matriz argilo-siltosa da Formação Moenda; calcáreos e dolomitos da Formação Araras; arenitos ortoquartzíticos e feldspáticos da Formação Raizama; folhelhos, siltitos e arcóseos da formação Sepotuba; e siltitos, arcóseos e argilitos da Formação Diamantino. De acordo com Almeida (1964), esta seqüência sedimentar, caracterizada por uma bacia molássica, desenvolveu-se a partir da antefossa marginal à Plataforma Amazônica, onde a subsidência máxima do geossinclíneo permitiu a ocupação marinha e a continuação do processo de sedimentação. Com isto, foram depositados os materiais carbonatados, os arenitos e finalizando com a sedimentação de origem continental.

Para Olivatti (1976), a faixa orogênica do Geossínclineo Paraguai-Araguaia ter-se-ia desenvolvido a partir de duas bacias geossinclinais —

GEOMORFOLOGIA AMBIENTAL

uma representada pelos sedimentos do Grupo Cuiabá, com característica eugeossinclinal e outra pelas rochas do Grupo Paraguai, correspondente ao miogeossinclinal. Enquanto as litologias geradas na primeira bacia estão representadas pelos terrenos da Depressão Cuiabana, os da segunda sustentam os relevos elevados da Província Serrana.

Embora ambas as bacias geossinclinais tenham passado por processos orogenéticos, a resposta estrutural, segundo Figueiredo e Olivatti (1974), foi diferenciada. Enquanto as rochas do Grupo Cuiabá passaram por dobras isoclinais muito fechadas e sofreram baixo metamorfismo, nas do Grupo Alto Paraguai os dobramentos são simétricos, numa sucessão de anticlinais-sinclinais, entretanto sem apresentar metamorfismo. A disposição em forma de arco, com concavidade voltada para sudeste, de acordo com Hennies (1966), mostra diferenças marcantes no comportamento das dobras. Na secção ocidental as dobras são alongadas e estreitas, na central são mais amplas, alternando-se com algumas estreitas e com eixos mergulhando para leste. Na parte oriental observam-se novamente dobras estreitas, acompanhadas por dobramentos secundários. Este comportamento estrutural, acompanhado de falhamentos inversos, determina contribuição marcante nas formas do relevo da Província Serrana. Diante do quadro apresentado, Ross (1987) argumenta que fica evidente a interferência tanto antiga quanto recente, de fatores endógenos no processo de esculturação do relevo regional, pois a carta geomorfológica e as pesquisas de campo trouxeram à luz elementos que permitiram melhor avaliar a morfogênese. Entre estes fatos estão:

1) Três níveis morfológicos bem distintos nos topos aplainados e retilinizados da Província Serrana (450-550m, 600-700m, 800-860m) — caracterizados por topos das sinclinais alçadas que quase sempre são os níveis mais altos;

2) Presença, em qualquer dos três níveis de topos retilinizados, ou ainda planos de inúmeros cursos d'água, com segmentos adaptados à estrutura, seguidos de inflexões bruscas e passando a seccionar bordas de anticlinais ou abas de sinclinais alçadas;

3) Ocorrência de níveis de concreções ferruginosas com aspecto residual nos topos planos da anticlinal do Rio Novo ou serra do Cuiabá;

4) Existência de Latossolos Vermelho-Amarelos ou, ainda, Latosso-

los Vermelho-Escuros, nos topos das serras do Vira Saia, Tira Sentido, Tombador, Cuiabá e Azul;

5) Nivelamento do topo da serra do Cuiabá (anticlinal do Rio Novo) com os topos aplainados do Planalto dos Parecis no divisor Arinos-Teles Pires-Cuiabá;

6) Presença de linhas de falhas inversas ladeando as sinclinais alçadas;

7) Afloramento dos calcáreos preferencialmente nas vertentes externas das abas das sinclinais alçadas e no interior das depressões anticlinais;

8) Ocorrência de matacões de rocha calcárea silicificada nos terrenos baixos e aplainados, exclusivamente nas proximidades das bordas das sinclinais alçadas.

Estes fatos, de acordo com Ross (1987), ajudam a decifrar a evolução morfogenética regional, confirmando ou ampliando os conhecimentos anteriores. O que primeiro chama atenção são os três níveis retilinizados ou planos da Província Serrana. O nível mais baixo, cujos topos encontram-se entre 450 e 550m, corresponde ao trecho em que a Província Serrana está menos atacada pelos processos erosivos, havendo uma relação acentuada entre a morfologia e o arcabouço estrutural. Neste segmento o modelado põe em evidência tênue os dorsos das anticlinais que, no conjunto regional, sugerem amplas formas lombares. Embora tais estruturas encontrem-se muito preservadas da ação denudacional, as camadas sedimentares superiores, referentes às formações Sepotuba e Diamantino, foram totalmente retiradas das partes mais altas durante as fases erosivas pré-cretáceas. A Formação Sepotuba só é encontrada, neste trecho, no vale das sinclinais, como ocorre no ribeirão Estivado e nos vales dos rios Pari e Lavrinha, em posições altimétricas menores. Mesmo na faixa mais a leste, onde estão as formas residuais das sinclinais alçadas da serra da Cancela e de Nobres, os topos não ultrapassam 400m. Embora nas cartas geológicas esteja assinalada a presença de falhas inversas, é evidente que esta área é a menos afetada pelos efeitos tectogenéticos da reativação Wealdeniana ou epirogênese pós-cretácea. A preservação dos dorsos das anticlinais e, de certa forma, também do vale das sinclinais, associado ao comportamento morfológico, denota menor atividade denudacional e permite afirmar que, ao ocorrer a epirogênese Cenozóica, este segmento foi o que menos se elevou. Com isto, pode preservar-se mais, sendo inclu-

GEOMORFOLOGIA AMBIENTAL

sive a área que por mais tempo permaneceu encoberta pelos sedimentos da Formação Parecis (Cretáceo).

Os outros dois níveis encontram-se a este-nordeste e a sul desta área. O nível situado a este-nordeste, na área das serras do Cuiabá e Azul-Morro Selado, apresenta topos planos e retilinizados, nivelados entre 600-700m. A serra de Cuiabá, correspondente à anticlinal do Rio Novo, mostra seu topo plano, testemunhando uma superfície de erosão pré-cretácea. Tal superfície encontra-se nivelada com o topo plano do Planalto dos Parecis, sendo que, em determinados trechos, os sedimentos do Grupo Parecis a recobrem parcialmente. Isto é nítido nas nascentes dos rios Verde e Novo e ribeirão Beija Flor. Projetando-se para sul, esta superfície sobe em rampa e tangencia os topos das serras do Morro Selado e Azul, no nível dos 700m, correspondentes às abas da sinclinal alçada da Água Fria. Enquanto o topo da serra do Morro Selado (aba norte) é retilinizado e em forma de crista, a serra Azul (aba sul) apresenta longo trecho de topo plano. Isto mostra que tais topos passaram por um ou mais ciclos erosivos do pré-cretáceo, que truncaram esta estrutura.

Tanto ao norte, como ao sul da sinclinal da Água Fria e da anticlinal do Rio Novo, as cartas geológicas do Projeto Radambrasil (1982) registram falhamentos inversos e normais, o que possibilita admitir a influência tectogenética no soerguimento destas estruturas. Embora tais linhas de falhas devam associar-se à fase dos dobramentos, é muito provável que tenham sofrido reativações com deslocamentos desiguais de blocos, após as fases erosivas pré-cretáceas. Este soerguimento foi desigual, tanto entre as sinclinais do sul desta secção, como na anticlinal do Rio Novo, ao norte. Esta desigualdade também se evidencia em relação ao nível dos 450-550m do segmento central da área serrana. Os movimentos epirogenéticos Cenozóicos, muito provavelmente, foram os responsáveis por esse basculamento desigual, atuando principalmente nos falhamentos antigos reativados. Como conseqüência disto, tem-se a superfície de erosão pré-cretácea ou pré-parecis, posicionada nos diferentes níveis altimétricos já citados.

Interpretação semelhante pode ser feita para os terrenos elevados até 800-860m, na secção mais ao sul da Província Serrana. Nesta secção, encontram-se segmentos de topos planos em sinclinais alçadas, bem como dorsos de anticlinais com topos também bastante aplainados, associados a cristas de topos retilinizados. Estes níveis são encontrados na sinclinal das serras das Araras-Água Limpa e no topo da anticlinal das serras Três Ribeirões e do Sabão, ambas sustentadas pelos arenitos da formação Raizama. Mais ao sul, as abas das sinclinais alçadas da Chapola, do Boi Morto, do Retiro não ultrapassam os 650m de altitude, enquanto os dorsos e cristas das anticlinais, interiormente erodidas, apresentam altitudes geralmente inferiores aos 600m e, com grande freqüência, em torno dos 450-500m.

Fato significativo é a presença das linhas de falhas inversas que ladeiam as sinclinais alçadas. Da mesma forma que o caso anterior, aqui tem-se como certa a atuação desigual dos movimentos tectogenéticos, colocando em posições altimétricas mais elevadas as sinclinais alçadas da faixa oriental da Província Serrana. Parece evidente que tais sinclinais encontram-se em situação de relevo invertido, muito mais por influência tectônica do que por atividade erosiva. Deste modo, ficam entendidas as diferenças de níveis dos topos da Província Serrana, que parecem estar associadas ao soerguimento desigual de grandes blocos, por ocasião dos movimentos epirogenéticos Cenozóicos.

O aspecto fisionômico dominante da Província Serrana é prevalecer conjuntos serranos, sustentados por cristas monoclinais de bordas de sinclinais alçadas, ou de anticlinais interiormente erodidas, interpenetradas por alongados e estreitos corredores de terrenos baixos, correspondendo às Depressões Intermontanas. Enquanto nas serras prevalecem os afloramentos rochosos do arenito Raizama, nas depressões prevalecem os solos Podzólicos Vermelho-Amarelos e Podzólico Eutrófico, com recobrimento vegetal de cerrados.

Ao norte encontra-se a extensa Morfoestrutura da Bacia do Parecis que se nivela com a área serrana em dois patamares bem distintos. O mais baixo, em torno dos 450-500m, na região das cabeceiras do rio Arinos, definindo a Depressão Periférica do Arinos e um patamar definindo o Planalto de Tapirapuã.

Outro contato com planaltos elevados se dá na extremidade leste-sudeste, onde as morfoestruturas do Grupo Cuiabá entram em contato com os terrenos sedimentares da borda noroeste da Bacia do Paraná. Nesta área não ocorre, entretanto, nivelamento dos topos, pois enquanto os topos das colinas da Depressão Cuiabana estão entre 200 e 400m, os

GEOMORFOLOGIA AMBIENTAL

níveis altos da borda do Planalto, esculpidos nas rochas da bacia do Paraná, encontram-se de 800 a 900m.

A Província Serrana está em contato a oeste com a Depressão do Alto Paraguai, a leste com a Depressão Cuiabana, no extremo leste-nordeste com a Depressão Interplanáltica de Paranatinga, no sul com o Pantanal Mato-grossense e em pequeno trecho a norte com a Depressão Periférica do Arinos. Com exceção desta última, as outras nada mais são do que compartimentos individualizados de uma vasta depressão que se estende por praticamente toda a bacia hidrográfica do Paraguai, onde, inclusive, se insere o próprio Pantanal Mato-grossense. Estes contatos ocorrem de forma brusca, em ângulos agudos para os relevos elevados, como as cristas e em nível para os terrenos baixos que permeiam em forma de corredores estreitos e alongados os relevos residuais dominantes. Tanto no leste quanto no oeste, respectivamente, Depressões Cuiabana e do Alto Paraguai, o contato se faz ao nível dos 150-250m de sul para norte, entretanto chega a mais de 400m na bacia do rio Manso (Depressão Cuiabana). Na extremidade sul esse contato está em nível inferior a 150m, nos limites com o Pantanal Mato-grossense, enquanto ao norte na Depressão Periférica do Arinos o nível está entre 400 e 450m.

O Planalto dos Parecis, cujos topos mais elevados coalescem com alguns topos de cristas da Província Serrana, constitui-se por um extenso planalto esculpido em rochas sedimentares do Cretáceo, com recobrimento parcial de formações detríticas não litificadas do Terciário. Na área que se limita com a Província Serrana este planalto mostra dois níveis claramente perceptíveis, tanto nas imagens de radar como nas cartas topográficas. O nível alto é definido pelos divisores de águas dos rios Arinos-Paraguai e Cuiabá-Teles Pires-Arinos. No divisor Arinos-Paraguai o contato se dá em rampa de sul para norte, com baixa inclinação, sendo que as partes altas pertencem à superfície de cimeira da Chapada dos Parecis (750 -800m). No divisor Cuiabá-Teles Pires-Arinos, os topos de ambos estão extremamente nivelados e constituem uma superfície plana (600-650m). Nesta área estão as nascentes do rio Verde, ribeirão Beija Flor (tributário do Teles Pires), rio Novo (tributário do Arinos) e Cuiabá da Larga (formador do Cuiabá). Neste trecho alto e plano observa-se, em superfície, a ocorrência de material detrítico fino, de textura dominantemente argilosa e coloração vermelho-escuro, classificado pelo levantamento de solos do

Projeto Radambrasil (1982) como sendo Latossolos Vermelho-Escuros. Este material, denominado pelos mapeamentos geológicos como TQdl, apresenta-se com forte concentração de ferro ao longo de todos os horizontes e mostra, com freqüência, verdadeiros matacões de concreções ferruginosas que aparecem em superfície, ao nível entre 600 a 650m. É muito comum encontrá-los nos topos das vertentes da serra do Cuiabá, tanto do lado voltado para o rio Cuiabá como na vertente norte, voltada para o vale do rio Novo (formador do Arinos). Neste segmento de topo da serra do Cuiabá, onde os matacões aparecem, predominam solos de textura média, classificados como Latossolos Vermelho-Amarelos, ou ainda a presença dos solos Litólicos em áreas das ocorrências do arenito Raizama, pertencente ao Grupo Alto Paraguai. Com relação à cobertura vegetal nestes topos, dominam o cerrado pouco denso (Savana arbórea aberta), que recobre de forma indiscriminada os Latossolos Vermelho-Escuros de textura argilosa, os Latossolos Vermelho-Amarelos de textura média, os solos Litólicos e até mesmo as ocorrências de solos Concrecionários. São freqüentes nas cabeceiras, ou nascentes dos cursos d'água, nesta área, a ocorrência das chamadas *dales*. Estas se constituem em uma nascente em anfiteatro, com vertentes de baixa declividade, onde aflora o lençol freático com desenvolvimento de solos hidromórficos, apresentando aspecto pantanoso mesmo nos períodos secos do ano. É freqüente a ocorrência, nestes pontos, de horizonte de solo ferruginoso, associado à oscilação do lençol freático, decorrente da alternância de período seco e chuvoso e temperaturas elevadas. Outro aspecto fisionômico significativo é quanto à cobertura vegetal, que nos terrenos úmidos dominam as gramíneas, nas partes de terrenos bem drenados estão as espécies de Cerrados e nos fundos de vale as Matas Galerias, com presença dos buritizais formando as veredas, típicas de vales abertos e pouco entalhados.

O nível baixo de conexão da Província Serrana com o Planalto dos Parecis, ocorre na região da cidade de Diamantino, onde encontra-se um patamar estrutural com altimetrias em torno de 450m. Este patamar está separado da Depressão do Alto Paraguai por uma escarpa abrupta com frente voltada para o sul, conhecida por Serra de Tapirapuã. Esta escarpa é sustentada, na região próxima à cidade de Diamantino, pelos arcóseos da formação homônima e mais para oeste pelos basaltos da formação Tapirapuã.

GEOMORFOLOGIA AMBIENTAL 373

Este patamar é denominado de Planalto de Tapirapuã que é mantido no nível dos 450m pelas rochas de basalto da Formação Tapirapuã. Desenvolvem-se nesta superfície formas de relevo em colinas amplas com vales pouco entalhados, recobertas por Latossolo Roxo e, secundariamente, Terra Roxa. A parte norte deste planalto é recoberta pelos arenitos da formação Salto das Nuvens (Grupo Parecis) do Cretáceo Superior. Esses arenitos encontram-se em uma área em que as formas do relevo mostram-se com interflúvios relativamente amplos, com topos planos, vertentes ligeiramente convexadas e vales medianamente entalhados. Pode-se constatar em trabalhos de campo na estrada da Fazenda Arrossensal, a presença na transição para áreas de topo da Chapada dos Parecis, extensa ocorrência de lentes de conglomerado constituídas, basicamente, por seixos bem rolados de quartzo, tidos como pertencentes ao Grupo Parecis (formação Utiariti), originário em ambiente aquoso e continental (Barros *et al.*, 1982). Neste segmento os solos se caracterizam por apresentar textura média a arenosa, no mapeamento pedológico do Projeto Radambrasil (1982), como Latossolos Vermelho-Amarelos e Areias Quartzosas nos trechos declivosos e de Podzólicos Vermelho-Amarelos, onde o relevo mostra-se mais intensamente trabalhado pelos canais de drenagem. De modo generalizado a cobertura vegetal, em função dos resquícios encontrados, deveria ser de floresta, muito embora hoje encontra-se dominantemente ocupada por pastagens.

A Província Serrana se conecta com o nível baixo da Morfoestrutura Parecis, na região das cabeceiras do rio Arinos. Esta área corresponde à Depressão Periférica do Arinos, que se afunila para noroeste, formando uma ampla *perceé*. De modo geral este segmento apresenta uma morfologia de fraca convexidade, onde os interflúvios se mostram amplos, com os topos relativamente planos, vertentes longas e com fraca declividade. O nível altimétrico, nas proximidades dos cursos formadores do rio Arinos, gira em torno dos 450-520m. Passa-se com relativa suavidade dos topos da Província Serrana, que apenas são distinguidos aqui pela diferença litológica, para os terrenos do Parecis, cuja morfologia está esculpida nos sedimentos da Formação Salto das Nuvens (Grupo Parecis). Nesta secção predominam os Latossolos Vermelho-Amarelo, textura média e nas partes mais baixas e próximas ao rio Arinos, os solos de Areias Quartzosas. Estes fatos puderam ser observados no campo e também estão registrados pelo mapa de solos do Projeto Radambrasil (1982).

A unidade morfoestrutural Bacia Sedimentar do Paraná apresenta características topográficas e geomórficas muito distintas, de modo que foi possível reconhecer duas unidades morfoesculturais individualizadas: a Chapada dos Guimarães, com cotas que variam dos 600 a 800m e o Planalto do Casca, com cotas que variam dos 450 a 600m.

A Chapada dos Guimarães, conforme descrevem Ross e Santos (1982), corresponde a extensa área de relevo aplainado, com cotas que vão desde os 600 até os 800 m, constituindo-se em uma única e contínua superfície morfológica. A chapada é toda contornada por relevo escarpado. Na parte sudoeste, encontram-se escarpas com vertentes muito abruptas mantidas por arenitos devonianos (Formações Furnas e Ponta Grossa), que repousam sobre os metassedimentos do Grupo Cuiabá. Estas rochas permitiram o modelado de um relevo com aspecto cuestiforme, cuja frente está voltada para a Depressão Cuiabana. Outro fato que ressalta bem na imagem é a forte dissecação com vales profundos, fornecendo um aspecto de encosta festonada. Verifica-se grande número de canais de drenagem, todos com direção preferencial de NE para SW. Muitos destes canais são temporários e se desenvolvem com características de drenagem anaclinal. Observou-se acentuado número de cristas alongadas, elevadas e relativamente estreitas, mantidas por quartzitos do Grupo Cuiabá. Nessa mesma área encontra-se, ainda, um relevo dissecado predominantemente em formas convexas do tipo Da33 e Da54 (Figura 8.1).

A superfície de topo da chapada comporta relevo bastante plano, com fraca densidade de drenagem, correspondendo a relevos do tipo Dp. O topo da chapada foi moldado em arenitos da Formação Bauru, que se mostram muito friáveis. Estes sedimentos arenosos comportam, na parte basal, uma camada de conglomerados constituídos por seixos rolados de quartzo e por arenitos bastante resistentes com diâmetro de 2 a 10 cm, inumados em matriz arenosa e inconsolidada. Sobreposta às areias friáveis da Formação Bauru, encontra-se cobertura de material detrítico fino, de coloração muito vermelha, de constituição predominantemente argilosa.

O Planalto do Casca ocupa a parte noroeste da Chapada dos Guimarães. Corresponde a uma área que sofreu acentuado rebaixamento erosivo, comportando cotas altimétricas que vão desde os 450m até os 650m. Tem a sudeste as escarpas da Chapada dos Guimarães, enquanto a noroeste e sudoeste é contornada pela Depressão Cuiabana. No contato com a

GEOMORFOLOGIA AMBIENTAL

Chapada dos Guimarães, observa-se a presença de anfiteatros erosivos profundamente entalhados e delimitados por escarpas.

As feições geomórficas predominantes neste planalto são as tabulares e as convexas, com interflúvios amplos e canais de drenagem medianamente profundos. Assim, são comuns formas dissecadas tipo Dc11, Dt11 e Dc12. Ocorrem, também, relevos residuais de topo tabular, cujos topos conservados acompanham o nível topográfico da Chapada dos Guimarães. Estes relevos, que se encontram principalmente na seção nordeste deste planalto, estão representados pelas serras do Lava Porco e do Galinho.

O Planalto do Casca foi esculpido basicamente em rochas do arenito das Formações Bauru e Botucatu. Sobre estas litologias desenvolveram-se, predominantemente, solos de Areia Quartzosa e secundariamente Latossolos Vermelho-Amarelos com vegetação tipo Savana. Esta área é drenada por cursos de água pertencentes à bacia do rio da Casca. Entre seus principais afluentes estão os rios Roncador e Quilombo que, como o rio da Casca, têm suas nascentes na superfície de topo da chapada. Estes rios, como também inúmeros outros menores, deixam a chapada através de vales estreitos e profundos que guardam aspectos de pequenos *canyons*.

No oeste da Província Serrana, a Depressão do Alto Paraguai, que aparentemente é semelhante em toda extensão, na realidade apresenta diferenças significativas de norte para sul. De forma quase que generalizada esta encontra-se encoberta por sedimentos dominantemente arenosos — Quaternários (Pleistocenos) que recobrem um amplo sinclinorium pertencente ao sistema montanhoso que define a Província Serrana (Almeida, 1964). Entretanto, nas áreas marginais do norte e trechos do leste desta depressão, o que se verifica é a ocorrência, em superfície, de formações rochosas do Grupo Alto Paraguai, principalmente os siltitos e arcóseos (formação Diamantino) e folhelhos e siltitos (formação Sepotuba).

Nas áreas marginais à serra, no setor norte, distinguem-se mudanças nas fisionomias das formas do relevo. Observa-se nesta área, a passagem gradativa das ocorrências de solos Podzólicos gerados nos siltitos, arcóseos e folhelhos da formação Diamantino e Sepotuba, para os Latossolos Vermelho-Amarelos e as Areias Quartzosas desenvolvidos sobre os sedimentos da formação Pantanal.

376 GEOMORFOLOGIA DO BRASIL

Da cidade de Alto Paraguai para sul, margeando grande parte da secção oeste da Depressão do Alto Paraguai, percebe-se, embora de forma não contínua, a presença de uma pequena depressão marginal estabelecendo um degrau (patamar) entre os sedimentos da formação Pantanal e os folhelhos e siltitos da formação Sepotuba. Essa estreita depressão marginal desempenha o papel de uma depressão periférica ou ortoclinal, posicionada entre as serras (anticlinais ou sinclinais) da Província Serrana e os relevos tabuliformes de amplos interflúvios, esculpidos nas areias da formação Pantanal. A passagem desta estreita depressão para os terrenos da formação Pantanal se processa em forma de um degrau, que assemelha-se a um *front* de *cuesta* de aproximadamente 20m de altura. Estes eventos foram observados ao longo da secção oeste das serras do Tira-Sentido (anticlinal), do Vãozinho (anticlinal) e das Araras-Sabão (sinclinal). Em trabalhos de campo cruzou-se este patamar em alguns pontos para que se pudesse estabelecer alguma correlação entre a morfologia e as características estratigráficas.

Observa-se neste ressalto topográfico desenhado por patamar, que o mesmo é sustentado por horizonte concrecionário, em forma nodular de aproximadamente um metro de espessura, associando-se de forma dispersa, ao longo da camada detrítica, grandes blocos de arenito subangulosos (dimensões variando entre 15 a 20cm de diâmetro) e que pelo aspecto textural trata-se do mesmo material da área serrana próxima, ou seja, o arenito Raizama. Na parte mais baixa, entre o ressalto deste patamar e as cristas da Província Serrana, ocorrem solos rasos, com características texturais argilosas e cascalhamento, sendo mapeado pelo Projeto Radambrasil (1982) como Cambissolos. Para oeste, em direção à calha do rio Paraguai, o relevo mostra-se com interflúvios amplos e topos planos, esculpidos em terrenos de textura arenosa (formação Pantanal).

A cobertura vegetal, nos terrenos da formação Pantanal, é predominantemente de floresta, nos trechos com presença de solos rasos e nas ocorrências de material concrecionário a cobertura vegetal é de cerrados.

A presença dos patamares está circunscrita às áreas à nordeste e leste da Depressão do Alto Paraguai, nas zonas de contato dos depósitos da formação Pantanal com a superfície arrasada onde estão expostas em nível altimétrico baixo, as formações rochosas do Grupo Alto Paraguai. O que se pode perceber, tanto no vale do rio Pari, como no trecho norte da margem esquerda dos tributários do rio Paraguai, é que, após a sedimentação

GEOMORFOLOGIA AMBIENTAL

377

quaternária, houve um processo de retomada erosiva circundenudacional para as partes mais elevadas e marginais da bacia sedimentar do Pantanal. Isto é bem evidente para os trechos onde a altimetria atinge em torno dos 200 a 250m. Este fato possibilita levantar a hipótese de atividades neotectônicas pós-deposicional da Formação Pantanal (Pleistoceno) que induziu a retomada erosiva e a incisão da rede de drenagem hierarquizada sobre os sedimentos do norte do Pantanal.

Em direção sul, o contato dos sedimentos da formação Pantanal com os rebordos das cristas de sinclinais e anticlinais se faz de forma diferenciada, isto é, os sedimentos atingem até o sopé destas cristas sem que haja rupturas, patamares ou estreitas depressões marginais. Este fato pode ser observado da altura do ribeirão Três Ribeirões para o sul, até a extremidade meridional do conjunto serrano. Neste extenso segmento os sedimentos da formação Pantanal somente são encontrados margeando as serras externas do conjunto serrano, enquanto nas áreas que formam os corredores baixos intermontanos não apresentam vestígios da presença destes depósitos. O relevo nas áreas próximas das serras apresenta morfologia dominantemente plana, com os vales muito pouco entalhados e com as altimetrias inferiores a 200m. Os solos em alguns trechos são de textura arenosa (Areias Quartzosas) e em outros apresentam-se com textura média, demonstrando elevada resistência à penetração do trado.

A leste da Província Serrana encontra-se a superfície da Depressão Cuiabana. Da extremidade sul até alcançar os contrafortes da escarpa da serra das Araras-Água Limpa, ao longo da bacia do rio Sangradouro, o contato é feito com os sedimentos Quaternários da formação Pantanal. Deste ponto para norte os limites ocorrem com as litologias do Grupo Cuiabá. Tanto no primeiro trecho quanto no segundo, o limite entre as serras e a depressão são muito nítidos em ângulo agudo entre a baixa vertente das cristas e as áreas da depressão. Assim, tem-se neste trecho sul a presença de uma morfologia extremamente plana com associação de solos do tipo Podzólicos Eutróficos de textura média e presença de solos com horizonte concrecionário. A cobertura vegetal é de Cerrado denso, mapeado pelo Projeto Radambrasil (1982), como Savana densa. Ocorrem, ainda, os solos Hidromórficos laterizados, característicos da região do Pantanal, e que, nesta área, avançam para norte, acompanhando as partes mais baixas do vale do rio Sangradouro. Ao longo deste vale pode-se observar a presença, com alguma freqüência, de pequenas lagoas circulares, com aspecto característico da região do Pantanal.

A partir das cabeceiras do rio Sangradouro para norte, a depressão não apresenta depósitos da formação Pantanal. Assim, o contato das baixas vertentes das serras se conecta de forma brusca com a superfície aplainada e muito preservada da depressão. O relevo baixo margeia toda borda leste da Província Serrana, mostra-se muito plano com vales pouco entalhados, interflúvios amplos e freqüentemente sustentados por horizontes concrecionários, que ora encontram-se expostos, ora aparecem no perfil do solo. Neste trecho pode-se constatar, com certa freqüência no horizonte superior acima do horizonte concrecionário ferruginoso, a presença de pavimento detrítico, constituído de material quartzoso rudáceo em forma de seixos angulosos. A abundância deste tipo de material está relacionada com a ocorrência de veios de quartzo nas rochas subjacentes. No segmento que margeia a serra Água Limpa-Araras, os solos são do tipo Podzólico, entretanto apresentam horizonte concrecionário a alguns centímetros da superfície.

No vale do ribeirão Chiqueirão para norte, acompanhando os terrenos mais baixos do vale do rio Cuiabá, até próximo à serra Azul, a nordeste, predominam os solos Concrecionários. Estes solos apresentam, em perfil, um horizonte concrecionário da ordem de 20cm em média, constituído por concreções nodulares agregadas e de alta resistência. Em alguns pontos, sobre o horizonte concrecionário, ocorre uma camada espessa de material síltico-argiloso, também de alta resistência à penetração do trado. Observa-se que o horizonte concrecionário tem espessura que varia de 20 a 40cm, com trechos parcialmente recobertos por material fino síltico-argiloso, de espessura variada e abaixo da concreção está o material de textura fina, correspondente ao manto de alteração de rochas do Grupo Cuiabá. Associados a estas características de solos estão presentes formas de relevo de topografia suave, onde os interflúvios são amplos, os topos planos, os vales fracamente entalhados e as vertentes com declividades médias inferiores a 5%. A morfologia, associada a estes solos, ocorre nos trechos da Depressão Cuiabana onde a litologia dominante são as do Grupo Cuiabá, ou seja, os metaparaconglomerados com matriz síltico-arenosa, quartzitos, metarenitos, meta-arcóseos, metasiltitos, filitos, meta-argilitos, com presença intensa de veios de quartzo.

GEOMORFOLOGIA AMBIENTAL

A cobertura vegetal é de Cerrado pouco denso, com indivíduos arbóreos distribuídos de modo muito espaçado e de organização aparentemente caótica. A cobertura herbácea mostra-se pouco densa, não constituindo, desse modo, um tapete graminoso contínuo. Observa-se, com freqüência, solo totalmente desnudo de vegetação rasteira, principalmente nas posições interfluviais, onde a umidade e a espessura dos solos são muito pequenas. Entretanto, em pontos isolados, onde por acúmulo d'água pluvial e nos fundos de vale, pela maior umidade e melhores condições edáficas, a cobertura graminosa é mais homogênea, desaparecendo em determinados trechos a vegetação arbórea e arbustiva. No aspecto visual a paisagem vegetal, dominante da Depressão Cuiabana mostra-se heterogênea e lembra, no aspecto fisionômico, a vegetação da caatinga nordestina, principalmente durante a estação seca (maio-setembro). No trecho mais a nordeste, no alto curso do rio Cuiabá, região que margeia as serras de Santa Rita, Azul, Morro Selado e Cuiabá, há uma ligeira mudança no comportamento pedológico, embora continue semelhante o aspecto da morfologia e da vegetação. Os solos neste trecho são do tipo Podzólico Vermelho-Amarelo de textura média a média argilosa onde a litologia de calcáreo da formação Araras (Grupo Alto Paraguai) e Podzólico Eutrófico de textura média a argilosa e muito rasos onde a litologia é representada por siltitos e arcóseos da formação Diamantino (Grupo Alto Paraguai).

Na morfoestrutura, representada pelas rochas do Grupo Cuiabá, ocorre um trecho de terrenos mais elevados, em torno de 600m, com relevo extremamente dissecado em forma de morros e colinas, que se denomina de Planalto de Arruda-Mutum. Nesta unidade prevalecem solos Litólicos associados com Podzólicos Vermelho-Amarelos e afloramentos rochosos. Tal unidade acompanha a escarpa da Chapada dos Guimarães para leste.

2.4. O PAPEL DO RELEVO NA ANÁLISE INTEGRADA

A pesquisa e mapeamento geomorfológico das bacias dos rios Cuiabá e Paraguai possibilitou chegar a um produto de síntese integrada a que se denominou de Unidades dos Sistemas Ambientais Naturais.

Para compor esse produto partiu-se das informações cartografadas do relevo, cruzando-se com os dados produzidos pelo Projeto Radambrasil (1982) sobre litologia, solos, vegetação e clima. Tomou-se como referencial, para tratamento dos dados quatro níveis taxonômicos, partindo-se dos temas mais abrangentes e, portanto, de maior representação territorial para aqueles de abrangência mais restrita. Assim, o primeiro nível envolve as informações fito-hidroclimáticas, o segundo os dados morfoestruturais, o terceiro o morfoescultural e o quarto as fisionomias dos padrões de formas de relevo e tipos de solos, conforme ilustra a tabela 8.4.

O primeiro nível de tratamento das informações classifica a área de estudo em dois grupos: Terras Inundáveis e Terras não Inundáveis, das áreas mapeadas com características fitoclimáticas de ambiente tropical continental semi-úmido com duas estações — seca no inverno e úmida no verão — e cobertura vegetal dominante de Cerrados ou Savana Arbórea Aberta, de diferentes fisionomias. Embora o componente relevo esteja presente neste nível, os elementos determinantes para este táxon foram as águas, e o domínio climato-botânico. Este táxon recebe a primeira posição numérica na ordem de codificação, ou seja 1 e 2 respectivamente e passam a representar o primeiro dígito do total de 4 que compõem códigos numéricos que indicam as unidades.

O segundo nível é definido pelas grandes formas estruturais do relevo. As estruturas geológicas, como bacias sedimentares, cinturões orogênicos e plataformas ou crátons, que definem grandes padrões de famílias de formas denominadas de morfoestruturas. Na área estudada ocorrem as morfoestruturas do Cinturão Orogênico Paraguai-Araguaia com os Dobramentos do Alto Paraguai e Cuiabá, e as morfoestruturas das Bacias Sedimentares do Paraná, Parecis e Pantanal, além da intrusão de São Vicente, que representam o segundo táxon e, portanto, o segundo dígito na ordem de codificação das unidades.

As morfoesculturas constituem o terceiro táxon, ou seja, o terceiro dígito na ordem de codificação. Esse táxon corresponde às grandes formas de relevo produzidas por longos processos erosivos, ou de esculturação desenvolvidos durante o Cenozóico. Assim, para cada unidade morfoestrutural tem-se uma, duas ou mais unidades morfoesculturais, conforme ilustra a Tabela 8.4.

Tabela 8.4 — Unidades dos Sistemas Ambientais Naturais.

1.º NÍVEL ZONAS FITO-CLIMÁTICAS	2.º NÍVEL MORFO-ESTRUTURA	3.º NÍVEL MORFO-ESCULTURA	4.º NÍVEL PADRÕES FISIONÔMICOS				
			Formas de Relevo	Litologias	Solos	Vegetação	Temperaturas e Chuvas
1. Domínio das Savanas Clima Tropical Continental Terras Inundáveis	1. Sedimentos Aluviais	1. Planície do Rio Paraguai	1. Apf – Planície Fluvial 1.1.1.1	Aluviões arenosos	Glei pouco húmico	Mata de Galeria e Formações pioneiras	Temperaturas médias anuais: 23 a 25ºC
		2. Planície do Rio Cuiabá	2. Apf – Planície Fluvial 1.1.1.2	Aluviões arenosos, argilosos e cascalhos	Glei pouco húmico	Mata de galeria	Média das mínimas: 16 a 20ºC
	2. Bacia Sedimentar do Parecis	1. Depressão Periférica do Arinos	1. Colinas: Dt12, Dc24 e Dc23 2.2.1.1	Arenitos (Formação Salto das Nuvens)	Areias quartzosas	Cerrado	Média das máximas: 30 a 35ºC
2. Domínio das Savanas Clima Tropical Continental Terras-Não inundáveis		2. Planalto de Tapirapuã	1. Colinas Amplas: Dt12 2.2.2.1	Arenitos (Formação Salto das Nuvens)	Podzólico Vermelho-amarelo	Floresta semi-decidual	Chuvas de 1.300 a 2.000 mm/ano 5 meses secos 80% precipitam de novembro a março
			2. Colinas Amplas: Dt12 2.2.2.2	Basaltos (Formação Tapirapuã)	Latossolo Roxo	Floresta semi-decidual	
		3. Chapada dos Parecis	1. Superfície Plana: Dp 2.2.3.1	Sedimentos argilosos – Tqdl	Latossolo Vermelho-escuro	Cerrado aberto ou savana	Umidade relativa do ar de novembro a março: 80%
				Arenito (Formação Utiariti)	Areias quartzosas	Arbórea aberta	
			2. Colinas: Dt12 e Dc23 2.2.3.2	Arenitos (Formação Botucatu)	Areias quartzosas		

Tabela 8.4 — Unidades dos Sistemas Ambientais Naturais (continuação).

1.º NÍVEL ZONAS FITO-CLIMÁTICAS	2.º NÍVEL MORFO-ESTRUTURA	3.º NÍVEL MORFO-ESCULTURA	4.º NÍVEL PADRÕES FISIONÔMICOS				
			Formas de Relevo	Litologias	Solos	Vegetação	Temperaturas e Chuvas
	3. Bacia Sedimentar do Paraná	1. Planalto do Casca	1. Colinas Amplas: Dt11 2.2.1.1	Arenitos (Formação Botucatu)	Latossolo Vermelho-amarelo e solos concrecionários		
			2. Colinas Amplas: Dc 12 e Dt 11 2.2.1.2	Sedimentos Argilosos Tqdl	Latossolo Vermelho-escuro		
		2. Chapada dos Guimarães	1. Superfície Plana: Dp 2.3.2.1				
			2. Superfície Plana: Dp 2.3.2.2	Arenitos Finos (Formação Ponta Grossa)	Latossolo Vermelho-amarelo e Areais Quartzosas		
2. Domínio das Savanas Clima Tropical Continental Terras-Não inundáveis	4. Cinturão Orogênico Paraguai-Araguaia Dobramentos de Cuiabá	1. Depressão Cuiabana	1. Colinas de Topos Planos Dt 11, Dt 12 e Dt 13 2.4.1.1	Metarenitos, Metarcóseos, Meta-conglomerados e Quartzitos	Concrecionários	Cerrado	Média das mínimas: 16 a 20ºC
			2. Colinas de Topos Convexos: Dc 13 2.4.1.2		Litólicos e Afloramentos rochosos	Floresta Semi-decidual	Média das máximas: 30 a 35ºC

Tabela 8.4 — Unidades dos Sistemas Ambientais Naturais (continuação).

1.º NÍVEL ZONAS FITO-CLIMÁTICAS	2.º NÍVEL MORFO-ESTRUTURA	3.º NÍVEL MORFO-ESCULTURA	4.º NÍVEL PADRÕES FISIONÔMICOS				
			Formas de Relevo	Litologias	Solos	Vegetação	Temperaturas e Chuvas
			3. Morros Pequenos 2.4.1.3		Litólicos e Afloramentos rochosos	Floresta Semi-decidual	
			4. Colinas de Topos Convexos Dc 25. 2.4.1.4		Cambissolos	Cerrado Aberto ou Savana	
		2. Planalto do Arruda-Mutum Escarpa da Chapada	1. Morros Medianos: Da 33 2.4.2.1		Podzólico Vermelho-amarelo	Arbórea	Chuvas de 1.300 a 2.000 mm/ano 5 meses secos 80% precipitam de novembro a março
			2. Escarpa e Morros Altos: Da 54 2.4.2.2.		Litólicos e afloramentos rochosos	Aberta	
	5. Instrusão de São Vicente	1. Planalto e Serra de São Vicente	1. Morros e Colinas de Topos Convexos: Da 24 e Dc 23 2.5.1.1.	Granito	Podzólico Vermelho-amarelo		
	6. Cinturão Orogênico Paraguai-Araguaia Dobramentos do Alto Paraguai	1. Serras e Planaltos	1. Colinas e Topos Convexos Amplos: Dc 11 2.6..1.1.	Arenito (Formação Raizama)	Latossolo Vermelhos-amarelo		Umidade relativa do ar de novembro a março: 80%
			2. Morros Altos: Da 51 e Da 52 2.6.1.1.	Arenito (Formação Raizama)	Litólicos e afloramentos rochosos		
		2. Depressões Intermontanas	1. Colinas Amplas: Dc 11 2.6.2.1.	Folhetos e Siltitos	Podzólico Vermelho-amarelo		
			2. Colinas de Topos Convexos: Dc 22 2.6.2.2.	Folhetos e Siltitos (Formação Sepotuba)			
				Siltitos Arcóseos e Calcíferos			

384 GEOMORFOLOGIA DO BRASIL

O nível definido pelas Fisionomias de Padrões de Formas e Tipos de Solos, que representam o quarto dígito do código das unidades ambientais, também tem significativa participação das formas do relevo de dimensões menores, denominados Padrões de Formas Semelhantes, que refletem uma relação extremamente forte entre tipos de litologias, tipos de solos e variações dos tipos de cobertura vegetal. Assim, no quarto táxon estabelecido para esta escala de trabalho (1:250.000), estabeleceram-se as correlações a nível de maior detalhe, associando-se padrões de formas, tipos de rochas, tipos de solos e tipos de vegetação e, quanto ao clima, as características de temperatura, umidade e chuvas (Tabela 8.4).

As informações que aparecem sintetizadas nas tabelas e codificadas por um conjunto de quatro números, foram representadas através de um mapa que indica as manchas das Unidades dos Sistemas Ambientais Naturais e de uma memória técnica descritivo-explicativa. As Unidades dos Sistemas Ambientais Naturais, correlacionadas com as Unidades Sócio-Econômicas, possibilitam definir as Unidades de Zoneamento Ambiental, que correspondem a um importante documento de correlação entre as informações sistematizadas dos ambientes naturais com os ambientes produzidos pela sociedade.

3. Conclusões

Após a apresentação do exemplo de aplicação da Geomorfologia, no processo de identificação e mapeamento sistemático dos ambientes naturais, tendo como indicador das diferenças fisionômicas da paisagem, o relevo, e seus diferentes tamanhos de formas, cabe ressaltar sua importância na aplicação ao planejamento ambiental.

O planejamento ambiental é um enfoque aprimorado dos anteriormente definidos como planejamentos regionais, municipais e urbanos, que se caracterizam, sobretudo, com ênfase no desenvolvimento econômico e a seu reboque, as melhorias das condições sociais nem sempre alcançadas. A diferença qualitativa entre o planejamento ambiental, que ora se inicia no Brasil, é basicamente dada pela aplicação do conceito de desenvolvimento sustentado. Apesar das inúmeras definições para desenvolvimento sustentado, o que de fato importa é que isto seja mais do que um

GEOMORFOLOGIA AMBIENTAL

385

simples conceito, mas sim que se caracterize com um princípio da capacidade de auto-sustentabilidade.

Nessa direção a auto-sustentabilidade perpassa por todos os níveis das relações sócio-econômicas das sociedades humanas e dos vínculos que esta estabelece com a natureza. Assim sendo, o princípio da auto-sustentabilidade vai desde a capacidade das empresas comerciais, industriais ou agrícolas de se manterem na economia competitiva de mercado, até nos vínculos que estas empresas e o Estado têm com a utilização dos recursos naturais dentro de uma perspectiva de utilização com conservação, recuperação e preservação dos bens naturais que são de interesse público, ainda que sejam explorados pela iniciativa privada.

No vínculo que as sociedades estabeleciam com a natureza, no conceito anterior de planejamento, o princípio era o de desenvolvimento, ou seja, planejar para desenvolver, planejar para crescer economicamente. No planejamento ambiental, desenvolvimento econômico e social são partes importantes de algo mais amplo que envolve a natureza com suas potencialidades, mas também e, principalmente, com suas fragilidades.

Tendo-se esses elementos como pressupostos básicos, fica evidenciado que, para implantar-se o planejamento ambiental com princípio de desenvolvimento sustentado, não se pretende inibir o crescimento econômico e a melhoria das condições sociais, mas sim encontrar meios para que isto possa ocorrer de forma tal, que possibilite a convivência harmônica entre natureza e sociedade.

Essa convivência harmônica desejável contempla conhecer-se potencialidades dos recursos naturais e as fragilidades dos ambientes naturais face às atividades econômicas que podem ser mais ou menos predatórias, dependendo das condições naturais de um lado e das tecnologias empregadas de outro. Assim sendo, para cada ambiente natural é possível desenvolver-se atividades humanas econômico-sociais, que sejam compatíveis com suas fragilidades e potencialidades. Nesta linha de raciocínio o entendimento do relevo quanto suas formas e dinâmicas, são tão importantes quanto o solo, a água, o vegetal, a rocha, a fauna, pois os vínculos entre as componentes da natureza são muito fortes e a variável relevo funciona como um indicador importante dos diferentes ambientes naturais. Isso expressa-se de modo muito intenso nas bacias do Alto Paraguai-Cuiabá, onde o relevo indica, de imediato, dois ambientes: o pantanal e as terras mais altas do entorno, e dentro de cada uma dessas categorias inicialmente identificadas aparecem os terrenos mais altos, mais baixos, mais inundáveis, menos inundáveis, rugosidades topográficas ou dissecações de intensidades diferenciadas, que são indicadoras de situações ambientais distintas. O relevo, sendo um componente da natureza, que se apresenta de modo concreto, através da geometria das formas de diferentes tamanhos e gêneses, desempenha significativo papel na identificação e no entendimento da funcionalidade dos ambientes naturais.

Por esta razão, todos os estudos ou diagnósticos que sejam desenvolvidos com vistas ao planejamento ambiental quer seja regional, municipal, ou urbano prescindem da contribuição dos estudos geomorfológicos.

4. Questões de Discussão e Revisão

a) Sendo um dos componentes da natureza, como o relevo pode ser entendido dentro da perspectiva da concepção sistêmica?

b) Por que a Geomorfologia, ao estudar as formas do relevo, desempenha importante papel na relação sociedade-natureza?

c) Quais são os pressupostos básicos para o adequado entendimento da natureza, face as sempre possíveis e prováveis inserções humanas?

d) Por que na Geomorfologia Aplicada ao Planejamento Ambiental é importante o entendimento dinâmico das formas do relevo?

e) Por que a Geomorfologia pode ser tomada como disciplina suporte para estudos do meio físico, na análise ambiental integrada?

f) Como o relevo pode contribuir para a análise das potencialidades e fragilidades dos ambientes naturais?

g) Na análise ambiental, através da aplicação da metodologia conhecida como *Land Systems,* por que o relevo é utilizado como uma importante variável de identificação de sistemas de terra ou terrenos?

h) Como o estudo do relevo pode ser utilizado nos programas de recuperação ambiental de uma sub-bacia hidrográfica com terras e águas degradadas pelo mau uso dos recursos naturais?

i) Por que nos estudos ambientais é importante o conhecimento sistematizado das formas do relevo quanto aos seus tamanhos, idades, gêneses e dinâmicas?

GEOMORFOLOGIA AMBIENTAL

j) Por que a cartografia geomorfológica é imprescindível nos estudos do relevo voltados para a análise ambiental?

5. BIBLIOGRAFIA

AB'SABER, A. N. (1965) Da Participação das Depressões Periféricas e Superfícies Aplainadas na Compartimentação do Planalto Brasileiro. Tese de Livre Docência — FFLCH— USP. São Paulo: 179p.

ALMEIDA, F. F. M. de (1964) Geologia do Centro-Oeste Mato-grossense — Boletim Divisão Geologia e Mineralogia (215). Rio de Janeiro: 137p.

ALMEIDA, F.F.M. de (1967) Origem e Evolução da Plataforma Brasileira — Divisão de Geologia e Mineralogia— DNPM (241). Rio de Janeiro:1-31.

AMARAL, D.L. & FONZAR, B. C.(1982) Vegetação: Projeto Radambrasil Folha SD-21 — Cuiabá — Volume 26 — MME — SG, Rio de Janeiro: 401-452.

BARROS, A. M.; SILVA, R. H.; RIVETTI, M.(1982) Geologia *In:* Projeto Radambrasil Folha SD-21 — Cuiabá — Volume 26 — MME — SG., Rio de Janeiro: 25-192.

BRASIL — MME — SG (1982) Projeto Radambrasil— Folha SD-21— Cuiabá. Série Levantamentos dos Recursos Naturais — Vol 26. Rio de Janeiro: 530p.

FIGUEIREDO, A. J. & OLIVATTI, O (1974) Projeto Alto Guaporé — Relatório Final Integrado DNPM-CPRM, vol 11. Goiânia: 230p.

HENNIES, W.T. (1966) Geologia do Centro-Norte Mato-grossense — Tese de Doutorado, Politécnica da USP. São Paulo: 160p.

MECERJAKOV, J.P. (1968) Les Concepts de Morphostruture et de Morphoscultura noveau instrument de l'analyse geomorphologique: Annales de Geographie, 77 anneés, n. 423. Paris 539-552.

OLIVATTI, O. (1976) Contribuição à Geologia da Faixa Orogênica Paraguai-Araguaia, Anais XXIX Congresso Brasileiro de Geologia. Ouro Preto: 53-58.

OLIVEIRA, V. A. de; AMARAL FILHO, Z P. do & VIEIRA, P. C. (1982) Pedologia: Projeto Radambrasil Folha SD-21 — Cuiabá — Volume 26 — MME — SG., Rio de Janeiro: 257-399.

PENCK, W. (1953) Morphological Analysis of Land Forms — Macmillam and Co. London: 350 p.

ROSS, J. L. S. (1987) Estudo e Cartografia Geomorfológica da Província Serrana — MT — Tese de Doutorado apresentada à FFLCH-USP, São Paulo, 323p.

ROSS, J. L. S. (1990) *Geomorfologia, Ambiente e Planejamento*, Editora Contexto, São Paulo, 85p.

ROSS, J. L. S. (1991) O Contexto Geotectônico e a Morfogênese da Província Serrana de Mato Grosso *Revista. do Instituto Geológico* — SMA — São Paulo, São Paulo: 21-37.

ROSS, J. L. S. (1992) O Registro Cartográfico dos Fatos Geomórficos e a Questão da Taxonomia do Relevo, *Revista do Depto. Geografia* — FFLCH-USP n.6, São Paulo: 17-30.

ROSS, J. L. S. (1996) Geomorfologia Aplicada aos EIAS-RIMAs, *In:* Geomorfologia e Meio Ambiente — Org. Antonio José Teixeira Guerra e Sandra Baptista da Cunha, Ed. Bertrand Brasil — Rio de Janeiro: 291-336.

ROSS, J. L. S. & SANTOS, L. M. dos (1982) — Geomorfologia Projeto Radambrasil Folha SD-21 — Cuiabá — Volume 26 — MME — SG., Rio de Janeiro: 193-256.

ROSS, J. L. S. & MOROZ, I. C. (1995) Aplicabilidade do Conhecimento Geomorfológico nos Projetos de Planejamento, *In:* Geomorfologia — Exercícios, Técnica e Aplicações — org. Sandra Baptista da Cunha e Antonio José Teixeira Guerra, Ed. Bertrand Brasil, Rio de Janeiro: 311-334.

ROSS, J. L. S.; SIMÕES, W. da C.; MORAES, P. B. L. de; MULLER, I. N. J. & DEL PRETTE, M. E. (1995) Plano de Conservação da Bacia do Alto Paraguai — MMA, Brasília, 60p.

ROSS, J. L.S & MOROZ, I. C. (1996) Mapa Geomorfológico do Estado de São Paulo, *Revista do Depto.Geografia* — FFLCH-USP n.10, São Paulo: 20-32.

Este livro foi impresso no
Sistema Digital Instant Duplex da Divisão Gráfica da
DISTRIBUIDORA RECORD DE SERVIÇOS DE IMPRENSA S.A.
Rua Argentina, 171 - Rio de Janeiro/RJ - Tel.: 2585-2000